高职高专建筑工程技术专业统编教材

建筑识图与构造

主　编　谷云香　徐　蔚

副主编　李万渠　赵冬梅　许明丽

何玉红　丁晓玲

黄 河 水 利 出 版 社

内 容 提 要

本书是在总结高等职业技术教育的经验及各校教学改革现状，并结合高等职业技术教育的教学特点而编写的。本书分三部分。第一篇为建筑识图基础知识，第二篇为建筑构造概论，第三篇为建筑工程施工图识读。

本书可作为高等职业技术学院、高等专科学校等建筑工程技术、工程建设监理、工程造价、给水排水工程等专业的教材；可供土木建筑类其他专业、中等专业学校相关专业的师生阅读和参考使用；也可供建筑安装企业、设计单位、房地产及审计部门的工程技术和管理人员使用。

图书在版编目(CIP)数据

建筑识图与构造 / 谷云香，徐蔚主编. —郑州：黄河水利出版社，2009.8
高职高专建筑工程技术专业统编教材
ISBN 978-7-80734-609-8

Ⅰ.建… Ⅱ.①谷…②徐… Ⅲ.①建筑制图-识图法-高等学校：技术学校-教材②建筑构造-高等学校：技术学校-教材 Ⅳ.TU2

中国版本图书馆 CIP 数据核字(2009)第 128287 号

出 版 社:黄河水利出版社
地址:河南省郑州市顺河路黄委会综合楼14层 邮政编码:450003
发行单位:黄河水利出版社
发行部电话:0371－66026940、66020550、66028024、66022620(传真)
E-mail: hhslcbs@126.com
承印单位:河南地质彩色印刷厂
开本:787 mm×1092 mm 1/16
印张:19.5
字数:475 千字 印数:1—4100
版次:2009 年 8 月第 1 版 印次:2009 年 8 月第 1 次印刷

定价:35.00 元

前 言

本书是根据教育部《关于加强高职高专教育人才培养工作意见》和《面向21世纪教育振兴行动计划》等文件精神，结合我国高等职业技术教育的特点编写的。

在编写中，考虑了高职高专建筑工程技术专业《建筑识图与构造》的课程教学要求，参考了现有相关教科书的体系，并突出了实用性，方便课堂教学使用和建筑技术人员自学、参考等使用。第一篇主要介绍建筑识图基础知识，第二篇介绍建筑构造概论，第三篇主要介绍建筑工程施工图识读，是在综合运用前两部分知识的基础上强化识图能力的训练。

本书由沈阳农业大学高等职业技术学院副教授谷云香任第一主编并负责全书统稿；浙江水利水电专科学校副教授徐蔚任第二主编。参加编写人员及编写分工如下：沈阳农业大学高等职业技术学院谷云香(第一、二、三、七、十五章)；浙江水利水电专科学校徐蔚(第八、十六章)；四川水利职业技术学院李万渠(第四、五、六章)；濮阳职业技术学院何玉红(第九、十、十一章)、丁晓玲(第十二章)；漯河职业技术学院赵冬梅(第十三、十四章)；沈阳农业大学高等职业技术学院许明丽(第十七章)。

本书在编写过程中，参考和引用了有关文献和资料，在此谨向教材、文献的作者表示深深的谢意，也向关心、支持本书编写工作的所有同志们表示谢意。

由于编者水平及高等职业技术教育的经验有限，书中难免有缺点、错误及不妥之处，恳请广大师生及读者批评指正。

编 者

2009年4月

目　录

第三篇 建筑工程施工图识读

第一篇　建筑识图基础知识

第一章　建筑工程制图基本知识

【学习目标】

- 了解：国家制图标准。
- 掌握：国家制图标准的基本规定及正确使用绘图工具和仪器的方法。
- 理解：国家制图标准的重要作用及遵守国家制图标准的重要意义。

第一节　国家标准

为了统一房屋建筑制图规则，保证制图质量，提高制图效率，做到图面清晰、简明，符合设计、施工、存档的要求，适应工程建设的需要，国家制定了全国统一的建筑工程制图标准。建标〔2001〕220 号文件《关于发布〈房屋建筑制图统一标准〉等 6 项国家标准的通知》中批准《房屋建筑制图统一标准》(GB/T 50001—2001)、《总图制图标准》(GB/T 50103—2001)、《建筑制图标准》(GB/T 50104—2001)、《建筑结构制图标准》(GB/T 50105—2001)、《给水排水制图标准》(GB/T 50106—2001)和《暖通空调制图标准》(GB/T 50114—2001)为国家标准，自 2002 年 3 月 1 日起施行。

上述 6 项国家标准适用于下列制图方式绘制的图样：①手工制图；②计算机制图。适用于各专业中下列工程制图：①新建、改建、扩建工程的各阶段设计图、竣工图；②原有建筑物、构筑物和总平面的实测图；③通用设计图、标准设计图。

房屋建筑制图，除应符合《房屋建筑制图统一标准》(GB/T 50001—2001)外，还应符合国家现行有关强制性标准的规定以及各有关专业的制图标准。

上述国家标准中，《房屋建筑制图统一标准》(GB/T 50001—2001)是房屋建筑制图的基本标定，是各专业制图的通用部分，适用于总图、建筑、结构、给水排水、暖通空调、电气等各专业制图。本节重点介绍《房屋建筑制图统一标准》(GB/T 50001—2001)中的基本内容。

一、图纸

(一)幅面规格及图框尺寸

(1)图纸幅面指图纸尺寸规格的大小，用代号 A0、A1、A2、A3、A4 来表示；图框是指在图纸上绘图范围的界线。图纸幅面及图框尺寸应符合表 1-1 的规定及如图 1-1 ~ 图 1-3 所示的格式。

表 1-1　幅面及图框尺寸　　　　　　　　(单位：mm)

尺寸代号	幅面代号				
	A0	A1	A2	A3	A4
$b \times l$	841 × 1 189	594 × 841	420 × 594	297 × 420	210 × 297
c	10			5	
a	25				

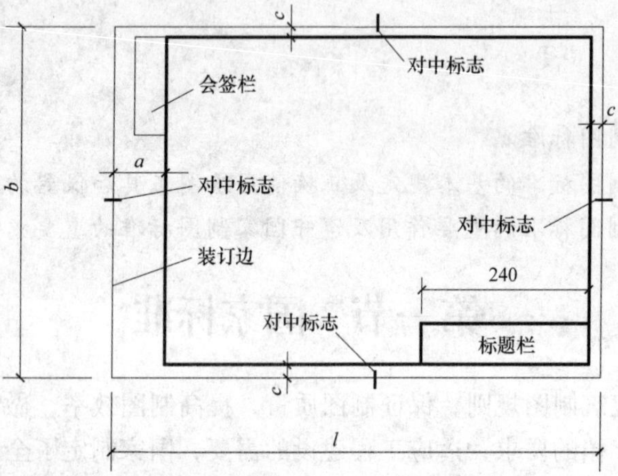

图 1-1　A0 ~ A3 横式幅面

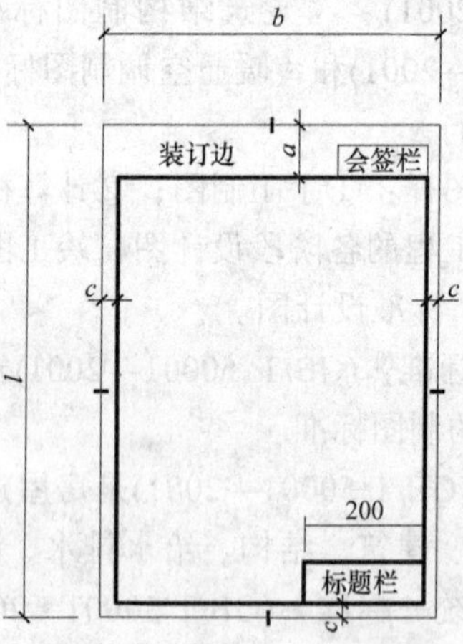

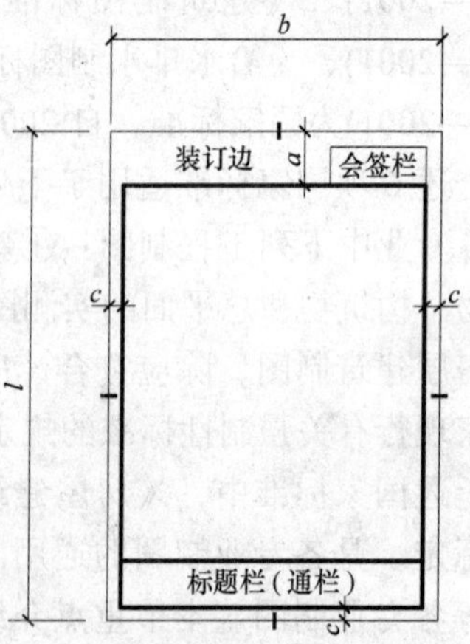

图 1-2　A0 ~ A3 立式幅面　　　　　　　　图 1-3　A4 立式幅面

(2)图纸以短边作为垂直边的称为横式幅面，以短边作为水平边的称为立式幅面。一般 A0 ~ A3 图纸宜使用横式幅面，如需要也可立式使用。

(3)根据需要，图纸的长边可加长，但应符合表 1-2 的规定，图纸的短边一般不应加长。

(4)需要微缩复制的图纸，其中一个边上应附有一段准确米制尺度，四个边上均附有对中标志，米制尺度的总长为 100 mm，分格应为 10 mm。对中标志应位于各边长的中点处，

表 1-2 图纸长边加长尺寸 (单位：mm)

幅面代号	长边尺寸	长边加长后尺寸
A0	1 189	1 486　1 635　1 783　1 932　2 080　2 230　2 378
A1	841	1 051　1 261　1 471　1 682　1 892　2 102
A2	594	743　891　1 041　1 189　1 338　1 486　1 635　1 783　1 932　2 080
A3	420	630　841　1 051　1 261　1 471　1 682　1 892

注：有特殊需要的图纸，可采用 $b \times l$ 为 841 mm × 891 mm 与 1 189 mm × 1 261 mm 的幅面。

线宽为 0.35 mm，伸入框内应为 5 mm。

(5)在一个工程设计中，每个专业所使用的图纸，一般不宜多于两种幅面，不含目录及表格所采用的 A4 幅面。

(二)标题栏和会签栏

(1)图纸标题栏、会签栏及装订边的位置如图 1-1 ~ 图 1-3 所示。

(2)图纸标题栏和会签栏的尺寸、格式及栏中内容如图 1-4、图 1-5 所示。

(3)标题栏的签字区应包含实名列和签名列，涉外工程的标题栏内各项主要内容的中文下方应附有译文，设计单位的上方或左方应加“中华人民共和国”字样。

(4)一个会签栏不够用时，可另加一个，两个会签栏应并列布置。不需要会签的图纸可不设会签栏。

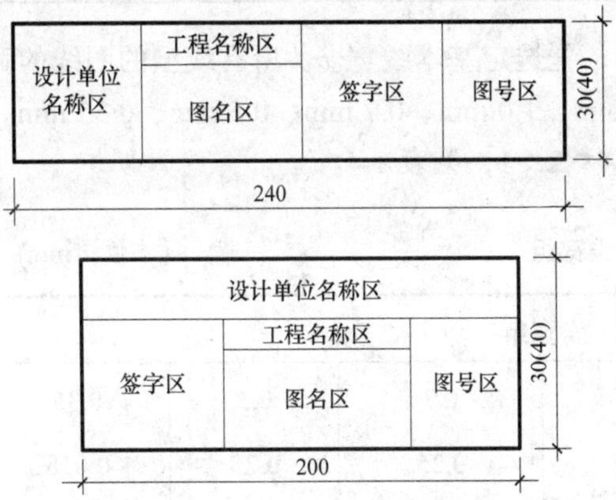

图 1-4 标题栏 (单位：mm)

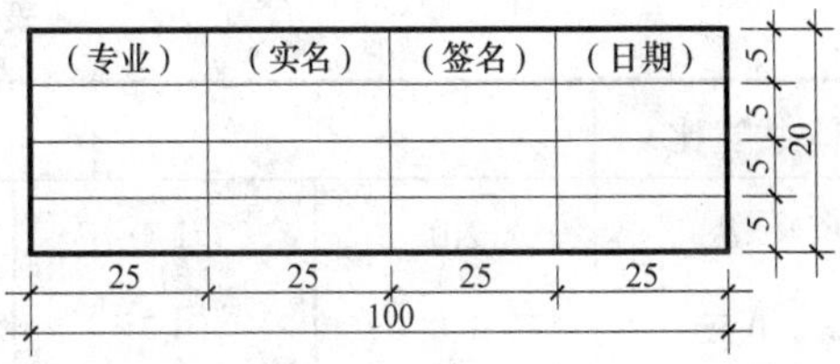

图 1-5 会签栏 (单位：mm)

(三)图纸编排顺序

(1)工程图纸应按专业顺序编排。一般应为图纸目录、总图、建筑图、结构图、给水排水图、暖通空调图、电气图等。

(2)各专业的图纸，应该按图纸内容的主次关系、逻辑关系有序排列。

二、图线

(一)线型与线宽

(1)建筑工程图采用不同的线型与线宽的图线绘制而成，见表 1-3。

表 1-3　图线的线型与线宽

名称		线型	线宽	一般用途
实线	粗		b	主要可见轮廓线
	中		$0.5b$	可见轮廓线 可见轮廓线、图例线
	细		$0.25b$	尺寸线等
虚线	粗		b	见各有关专业制图标准
	中		$0.5b$	不可见轮廓线
	细		$0.25b$	不可见轮廓线、图例线
单点长画线	粗		b	见各有关专业制图标准
	中		$0.5b$	见各有关专业制图标准
	细		$0.25b$	中心线、对称线等
双点长画线	粗		b	见各有关专业制图标准
	中		$0.5b$	见各有关专业制图标准
	细		$0.25b$	假想轮廓线、成型前原始轮廓线
折断线			$0.25b$	断开界线
波浪线			$0.25b$	断开界线

(2)每个图样，应根据复杂程度与比例大小，先选定基本线宽 b。所有线型的图线的宽度 b 宜从下列线宽系列中选取：2.0 mm、1.4 mm、1.0 mm、0.7 mm、0.5 mm、0.35 mm。图线分粗线、中粗线和细线三种，宽度比率为 4∶2∶1，见表 1-4。

表 1-4　线宽组　(单位：mm)

线宽比	线宽组					
b	2.0	1.4	1.0	0.7	0.5	0.35
$0.5b$	1.0	0.7	0.5	0.35	0.25	0.018
$0.25b$	0.5	0.35	0.25	0.018	—	—

注：1.需要微缩的图纸，不宜采用 0.18 mm 及更细的线宽。
2.同一张图纸内，各不同线宽中的细线，可统一采用较细的线宽组的细线。

(3)同一张图纸内，相同比例的各图样，应选用相同的线宽组。

(4)图框和标题栏的线宽可按表 1-5 使用。

表 1-5　图框线、标题栏线的线宽　(单位：mm)

幅面代号	图框线	标题栏外框线	标题栏分格线、会签栏线
A0、A1	1.4	0.7	0.35
A2、A3、A4	1.0	0.7	0.35

(二)图线画法

(1)相互平行的图线，其间隙不宜小于其中的粗线宽度，且不宜小于 0.7 mm。

(2)虚线、单点长画线或双点长画线的线段长度和间隔，宜各自相等。

(3)单点长画线或双点长画线，当在较小图形中绘制有困难时，可用实线代替。

(4)单点长画线或双点长画线的两端，不应是点。点画线与点画线交接或点画线与其他图线交接时，应是线段交接。

(5)虚线与虚线交接或虚线与其他图线交接时，应是线段交接。虚线为实线的延长线时，不得与实线连接。

(6)图线不得与文字、数字或符号重叠、混淆，不可避免时，应首先保证文字等的清晰。

三、字体

(1)图纸上所需书写的文字、数字或符号等，均应笔画清晰、字体端正、排列整齐；标点符号应清楚正确。

(2)文字的字高应从如下系列中选用：3.5 mm、5 mm、7 mm、10 mm、14 mm、20 mm。如需书写更大的字，其高度应按 2 的倍数递增 。

(3)图样及说明中的汉字宜采用长仿宋体，且字高宽比大约是 3∶2，实际应用中一般汉字的高度不小于 3.5 mm。书写长仿宋体的要领是：横平竖直、起落有峰、填满方格、结构匀称。大标题、图册封面、地形图等的汉字，也可书写成其他字体，但应易于辨认。汉字的简化字书写，必须符合国务院公布的《汉字简化方案》和有关规定。

(4)数字和字母在图样上的书写分直体和斜体两种，但同一张图纸上必须统一。斜体字的高度和宽度与相应的直体字相等。在汉字中的阿拉伯数字、罗马数字或拉丁字母，其字高宜比汉字高小一号，但应不小于 2.5 mm。

(5)数量的数值注写应采用正体阿拉伯数字。各种计量单位凡前面有量值的，均应采用国家颁布的单位符号注写。单位符号应采用正体字母。

四、比例

(1)图样的比例，是图形与实物相对应的线性尺寸之比。其大小是指其比值的大小，如 1∶20 大于 1∶50。

(2)比例的符号为“∶”，比例应以阿拉伯数字表示，如 1∶1、1∶10、1∶100 等。

(3)比例宜注写在图名的右侧，字的基准线应取平；比例的字高宜比图名的字高小一号或二号，所图 1-6 所示。

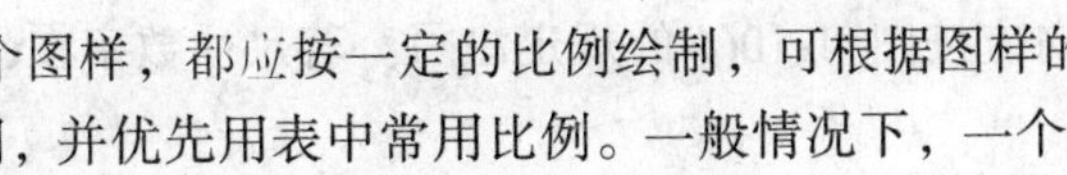

图 1-6　比例的注写

(4)工程图中的各个图样，都应按一定的比例绘制，可根据图样的用途与被绘对象的复杂程度从表 1-6 中选用，并优先用表中常用比例。一般情况下，一个图样应选用一种比例。根据专业制图需要，同一图样也可选用两种比例。特殊情况下也可自选比例，这时除应注出绘图比例外，还必须在适当位置绘制出相应的比例尺。

表 1-6　绘图常用比例与可用比例

常用比例	1∶1、1∶2、1∶5、1∶10、1∶20、1∶50、1∶100、1∶150、1∶200、1∶500、1∶1 000、1∶2 000、1∶5 000、1∶10 000、1∶20 000、1∶50 000、1∶100 000、1∶200 000
可用比例	1∶3、1∶4、1∶6、1∶15、1∶25、1∶30、1∶40、1∶60、1∶80、1∶250、1∶300、1∶400、1∶600

五、尺寸标注

(一)尺寸的组成

图样上的尺寸包括尺寸界线、尺寸线、尺寸起止符号和尺寸数字，所图 1-7 所示。

(二)基本规定

尺寸宜标注在图样轮廓以外，不宜与图线、文字及符号等相交。

1. 尺寸界线

尺寸界线应用细实线绘制，一般应与被注长度垂直，其一端应离开图样轮廓线不小于 2 mm，另一端宜超出尺寸线 2 ~ 3 mm。图样轮廓线可用做尺寸界线，如图 1-8 所示。总尺寸的尺寸界线应靠近图中所指部位，中间的分尺寸的尺寸界线可稍短，但其长度应相等。

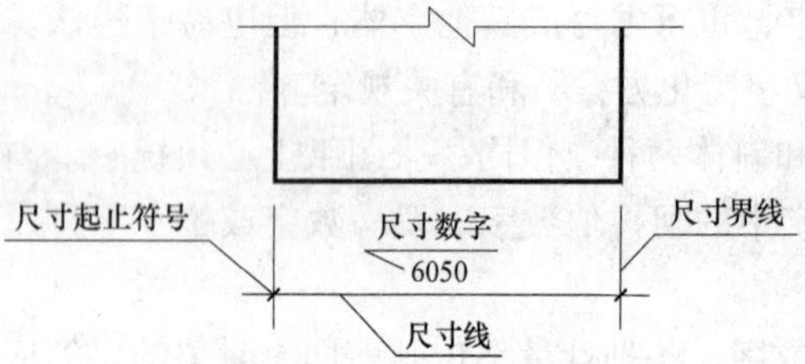

图 1-7　尺寸的组成

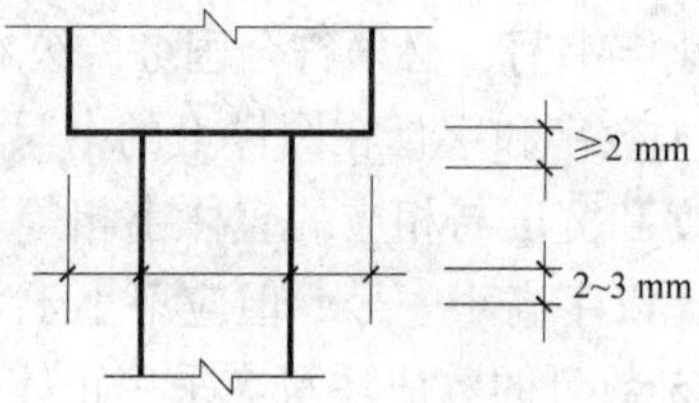

图 1-8　尺寸界线

2. 尺寸起止符号

尺寸起止符号一般用中粗斜短线绘制，其倾斜方向应与尺寸界线成顺时针 45°角，长度宜为 2 ~ 3 mm。半径、直径、角度与弧长的尺寸起止符号，宜用箭头表示，见图 1-9。

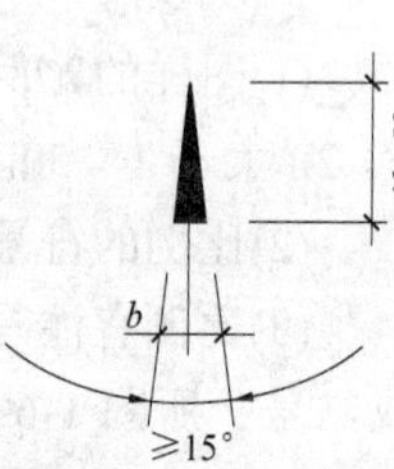

图 1-9　箭头尺寸起止符号图

3. 尺寸线

尺寸线用来表示尺寸的方向，用细实线绘制，应与被注长度平行。图样本身的任何图线均不得用做尺寸线。互相平行的尺寸线，应从被注写的图样轮廓线由近向远整齐排列，较小尺寸应离轮廓线较近，较大尺寸应离轮廓线较远。尺寸线的间距宜为 7 ~ 10 mm，并应保持一致。

4. 尺寸数字

(1)尺寸数字的方向应按图 1-10(a)的规定注写。若尺寸数字在 30°斜线区内，宜按图 1-10(b)的形式注写。

(2)当尺寸线为竖直时，尺寸数字注写在尺寸线的左侧中部，字头朝左；其他任何方向，尺寸数字一般应依据其方向注写在靠近尺寸线的上方中部。如没有足够的注写位置，最外边的尺寸数字可注写在尺寸界限的外侧，中间相邻的尺寸数字可错开注写，见图 1-11。

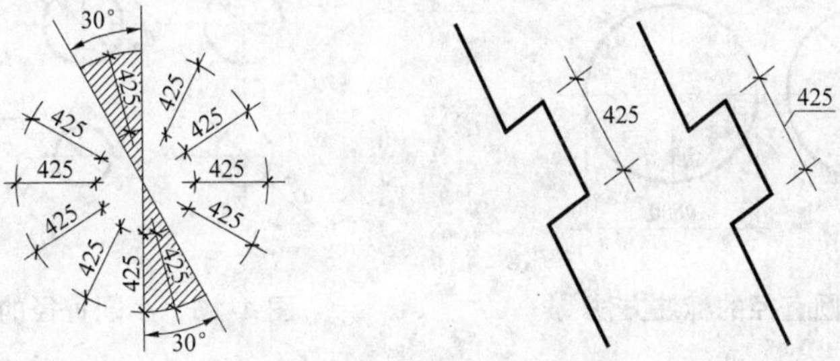

图 1-10　尺寸数字的注写方向

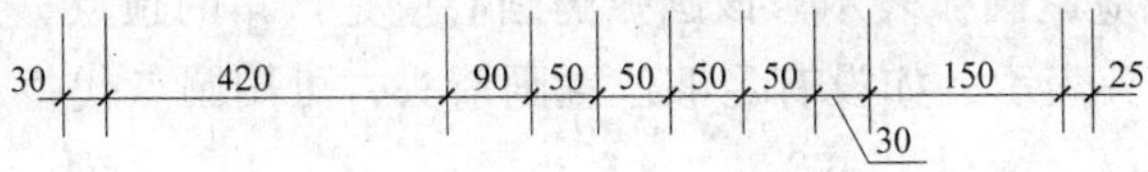

图 1-11　尺寸数字的注写位置

5. 半径、直径、球的尺寸标注

(1)半径的尺寸线应一端从圆心开始，另一端画箭头指向圆弧。半径数字前应加注半径符号“*R*”(见图 1-12)。

(2)较小圆弧的半径，可按图 1-13 形式标注。

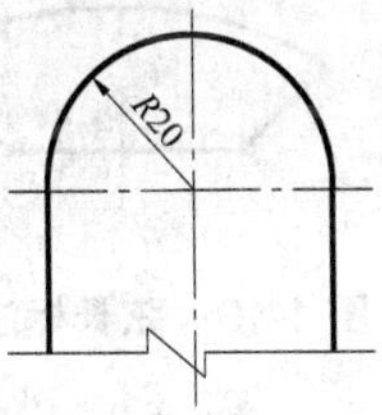

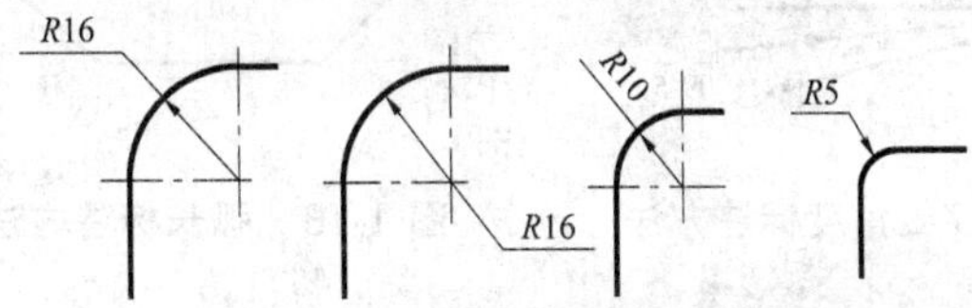

图 1-12　半径标注方法　　　　图 1-13　小圆弧半径的标注方法

(3)较大圆弧的半径，可按图 1-14 形式标注。

图 1-14　大圆弧半径的标注方法

(4)标注圆的直径尺寸时，直径数字前应加直径符号“ϕ”。在圆内标注的尺寸线应通过圆心，两端画箭头指至圆弧(见图 1-15)。

(5)较小圆的直径尺寸，可标注在圆外(见图 1-16)。

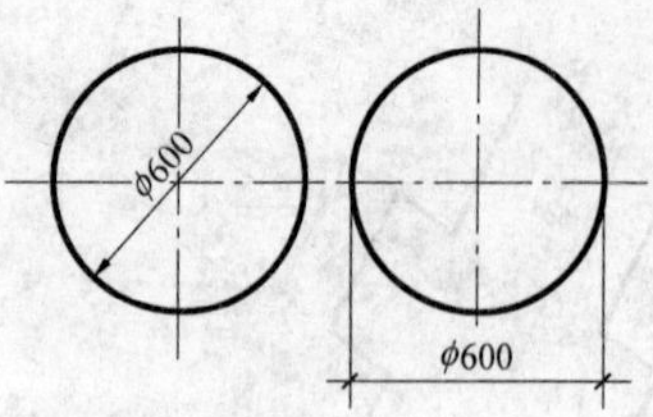

图 1-15　圆直径的标注方法

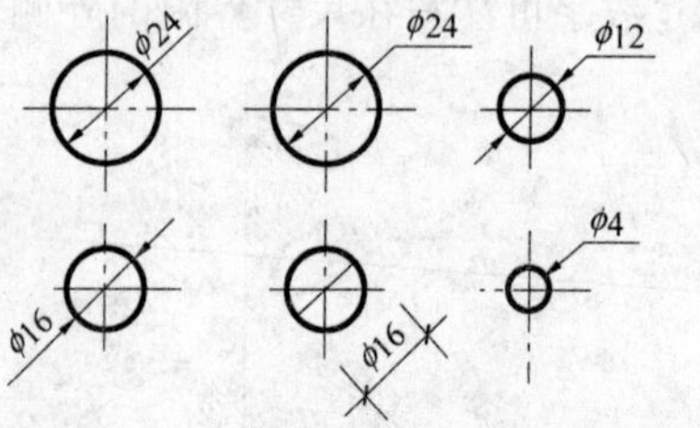

图 1-16　小圆直径的标注方法

(6)标注球的半径尺寸时，应在尺寸前加注符号“*SR*”。标注球的直径尺寸时，应在尺寸数字前加注符号“*S ϕ*”。注写方法与圆弧半径和圆弧直径的尺寸标注方法相同。

6. 角度、弧度、弧长的标注

(1)角度的尺寸线应以圆弧表示。该圆弧的圆心应是该角的顶点，角的两条边为尺寸界线。起止符号应以箭头表示，如没有足够位置画箭头，可用圆点代替，角度数字应按水平方向注写(见图 1-17)。

(2)标注圆弧的弧长时，尺寸线应以与该圆弧同心的圆弧线表示，尺寸界线应垂直于该圆弧的弦，起止符号用箭头表示，弧长数字上方应加注圆弧符号“⌒”，见图 1-18。

(3)标注圆弧的弦长时，尺寸线应以平行于该弦的直线表示，尺寸界线应垂直于该弦，起止符号用中粗斜短线表示，见图 1-19。

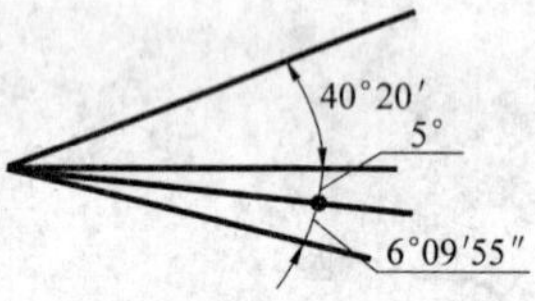

图 1-17　角度标注方法

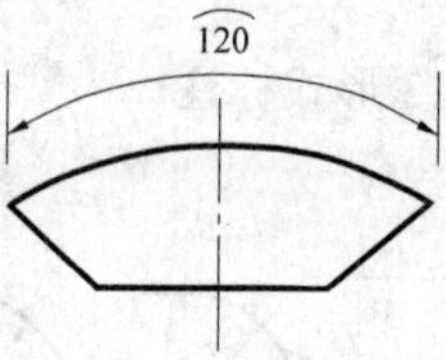

图 1-18　弧长标注方法

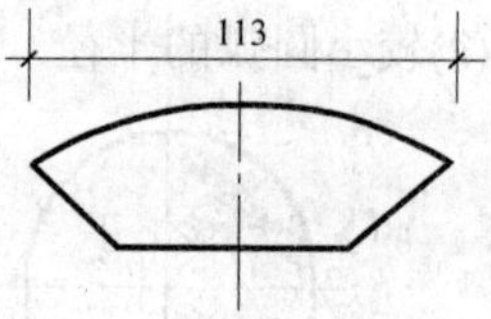

图 1-19　弦长标注方法

7. 其他尺寸的标注

(1)在薄板板面标注板厚尺寸时，应在厚度数字前加厚度符号“t”，见图 1-20。

(2)标注正方形的尺寸，可用“边长 × 边长”的形式，也可在边长数字前加正方形符号“□”，见图 1-21。

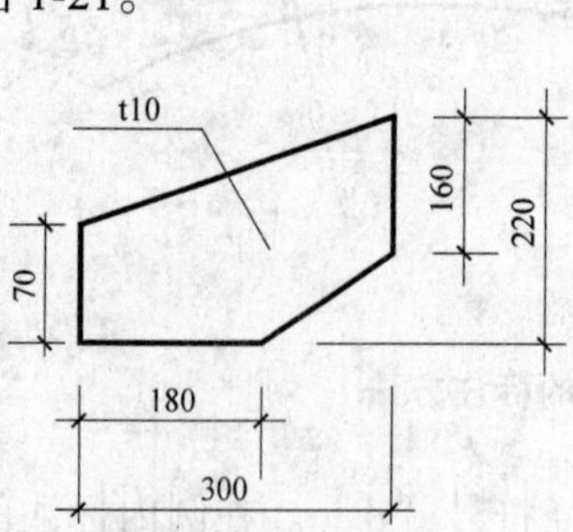

图 1-20　薄板厚度标注方法

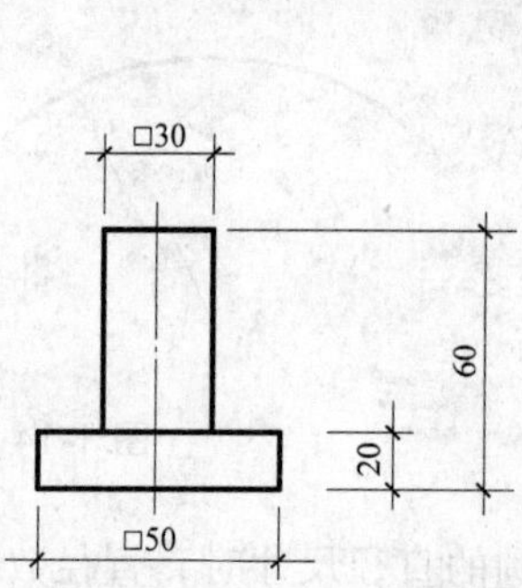

图 1-21　标注正方形尺寸

(3)标注坡度时，应加注坡度符号“←”，该符号为单面箭头，箭头应指向下坡方向。

坡度也可用直角三角形形式标注，见图 1-22。

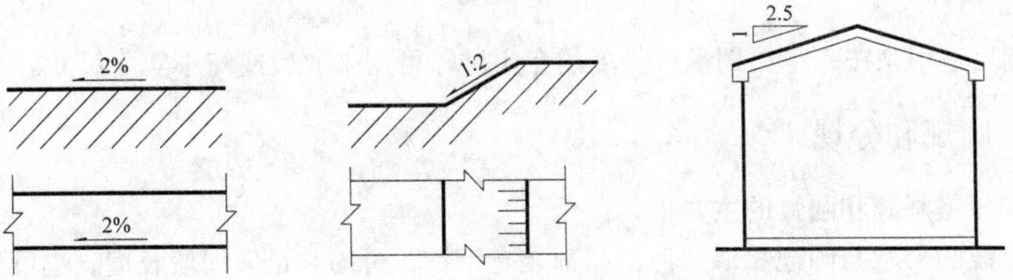

图 1-22　坡度标注方法

第二节　手工制图工具及用品

目前在工程制图中，一般采用计算机绘图，但在实际工程中有时要用到现场手工绘图，学生在学习时也需要进行手工绘图。常用的手工制图工具及用品介绍如下(见图 1-23)。

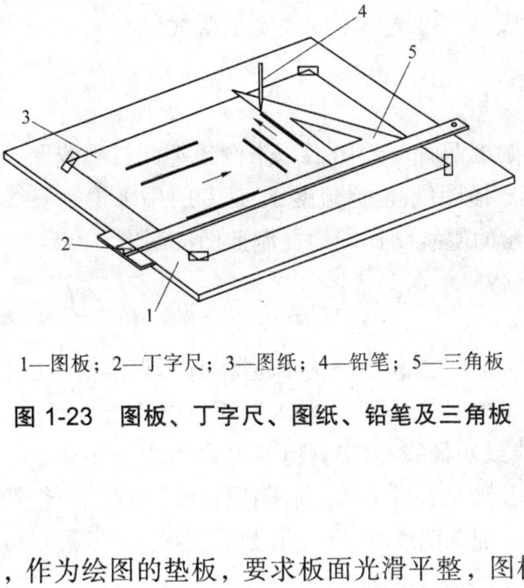

1—图板；2—丁字尺；3—图纸；4—铅笔；5—三角板

图 1-23　图板、丁字尺、图纸、铅笔及三角板

一、图板

图板用于固定图纸，作为绘图的垫板，要求板面光滑平整，图板的四边应平直、光滑。应防止因受潮、暴晒和重压等变形。

二、丁字尺

丁字尺由互相垂直的尺头、尺身构成，用于画水平线。使用时必须将尺头内侧紧靠在图板左侧的工作边上，然后上下推动，并将尺身上边缘对准画线位置画线。

三、三角板

三角板是制图的主要工具之一，由一块 45°角的直角等边三角板和一块 30°、60°角的直角三角板组成一副，可配合丁字尺画铅垂线和与水平线成 15°、30°、45°、60°、75°角的斜线及其平行线。

四、比例尺

比例尺是用来按一定比例量取长度的专用尺。可用来放大或缩小实际尺寸。

五、圆规和分规

(1)圆规是画圆和圆弧的主要工具。

(2)分规的形状与圆规相似，但两腿都装有钢针，可用它量取线段长度，也可用它等分直线或圆弧。

六、曲线板、建筑模板

(1)曲线板是用来画非圆曲线的工具。

(2)建筑模板用来画各种建筑标准图例和常用符号，各专业有各自的模板。

七、绘图墨水笔

绘图墨水笔也称自来水直线笔，是目前广泛使用的一种描图工具。它的笔头是一针管，针管直径有粗细不同的规格，可画出不同线宽的墨线。

八、图纸

图纸有绘图纸和描图纸两种。绘图纸用来画铅笔图或墨线图，要求纸面洁白，质地坚硬，橡皮擦后不易起毛。描图纸(也称硫酸纸)是专门用来绘制墨线图的，要求纸张透明度好，表面平整挺括。描绘的墨线图样即为复制蓝图的底图。

九、铅笔

(1)绘图铅笔按铅芯的软、硬程度分为 B 型和 H 型两类。“B”表示软，“H”表示硬，HB 介于两者之间，画图时，可根据使用要求选用不同的铅笔型号。建议 B 或 2B 用于画粗线；H 或 2H 用于画细线或底稿线；HB 用于画中线或书写字体。

(2)铅芯磨削的长度及形状：写字或打底稿用锥状铅芯，铅笔应削成长 25 ~ 30 mm 的圆锥形，铅芯露出 6 ~ 8 mm；加深图线时，铅笔宜削成楔状，铅芯宽 1 ~ 1.5 mm，厚 0.6 ~ 0.8 mm。

十、其他用品

绘图还需其他用品，如橡皮、刀片、胶带纸、擦图片等。

小 结

本章主要介绍图纸、图线、字体、比例、尺寸标注等国家制图标准中的有关规定及手工制图工具和用品等知识。这些内容是今后课程学习和绘制工程图的基础。学习中要注意图纸的幅面及格式、线型线宽的选用、比例的选取、尺寸标注的规定等，并要经常查阅国家制图标准，使绘图完全符合国家制图标准的有关规定，读图能充分依据国家制图标准。

复习思考与练习题

一、名词解释

(1)图纸幅面；(2)图样比例。

二、填空题

(1)常用的手工制图工具和用品包括(　　　)、(　　　)、(　　　)、(　　　)、(　　　)、(　　　)、(　　　)、(　　　)、(　　　)。

(2)国家制图标准包括(　　　)、(　　　)、(　　　)、(　　　)、(　　　)和(　　　)。

(3)图样上的尺寸组成包括(　　　)、(　　　)、(　　　)和(　　　)。

三、问答题

(1)国家制图标准的重要作用是什么?

(2)遵守国家制图标准的重要意义是什么?

(3)图纸幅面有哪几种规格?它们之间有什么关系?

(4)在尺寸标注时应注意哪些问题?

四、实训练习题

(1)图纸、图线、比例及尺寸标注训练：在A3幅面图纸上绘制220 mm×320 mm矩形图，要求：①分别用粗实线、中虚线绘制；②选取适当比例尺并标注相关尺寸；③图面布置时应做到合理、匀称、美观。

(2)图纸、图线、比例及尺寸标注训练：在A3幅面图纸上绘制直径为200 m的圆形图和球形图，要求：①用粗实线绘制；②选取适当比例尺并标注相关尺寸；③图面布置时应做到合理、匀称、美观。

第二章　投影的基本知识

【学习目标】

- 掌握：投影的基本概念、类型、用途；点、线、平面的投影规律。
- 掌握：平面立体、曲面立体的投影特性、作图方法等。
- 掌握：组合形体的视图、绘制、阅读和尺寸标注的基本方法。
- 了解：轴测投影的形成、基本概念、用途、绘制方法、步骤等。

第一节　投影的基本原理

一、投影的基本概念

(1)在日常生活中，经常看到空间一个物体在光线照射下在某一平面产生影子的现象，即投影现象。抽象总结后的影像即为形体在投影面上的投影。

(2)产生投影的光源称为投影中心(*S*)，接受投影的面称为投影面，连接投影中心和形体上的点的直线称为投影线。这种用光线照射形体，在投影面上投影产生影像的方法称为投影法，如图 2-1 所示。

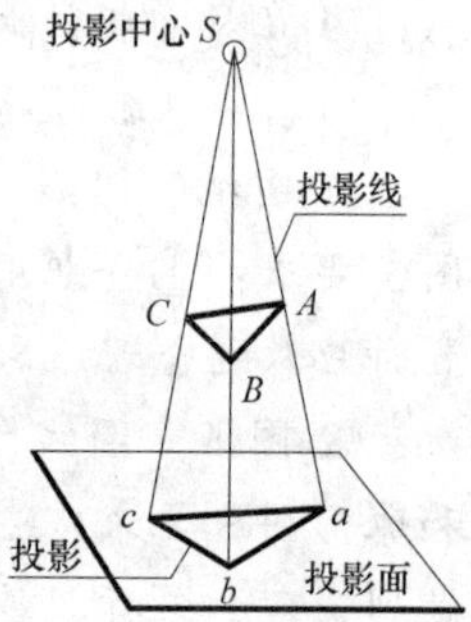

图 2-1　中心投影法

二、投影法的分类

投影法分为中心投影法和平行投影法两大类。

(一)中心投影法

如图 2-1 所示，投影中心 *S*(光源)在有限的距离内发出放射状投影线 *SA*、*SB*、*SC*，延长这些投影线与投影面相交，作出投影点 *a*、*b*、*c* 即为三角形各顶点 *A*、*B*、*C* 在投影面上的投影。

由于投影线均从投影中心出发，故这种投影法称为中心投影法。投影的影子(图形)随光源的方向和距形体的距离而变化。光源距形体越近，形体投影越大，它不反映形体的真实大小。

(二)平行投影法

如图 2-2 所示，当投影中心 *S*(光源)在无限远处时，投影线可看成是相互平行的，用平行投影线作出投影的方法称为平行投影法。其投影大小与形体到光源的距离无关。

平行投影法又可根据投影线(方向)与投影面倾角的不同分为斜投影法(见图 2-2(a))和正投影法(见图 2-2(b))两种。

(1)斜投影法：投影线相互平行，但与投影面倾斜时所作出的平行投影称为斜投影。作出斜投影的方法称为斜投影法。

(2)正投影法：投影线相互平行且与投影面垂直时所作出的平行投影称为正投影。作出正投影的方法称为正投影法。此法在实际工程绘制图纸中使用最多。

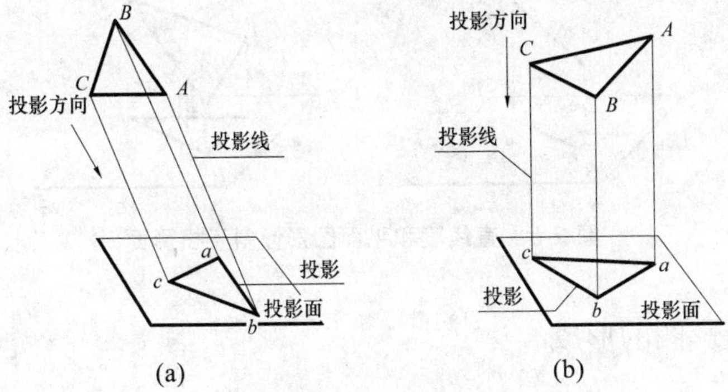

图 2-2　平行投影法

三、正投影的基本特征

(一)显实性(全等性)

当直线段和平面图形平行于投影面时，其投影分别反映了直线段的真长和平面图形的真形，这种投影称为真形投影。这种投影的直线段长度和平面图形的形状及大小都可直接从投影图中确定和度量，这种特性称为正投影的显实性。

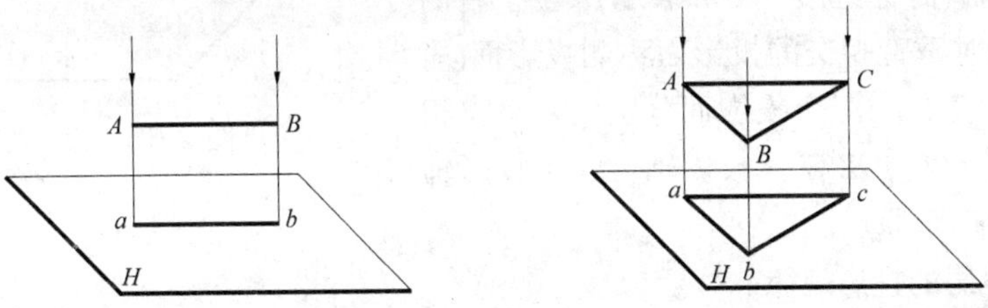

图 2-3　直线段和平面图形平行于投影面

(二)积聚性

当直线段和平面图形垂直于投影面时，其投影分别积聚成一点和一直线段，这种投影称为积聚投影，这种特性称为正投影的积聚性。

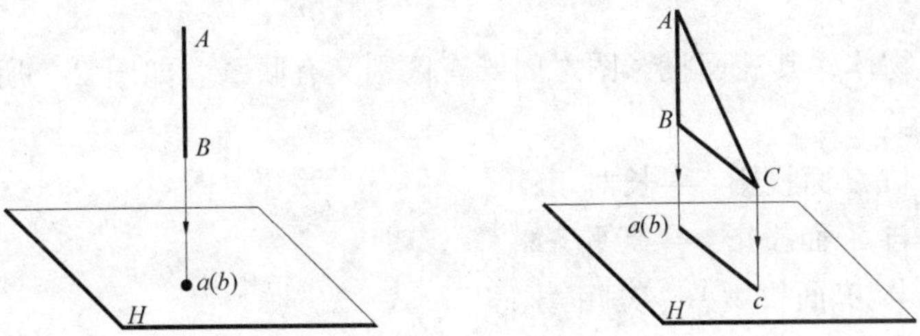

图 2-4　直线段和平面图形垂直于投影面

(三)类似性

当直线段和平面图形倾斜于投影面时，其投影小于直线的真实长度和平面图形的真实形状，但图形的基本特征没变，这种投影特性称为类似性。

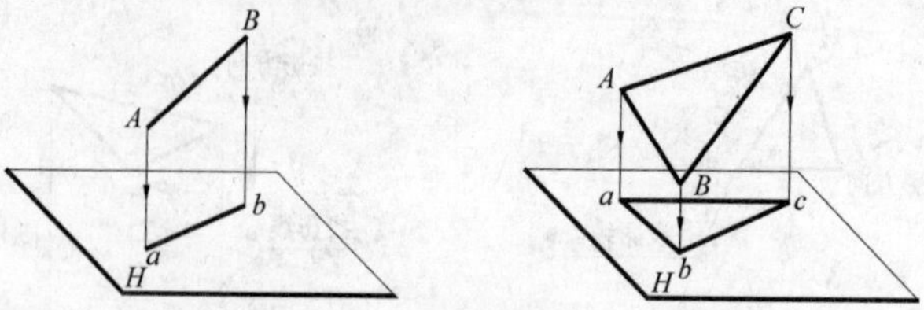

图 2-5　直线段和平面图形倾斜于投影面

四、三面投影图的形成

(一)三面投影体系的建立

如图 2-6 所示，为了更清楚、准确地反映形体的大小和完整形状，通常将空间形体放在三个互相垂直相交的平面所组成的投影面体系中，并将形体分别向三个投影面投影。这三个相互垂直相交的投影面就构成了三投影面体系。其中，呈水平位置的投影面为水平投影面(简称水平面，用 *H* 表示)；与水平投影面垂直相交并呈正立位置的投影面称正投影面(简称正面，用 *V* 表示)；位于右侧与 *H*、*V* 面同时垂直相交的投影面称侧投影面(简称侧面，用 *W* 表示)。三个投影面分别两两垂直相交形成了 *OX*、*OY*、*OZ* 三条投影轴。三个投影轴的交点 *O* 称为投影原点。

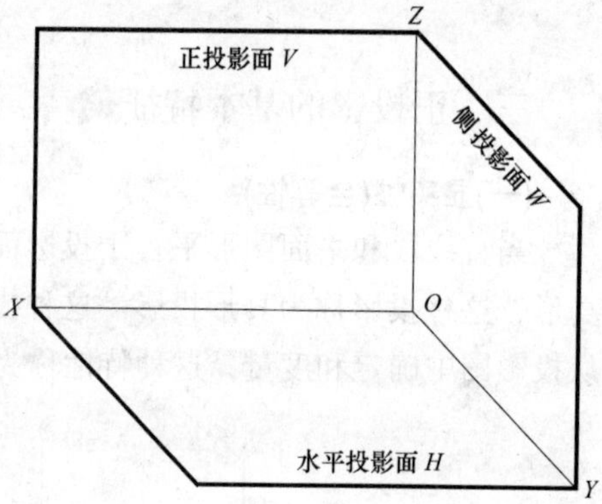

图 2-6　三面投影体系

(二)三面投影的投影规律

将形体置于三面投影体系中，用正投影法可分别得到 *V*、*H*、*W* 三个投影面的投影，即正面投影(或 *V* 面投影)、水平投影(或 *H* 面投影)、侧面投影(或 *W* 面投影)。

在实际工程图纸上，通常将三个相互垂直的投影面展开摊平成一个平面。展开方法是：*V* 面保持不动，*H* 面绕 *OX* 轴向下旋转 90°，*W* 面绕 *OZ* 轴向右旋转 90°，则 *V*、*H*、*W* 面展开到同一个平面上了。一般不必标注投影面、投影轴和投影图名称，也不必画出投影轴及投影面的边界。

对于同一个物体，其三面投影图之间既有区别又有联系。如图 2-7 所示，三个投影图之间存在下述投影规律：

(1)*V* 面投影与 *H* 面投影——长对正；

(2)*V* 面投影与 *W* 面投影——高平齐；

(3)*H* 面投影与 *W* 面投影——宽相等。

“长对正、高平齐、宽相等”的投影对应关系是三面投影之间的重要特性，也是画图和读图时必须遵守的投影规律。

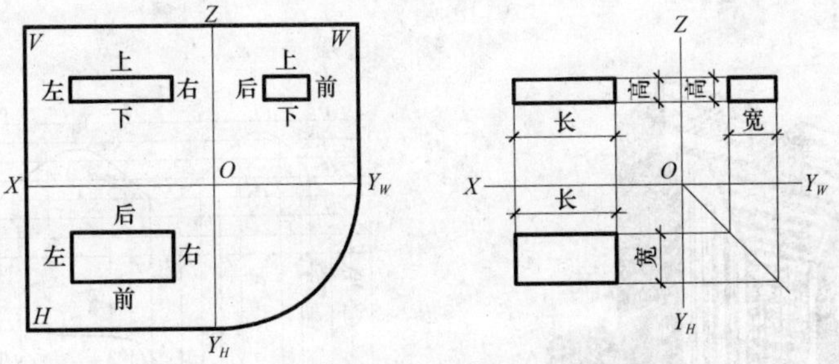

图 2-7　三面投影图的形成和投影规律

(三)三面投影图的画法

(1)建立坐标轴。

(2)确定物体方位，并先画出 *V* 面或 *H* 面投影，再根据上述投影规律画出 *W* 面投影。

(3)检查无误后，擦去作图线，描深完成三面投影图。

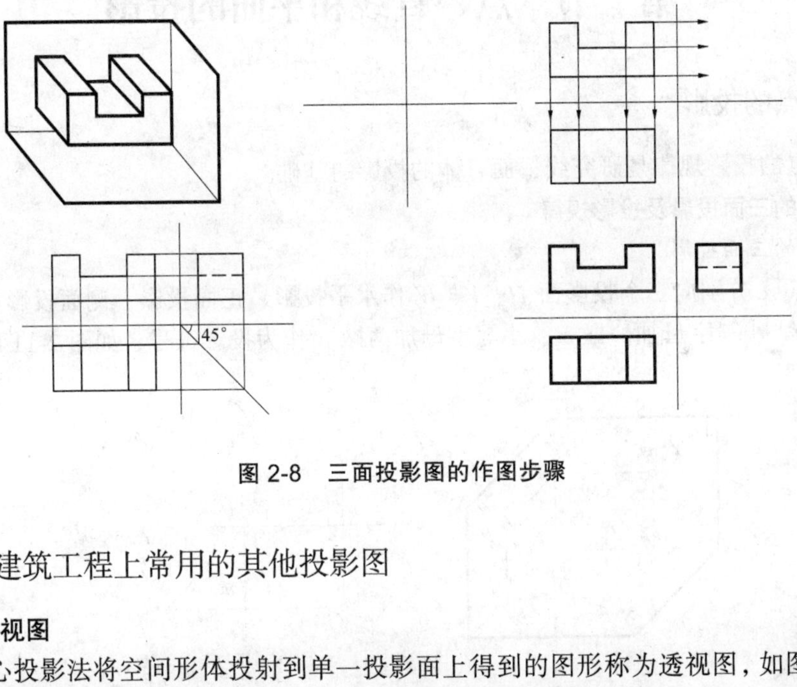

图 2-8　三面投影图的作图步骤

五、建筑工程上常用的其他投影图

(一)透视图

用中心投影法将空间形体投射到单一投影面上得到的图形称为透视图，如图 2-9 所示。透视图与人的视觉习惯相符，能体现近大远小的效果，所以形象逼真，具有丰富的立体感，但作图比较麻烦，且度量性差，常用于绘制建筑效果图。

(二)轴测图

将空间形体正放用斜投影法画出的图或将空间形体斜放用正投影法画出的图称为轴测图。形体上互相平行且长度相等的线段，在轴测图上仍互相平行、长度相等。轴测图虽不符合近大远小的视觉习惯，但仍具有很强的直观性，所以在工程上得到广泛应用。

(三)标高投影图

用正投影法将局部地面的等高线投射在水平的投影面上，并标注出各等高线的高程，从而表达该局部的地形。这种用标高来表示地面形状的正投影图，称为标高投影图，如

图 2-10 所示。

图 2-9　透视图

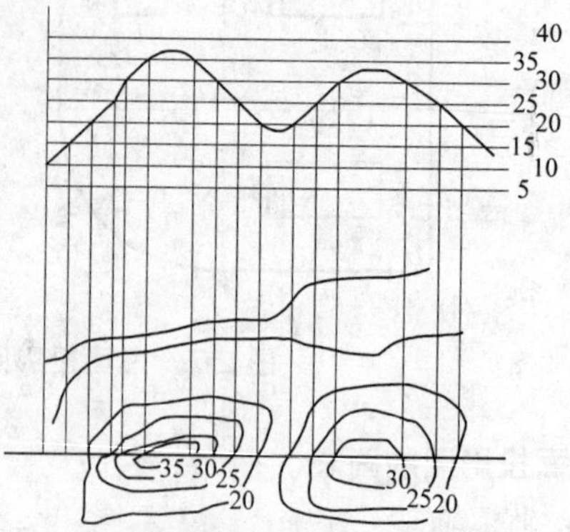

图 2-10　标高投影图

第二节　点、直线和平面的投影

一、点的投影

掌握点的投影规律是研究线、面、体的投影的基础。

(一)点的三面投影及投影规律

1. 点的三面投影

空间点 *A* 分别向三个投影面 *H*、*V*、*W* 作水平投影、正面投影、侧面投影，用相应的小写字母 *a*、小写字母加一撇 *a'*、小写字母加两撇 *a''*作为投影符号，如图 2-11 所示。

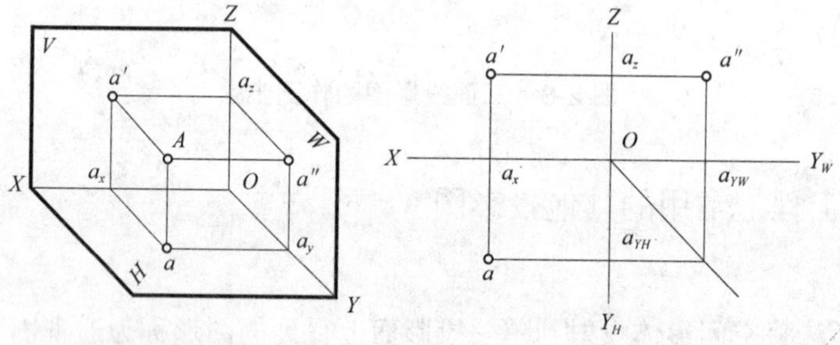

(a)直观图　　　　(b)投影图

图 2-11　点的三面投影

2. 点的投影规律

以点 *A* 为例可以看出点在三面投影体系中的投影规律如下：

(1)点的投影连线垂直于投影轴，如 $a'a \perp OX$、$a'a'' \perp OZ$。

(2)点的投影与投影轴的距离，反映该点的坐标，也就是该点与相应的投影面的距离，如 $aa_X = a''a_Z$。

应用上述投影规律，可根据一点的任意两个已知投影，求得它的第三个投影。

(二)点的直角坐标

在三投影面体系中的点 A 也可用直角坐标来表示为 $A(x, y, z)$，点 A 的三个投影坐标可分别表示为 $a(x, y)$，$a'(x, z)$，$a''(y, z)$。

点 A 的直角坐标、点 A 的投影及点 A 到投影面的距离间存在如下关系：

(1)$x=Aa''=a'a_Z$；

(2)$y=Aa'=a''a_Z$；

(3)$z=Aa=a'a_X$。

可见，一点的任意两个投影的坐标值就包含了确定该点空间位置的三个坐标，据此，若已知空间点的坐标，则可求其三面投影，反之亦可。

【例 2-1】 已知空间点 B 的坐标为 X=12，Y=10，Z=15，也可以写成 B(12，10，15)，单位为 mm(下同)。求作 B 点的三面投影。

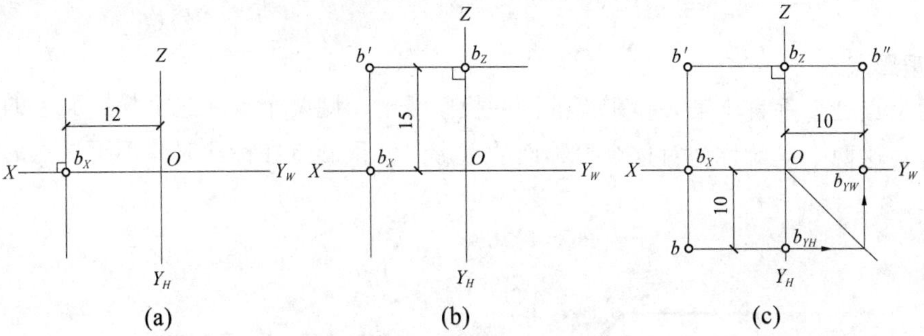

图 2-12　由点的坐标作三面投影

求作步骤如下：

(1)画投影轴，在 OX 轴上由 O 点向左量取 12，定出 b_X，过 b_X 作 OX 轴的垂线，见图 2-12(a)。

(2)在 OZ 轴上由 O 点向上量取 15，定出 b_Z，过 b_Z 作 OZ 轴垂线，两条线交点即为 b'，见图 2-12(b)。

(3)在 $b'b_X$ 的延长线上，从 b_X 向下量取 10 得 b；在 $b'b_Z$ 的延长线上，从 b_Z 向右量取 10 得 b''，或者由 b' 和 b 用图 2-12(c)所示的方法作出 b''。

(三)两点的相对位置

(1)两点的相对位置是指空间两个点的上下、左右、前后关系，在投影图中，是以它们的坐标差来确定的。X 坐标大者在左，小者在右；Y 坐标大者在前，小者在后；Z 坐标大者在上，小者在下。

(2)两点的 V 面投影反映上下、左右关系；两点的 H 面投影反映左右、前后关系；两点的 W 面投影反映上下、前后关系。

【例 2-2】 已知空间点 C(15，8，12)，D 点在 C 点的右方 7 mm，前方 5 mm，下方 6 mm。求作点 D 的三投影。

求作步骤如下：

(1)分析：点 D 在点 C 的右方和下方，说明点 D 的 X、Z 坐标小于点 C 的 X、Z 坐标；

点 D 在点 C 的前方，说明点 D 的 Y 坐标大于点 C 的 Y 坐标。可根据两点的坐标差作出点 D 的三投影。

(2)作图：如图 2-13 所示。

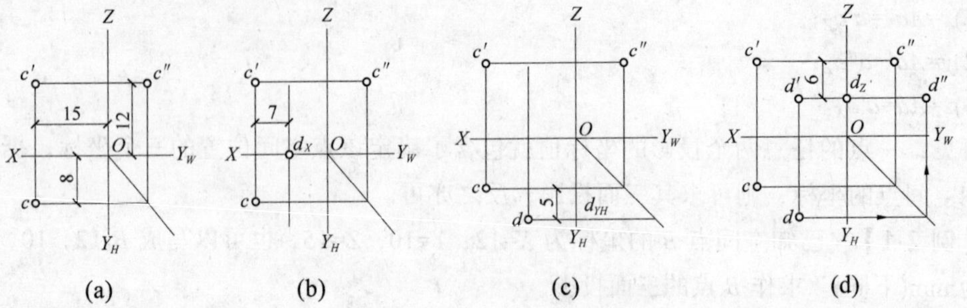

图 2-13　求作点 D 的三投影

(四)重影点

若两个点处于垂直于某一投影面的同一投影线上，则两个点在这个投影面上的投影便互相重合，这两个点就称为对这个投影面的重影点。重影点在标注时将不可见点的投影加上括号(见图 2-14)。

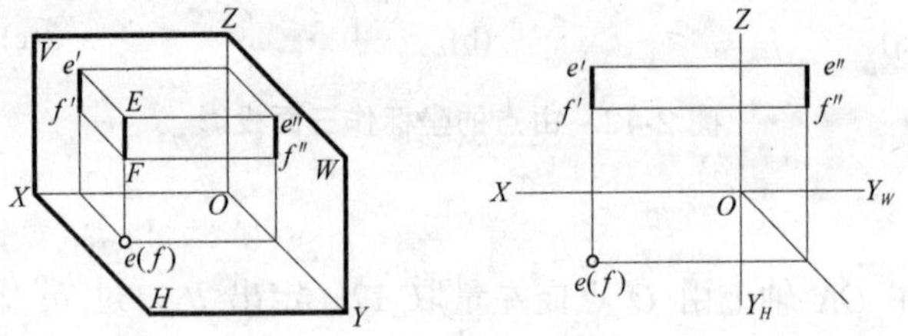

图 2-14　重影点的投影

二、直线的投影

直线在投影面上的投影仍为直线。作图时，只要分别作出线段两端点的三面投影，再将该两端点的同一投影面上的投影相连，即为空间直线的三面投影。空间直线与投影面的相对位置有三种：①投影面平行线；②投影面垂直线；③一般位置直线。前两种也称特殊位置直线。

(一)各种位置直线的投影

1. 投影面平行线

只平行于一个投影面，而倾斜于另外两个投影面的直线称为投影面平行线。

投影面平行线根据其三种位置又分为：①正平线：平行于正平面；②水平线：平行于水平面；③侧平线：平行于侧面。

直线对投影面所夹的角即直线对投影面的倾角，α、β、γ 分别表示直线对 H 面、V 面

和 W 面的倾角。

投影面平行线的投影特性见表 2-1。

表 2-1　投影面平行线的投影特性

名称	轴　测　图	投　影　图	投影特性
正平线	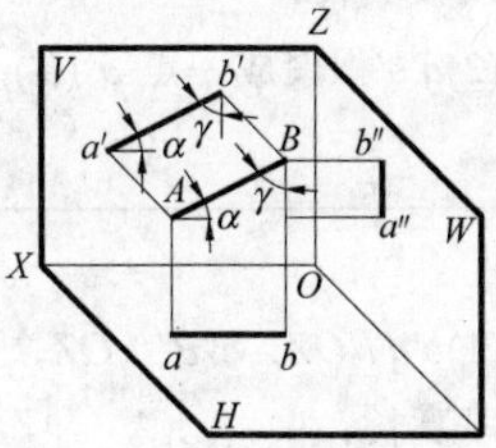	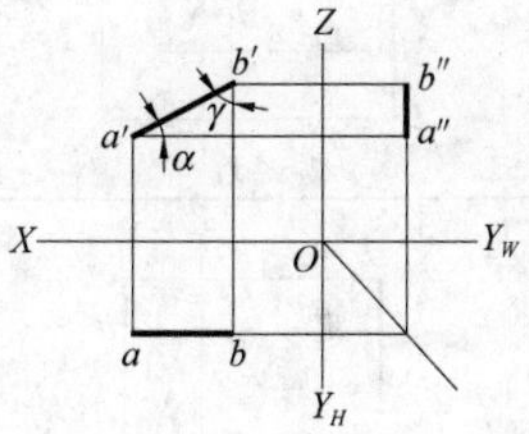	(1)$ab//OX$，$a''b''//OZ$，且短于直线段的真长；(2)$a'b'$反映直线段的真长，即$a'b'=AB$；(3)α、γ反映实际倾角大小
水平线	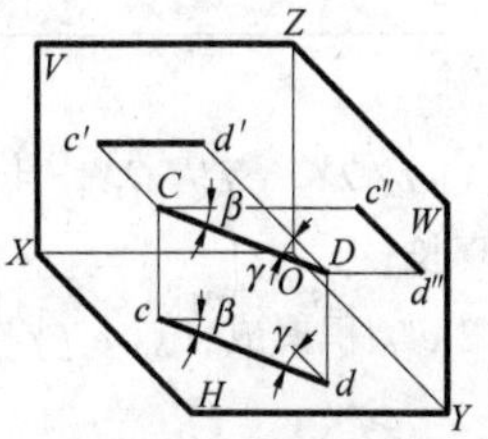	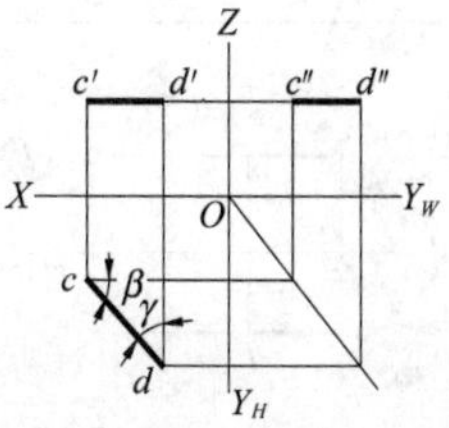	(1)$c'd'//OX$，$c''d''//OY_W$，且短于直线段的真长；(2)cd 反映直线段的真长，即$cd=CD$；(3)β、γ反映实际倾角大小
侧平线	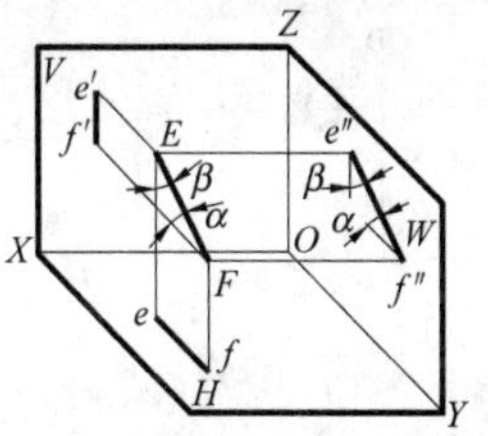	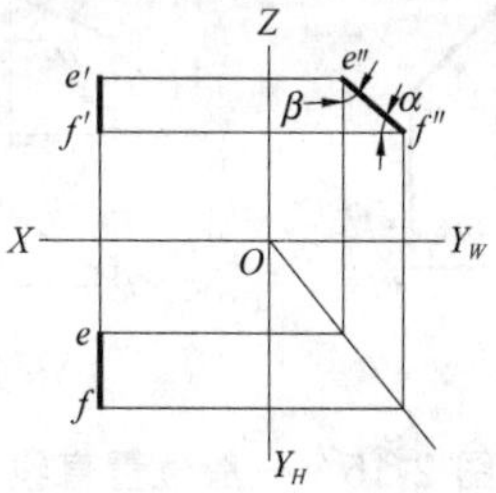	(1)$ef//OY_H$，$e'f'//OZ$，且短于直线段的真长；(2)$e''f''$反映直线段的真长，即$e''f''=EF$；(3)α、β反映实际倾角大小

2. 投影面垂直线

垂直于一个投影面，并与另外两个投影面平行的直线，称为投影面垂直线。

投影面垂直线也根据其三种位置分为：①正垂线：垂直于正面的直线；②铅垂线：垂直于水平面的直线；③侧垂线：垂直于侧面的直线。

投影面垂直线的投影特性见表 2-2。

3. 一般位置直线

一般位置直线是既不平行也不垂直于任何一个投影面，即与三个投影面都处于倾斜位置的直线(见图 2-15)。

一般位置直线的投影特性是：三个投影都倾斜于投影轴，长度缩短，不能直接反映直线与投影面的真实倾角。

表 2-2　投影面垂直线的投影特性

名称	轴测图	投影图	投影特性
正垂线	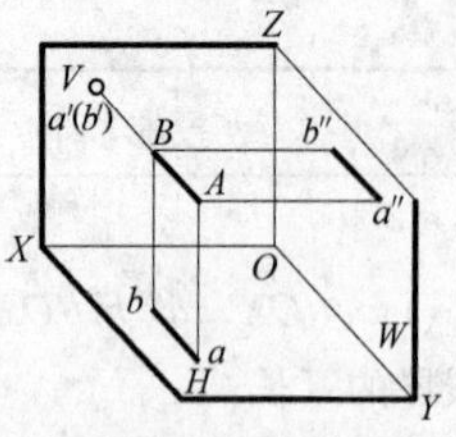	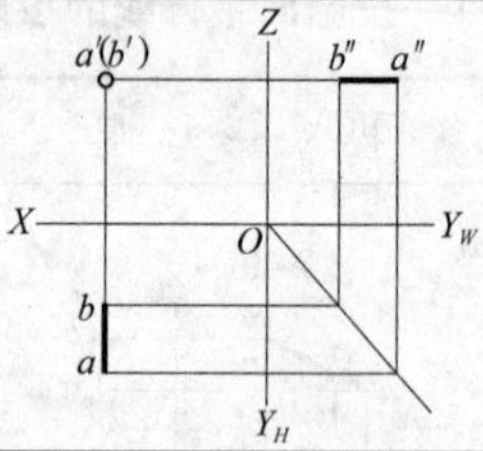	(1)$ab//OY_H$，$a''b''//OY_W$，且反映直线段真长； (2)$a'b'$积聚成一点 $a'(b')$
铅垂线	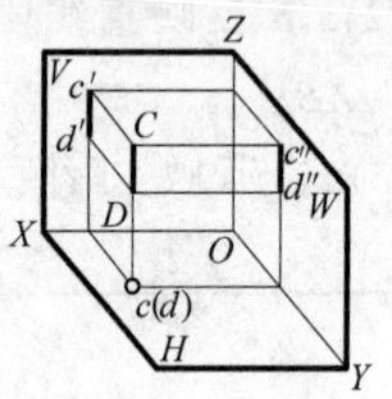	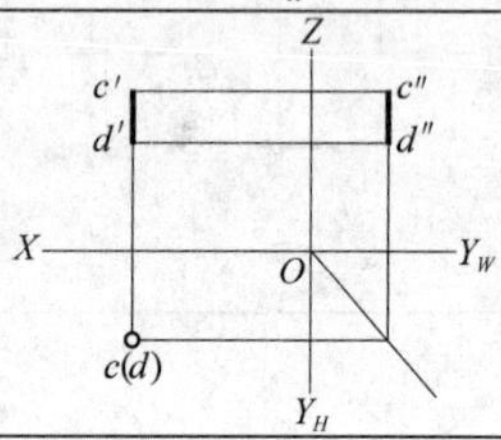	(1)$c'd'//OZ$，$c''d''//OZ$，且反映直线段真长； (2)cd 积聚成一点 $c(d)$
侧垂线	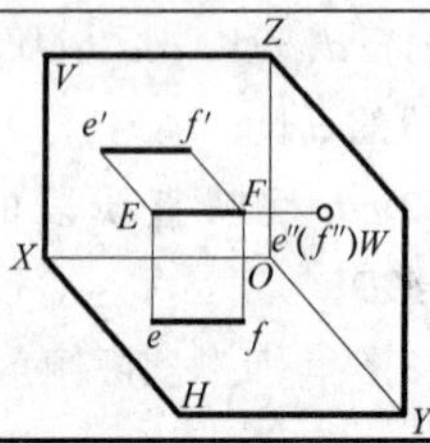	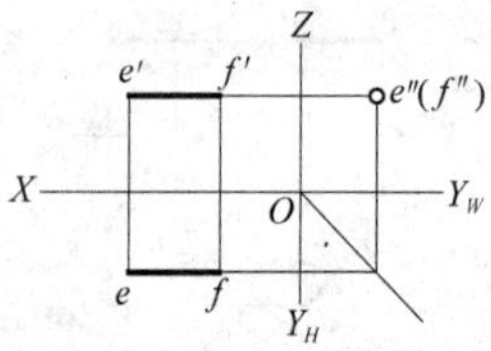	(1)$ef//OX$，$e'f'//OX$，且反映直线段真长； (2)$e''f''$积聚成一点 $e''(f'')$

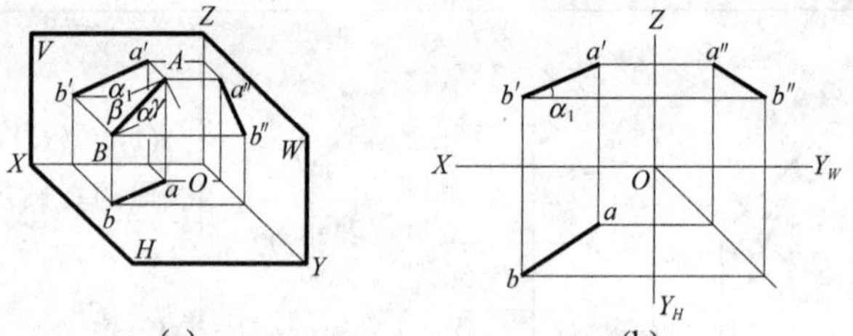

(a)　(b)

图 2-15　一般位置直线

求作一般位置直线段的真长和对投影面的倾角，可用图 2-16 所示的直角三角形法。

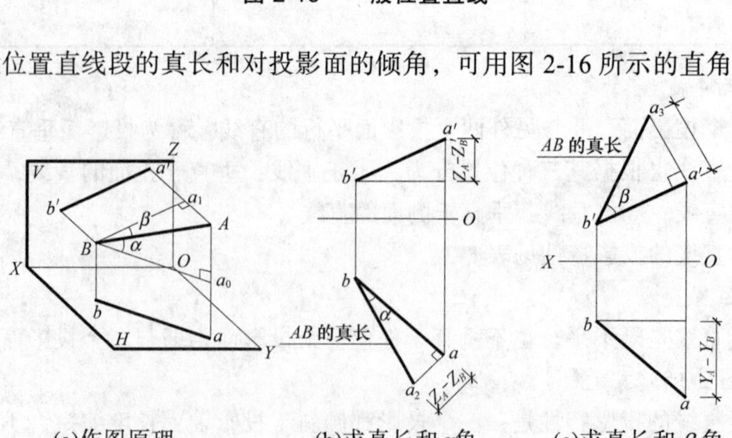

(a)作图原理　(b)求真长和α角　(c)求真长和 β 角

图 2-16　用直角三角形法求一般位置直线段的真长和倾角

(二)直线上的点的投影

直线上的点的投影具有下列特性：

(1)直线上的点的投影必在直线的同面投影上；反之，点不在直线上，其投影也一定不在该直线上。

(2)若直线不垂直于投影面，则点分割直线线段的长度比等于点的投影分割直线线段投影的长度比。

【例 2-3】 如图 2-17(a)所示，已知直线 AB 的 V、H 面投影，求作 AB 上的点 C 的两面投影，使 $AC:CB=2:3$。

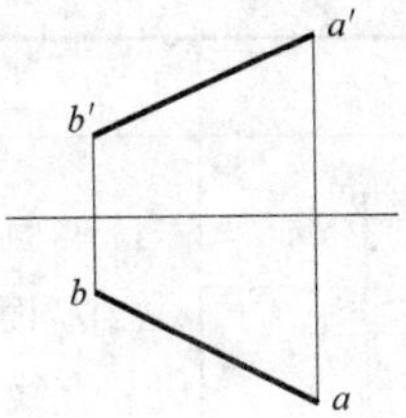

(a)已知条件

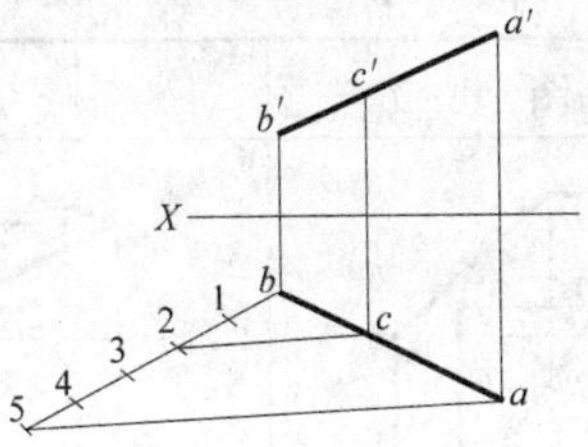

(b)作图过程

图 2-17 点分直线及投影

根据直线上的点的投影特性，作图步骤如下：

(1)自 b 点任引一直线，以任意直线长度为单位长度，从 b 顺次量 5 个单位，得点 1、2、3、4、5。

(2)连点 5 与点 a，并作 $2c//5a$，与 ab 交于点 c。

(3)由 c 引投影连线，与 $a'b'$交于 c'点。c'与 c 即为所求的点 C 的两面投影。

三、平面的投影

(一)平面的表示方法

平面的范围是无限的，平面及平面在空间的位置可用下述一组几何元素来表示：①不在同一直线上的三点；②一条直线及线外一点；③两相交直线；④两平行直线；⑤平面图形。

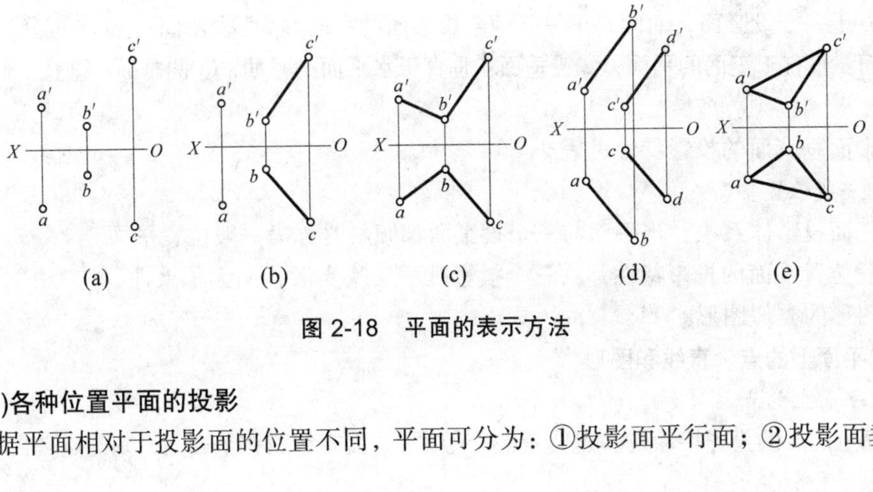

图 2-18 平面的表示方法

(二)各种位置平面的投影

根据平面相对于投影面的位置不同，平面可分为：①投影面平行面；②投影面垂直面；

③一般位置平面。前两种平面也称特殊位置平面。

平面与投影面 H、V、W 的倾角，分别用 α、β、γ 表示。

1. 投影面平行面

平行于一个投影面，而垂直于另外两个投影面的平面称为投影面平行面，又分三种：①正平面：平行于正面的平面；②水平面：平行于水平面的平面；③侧平面：平行于侧面的平面。

投影面平行面的投影特性见表 2-3。

表 2-3　投影面平行面的投影特性

名称	轴测图	投影图	投影特性
正平面	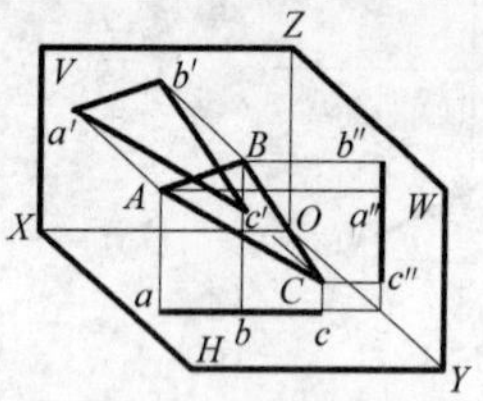	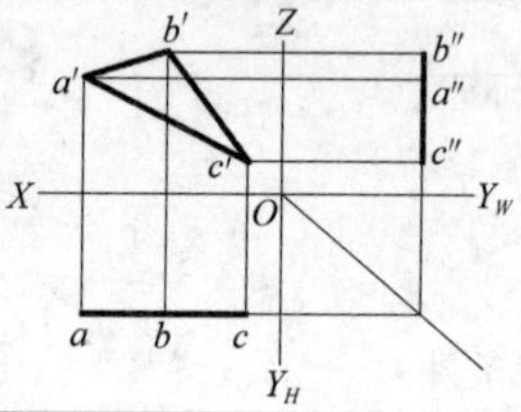	(1)V 面投影反映实形； (2)H 面投影、W 面投影积聚成一直线，分别平行于 OX 轴和 OZ 轴
水平面	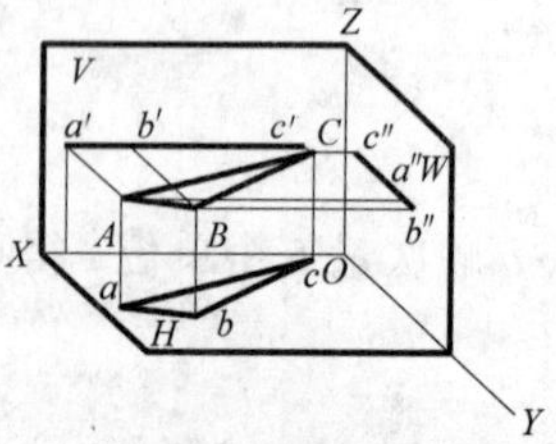	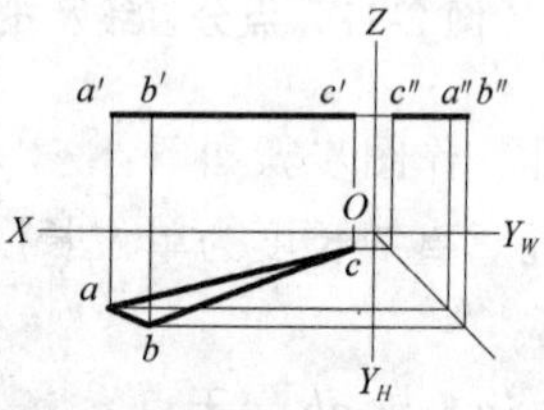	(1)H 面投影反映实形； (2)V 面投影、W 面投影积聚成一直线，且分别平行于 OX 轴和 OY_W 轴
侧平面	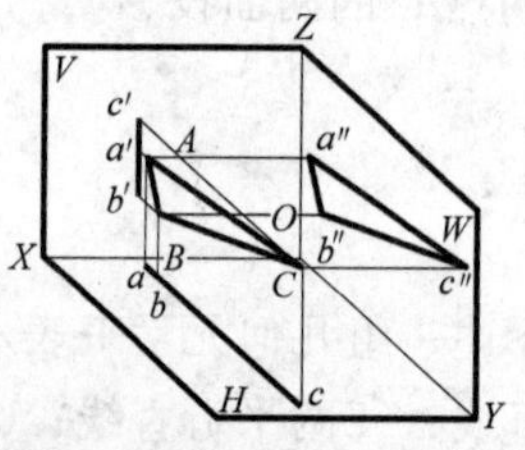	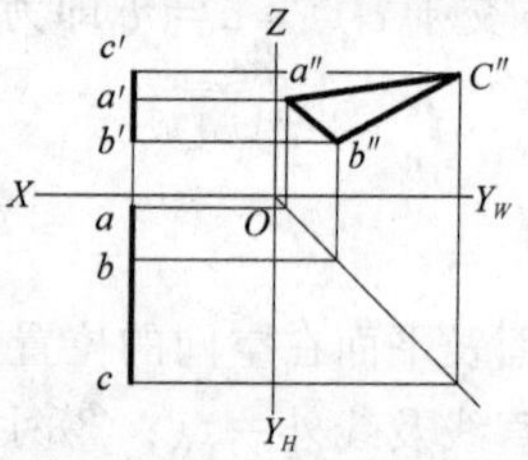	(1)W 面投影反映实形； (2)V 面投影、H 面投影积聚成一直线，且分别平行于 OZ 轴和 OY_H 轴

2. 投影面垂直面

垂直于一个投影面，而倾斜于另外两个投影面的平面称为投影面垂直面，也分为三种：①正垂面：垂直于正面的平面；②铅垂面：垂直于水平面的平面；③侧垂面：垂直于侧面的平面。

投影面垂直面的投影特性见表 2-4。

3. 一般位置平面

在三面投影体系中，当平面与三个投影面都倾斜时称为一般位置平面。

一般位置平面的投影特性是：三个投影既不反映实形，又无积聚性，均为缩小的原空间平面图形的类似图形。

(三)平面上的点、直线和图形

1. 平面上的点

平面上的点的投影特性是：如果一点在直线上，而直线又在平面上，则此点必在平面上。

表 2-4　投影面垂直面的投影特性

名称	轴测图	投影图	投影特性
正垂面	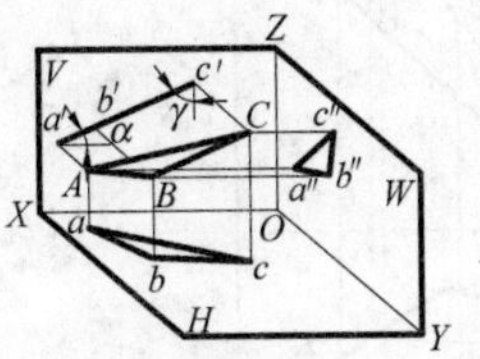	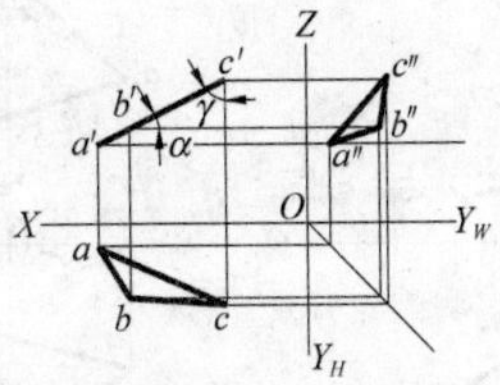	(1)*V* 面投影积聚成一直线，并反映与 *H*、*W* 面的倾角 α、γ； (2)*H*、*W* 两个面的投影为面积缩小的原平面的类似形
铅垂面	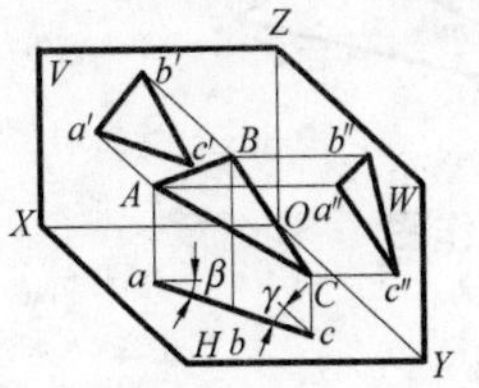	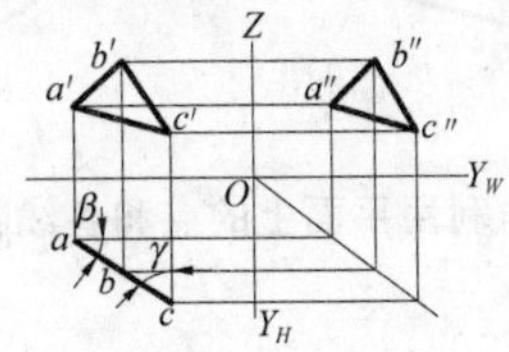	(1)*H* 面投影积聚成一直线，并反映与 *V*、*W* 面的倾角 β、γ； (2)*V*、*W* 两个面的投影为面积缩小的原平面的类似形
侧垂面	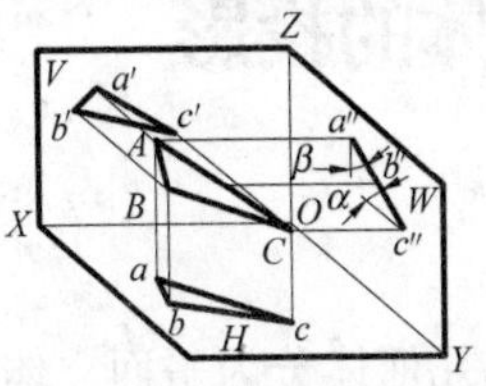	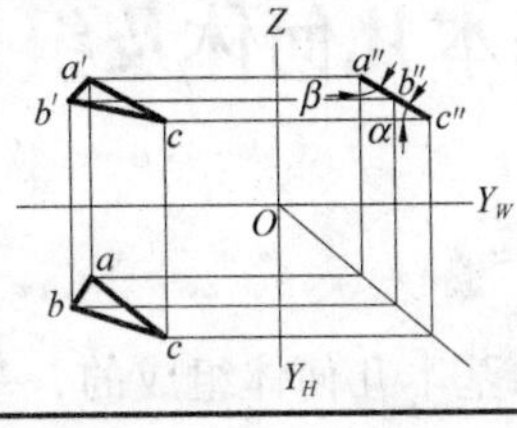	(1)*W* 面投影积聚成一直线，并反映与 *H*、*V* 面的倾角 α、β； (2)*H*、*V* 两个面的投影为面积缩小的原平面的类似形

2. 平面上的直线

平面上的直线的投影特性是：如果一直线通过平面内的两点或通过平面内的一点且平行于平面内的另外一条直线，则此直线必在该平面上。

可见，在平面上取点取线互为作图条件。

3. 特殊位置平面上的点、直线和图形

特殊位置平面上的点、直线和图形，在该平面的有积聚性的投影所在的投影面上的投影，必定积聚在该平面的有积聚性的投影上。

利用这个投影特性，可以求作特殊位置平面上的点、直线和图形的投影。

【例 2-4】 如图 2-19 所示，已知平行四边形 *ABCD* 和 *K* 点的两面投影，平行四边形 *ABCD* 上的直线 *MN* 的 *H* 面投影 *mn*，要求：①试检验 *K* 点是否在平行四边形 *ABCD* 平面上；②作出直线 *MN* 的 *V* 面投影 *m′n′*。

(1)检验 *K* 点是否在平行四边形 *ABCD* 平面上：

①连 *a′*和 *k′*，延长后，与 *b′c′*交于 *e′*。由 *e′*引投影连线，与 *bc* 交于 *e*。连 *a* 和 *e*。

②若 *k* 在 *ae* 上，则 *K* 点在平行四边形 *ABCD* 的直线 *AE* 上，*K* 点便在平行四边形 *ABCD* 上。但图中的 *k* 不在 *ae* 上，就表明 *K* 点不在平行四边形 *ABCD* 上。

(2)作出直线 *MN* 的 *V* 面投影 *m′n′*：

①延长 *mn* 的两端，与 *ad* 交于 *s*，与 *bc* 交于 *f*。

②由 *s*、*f* 作投影连线，分别在 *a′d′*、*b′c′*上交于 *s′*、*f′*，连 *s′*与 *f′*。

③由 *m*、*n* 作投影连线，分别与 *s′f′*交于 *m′*、*n′*，*m′n′*即为所求。

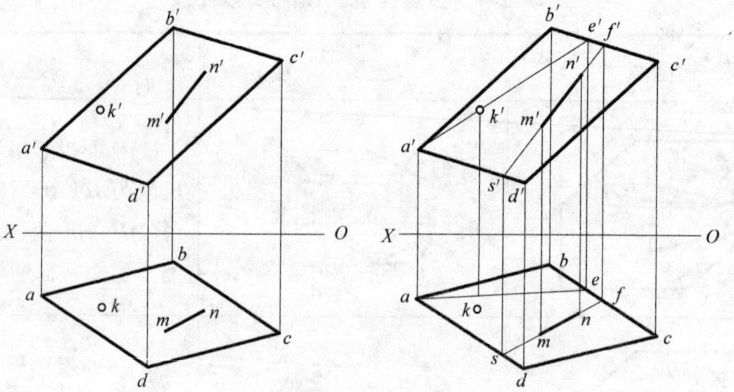

图 2-19　利用平面上的点和直线特性作图

第三节　基本几何体及组合体的投影

一、基本几何体的投影

任何复杂的立体都是由简单的基本几何体组成的，基本几何体分为平面立体和曲面立体两类。

(一)平面立体的投影

平面立体：表面由平面包围而成的基本几何体，最常见的是棱柱和棱锥。

平面立体的投影：就是围成它的表面的所有平面图形的投影。

1. 棱柱体的投影

棱柱体是由两个底面和几个侧棱面构成的。棱柱体的棱线互相平行。常见的棱柱有三棱柱、四棱柱、五棱柱和六棱柱等。下面以五棱柱为例分析其投影特性和作图方法。

(1)投影分析：如图 2-20 所示，正五棱柱的顶面和底面平行于水平面，后棱面平行于正面，其余棱面均垂直于水平面。在这种位置下，五棱柱的投影特征是：顶面和底面的水平投影重合，并反映实形(正五边形)。五个棱面的水平投影分别积聚为五边形的五条边。正面和侧面投影上大小不同的矩形分别是各棱面的投影，不可见的棱线画虚线。

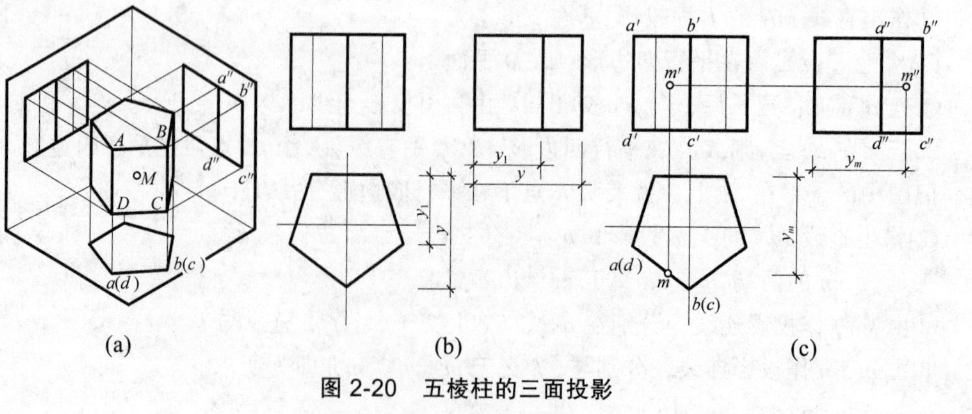

图 2-20　五棱柱的三面投影

(2)作投影图：可先作反映实形和有积聚性的投影，然后按照“长对正、宽相等、高平齐”的投影规律完成其他投影，如图 2-20(b)所示。

(3)棱柱体表面上点的投影，如图 2-20(c)所示。

2. 棱锥体的投影

棱锥体只有一个底面，且所有侧棱线交于有限远的一点。常见的棱锥体有三棱锥、四棱锥、五棱锥等。下面以四棱锥为例，分析其投影特性和作图方法。

(1)投影分析：如图 2-21 所示四棱锥的底面平行于水平面，水平投影反映实形。左、右两棱面垂直于正面，它们的正面投影积聚成直线。前、后两棱面垂直于侧面，它们的侧面投影积聚成直线。与锥顶相交的四条棱线既不平行，也不垂直于任何一个投影面，所以它们在三个投影面上的投影都不反映实长。

(2)作投影图：如图 2-21(b)所示。

(3)棱锥表面上点的投影：如图 2-21(b)所示。

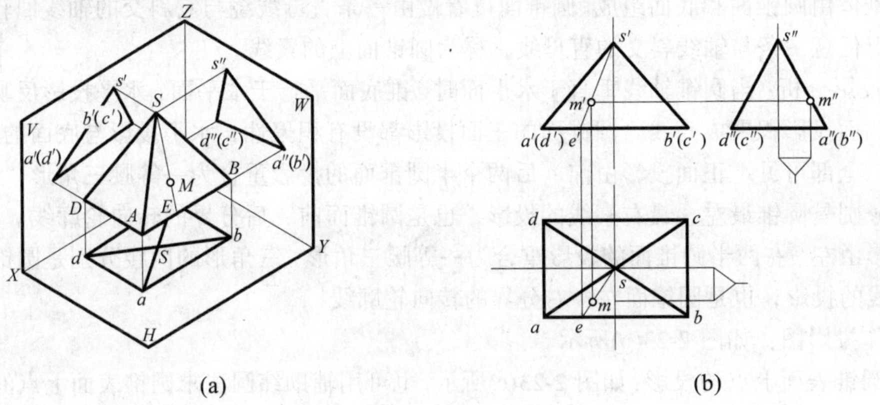

图 2-21　四棱锥的三面投影

(二)曲面立体的投影

曲面立体：表面由曲面或曲面与平面围成的基本几何体，常见的曲面立体是回转体(由回转面或回转面与平面所围成的立体)，如圆柱、圆锥、球体等。

回转体的投影就是围成它的回转面或回转面和平面的投影。

1. 圆柱体的投影

圆柱体是由圆柱面与上、下两端面围成的。圆柱面可看做由一条母线绕平行于它的轴线回转而成，圆柱面上任意一条平行于轴线的直母线称为圆柱面的素线。

(1)投影分析：当圆柱轴线垂直于水平面时，圆柱上、下端面的水平投影反映实形，正面和侧面投影积聚成直线。圆柱面的水平投影积聚为一圆周，与两端面的水平投影重合。在正面投影中，前、后两半圆柱面的投影重合为一矩形，矩形的两条竖线分别是圆柱面最左、最右素线的投影，也是圆柱面前、后分界的转向轮廓线。在侧面投影中，左、右两半圆柱面的投影重合为一矩形，矩形的两条竖线分别是圆柱面最前、最后素线的投影，也是圆柱面左、右分界的转向轮廓线。

(2)作投影图：如图 2-22(b)所示。

(3)圆柱表面上点的投影：如图 2-22(c)所示。

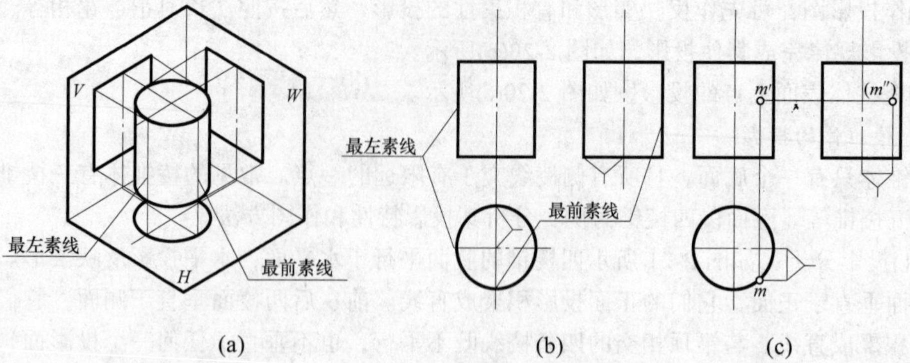

图 2-22　圆柱体的投影

2. 圆锥体的投影

圆锥体由圆锥面和底面组成。圆锥面可看做由一条直母线绕与它斜交的轴线回转而成。圆锥面上任意一条与轴线斜交的直母线，称为圆锥面上的素线。

(1)投影分析：当圆锥轴线垂直于水平面时，锥底面平行于水平面，水平投影反映实形，正面和侧面投影积聚成直线。圆锥面的三面投影都没有积聚性，水平投影与底面的水平投影重合，全部可见。正面投影由前、后两个半圆锥面的投影重合为一等腰三角形，三角形的两腰分别是圆锥最左、最右素线的投影，也是圆锥面前、后分界的转向轮廓线。圆锥的侧面投影由左、右两半圆锥面的投影重合为一等腰三角形，三角形的两腰分别是圆锥最前、最后素线的投影，也是圆锥面左、右分界的转向轮廓线。

(2)作投影图：如图 2-23(b)所示。

(3)圆锥表面上点的投影：如图 2-23(c)所示，也可用辅助纬圆法求圆锥表面上点的投影，如图 2-24 所示。

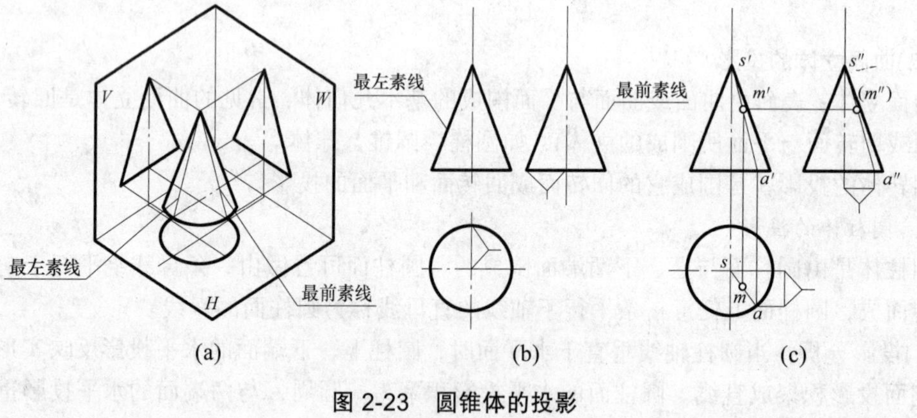

图 2-23　圆锥体的投影

3. 球体的投影

球体的表面可视做由一条圆母线绕它的直径回转而成。

(1)投影分析：球体的三个投影都是与球直径相等的圆，并且是球体表面平行于相应投影面的三个不同位置的最大轮廓圆。正面投影的轮廓圆是前、后两半球可见与不可见的分界线；水平投影的轮廓圆是上、下两半球面可见与不可见的分界线；侧面投影的轮廓圆是左、右两半球面可见与不可见的分界线。

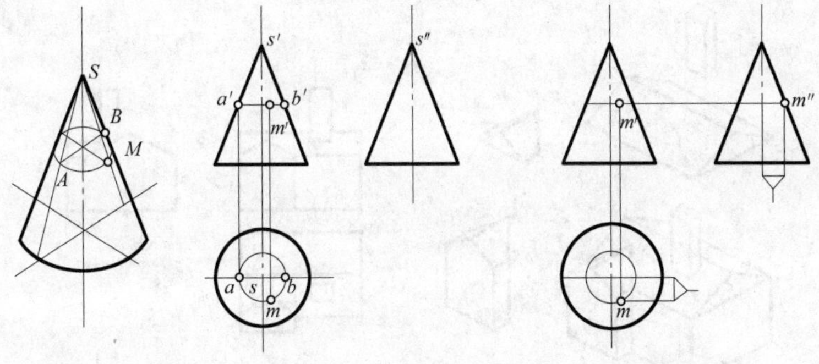

图 2-24　用辅助纬圆法求圆锥表面上点的投影

(2)作投影图：如图 2-25(b)所示。

(3)球体表面上点的投影：如图 2-25(c)所示。

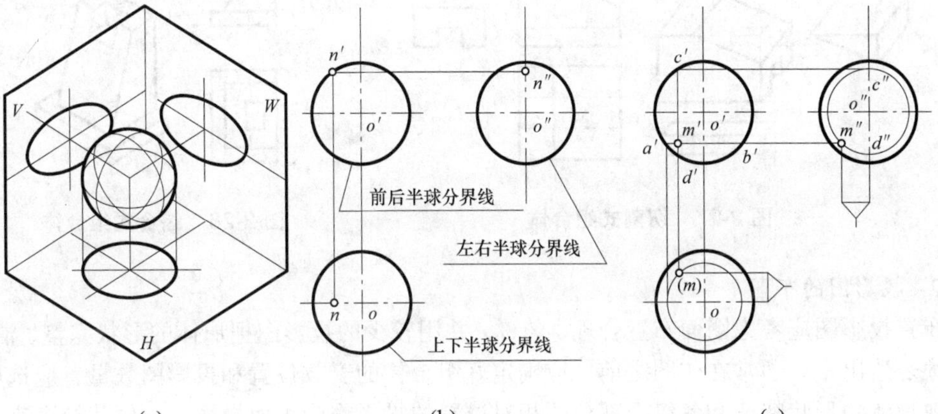

图 2-25　圆球体的投影

二、组合体的投影

(一)组合体的结合形式

组合体的结合形式有三种：①叠加式：由两个或两个以上的基本几何体叠加而成，如图 2-26 所示；②切割式：组合体是由基本几何体经切割后形成的，如图 2-27 所示；③综合式：组合体是由基本几何体叠加和切割组合而成的，如图 2-28 所示。

(二)组合体投影图的画法

由于组合体的形体较复杂，在画组合体投影图时，应先进行形体分析，再进行投影布置，然后画出组合体投影图。

1. 形体分析

将组合体分解成若干个基本几何体，并对这些基本几何体的组合形式、彼此之间的连接关系及相互位置关系进行分析，从而逐一搞清各部分基本几何体的形状特征，画出其投影图，再作出组合体的投影图，这种逐步分析画图的方法称为形体分析法。

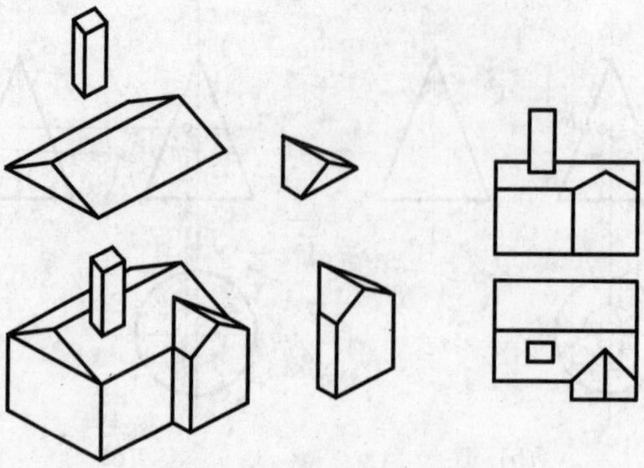

图 2-26 叠加式组合体

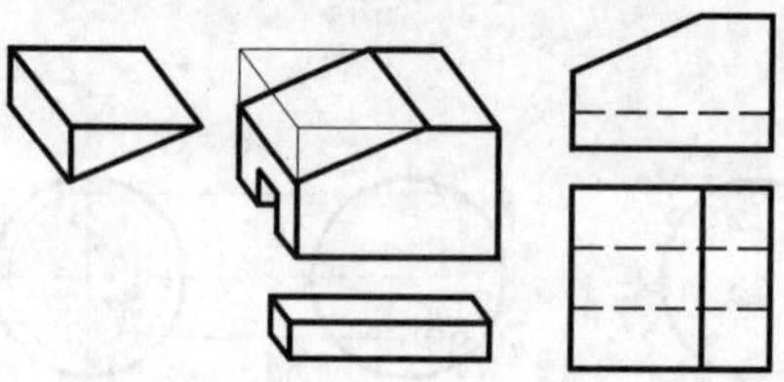

图 2-27 切割式组合体

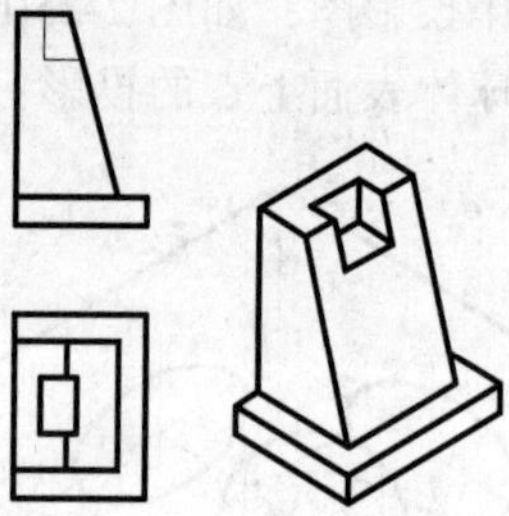

图 2-28 综合式组合体

2. 投影图的布置

布置投影图应考虑图面布置合理、匀称，并用较少的投影图把形体的形状完整、清楚、准确地表达出来。通常在作图之前，应确定好组合体的安放位置和投影图数量，应选取最能反映物体的形状特征和各组合部分的相对位置的投影作为正面投影，以便使较多表面的投影反映真形，同时还应使各投影图尽量少出现虚线。

3. 作图

画组合投影图的步骤如下：

(1)选定比例和图幅：可根据形体所占位置大小选择合适的比例和图幅。

(2)布置图面：先画出图框、标题栏框，然后按照合适的比例和投影图数量确定投影图的位置，并要考虑留出尺寸标注的位置，整个图面还要布置匀称。

(3)画底图并按规定的线型加深图线：按形体分析的结果和投影规律画每一个基本形体的投影，并要注意它们彼此间表面的连接关系，从而画出组合体的投影图。

(三)组合体投影图的尺寸标注

1. 尺寸基准

尺寸基准是标注尺寸的起点。一般以组合体的端面、侧面、顶底面、对称中心线及回转体的回转轴线等作为尺寸基准。

2. 尺寸种类

尺寸主要有三种(见图 2-29)：

(1)定形尺寸：确定组合体中各基本几何体的大小的尺寸。通常包括长、宽、高几项尺寸。

(2)定位尺寸：确定组合体中各基本几何体间相互位置关系的尺寸。

(3)总体尺寸：确定组合体的总长、总宽及总高的尺寸。

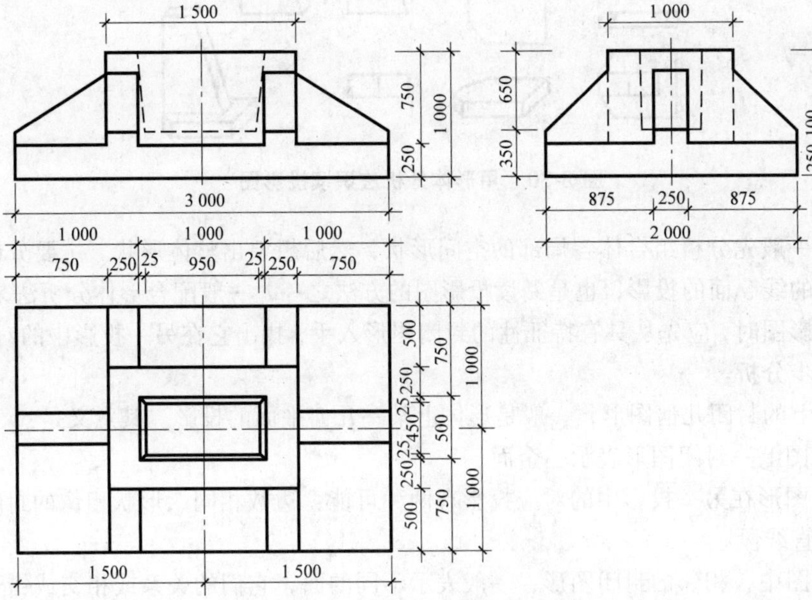

图 2-29　组合体投影图的尺寸标注

3. *尺寸标注步骤*

(1)确定尺寸基准。

(2)标注定形尺寸。

(3)标注定位尺寸。标注定位尺寸时应选择一个或几个标注尺寸的起点，长度方向一般可选择左侧或右侧作为起点；宽度方向可选择前侧或后侧作为起点；高度方向可选择底面或顶面作为起点。若物体自身是对称的，也可选择对称中心线作为尺寸的起点。

(4)标注总体尺寸。在标注总体尺寸时应注意：有时组合体的总体尺寸会与部分形体的定位尺寸重合，此时只须将未标注出的尺寸标注出来就可以了，不要重复标注。

(四)组合体投影图的识读

组合体投影图的识读，就是根据给定的组合体的投影图，运用前面讲过的投影规律、基本方法，对投影图进行分析，想像出组合体的空间形状。因此，在读图前应熟练掌握和运用三面投影的投影规律，掌握点、直线、平面及基本几何体的投影特性。

组合体投影图的识读常用的方法有如下两种。

1. *形体分析法*

形体分析法就是根据组合体主要特征的投影图(通常是以 V 面投影图为主，同时联系 H 面及 W 面投影图)分析组合体各组成部分的形状和相对位置，再分析各基本体之间的相互联系；然后按投影图把各部分叠加在一起，并综合起来想象出整个组合体的形状，如图 2-30 所示。

2. *线面分析法*

根据线、面的投影特性，按照组合体上的线及线框来分析各形体的表面形状、形体的

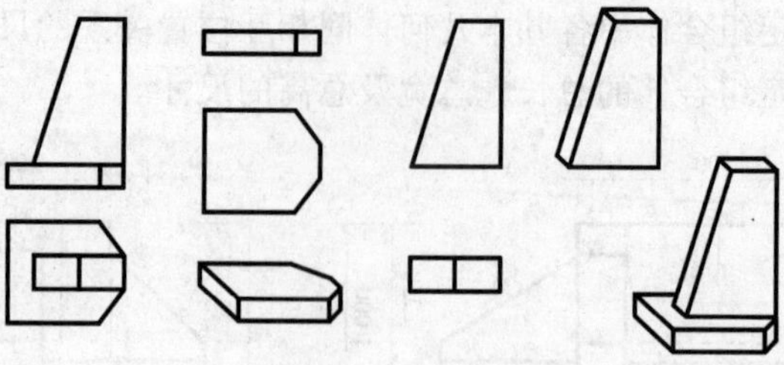

图 2-30　用形体分析法识读投影图

表面交线。一般先分析组合体各局部的空间形状，然后想象出整体形状。主要分析投影图中具有特征的线、面的投影，也是阅读投影图的方法之一，一般配合形体分析法来使用。

分析投影图时，应先从具有特征性的封闭图形入手，找出它在另一投影中的对应投影，再进行进一步分析。

投影图上的封闭几何图形，一般是形体上某一几何平面的投影。其意义是：

(1)投影图上一封闭图形表示一个面。

(2)封闭图形在另一投影中的对应投影有两种可能：边数相同、形状相像的封闭图形，或是积聚性直线段。

(3)投影图中，相邻的封闭图形，一般表示不同的面，它们的关系或相交或错开(前后、上下、左右)等。

(4)投影图上的封闭图形有时侯表示一个孔洞(亦称虚面)。

在识读投影图时，一般不单一使用某种方法，而是综合运用所掌握的方法与经验。通常阅读投影图时“先整体，后细部”，即先用形体分析法认识形体的整体，进而用线面分析法认识形体的细部。

【例 2-5】 识读图 2-31 所示形体的三面投影图。

根据图 2-31 所示的三个投影图可初步确定该形体是个长方体。看 *V* 面投影可知，长方体的左上角被切去了一部分，再对应 *H* 面投影图可知，被切去的是楔形体，也就是长方体上挖了个楔形槽口，其 *H* 面投影为 *s*、*t* 两个封闭图形，*s* 是一梯形封闭形，对应 *V* 面与 *W* 面都积聚成两条水平直线段 s'与 s''，据此可判断 *S* 平面为水平面；*t* 封闭形是一个四边形，对应 *V* 面与 *W* 面，都各有相像的四边形 t'和 t''，则说明物体 *T* 平面是一般位置平面(没有积聚性，也不反映实形)。*T* 与 *S* 平面的几何关系不是上下错开，而是相交于线段 *AB*。综合以上分析，该物体空间的确切形体即可识读出来。

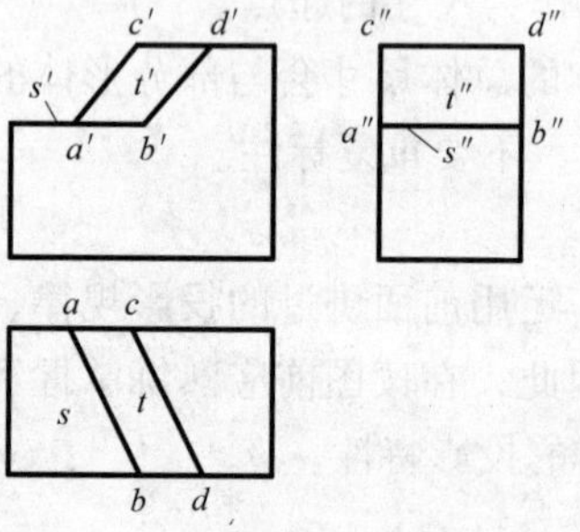

图 2-31　某形体的三面投影图

第四节　轴测投影

一、概述

在建筑工程图纸中，一般把轴测图作为辅助性图，以帮助读图，便于施工。

(一)轴测投影图的形成

用平行投影的方法，把形体连同它的坐标轴一起向单一投影面投影得到的投影图，称为轴测投影图(或轴测图)，如图 2-32 所示。轴测图具有较强的立体感，易看懂，但不能准确反映物体各侧面的实形、大小及比例。轴测图主要在给排水、采暖、通风等专业中用来表达管道系统。

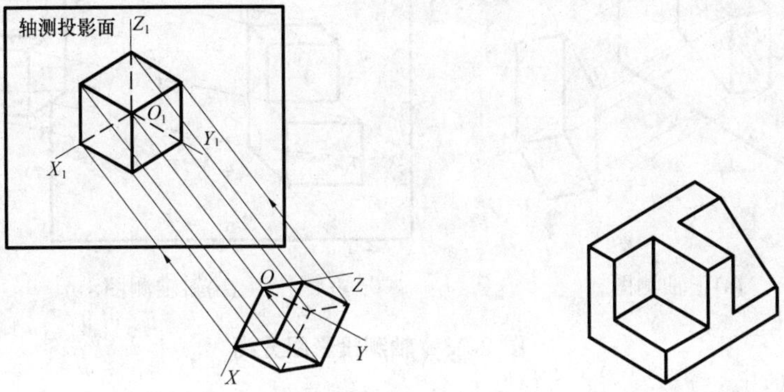

(a)轴测图的形成　　　　(b)轴测投影图

图 2-32　轴测投影图的形成

要绘制轴测图需清楚以下几个要素：

(1)轴测投影面：用于画轴测图的投影面。

(2)轴测轴：空间三根坐标轴(投影轴)OX、OY、OZ 在轴测投影面上的投影 O_1X_1、O_1Y_1、O_1Z_1。

(3)轴间角：两根轴测轴之间的夹角，如$\angle X_1O_1Y_1$、$\angle X_1O_1Z_1$、$\angle Y_1O_1Z_1$。

(4)轴向伸缩系数：在轴测投影中，平行于空间坐标轴方向的线段，其投影长度与其空间实际长度的比值，分别用 p、q、r 表示，即：

$p = O_1X_1/OX$，为 X 轴的轴向伸缩系数；

$q = O_1Y_1/OY$，为 Y 轴的轴向伸缩系数；

$r = O_1Z_1/OZ$，为 Z 轴的轴向伸缩系数。

(二)轴测图的种类

(1)按投影方向与轴测投影面的相对位置，轴测图分为两类(见图 2-33)：①正轴测图：用正投影法所得到的轴测图；②斜轴测图：用斜投影法得到的轴测图。

(2)按三根轴的轴向伸缩系数是否相等，可分为三种：①等测，三个轴向伸缩系数都相等的；②二测，其中有两个相等的；③三测，三个都不相等的。

《房屋建筑制图统一标准》(GB/T 50001—2001)中建议房屋建筑的轴测图，宜采用以下 4 种轴测投影并用简化的轴向伸缩系数绘制，如图 2-34 所示。

(1)正等测：投影方向垂直于投影面，三个轴向伸缩系数都相等。

(2)正二测：投影方向垂直于投影面，有两个轴向伸缩系数相等。

(3)正面斜等测和正面斜二测：①正面斜等测是正方体的空间直角坐标面 XOZ 平行于轴测投影面，投影方向倾斜于轴测投影面，三个轴向伸缩系数都相等；②正面斜二测是正方体的空间直角坐标面 XOZ 平行于轴测投影面，投影方向倾斜于轴测投影面，有两个轴向伸缩系数都相等。

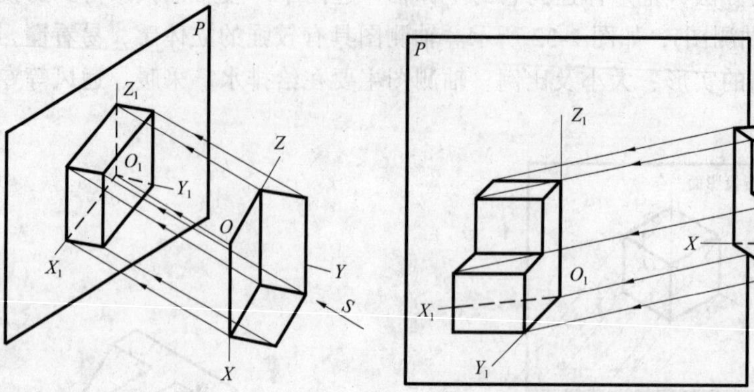

(a)正轴测图　　　　(b)斜轴测图

图 2-33　轴测投影图分类

(4)水平斜等测和水平斜二测：①水平斜等测是正方体的空间直角坐标面 *XOY* 平行于轴测投影面，投影方向倾斜于轴测投影面，三个轴向伸缩系数都相等；②水平斜二测是正方体的空间直角坐标面 *XOY* 平行于轴测投影面，投影方向倾斜于轴测投影面，有两个轴向伸缩系数都相等。

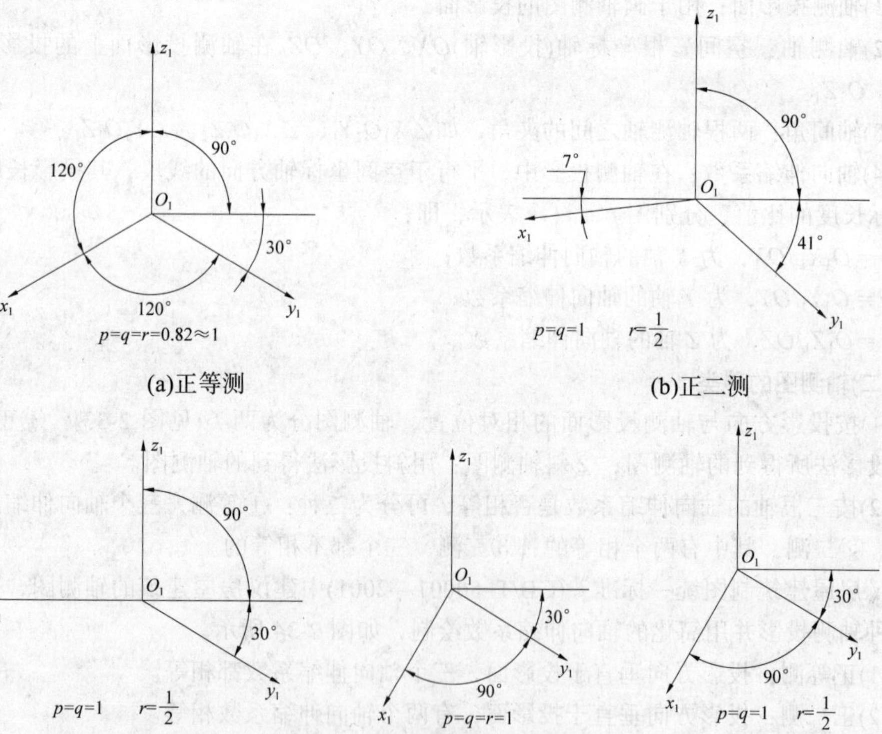

(a)正等测　　　　(b)正二测

(c)正面斜二测　　(d)水平斜等测　　(e)水平斜二测

图 2-34　部分轴测投影图的轴测轴、轴间角及轴向伸缩系数情况

(三)轴测图的基本特性

轴测投影是用平行投影法绘制的，所以具有平行投影的特性。

(1)定比性：物体上平行于投影轴(坐标轴)的线段，在轴测图中平行于相应的轴测轴，并有同样的轴向伸缩系数。

(2)平行性：物体上互相平行的线段，在轴测图上仍互相平行。

二、正等测图

(一)正等测图的轴间角和轴向伸缩系数

正等测的轴间角为120°，正等测图的轴向伸缩系数都相等，根据计算约等于0.82，但在实际作图时通常采用简化系数，即取 $p=q=r=1$，这样作出的正等测图被放大了1.22倍。

(二)正等测图的画法

正等测图常用的基本作图方法有坐标法、叠加法和切割法。

(1)坐标法：根据物体表面上各点的坐标，画出各点轴测图，并依次连接各点而得到该物体的轴测图。

(2)切割法：适用于切割型的组合体，先画出整体的轴测图，然后将多余部分切割掉而得到组合体的轴测图。

(3)叠加法：适用于叠加型的组合体，先用形体分析的方法，分成几个基本形体，再依次画出每个形体的轴测图而得到组合体的轴测图。

1. 举例说明平面立体的轴测图的画法

【例 2-6】 如图2-35所示，用坐标法作长方体的正等测图。

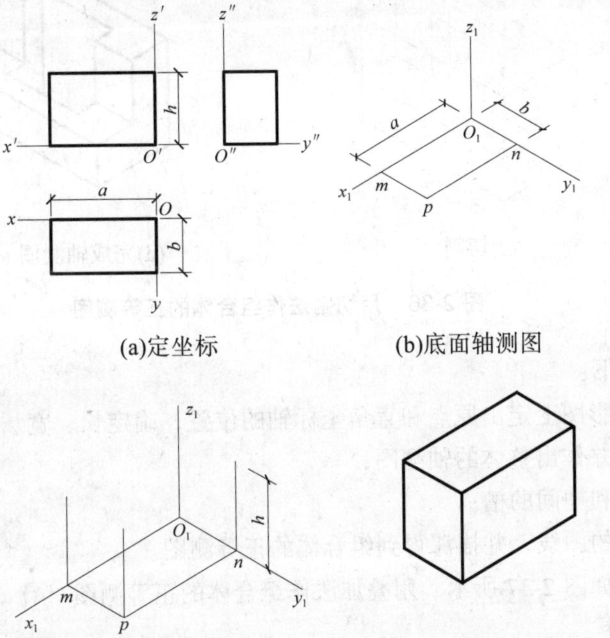

(a)定坐标　(b)底面轴测图

(c)确定高　(d)完成轴测图

图 2-35　用坐标法作长方体的正等测图

作图步骤如下：

(1)在正投影图上定出原点和直角坐标轴的位置，确定长、宽、高分别为 a、b、h(见图 2-35(a))；

(2)画出长方体底面的轴测图(见图 2-35(b))；

(3)作出长方体各棱边的高(见图 2-35(c))；

(4)连接各顶点，擦去多余的图线，并描深而得到长方体的正等测图，图中的虚线不必画出(见图 2-35(d))。

【例 2-7】 如图 2-36 所示，用切割法作组合体的正等测图。

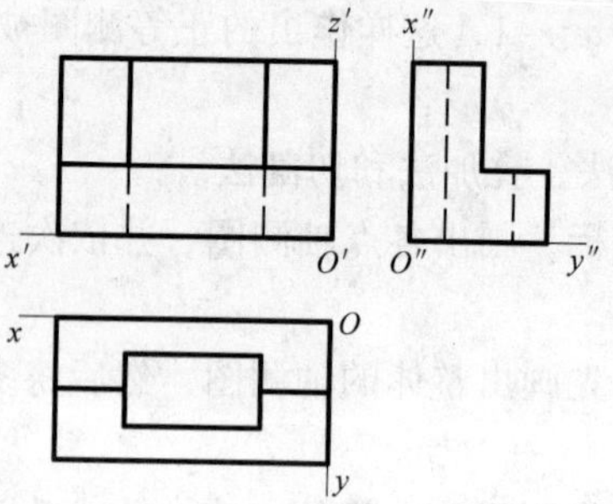

(a)定坐标

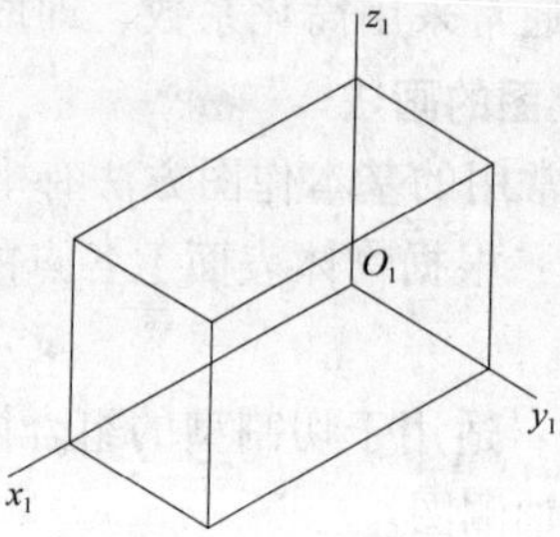

(b)整体轴测图

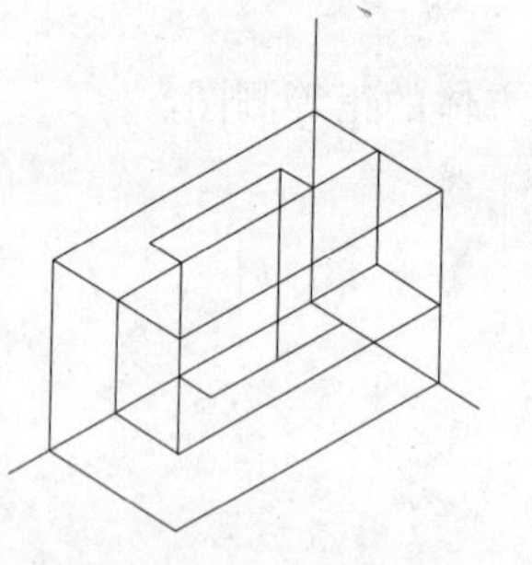

(c)切割

(d)完成轴测图

图 2-36 用切割法作组合体的正等测图

作图步骤如下：

(1)在正面投影图上定出原点和直角坐标轴的位置，确定长、宽、高分别为 a、b、h；

(2)画轴测轴并作出整体的轴测图；

(3)切出前部和中间的槽；

(4)擦去多余的图线，并描深得到组合体的正等测图。

【例 2-8】 如图 2-37 所示，用叠加法作组合体的正等测图。

作图步骤如下：

(1)在正面投影图上定出原点和直角坐标轴的位置，确定长、宽、高分别为 a、b、h；

(2)画轴测轴并作出底座的轴测图；

(3)作出叠加棱台各角点的轴测图；

(4)擦去多余的图线，并描深得到基础外形的正等测图。

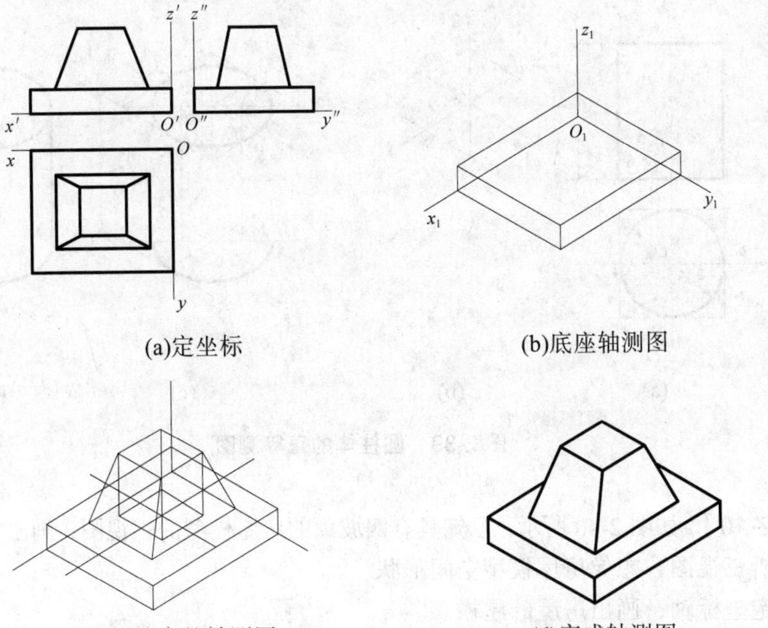

(a)定坐标　　(b)底座轴测图

(c)叠加棱台的轴测图　　(d)完成轴测图

图 2-37　用叠加法作组合体的正等测图

2. 举例说明回转体的轴测图的画法

举例之前先介绍一下平行于坐标面的圆的正等测图的画法。平行于坐标面的圆的正等测投影为椭圆，一般采用“四心法”的近似方法作椭圆，如图 2-38 所示。

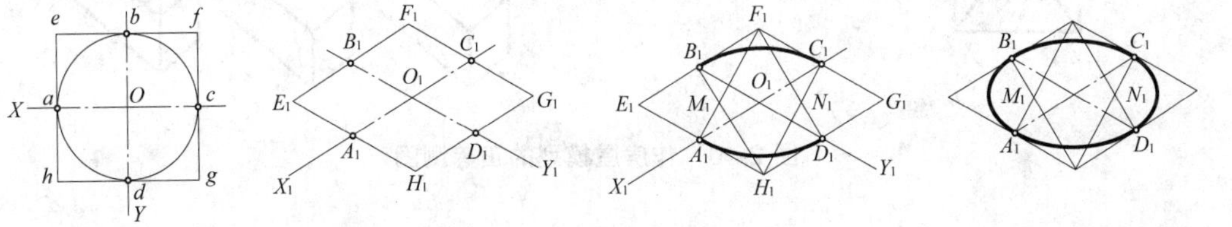

(a)在正投影图上定出原点和坐标轴位置，并作圆的外切正方形 *efgh*

(b)画轴测轴及圆的外切正方形的正等测图

(c)连接 F_1A_1、F_1D_1、H_1B_1、H_1C_1 分别交于 M_1、N_1，以 F_1 和 H_1 为圆心 F_1A_1 或 H_1C_1 为半径作大圆弧 $\overset{\frown}{B_1C_1}$ 和 $\overset{\frown}{A_1D_1}$

(d)以 M_1 和 N_1 为圆心，M_1A_1 或 N_1C_1 为半径作小圆弧 $\overset{\frown}{A_1B_1}$ 和 $\overset{\frown}{C_1D_1}$，即得平行于水平面的圆的正等测图

图 2-38　用“四心法”作圆的正等测图(椭圆)

【例 2-9】 如图 2-39 所示，作圆柱体的正等测图。

作图步骤如下：

(1)作上下底面圆菱形图，两菱形中心的距离等于圆柱高；

(2)用四心法作上下底面圆的轴测图为椭圆；

(3)作上下底面椭圆的公切线，擦去多余的图线，并描深而得到圆柱体的正等测图。

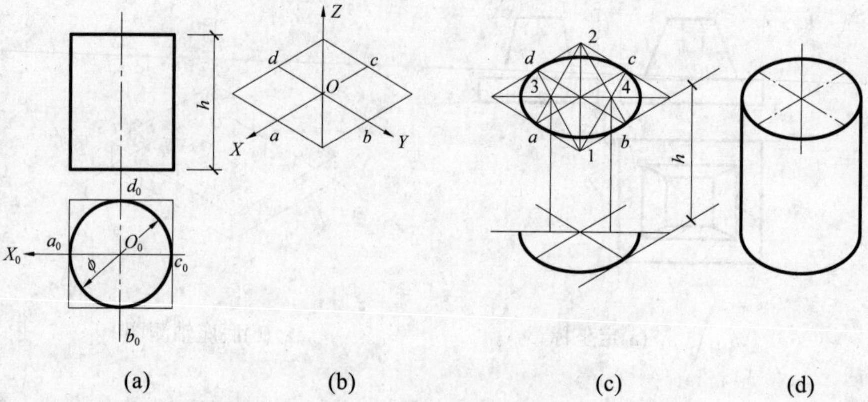

图 2-39　圆柱体的正等测图

【**例 2-10**】 如图 2-40 所示，已知具有四坡顶的房屋模型的三视图，画出它的正等测图。

(1)分析三视图，想像房屋模型空间形状。

(2)选定坐标轴，画出房屋的屋檐。

(3)作下部的长方体。

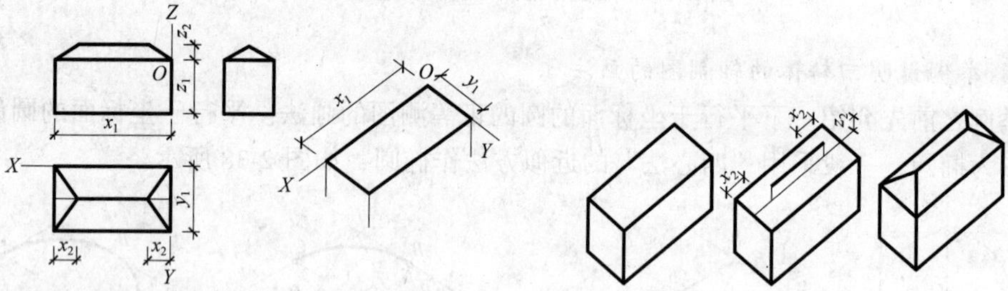

图 2-40　作房屋模型的正等测图

(4)作四坡屋面的屋脊线。

(5)过屋脊线上的左、右端点分别向屋檐的左、右角点连线，即得四坡屋顶的四条斜脊的正等测图，也完成了这个房屋模型正等测的全部可见轮廓线的作图。

(6)校核，清理图面，加深图线，得到房屋模型的正等测图。

三、正面斜等轴测图

(一)正面斜等轴测图的形成

其轴间角为：$\angle X_1OZ_1=90°$，$\angle Z_1OY_1=\angle Y_1OX_1=135°$和三个坐标轴上的轴向伸缩系数都相等，常取 1。

(二)斜等轴测图的画法

【**例 2-11**】 如图 2-41 所示为台阶的斜等轴测图的画法。

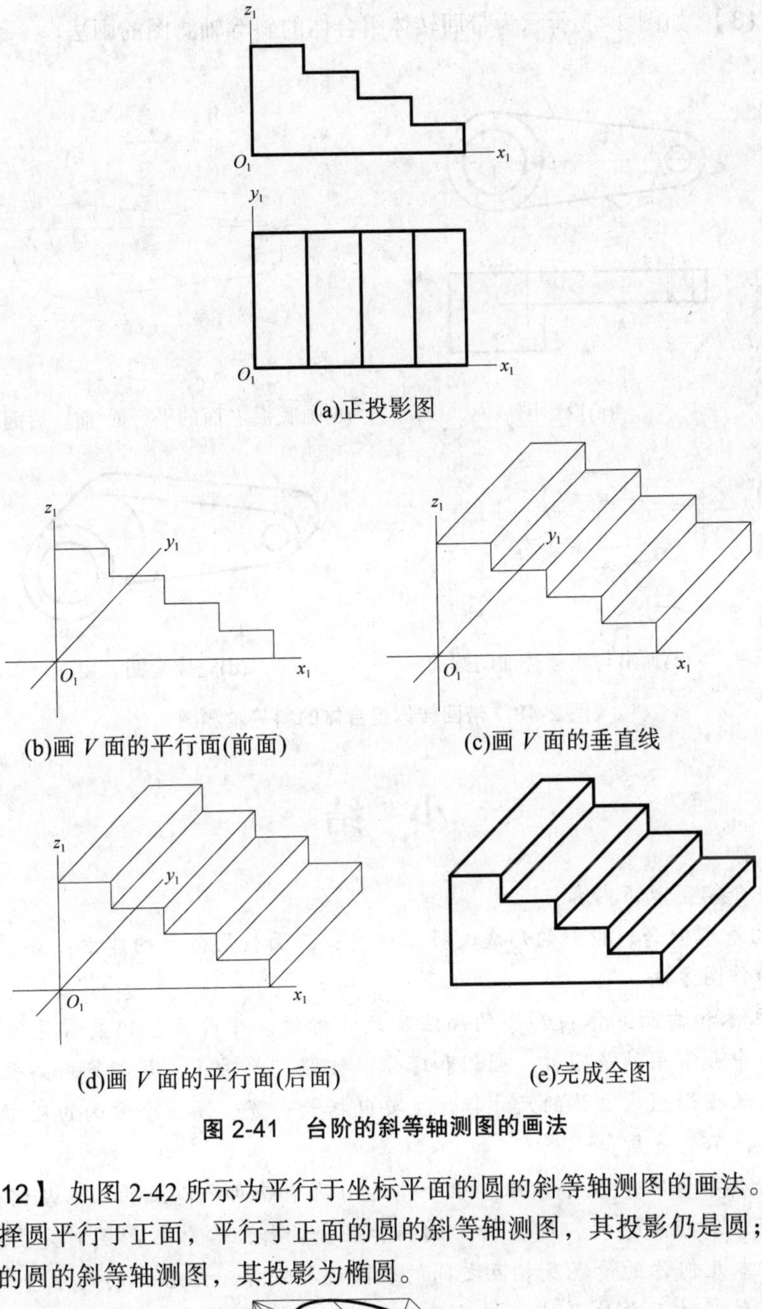

(a)正投影图

(b)画 V 面的平行面(前面)　　(c)画 V 面的垂直线

(d)画 V 面的平行面(后面)　　(e)完成全图

图 2-41　台阶的斜等轴测图的画法

【例 2-12】 如图 2-42 所示为平行于坐标平面的圆的斜等轴测图的画法。

一般选择圆平行于正面，平行于正面的圆的斜等轴测图，其投影仍是圆；平行于水平面或侧立面的圆的斜等轴测图，其投影为椭圆。

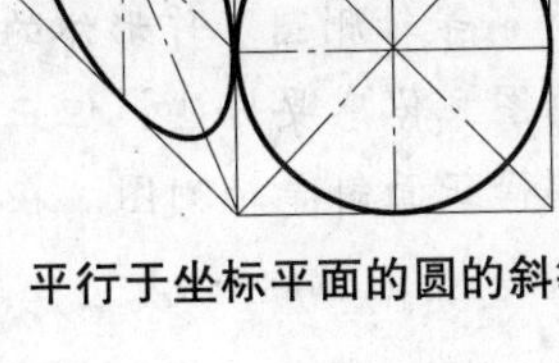

图 2-42　平行于坐标平面的圆的斜等轴测图

【例 2-13】 如图 2-43 所示为带回转体组合体的斜等轴测图的画法。

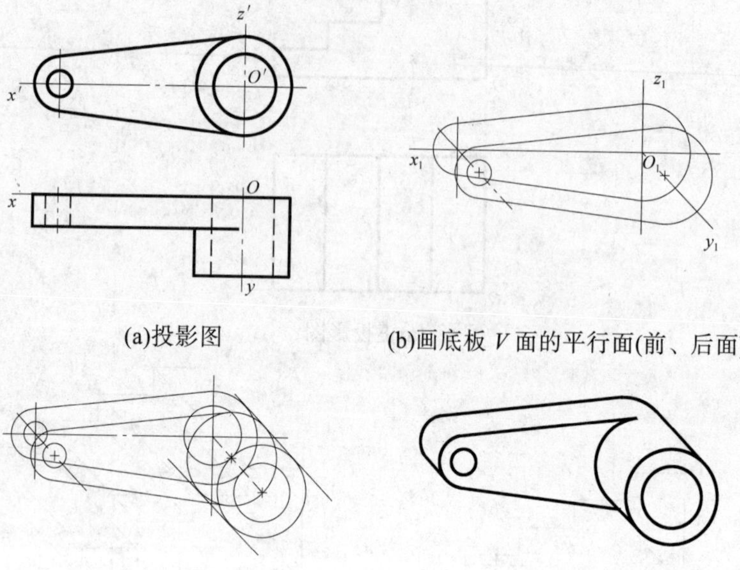

(a)投影图　　(b)画底板 V 面的平行面(前、后面)

(c)画出与底板叠加的圆筒　　(d)完成全图

图 2-43　带回转体组合体的斜等轴测图

小　结

本章主要介绍了以下内容：

(1)投影的基本概念、投影的形成、投影分类；三面投影体系的建立；点、直线、平面的投影特性和作图方法。

(2)平面立体和曲面立体投影图的画法及尺寸标注。平面立体中最常见的是棱柱和棱锥；曲面立体中最常用的是圆柱、圆锥和球体。按照“长对正、宽相等、高平齐”的投影规律来作立体的投影图。立体的尺寸标注主要包括长、宽、高三个方向的尺寸，一个尺寸只需标注一次，不要重复。

(3)作组合体投影图和尺寸标注。组合体是由两个或两个以上的基本几何体组合而成的立体，它有三种组成形式，即叠加、切割和混合。作组合体投影图时先要进行形体分析，搞清各基本几何体的情况及相互之间的表面连接关系。组合体的尺寸种类包括三种：定形尺寸、定位尺寸及总体尺寸。标注尺寸时先确定尺寸基准，然后依次将三种尺寸标注出来。

(4)组合体投影图识读。就是运用正投影原理和特性，对所给出的投影图用形体分析法和线面分析法进行分析，从而想象出组合体空间形状。

(5)轴测图。常用正等轴测图和斜等轴测图。作形体的轴测图时，首先应选择轴测图的类型。正等轴测图比正面斜等轴测图立体感要好些，但正面斜等轴测图作图方便些。对于具有曲线或复杂图线的物体，宜选择正面斜等轴测图。在暖通、给排水工程图中，常采用正面斜等轴测图绘系统图。

复习思考与练习题

一、名词解释

(1)投影法；(2)中心投影法；(3)平行投影法；(4)斜投影法；(5)正投影法；(6)一般位置直线；(7)投影面平行线；(8)投影面垂直线；(9)平面立体；(10)曲面立体；(11)组合体；(12)定形尺寸；(13)定位尺寸；(14)总体尺寸；(15)轴测图；(16)轴测轴、轴间角及轴向伸缩系数。

二、填空题

(1)投影法分为(　　　　)和(　　　　)两大类。

(2)正投影的基本特征包括(　　　　)、(　　　　)和(　　　　)。

(3)两点的相对位置是指空间两个点的(　　)、(　　)、(　　)三个方向的相对位置。

(4)根据空间直线相对于投影面的位置不同，直线可分为三种，即(　　　　)、(　　　　)、(　　　　)。

(5)基本几何体可分为(　　　　)和(　　　　)两大类。

(6)组合体读图常用的方法是(　　　　)和(　　　　)。

(7)正等测图的画法一般有(　　　　)、(　　　　)和切割法。

三、问答题

(1)三面投影是如何形成的？其投影规律是什么？

(2)掌握点的投影的意义是什么？

(3)三面投影体系中点的投影规律是什么？

(4)各种位置直线的投影具有哪些投影特性？

(5)平面的表示方法有哪几种？

(6)各种位置平面的投影特性有哪些？

(7)直线上的点有哪些特性？

(8)判断空间两点相对位置关系的依据是什么？

(9)平面立体与曲面立体的区别是什么？

(10)举例说明组合体的组成形式有哪几种。

(11)举例说明组合体投影图的画法和步骤。

(12)组合体投影图标注的尺寸有哪几种？如何进行尺寸标注？

(13)举例说明组合体投影图的读图方法。

(14)轴测投影的特性有哪些？

(15)常用轴测投影的类型有哪些？主要在哪些专业图中使用？

四、实训练习题

(1)根据点的坐标求投影图：已知点 $A(20, 10, 16)$，求作点 A 的三面投影图。

(2)已知点 A 的三面投影图如图 2-44 所示，点 B 在点 A 的正右方 8 mm，点 C 在点 A 的左方 10 mm，前方 12 mm，上方 6 mm，求作点 B 和点 C 的三面投影图，并判别重影点的可见性。

(3)在已知如图 2-45 所示的三角形 ABC 上任取一直线，要求用两种作图方法作出。

(4)如图 2-46 所示三角形 ABC，要求过点 A 在已知三角形 ABC 上作一正平线。

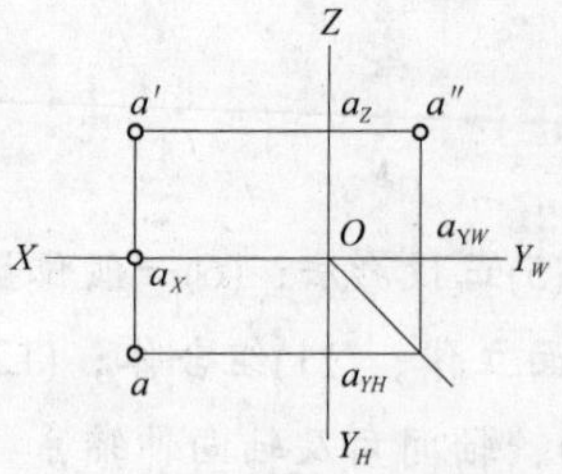

图 2-44　实训练习题(2)图

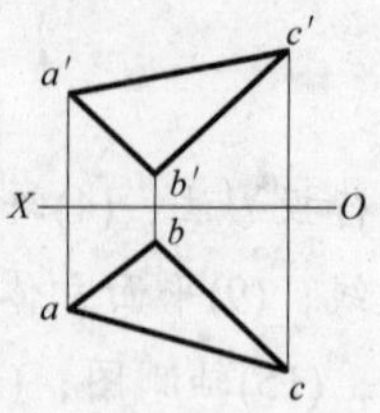

图 2-45　实训练习题(3)图

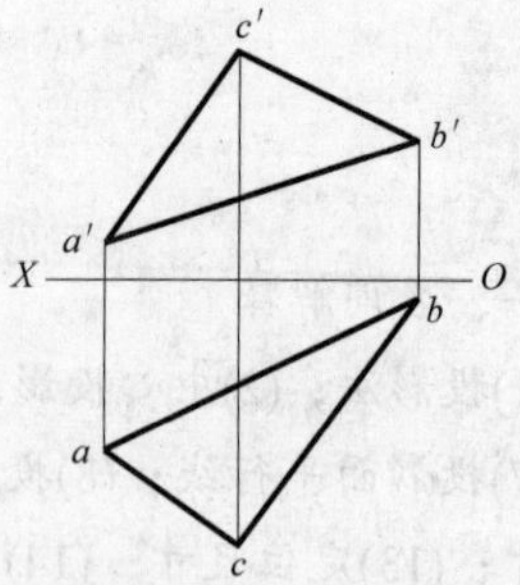

图 2-46　实训练习题(4)图

(5)如图 2-47 所示，已知四边形 *ABCD* 的水平投影和 *AB*、*AD* 两边的正面投影，求作完整的四边形 *ABCD* 的正面投影。

(6)已知某两个形体的立体图如图 2-48 所示，求作这两个形体的三面投影图。

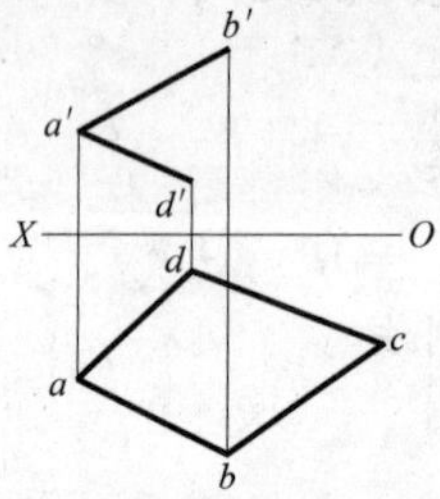

图 2-47　实训练习题(5)图

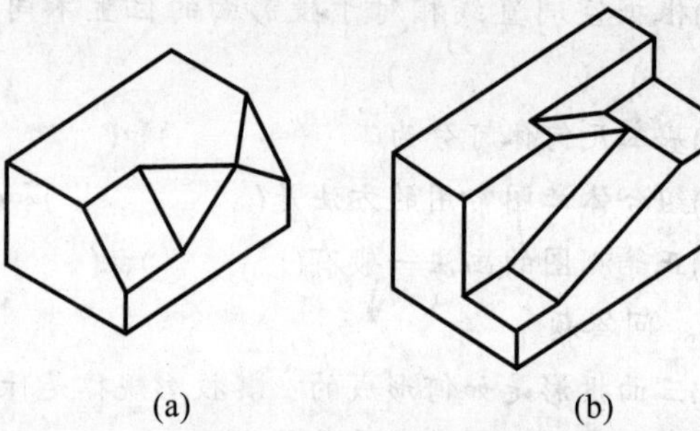

图 2-48　实训练习题(6)图

(7)已知一肋式杯组合体的立体图如图 2-49 所求，求作该组合体的三面投影图。

(8)根据图 2-50 所示投影图画正等轴测图。

图 2-49　实训练习题(7)图

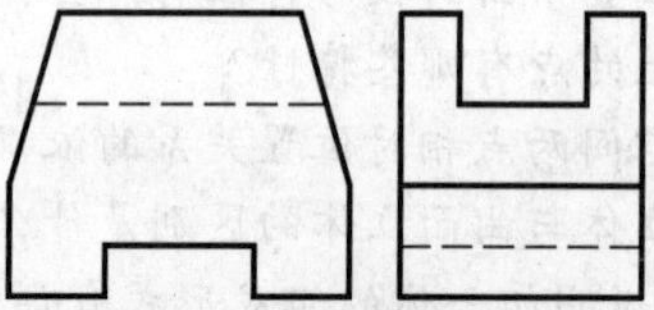

图 2-50　实训练习题(8)图

第三章　剖面图和断面图

【学习目标】

- 掌握：剖面图和断面图的基本概念、图示目的和表示方法。
- 掌握：各种剖面图和断面图的画法及标注方法。
- 理解：剖面图和断面图的区别。

第一节　剖面图

一、剖面图的形成

如图 3-1 所示，假想用剖切面剖开台阶，将观察者和剖切面之间的部分移去，而将剩余部分向投影面投影所得到的图形称为剖面图，简称剖面。

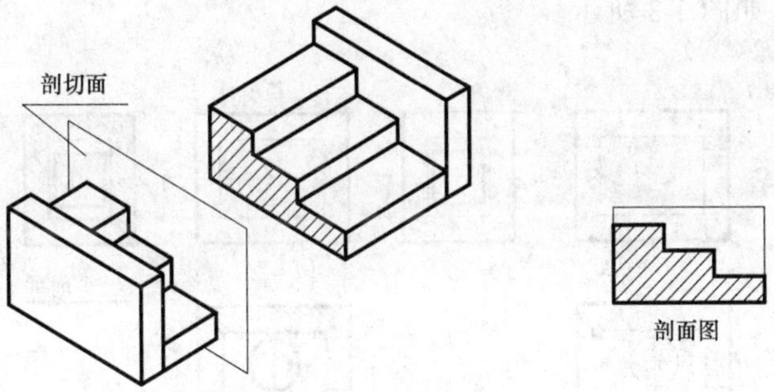

图 3-1　剖面图的形成

二、剖面图的标注

在剖面图以外的其他投影图上应标注剖切符号和编号，以反映出剖切平面的位置、剖切形式及投影方向。

剖切符号包括剖切位置线和投影方向线，均应以粗实线绘制。剖切位置线的长度为 6 ~ 10 mm；投影方向线应垂直于剖切位置线，其长度为 4 ~ 6 mm，比剖切位置线短。剖切符号的编号用阿拉伯数字或大写拉丁字母，按顺序由左至右、由上至下连续编排，并应注写在投影方向线端部，见图 3-2。

在剖视图的下方，书写与该图对应的剖切符号的编号作为图名，并在图名下方画一条粗实线。

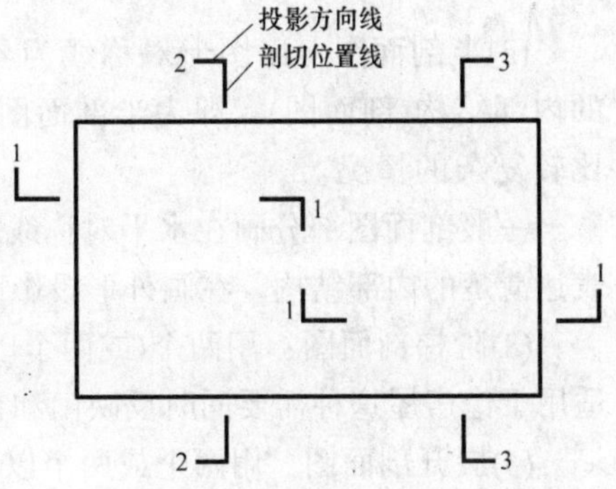

图 3-2　剖面图的标注方法

三、剖面图的画法

(1)画剖面图时，应先根据物体的内部结构和外形选择合适的剖切位置、数量、方向及范围。剖切平面一般选择投影的平行面，且一般通过物体的对称面或孔的轴线。具体剖法见剖面图种类部分。

(2)剖面图除应画出剖切面剖切到部分的图形外，还应画出投影方向看到的部分。被剖切到部分的轮廓线用粗实线绘制，剖切面没有切到，但沿投影方向可以看到的部分，用中实线绘制。

(3)剖面图中一般不画出虚线。

(4)剖切平面与物体接触部分，一般要绘出材料图例(常见图例见本书第十三章表 13-2)。在不指明材料时，用 45°细斜线绘出图例线，并要间隔均匀。同一物体的各剖面图中的图例线的方向、间隔要一致。

四、常用剖面图种类

根据剖面图剖切平面位置、数量、方向及范围等将剖面图分为以下几种：

(1)全剖面图：用单一的剖切面剖切物体后画出的剖面图，适用于外形结构简单而内部结构复杂的物体，如图 3-3 所示。

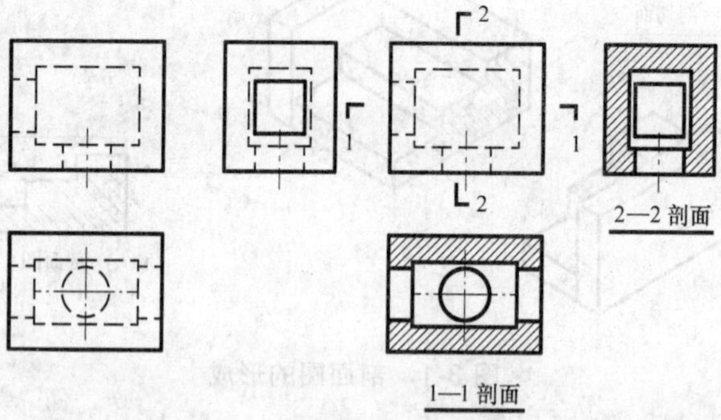

(a)　　　　(b)

图 3-3　全剖面图

(2)半剖面图：以图形对称线为界线，一半绘制物体的外形(投影图)，一半绘制物体的内部结构(剖面图)，即为半剖面图。半剖面图适用于物体具有对称面，且内外结构都比较复杂的情况。

一般剖面图部分画在水平对称线的下侧和垂直对称线的右侧。另外，在剖面图部分已表达清楚的内部结构，在画外形投影图部分时其虚线不再画出。

(3)阶梯剖面图：用两个(或两个以上)互相平行的剖切平面剖切物体后得到的剖面图，适用于像房屋这种需要同时反映门和窗具体情况的物体，如图 3-4 所示。

(4)展开剖面图：用两个或两个以上相交的剖切面进行剖切，并将倾斜于基本投影面的剖面旋转到平行基本投影面后再投影而得到的剖面图。该剖面图的图名后应加注“展开”二字，如图 3-5 所示。

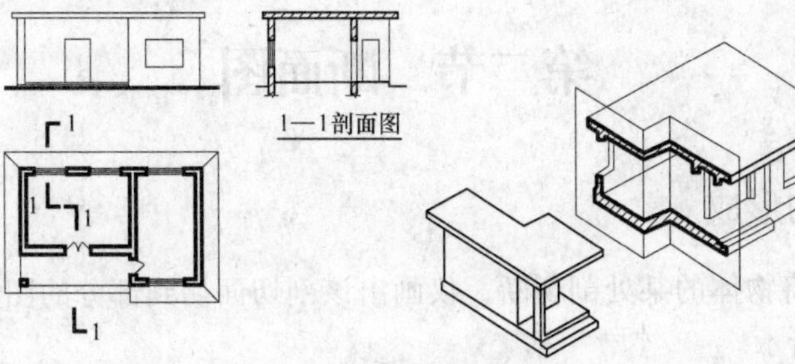

图 3-4　阶梯剖面图

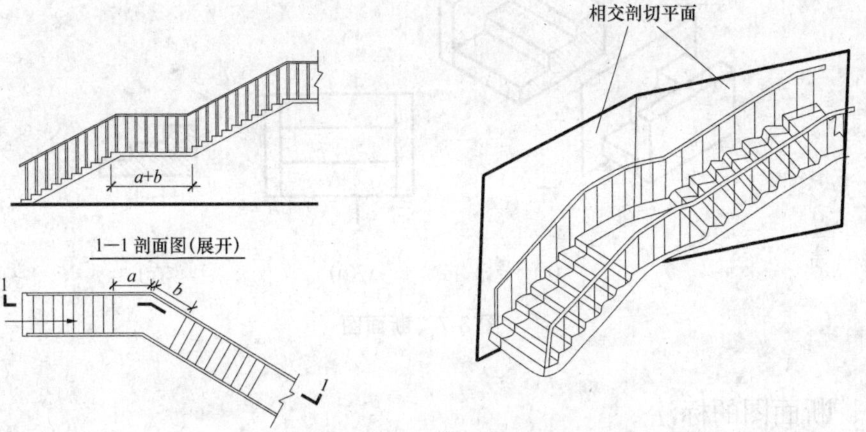

图 3-5　展开剖面图

(5)局部剖面图：用一个剖切平面将物体的局部剖开后得到的剖面图，如图 3-6(a)所示。适用于外形结构复杂且不对称的物体。应使用波浪线将剖面图和投影图分开，且波浪线不能与任何图线重合。

(6)分层剖面图：用分层剖切的方法得到的剖面图，如图 3-6(b)所示。属于局部剖切的一种形式，用来表达物体内部的构造，应按层次将各层用波浪线隔开。

必须注意：波浪线不应与任何图线重合，也不能超出轮廓线。

分层剖切的剖面图的作用是反映墙面和楼面各层所用的材料和构造的做法，如图 3-5(a)、(b)所示。

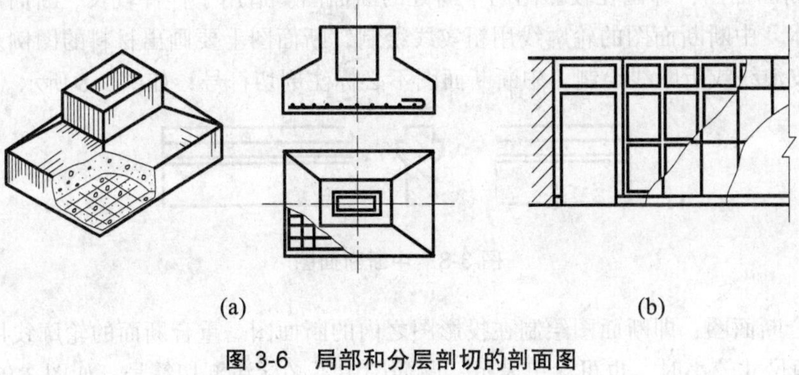

(a)　　　　(b)

图 3-6　局部和分层剖切的剖面图

第二节　断面图

一、断面图的形成

假想用剖切面将物体的某处剖切断，仅画出该剖切面切到部分的图形称为断面图，简称断面。如图 3-7 所示。

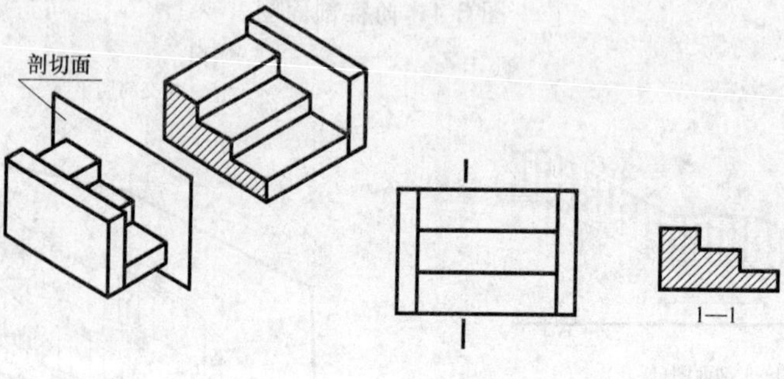

(a)　(b)　(c)

图 3-7　断面图

二、断面图的标注

剖切符号只画剖切位置线，宜为 6 ~ 10 mm 长的粗实线。断面编号用阿拉伯数字，按顺序连续编排，并注写在剖切位置线一侧，编号所在的一侧，即表示该断面的投影方向。注写图名时，只写编号即可，不必书写“断面图”。

断面图中，剖切面剖切到的实体部分也应画出相应的材料图例。

三、断面图的分类和画法

断面图根据配置的位置不同可分为移出断面图、中断断面图和重合断面图三种。

(1)移出断面图：即画在投影图之外的断面图，其轮廓线用粗实线绘制。断面图上要画出材料的图例。如图 3-7(c)所示。

(2)中断断面图：即画在投影图的中断处的断面图。适用于杆件较长、断面形状单一且对称的物体。中断断面图的轮廓线用粗实线绘制，断面图上要画出材料的图例。投影图的中断处用波浪线或折断线绘制。中断断面图不必标注剖切符号，如图 3-8 所示。

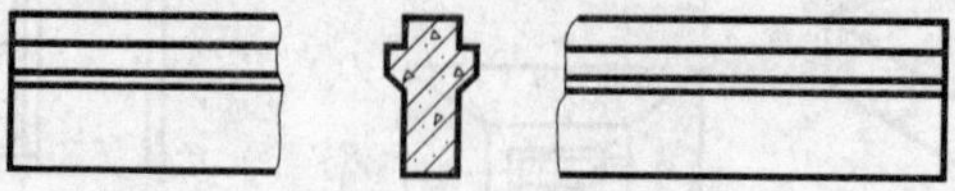

图 3-8　中断断面图

(3)重合断面图：即断面图绘制在投影图之内的断面图。重合断面的轮廓线用细实线绘制。当图面尺寸较小时，也可涂黑表示。断面图中不必标注剖切符号。如图 3-9 所示。

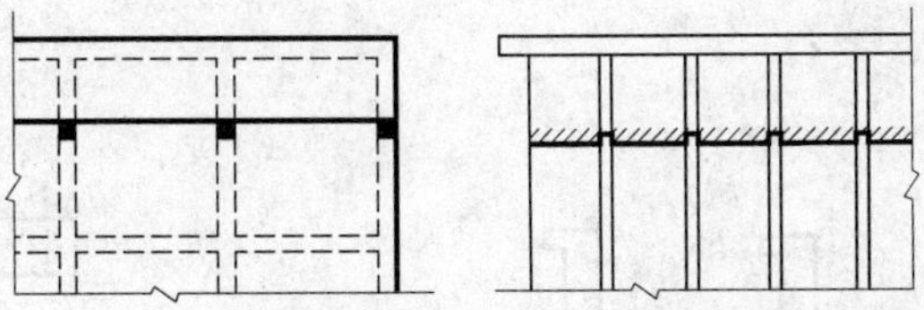

图 3-9　重合断面图的画法与标注

小　结

本章主要介绍了剖面图和断面图的形成方法、基本概念、标注方法与画法、种类及剖面图和断面图的区别等知识。

复习思考与练习题

一、名词解释

(1)剖面图；(2)断面图；(3)全剖面图、半剖面图、阶梯剖面图、展开剖面图、局剖面图、分层剖面图；(4)移出断面图、中断断面图、重合断面图。

二、填空题

(1)根据剖面图的剖切位置、数量、方向、范围，剖面图一般有如下几种：(　　　　)、(　　　　)、(　　　　)、(　　　　)、(　　　　)和(　　　　)。

(2)根据断面图按配置的位置不同分为(　　　　)、(　　　　)和(　　　　)。

三、问答题

(1)剖面图和断面图的区别是什么？

(2)常用的建筑材料图例有哪些？

(3)画半剖面图、阶梯剖面图及展开剖面图需注意哪些问题？

四、实训练习题

(1)根据图 3-10 所示内容画出 2—2 断面图，并指出 1—1 剖面和 2—2 断面的区别。

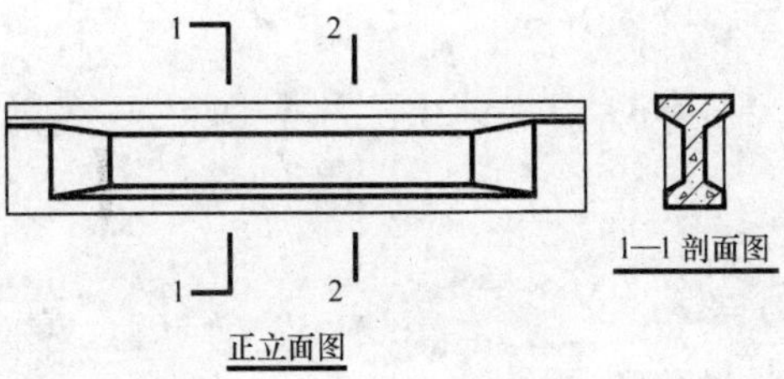

图 3-10　实训练习题(1)图

(2)根据图 3-11 所示内容画出 1—1、2—2 剖面图和断面图。

(3)将图 3-12 所示正面投影图改画作半剖面图。

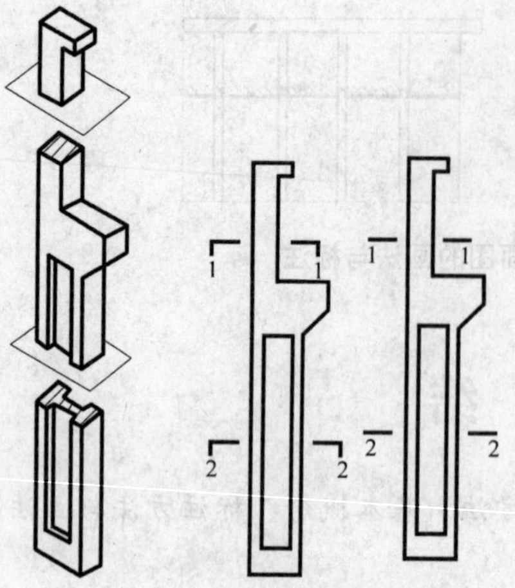

图 3-11　实训练习题(2)图

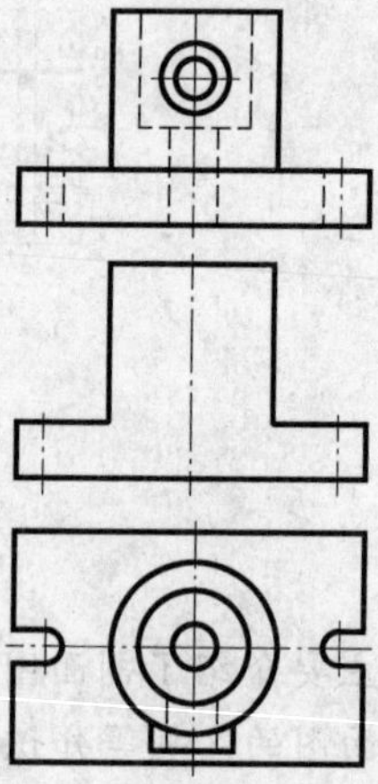

图 3-12　实训练习题(3)图

第二篇　建筑构造概论

第四章　民用建筑概述

【学习目标】

- 了解：建筑构造的影响因素、工业化建筑的内容及类型。
- 熟悉：民用建筑的分类及等级划分。
- 掌握：民用建筑的构造组成及作用、建筑模数协调的意义及模数数列的应用、建筑的定位。

第一节　民用建筑分类及等级划分

一、建筑物的分类

(一)按使用功能分类

(1)民用建筑：指供人们居住和进行公共活动的建筑的总称。可分为以下两大类：①居住建筑：指供人们生活起居用的建筑，如住宅、宿舍、公寓等。②公共建筑：指进行各种社会活动的建筑。按性质不同又可以分为以下15类：文教建筑；托幼建筑；医疗卫生建筑；观演性建筑；体育建筑；展览建筑；旅馆建筑；商业建筑；电信、广播电视建筑；交通建筑；行政办公建筑；金融建筑；饮食建筑；园林建筑；纪念建筑。

(2)工业建筑：指为工业生产服务的生产车间及为生产服务的辅助车间、动力用房、仓贮等。

(3)农业建筑：指供农(牧)业生产和加工用的建筑，如种子库、温室、畜禽饲养场、农副产品加工厂、农机修理厂(站)等。

(二)按建筑层数分类

(1)住宅建筑按层数分类。1～3层为低层；4～6层为多层；7～9层为中高层；10层以上为高层。

(2)公共建筑及综合性建筑按高度分类。总高度不大于24 m的为单层和多层建筑；总高度超过24 m的为高层(不包括总高度超过24 m的单层主体建筑)。

(3)超高层建筑。建筑物高度超过100 m时，不论是住宅建筑还是公共建筑均为超高层。

民用建筑按层数或高度分类是按照《住宅设计规范》(GB 50096)、《建筑设计防火规范》(GB J16)、《高层民用建筑设计防火规范》(GB 50045)来划分的。建筑层数和建筑高度计算应符合防火规范的有关规定，建筑高度指建筑物室外地面到其女儿墙顶部或檐口的高度。屋顶上的瞭望塔、冷却塔、水箱间、微波天线间、电梯机房、排风和排烟机房以及楼梯出口小间等不计入建筑高度和层数内，建筑物的地下室、半地下室的顶板面高出室外地面不超过 1.5 m 者，不计入层数内。

(三)按主要承重结构的材料分类

(1)木结构建筑：指以木材作房屋承重骨架的建筑。此结构是我国古建筑中广泛采用的结构形式。

(2)钢筋混凝土结构建筑：指主要承重构件全部采用钢筋混凝土的建筑。这类建筑广泛用于大中型公共建筑、高层建筑和工业建筑。

(3)钢结构建筑：指以型钢等钢材作为房屋承重骨架的建筑。这类建筑主要在超高层和大跨度等大型公共建筑中采用。

(4)混合结构建筑：指采用两种或两种以上材料作承重结构的建筑。如由砖墙、木楼板构成的砖木结构建筑；由砖墙、钢筋混凝土楼板构成的砖混结构建筑；由钢屋架和混凝土(或柱)构成的钢混结构建筑。其中砖混结构在大量性民用建筑中应用很广泛。

(四)按结构的承重方式分

(1)砌体结构建筑：指以叠砌墙体承受楼板及屋顶传来的全部荷载的建筑。这种结构一般用于多层民用建筑。

(2)框架结构建筑：指以钢筋混凝土或钢材制作的梁、板、柱形成的骨架来承担荷载的建筑，墙体只起围护和分隔作用。这种结构可用于多层和高层建筑中。

(3)钢筋混凝土板墙结构建筑：由钢筋混凝土墙体和楼板、屋面板组成的结构来承受荷载的房屋建筑。这种结构多用于高层住宅、旅馆等。

(4)特种结构建筑：这种结构又称空间结构。它包括悬索、网架、拱、薄壳等结构形式。这种结构多用于体育馆、大型火车站、航空港等公共建筑。

(五)按建筑规模和数量分类

(1)大量性建筑：指建筑规模不大，但修建数量多，与人们生活密切相关的分布面广的建筑，如住宅、中小学教学楼、医院、中小型影剧院、中小型工厂等。

(2)大型性建筑：指规模大、耗资多的建筑，如大型体育馆，大型剧院，航空港、站，博览馆，大型工厂等。

二、建筑物的等级划分

为了使建筑充分发挥投资效益，避免造成浪费，适应社会经济发展的需要，我国对各类建筑进行了分级。民用建筑一般按使用年限、耐火性能、重要性和规模大小等方面来划分等级。

(一)按民用建筑的设计使用年限分等级

民用建筑的使用年限主要指建筑主体结构设计使用年限，即设计规定的结构或构件不需进行大修即可按其预定目的使用时期。在我国《民用建筑设计通则》(GB 50352—2005)中将设计使用年限分为四类等级，见表 4-1。

(二)按耐火性能分等级

建筑物的防火构造及措施根据建筑物耐火等级不同而不同。耐火等级是由房屋主要构件的燃烧性能和耐火极限两个因素所决定的。现行《建筑设计防火规范》(GB J16—87)(2001 年修订版)将建筑物的耐火等级划分为四级(见表 4-2)，其构件的燃烧性能和耐火极限不应低于表中的规定。

表 4-1 设计使用年限分类

类别	设计使用年限(年)	示例
1	5	临时性建筑
2	25	易于替换结构构件的建筑
3	50	普通建筑和构筑物
4	100	纪念性建筑和特别重要的建筑

表 4-2 建筑物构件的燃烧性能和耐火极限(非高层建筑)

构件名称		不同耐火等级、燃烧性能和耐火极限(h)			
		一级	二级	三级	四级
墙	防火墙	非燃烧体 4.00	非燃烧体 4.00	非燃烧体 4.00	非燃烧体 4.00
	承重墙、楼梯间、电梯井墙	非燃烧体 3.00	非燃烧体 2.50	非燃烧体 2.50	难燃烧体 0.50
	非承重外墙、疏散走道两侧的隔墙	非燃烧体 1.00	非燃烧体 1.00	非燃烧体 0.50	难燃烧体 0.25
	房间隔墙	非燃烧体 0.75	非燃烧体 0.50	难燃烧体 2. 50	难燃烧体 0.25
柱	支承多层的柱	非燃烧体 3.00	非燃烧体 2.50	非燃烧体 2.00	难燃烧体 1.50
	支承单层的柱	非燃烧体 2.50	非燃烧体 2.00	非燃烧体 2.00	燃烧体
梁		非燃烧体 2.00	非燃烧体 1.50	非燃烧体 1.00	难燃烧体 0.50
楼板		非燃烧体 1.50	非燃烧体 1.00	非燃烧体 0.50	难燃烧体 0.25
屋顶承重构件		非燃烧体 1.50	非燃烧体 0.50	燃烧体	燃烧体
疏散楼梯		非燃烧体 1.50	非燃烧体 1.00	非燃烧体 1.00	燃烧体
吊顶(包括吊顶搁栅)		非燃烧体 0.25	难燃烧体 0.25	难燃烧体 0.15	燃烧体

注：1.以木柱承重且以非燃烧材料作为墙体的建筑物，其耐火等级应按四级确定；

2.二级耐火等级的建筑物吊顶，如采用非燃烧体，其耐火极限不限。

《高层民用建筑设计防火规范》(GB 50045—95)(2005年版)中规定，高层建筑根据其使用性质、火灾危险性、疏散和扑救难度等分为一、二两类，耐火等级分为两级。一类高层建筑的耐火等级应为一级，二类高层建筑的耐火等级不应低于二级，裙房的耐火等级不应低于二级，地下室的耐火等级应为一级。高层建筑构件的燃烧性能和耐火极限不应低于规范中相应的规定。

1. 燃烧性能

建筑构件的燃烧性能可分为如下三类：①非燃烧体：指用非燃烧材料做成的建筑构件。非燃烧材料是指在空气中受到火烧或高温作用时不起火、不微燃、不炭化的材料，如建筑中采用的天然石材、人工石材、金属材料等。②燃烧体：指用燃烧材料做成的建筑构件。燃烧材料是指在空气中受到火烧或高温作用时立即起火或微燃，且火源移走后仍继续燃烧或微燃的材料，如木材、纸板、胶合板等。③难燃烧体：用难燃烧材料做成的构件或用燃烧材料做成而用非燃烧材料做保护层的构件。难燃烧材料是指在空气中受到火烧或高温作用时难起火、难微燃、难炭化，当火源移走后燃烧或微燃立即停止的材料。如沥青混凝土、经过防火处理的木材、用有机物填充的混凝土和水泥刨花板等。

2. 耐火极限

耐火极限是指对任一建筑构件按时间—温度标准曲线进行耐火试验，从受到火的作用时起，到失去支持能力或完整性被破坏或失去隔火作用时为止的这段时间，用小时“h”表示。只要以上三个条件中任一个条件出现，就可以确定达到其耐火极限。

(三)按民用建筑的重要性和规模大小分等级

民用建筑按照其重要性、规模大小和使用要求不同，分成六级：特级、1 级、2 级、3 级、4 级和 5 级。特级是指列为国家重点项目或以国际活动为主的大型公共建筑，以及有全国性历史意义或技术要求特别复杂的中小型公共建筑、高大空间且有声及光等特殊要求的建筑、30 层以上的建筑。1 级是指高级大型公共建筑，以及有地区性历史意义或技术要求复杂的中小型公共建筑、16 ~ 29 层或高度超过 50 m 的公共建筑。2 级是指中高级的大型公共建筑及技术要求较高的中小型公共建筑、16 ~ 29 层住宅。3 级是指中级、中型公共建筑及 7 ~ 15 层有电梯的住宅、宿舍及砖混建筑。4 级是指一般中小型公共建筑及 7 层以下无电梯的住宅、宿舍及砖混建筑。5 级是指一二层单功能，一般小跨度结构建筑。

另外，民用建筑还因行业不同而有不同的等级划分。如交通建筑中一般按客运站的大小划为一级至四级，体育场馆按举办运动会的性质划为特级至丙级，档案馆按行政级别划分为特级至乙级，有的只按规模大小划为特大型至小型来提出要求，而无等级之分。

建筑的分级是根据其重要性和对社会生活影响程度来划分的。通常重要建筑的设计使用年限长，耐火等级也高，这就使建筑构件和设备的标准高，抵抗破坏的能力强，施工难度大，造价也高。

第二节　民用建筑的构造组成及影响构造的因素

一、民用建筑的构造组成

民用建筑一般是由基础、墙体或柱、楼地层、楼梯、屋顶和门窗等六大主要部分所组成的。它们处在不同的部位，发挥着各自的作用。民用建筑除这六大主要部分外，对不同功能的建筑还有一些特有的构件和配件，如阳台、雨篷、台阶、散水、通风道等(见图 4-1)。

(一)基础

基础是建筑最下部的承重构件，它承受建筑物的全部荷载，并将这些荷载传给地基。因此，基础必须具有足够的强度、刚度和耐久性，并能抵御地下各种有害因素的侵蚀。

(二)墙体或柱

墙体是建筑物的承重构件和围护构件。作为承重构件的墙体，要承担屋顶和楼板层传来的荷载，并把它们传递给基础。外墙还应具备围护功能，抵御自然界各种因素对室内的侵袭；内墙主要起分隔空间及保证舒适环境的作用。因此，要求墙体具有足够的强度、稳定性，保温、隔热、防水、防火、耐久等性能。

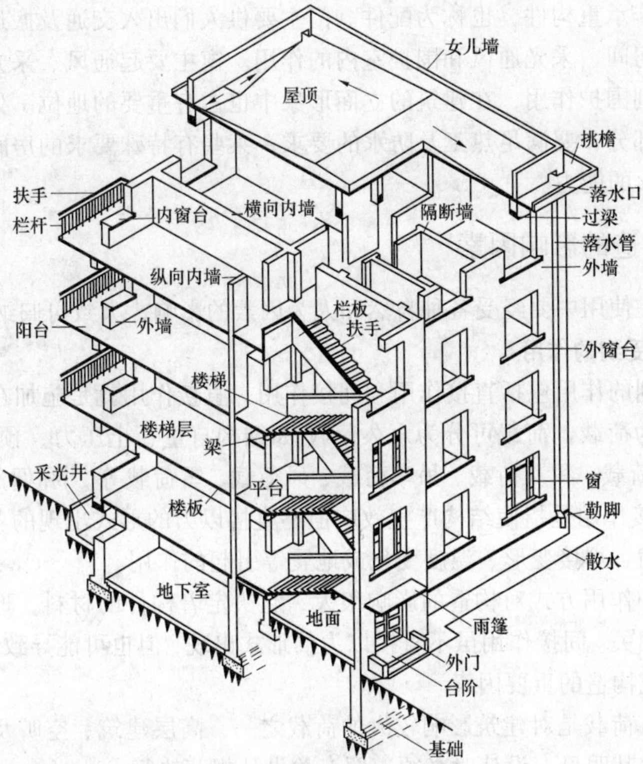

图 4-1　民用建筑构造组成

在框架或排架结构的建筑物中，柱是竖向承重构件，墙只起围护和分隔作用。

(三)楼地层

楼地层是楼板层和地坪层的统称。楼板层是水平方向的承重构件，并按层高将建筑物沿水平方向分为若干层；楼板层承受家具、设备和人体荷载以及自重，并将这些荷载传给墙或柱，同时对墙体起着水平支撑的作用。因此，要求楼板层具有足够的抗弯强度、刚度和隔声、防潮、防水等性能。

地坪是底层房间与下部土层相接的构件，起承受底层房间荷载的作用。要求地坪具有耐磨、防潮、防水和保温的性能。

(四)楼梯

楼梯是楼房建筑的垂直交通设施，供人们上下楼层和紧急疏散之用。由于它关系到建筑使用的安全性，故对楼梯的坡度、宽度、数量、位置、布局形式、细部构造及防火性能方面都有严格的要求。

(五)屋顶

屋顶是建筑物顶部的围护构件和承重构件。它既要抵抗风、雨、雪霜、冰雹等的侵袭和太阳辐射热的影响，又要承受风雪荷载及施工、检修及屋顶自重等荷载，并将这些荷载传给墙或柱，故屋顶应具有足够的强度、刚度及防水、保温、隔热等性能。

(六)门与窗

门与窗均是非承重构件，也称为配件。门主要供人们出入交通及搬运家具设备之用，同时还兼有分隔房间、采光通风和围护室内的作用。窗主要起通风、采光、分隔、眺望等作用，同时也起到围护作用，在建筑的立面形象中也占有重要的地位。处于外墙上的门窗是围护构件的一部分，要满足热工及防水的要求；某些有特殊要求的房间，门、窗应具有保温、隔声、防火的能力。

二、建筑构造的影响因素

一座建筑物在使用中要经受各种自然和人为因素的影响，大致可归纳为以下几方面。

(一)结构上所受到的作用

结构上所受到的作用包括直接作用和间接作用。直接作用就是施加在结构上的集中力或分布力，也称为荷载。荷载可分为永久荷载(如结构自重、土压力、预应力等)、可变荷载(如楼、屋面活荷载、积灰荷载、吊车荷载、风荷载、雪荷载等。)和偶然荷载(如爆炸力、撞击力)三类。间接作用是指使结构产生效应但不直接以力的形式出现的各种因素，如地基变形、混凝土收缩、焊接变形、温度变化或地震等引起的作用。

荷载的大小和作用方式对构造的影响很大，它决定着构件的材料、形状、尺度等，又与构造方式密切相关。间接作用虽不直接以力的形式出现，但也可能导致结构或构件受损，所以也是影响建筑构造的重要因素。

在荷载中，风荷载是对建筑影响较大的荷载之一，高层建筑、空旷及沿海地区的建筑受风荷载的影响尤其明显，设计时必须遵照有关设计规范执行。

地震作用是目前自然界中对建筑物影响最大也是最严重的一种因素。地震发生时所产生的震动以波的形式从震源向四周传播，纵波引起地面垂直方向震动，横波引起地面水平方向震动。横波引起的震动往往超过风力的作用，对建筑物的影响较大。

地震震级是衡量一次地震释放能量大小的尺度，常用里氏震级表示。地震烈度是地表和建筑物受地震影响的强弱程度，一次地震只有一个震级，却有不同的地震烈度区。在建筑抗震设计时，是以地震烈度为依据的。我国目前把地震烈度划分为12度。抗震设防烈度是按国家规定的权限批准作为一个地区抗震设防依据的地震烈度。在我国《建筑抗震设计规范》(GB 50011—2001)中明确规定，抗震设防烈度为6度及以上地区的建筑，必须进行抗震设计。

建筑的抗震设防标准是衡量建筑抗震设防要求的尺度，由地区的抗震设防烈度及建筑抗震设防类别确定。我国的建筑工程共分四个设防类别：甲、乙、丙、丁类。甲类和乙类一般按高于本地区抗震设防烈度一度的要求加强其抗震措施，丙类和丁类一般按本地区抗震设防烈度确定其抗震措施。我国的建筑抗震设防目标是：当遭受低于本地区抗震设防烈度的多遇地震影响时，一般不受损坏或不需修理可继续使用；当遭受相当于本地区抗震设防烈度的地震影响时，可能损坏，经一般修理或不需修理仍可继续使用；当遭受高于本地区抗震设防烈度预估的罕遇地震影响时，不致倒塌或发生危及生命的严重破坏。即贯彻“小震不坏，大震不倒”的原则。

(二)外界环境

(1)自然环境的影响。不同地区的建筑物在自然界中，可能会经受着日晒、雨淋、风吹、冰冻、地下水等多种因素的影响。构造设计时应采取防潮、防水、保温、隔热、防冻胀、防温度变形等措施，以保证房屋的正常使用。

(2)各种人为环境的影响。对火灾、爆炸、机械振动、化学腐蚀、噪声等人为因素的影响，应在建筑构造上采取相应的防火、防爆、防振、防腐、隔声等构造措施。

(三)技术条件

构造方案的确定除与建筑物使用功能有关外，还与结构类型、材料供应和施工技术条件有密切关系。如砖混结构中的墙体与钢筋混凝土框架结构中的墙体，构造方式就大不相同。随着现代建筑材料技术的日新月异，建筑结构技术的不断发展，建筑施工技术的不断进步，建筑构造技术也不断翻新、丰富多彩。

(四)经济条件

建筑构造是建筑设计中不可分割的一部分，必须考虑经济效益。在确保工程质量的前提下，既要降低建造过程中的材料、能源和劳动力消耗，以降低造价，又要有利于降低使用过程中的维护和管理费用。同时，在设计过程中要根据房屋的不同等级和质量标准，在材料选择和构造方式上区别对待。对大量性民用建筑，质量标准一般为中等级别，造价也不会太高，宜采用就地取材、因地制宜的构造方案。对于使用功能复杂、质量标准和造价较高的公共建筑，从建筑造型到材料选用，以及饰面装修都比大量性民用建筑有更高的要求，因此在构造上往往采取比较特殊的处理方法。

三、建筑构造的设计原则

(1)满足建筑使用功能的要求。房屋的使用功能不同，建造地点不同，往往对建筑构造的要求也不同。如民用建筑讲究使用者的舒适性，工业建筑应当满足生产的需要，计算机房要求防静电，影剧院和音乐厅要求具有良好的音响环境；寒冷地区的建筑要解决冬季的保温问题，炎热地区的建筑应当把隔热和通风作为首要满足的条件。

(2)确保结构安全。除根据荷载大小及作用方式，通过结构计算和设计确定构件的基本尺寸外，对阳台栏杆、楼梯栏杆和扶手、顶棚、门窗与墙体的连接、抗震构造等方面，也一定要通过合理的构造措施来保证构、配件在使用时的安全。

(3)适应建筑工业化和建筑施工的需要。在进行建筑构造设计时，在满足功能、艺术形象的前提下，应大力改进传统的建筑方式，从材料、结构、施工等方面引入先进技术，并注意因地制宜。尽量采用标准设计和通用构配件，使构配件生产工厂化，节点构造定型化、通用化，为施工机械化创造条件，以适应工业化的需要。

(4)注重社会、经济和环境效益。各种构造设计，均要注重整体建筑物的经济、社会和环境效益，即综合效益。在经济上注意降低建筑造价，既要降低材料的能源消耗，又要有利于降低日常运行、维修和管理的费用。同时必须保证工程质量，不能单纯追求效益而偷工减料，降低质量标准，应做到合理降低造价。

(5)注意美观大方。建筑物的形象除取决于建筑设计中的体型组合和立面处理外，一些建筑细部的构造设计对整体美观也有很大影响。例如栏杆的形式、室内外的细部装饰，各种转角、线脚、收头等设计，都应相互协调，注意美观大方。

综上所述，建筑构造设计的总原则应是坚固适用、先进合理、经济美观。

第三节　建筑模数协调

一、建筑模数

建筑设计单位、施工单位、构配件生产厂家往往是各自独立的企业，甚至可能不属于同一地区、同一行业。为了使建筑制品、建筑构配件和组合件实现工业化大规模生产，使不同材料、不同形式和不同制造方法的建筑构配件、组合件具有一定的通用性和互换性，以加快设计速度，提高施工质量和效率，降低建筑造价，在建筑业中必须遵守《建筑模数协调统一标准》(GB J2—86)，用以约束和协调建筑的尺度关系。

建筑模数是选定的尺寸单位，作为尺度协调中的增值单位，它是建筑设计、建筑施工、建筑材料与制品、建筑设备、建筑组合件等各部门进行尺度协调的基础，其目的是使构配件安装吻合，并有互换性。

(一)基本模数

基本模数是模数协调中选用的基本尺寸单位。其数值规定为 100 mm，其符号为 M，即 1 M 等于 100 mm。整个建筑物或其中一部分以及建筑组合件的模数化尺寸均应是基本模数的倍数。

(二)导出模数

导出模数是在基本模数的基础上发展出来的相互之间存在一定内在联系的模数。导出模数分为扩大模数和分模数。

1. 扩大模数

扩大模数是基本模数的整数倍。扩大模数的基数应符合下列规定：

(1)水平扩大模数基数为 3 M、6 M、12 M、15 M、30 M、60 M，其相应的尺寸分别为 300 mm、600 mm、1 200 mm、1 500 mm、3 000 mm、6 000 mm。

(2)竖向扩大模数的基数为 3 M、6 M，其相应的尺寸为 300 mm、600 mm。

2. 分模数

分模数是整数除基本模数的数值。分模数的基数为 M/10、M/5、M/2，其相应的尺寸为 10 mm、20 mm、50 mm。

(三)模数数列

模数数列是指以基本模数、扩大模数、分模数的基数为基础扩展成的一系列尺寸。建筑物的尺寸除特殊情况外，均应符合模数数列的要求，表 4-3 为我国现行的模数数列。

模数数列的幅度及适用范围如下：

(1)水平基本模数 1 M 数列按 100 mm 进级，其幅度为 1 ~ 20M。主要适用于门窗洞口和构配件截面尺寸。

(2)竖向基本模数 1 M 数列按 100 mm 进级，其幅度为 1 ~ 36M。主要适用于建筑物的层高、门窗洞口、构配件截面等尺寸。

(3)水平扩大模数数列的幅度：3 M 数列按 300 mm 进级，幅度为 3 ~ 75 M；6 M 数列按 600 mm 进级，幅度为 6 ~ 96 M；12 M 数列按 1 200 mm 进级，幅度为 12 ~ 120 M；15 M 数列按 1 500 mm 进级，幅度为 15 ~ 120 M；30 M 数列按 3 000 mm 进级，幅度为 30 ~ 360M；

60 M 数列按 6 000 mm 进级，幅度为 60 ~ 360 M，必要时幅度不限。主要适用于建筑物的开间或柱距、进深或跨度、构配件尺寸和门窗洞口尺寸。

表 4-3　模数数列　(单位：mm)

基本模数	扩大模数						分模数		
1 M	3 M	6 M	12 M	15 M	30 M	60 M	1/10 M	1/5 M	1/2 M
100	300	600	1 200	1 500	3 000	6 000	10	20	50
100	300						10		
200	600	600					20	20	
300	900						30		
400	1 200	1 200	1 200				40	40	
500	1 500			1 500			50		50
600	1 800	1 800					60	60	
700	2 100						70		
800	2 400	2 400	2 400				80	80	
900	2 700						90		
1 000	3 000	3 000		3 000	3 000		100	100	100
1 100	3 300						110		
1 200	3 600	3 600	3 600				120	120	
1 300	3 900						130		
1 400	4 200	4 200					140	140	
1 500	4 500			4 500			150		150
1 600	4 800	4 800	4 800				160	160	
1 700	5 100						170		
1 800	5 400	5 400					180	180	
1 900	5 700						190		
2 000	6 000	6 000	6 000	6 000	6 000	6 000	200	200	200
2 100	6 300							220	
2 200	6 600	6 600						240	
2 300	6 900								250
2 400	7 200	7 200	7 200					260	
2 500	7 500			7 500				280	
2 600		7 800						300	300
2 700		8 400	8 400					320	

续表 4-3

基本模数	扩大模数						分模数		
1 M	3 M	6 M	12 M	15 M	30 M	60 M	1/10 M	1/5 M	1/2 M
2 800		9 000		9 000	9 000			340	
2 900		9 600	9 600						350
3 000				10 500				360	
3 100			10 800					380	
3 200			12 000	12 000	12 000	12 000		400	400
3 300					15 000				450
3 400					18 000	18 000			500
3 500					21 000				550
3 600					24 000				600
					27 000				650
					30 000				700
					33 000				750
					36 000	36 000			800
									850
									900
									950
									1 000

(4)竖向扩大模数数列的幅度：3 M 数列按 300 mm 进级，6 M 数列按 600 mm 进级，幅度不受限制。主要适用于建筑物的高度、层高、门窗洞口尺寸。

(5)分模数数列的幅度：1/10 M 数列按 10 mm 进级，其幅度为 1/10 ~ 2 M；1/5 M 数列按 20 mm 进级，其幅度为 1/5 ~ 4 M；1/2 M 数列按 50 mm 进级，其幅度为 1/2 ~ 10 M。主要适用于缝隙、构造节点、构配件截面尺寸。

二、建筑的定位

定位轴线是建筑物主体结构的定位依据。其作用是定位主要承重构件的位置，确定其标志尺寸，同时也是施工放线和设备安装的重要依据。平面的定位通常采用平面定位轴线，竖向定位通常采用标高。

下面简单介绍砖混结构建筑定位轴线的划分原则：

(1)墙体的平面定位。承重外墙的平面定位轴线应与顶层墙身内缘距离为 120 mm(见图 4-2)。承重内墙的平面定位轴线应与顶层墙身中线重合(见图 4-3)。非承重墙的平面定位轴线除可按承重墙定位轴线的规定定位以外，还可以使墙身内缘与平面定位轴线相重合。带壁柱外墙的平面定位轴线与墙体内缘相重合，或距墙体内缘为 120 mm。

(a)底层与顶层墙厚相同

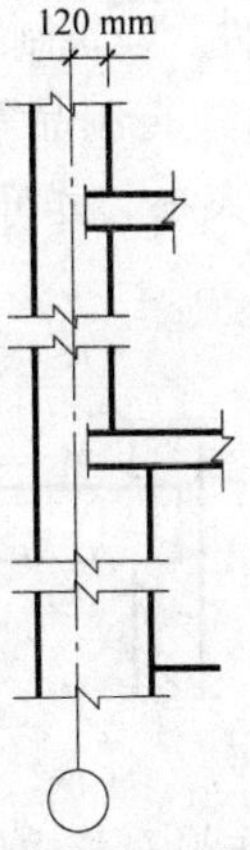

(b)底层与顶层墙厚不同

图 4-2　承重外墙定位轴线

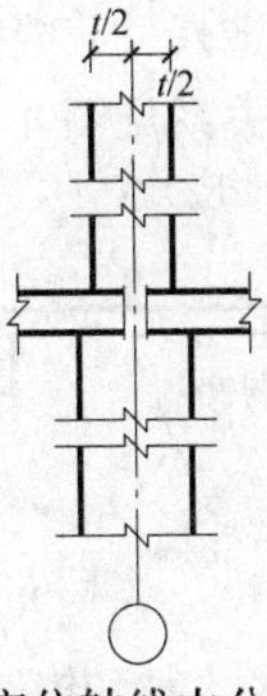

(a)定位轴线中分底层墙身

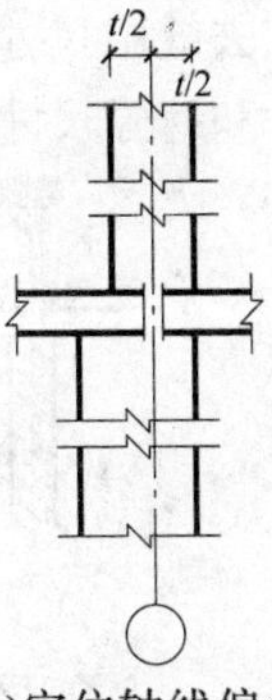

(b)定位轴线偏分底层墙身

图 4-3　承重内墙定位轴线

(2)墙体的竖向定位。楼、地面的竖向定位应与楼、地面面层的上表面重合(见图 4-4)。屋面的竖向定位应在屋面结构层上表面与距墙内缘 120 mm 处的外墙定位轴线或与墙内缘重合处的外墙定位轴线的相交处(见图 4-5)。

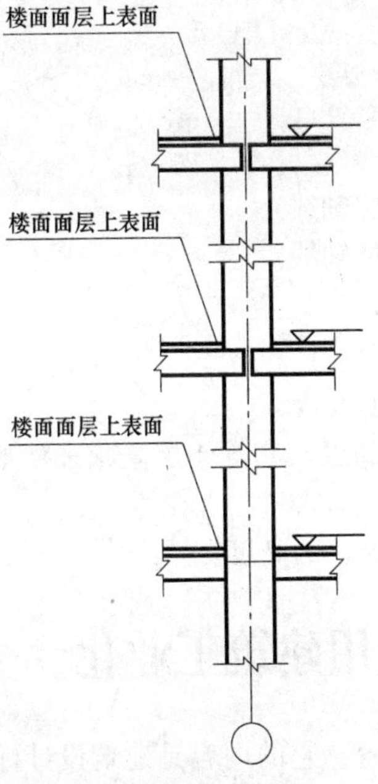

图 4-4　楼地面的竖向定位

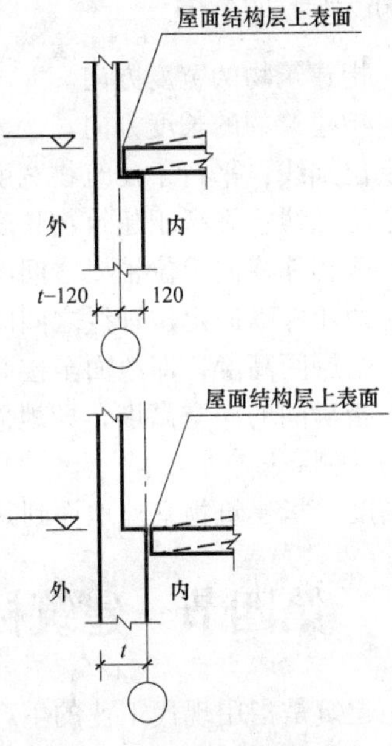

图 4-5　屋面的竖向定位

三、几种尺寸

为了保证建筑物构配件的安装与有关尺寸间的相互协调，在建筑模数协调中把尺寸分为标志尺寸、构造尺寸、实际尺寸和技术尺寸。

(1)标志尺寸。应符合模数数列的规定，用以标注建筑物定位轴线之间的距离(如开间或柱距、进深或跨度、层高等)，以及建筑构配件、建筑组合件、建筑制品、有关设备界限之间的尺寸。

(2)构造尺寸。是建筑构配件、建筑组合件、建筑制品等的设计尺寸。一般情况下，标志尺寸减去缝隙尺寸等于构造尺寸。缝隙尺寸的大小，宜符合模数数列的规定。标志尺寸、构造尺寸和缝隙尺寸之间的关系见图 4-6。

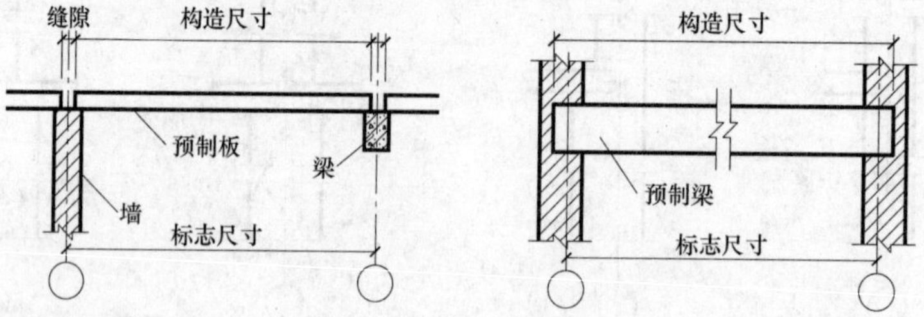

(a)构件标志尺寸大于构造尺寸　(b)构件标志尺寸小于构造尺寸

图 4-6　几种尺寸之间的关系

(3)实际尺寸。是建筑构配件、建筑组合件、建筑制品等生产制作后的实有尺寸。实际尺寸与构造尺寸之间的差数应符合建筑公差的规定。

(4)技术尺寸。是建筑功能、工艺技术和结构条件在经济上处于最优状态下所允许采用的最小尺寸数值(通常是指建筑构件的截面或厚度)。

四、常用专业术语

横向：指建筑物的宽度方向。

纵向：指建筑物的长度方向。

横向定位轴线：平行于建筑物宽度方向设置的定位轴线。

纵向定位轴线：平行于建筑物长度方向设置的定位轴线。

开间：两相邻横向定位轴线之间的距离。

进深：两相邻纵向定位轴线之间的距离。

层高：指层间高度，即地面至楼面或楼面至楼面的高度。

净高：指房间的净空高度，即地面至顶棚下皮的高度。它等于层高减去楼地面厚度、楼板厚度和顶棚高度。

建筑高度：指建筑物室外地面到其女儿墙顶部或檐口的高度。

第四节　建筑标准化与民用建筑工业化

工业化建筑是指用现代工业的生产方式来建造房屋，它的内容是建筑设计标准化、构配件生产工厂化、施工机械化和管理科学化四个方面。其中建筑设计标准化是工业化建筑的前提，构配件生产工厂化是工业化建筑的手段，施工机械化是工业化建筑的核心，管理科学化是工业化建筑的保证。发展工业化建筑的意义是能够加快建设速度，降低劳动强度，减少人工消耗，提高施工质量。

一、建筑标准化

建筑标准化主要包括两个方面：一是建筑设计的标准，即制定各种法规、规范、标准、定额和指标；二是建筑的标准设计，即在建筑的设计中推行标准化设计，以避免重复劳动。

标准设计的主要形式有三种。

(1)标准构配件设计：指由国家或地方编制的一般建筑常用的构件和配件图，供设计人员选用，以减少不必要的重复劳动。这是目前我国各地普遍运用的一种标准设计形式。

(2)房屋或单元的标准设计：指由国家或地方编制的整个房屋或单元的设计图，供建设单位选用。设计时，经单元拼合及地基验算后即可据以建造房屋。

(3)工业化建筑体系：工业化建筑体系是以现代化大工业生产为基础，采用先进的工业化技术和管理方式，从设计到建成，配套地解决全部过程的生产体系。

二、工业化建筑体系的类型

工业化建筑体系可分为专用体系和通用体系。民用工业化建筑体系按结构类型与施工工艺可分为大板建筑、框架轻板建筑、盒子建筑、大模板建筑、滑模建筑、升板建筑。

大板建筑即大型板材建筑，是一种全装配式的工业化建筑，它由预制的外墙板、内墙板、楼板、楼梯、屋面板等构件组合连接装配而成。框架轻板建筑是以柱、梁、板组成的框架为承重结构，以轻型墙板为围护与分隔构件的新型建筑形式。盒子建筑是以在工厂预制成整间的盒子状结构为基础，运至施工现场吊装组合而成的建筑，如图 4-7 所示。大模板建筑是在现代化工业生产混凝土基础上的一种现浇建筑(见图 4-8)。滑模建筑即滑升模板建筑，它是在混凝土工业化生产的基础上，预先将工具式模板组合好，利用墙体内特制的钢筋作导杆，以油压千斤顶作提升动力，有间隔节奏地边浇筑混凝土，边提升模板(见图 4-9)。升板建筑是利用房屋自身网状排列的柱子为导杆，在每根柱子上安装一台提升机，将就地层叠的现浇大面积楼板和屋面板由下往上逐层提升就位，固定而建造起来的建筑物(见图 4-10)。

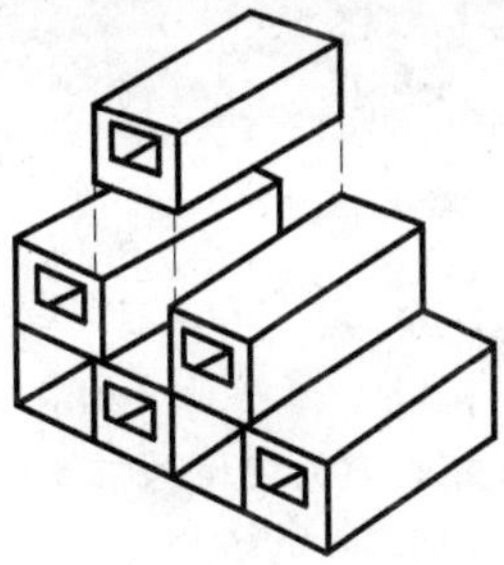

图 4-7　盒子建筑示意图

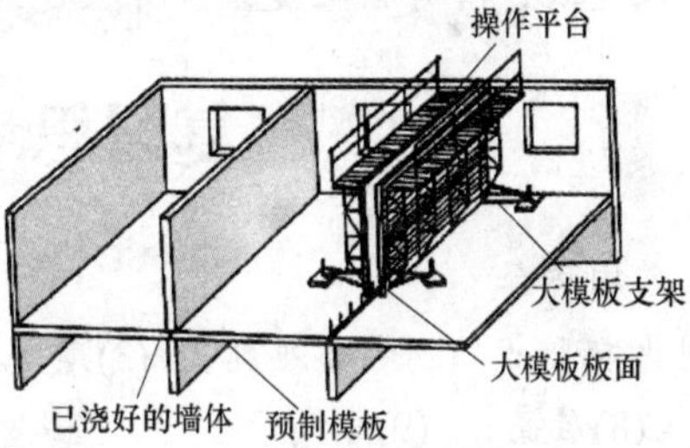

图 4-8　大模板施工示意图

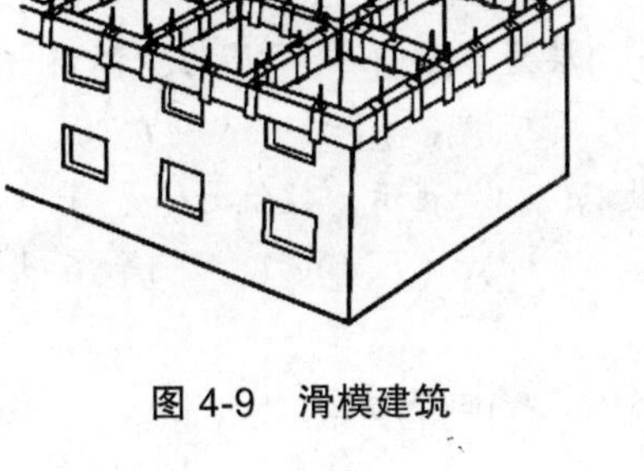

图 4-9　滑模建筑

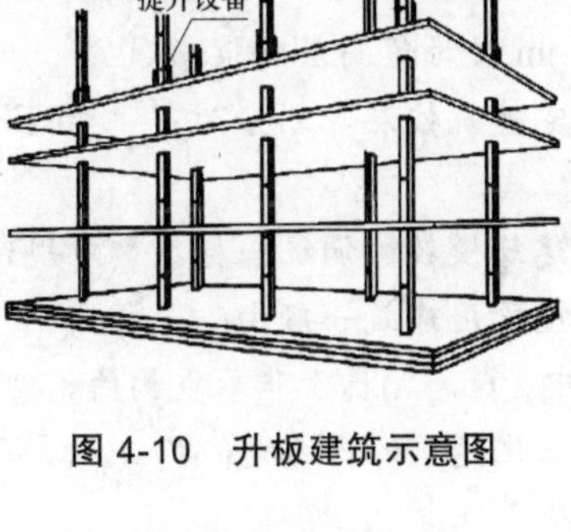

图 4-10　升板建筑示意图

小　结

本章主要介绍了建筑的分类与分级、民用建筑的构造组成及影响因素、建筑模数和建筑定位、建筑标准化与民用建筑工业化。

建筑按功能分为民用建筑、农业建筑和工业建筑；按层数或高度分为低层、多层、中高层、高层、超高层建筑等；按主要承重结构的材料分为木结构建筑、钢筋混凝土结构建筑、混合结构建筑和钢结构建筑等；按结构的承重方式分为砌体结构建筑、框架结构建筑、钢筋混凝土板墙结构建筑、特种结构建筑等。

民用建筑一般按使用年限、耐火性能、重要性和规模大小等来划分等级。

一座民用建筑一般由基础、墙体或柱、楼地层、楼梯、屋顶和门窗等 6 大主要部分所组成。建筑物在使用中要经受各种因素的影响，如结构上所受到的作用的影响、外界环境的影响、技术条件的影响、经济条件的影响等。

实行建筑模数协调统一标准的目的是推进建筑工业化。其主要内容包括建筑模数的概念(基本模数、扩大模数、分模数)、模数数列及其应用、建筑的定位等。定位轴线的作用是：确定建筑物结构构件的位置及其标志尺寸、作为施工放线和设备安装的基准线。平面的定位通常采用平面定位轴线；竖向定位通常采用标高。在建筑模数协调中把尺寸分为标志尺寸、构造尺寸、实际尺寸和技术尺寸。

工业化建筑是指用现代工业的生产方式来建造房屋，它的内容是建筑设计标准化、构配件生产工厂化、施工机械化和管理科学化四个方面，其中设计标准化是工业化建筑的前提。民用工业化建筑体系按结构类型与施工工艺主要有大板建筑、框架轻板建筑、盒子建筑、大模板建筑、滑升模板建筑、升板建筑等几种类型。

复习思考与练习题

一、名词解释

(1)耐火极限； (2)地震烈度； (3)建筑模数； (4)标志尺寸； (5)构造尺寸； (6)开间；(7)进深； (8)层高； (9)净高。

二、填空题

(1)建筑物按其使用功能不同，一般分为(　　)、(　　)和(　　)等。

(2)建筑物的耐火等级是由构件的(　　)和(　　)两个方面来决定的，共分(　　)级。

(3)公共建筑及综合性建筑总高度超过(　　)m 者为高层(不包括单层主体建筑)；高度超过(　　)m 时为超高层建筑。

(4)住宅建筑按层数划分为：(　　)层为低层；(　　)层为多层；(　　)层为中高层；(　　)层为高层。

(5)《建筑模数协调统一标准》中规定，基本模数以(　　)表示，数值为(　　)。

(6)一幢民用建筑一般由(　　)、(　　)、(　　)、(　　)、(　　)、(　　)等 6 大部分组成。其中，(　　)属于非承重构件。

(7)工业化建筑的内容是(　　)、(　　)、(　　)和(　　)四个方面。

三、问答题

(1)建筑物可以从哪些方面进行分类？分为哪些？

(2)建筑物按设计使用年限划分为几类？试举例说明。

(3)建筑物的耐火等级是根据什么确定的？多层民用建筑的耐火等级分为几级？

(4)建筑物的构造组成有哪些？各自的作用是什么？

(5)影响建筑构造设计的因素有哪些？

(6)模数数列有哪几种？请说出每种数列的适用范围。

(7)在建筑模数协调中规定了哪几种尺寸？它们之间有何关系？

四、实训练习题

教师给出某一砖混结构建筑的平面轮廓图，以及墙厚、层高等条件，要求：

(1)按 1∶50 的比例绘出该图的平面图，标注定位轴线并进行编号。

(2)绘出剖面图，表示地面、楼面、平屋顶与竖向定位的关系。

第五章　基础与地下室

【学习目标】

- 了解：基础埋深的影响因素。
- 熟悉：基础、地基基础埋深的基本概念。
- 掌握：基础的类型与一般构造、地下室的防潮与防水的构造。

第一节　基础与地基的基本概念

一、基础与地基的作用及相互关系

基础和地基是两个不同的概念，但两者之间又有着必然的联系。基础是建筑物地面以下的承重构件，是建筑物的组成部分。它承受着建筑物的全部荷载，并将其传给下面的土层。基础属于隐蔽工程，应十分重视基础设计。地基是基础底面以下，支承基础传来荷载的土层。它不是建筑物的组成部分。但它与基础共同保证房屋的安全和耐久，也应十分关注。基础与地基的关系见图 5-1。

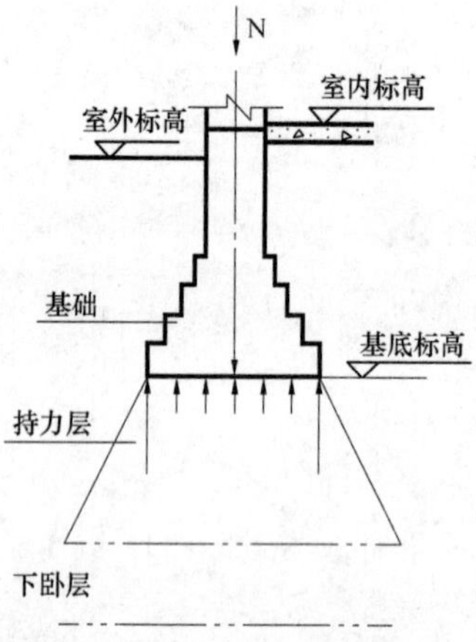

图 5-1　基础与地基的关系

地基每平方米所能承受的最大压力称为地基承载力。为了保证建筑物的安全，必须控制建筑物基础底面的平均压力不超过地基承载力。

在地基中，具有一定的承载力，直接承受基础传来的荷载，必须进行力学计算的土层称为持力层。持力层以下的土层称为下卧层，一般不需要计算。地基土层在荷载作用下产生的应力与变形，都随着土层深度的增加而减少，到了一定深度则可忽略不计。

二、地基的分类

地基按是否进行人工处理，分为天然地基和人工地基两大类。凡天然土层具有足够的承载能力，不须经人工加固或改良，可直接在上面建造房屋的称天然地基。岩石、碎石土、砂土、黏性土等，一般均可作为天然地基。当建筑物上部的荷载较大或地基的承载力较弱时，须预先对土壤进行人工加固或改良后才能满足要求的地基称人工地基。

人工地基常用的加固和处理方法有：①换填垫层法。是挖去地表浅层软弱土或不均匀土层，回填砂石、素土、灰土、工业废渣等强度较高的材料，并夯压密实，形成垫层的一种地基处理方法。适用于浅层软弱地基及不均匀地基的处理，处理深度通常控制在 3 m 以内较为经济合理。②预压法。是在基础施工前，对地基进行堆载或真空预压，使地基土被预先压实的地基处理方法。适用于处理淤泥质土、淤泥和冲填土等饱和黏性土地基。③强夯法。是反复将夯锤提到高处使其自由落下，给地基以冲击和振动能量，将地基土夯实的地基处理方法。适用于处理碎石土、砂土、低饱和度的粉土与黏性土、湿陷性黄土、素填土和杂填土等地基。④复合地基法。是采用振动、冲击或水冲等方式在软弱地基中成孔后，再将砂、碎石、素土、灰土和水泥等挤压进孔中形成高强度桩，把原来的地基置换、挤密和振动密实，并由桩和桩间土构成复合地基，使地基承载力提高，变形减少。适用于处理砂土、粉土、粉质黏土、素填土和杂填土等地基。

三、基础与地基的设计要求

(1)地基应满足强度、变形及稳定性方面的要求。建筑物应尽量选择有足够的承载力且压缩性较均匀的地基，如岩石、碎石等，以满足强度和变形要求；地基还应有防止产生滑坡、倾斜的能力，以满足稳定方面的要求。

(2)基础应满足强度、刚度、耐久性与经济性的要求。基础承受着上部结构的全部荷载，并要传递给地基，是建筑物安全的重要保证。因此，基础必须满足自身的强度和刚度要求，并保证将建筑物的荷载可靠地传给地基。由于基础埋于地下，建成后检查和维修困难，所以在选择基础的材料与构造形式时，应考虑其耐久性。同时，基础工程占建筑总造价的10%～40%，降低基础工程的造价是减少建筑总投资的有效方法。因此，在确定基础方案时，应尽量就地取材。

第二节　基础的构造

一、基础的埋置深度及其影响因素

(一)基础的埋置深度

室外设计地面至基础底面的垂直距离称为基础的埋置深度，简称基础埋深(见图 5-2)。常将埋深不超过 5 m，或虽超过 5 m 但小于基础宽度，采用一般方法与设备施工的基础称为浅基础，如独立基础、条形基础、片筏基础、箱形基础、壳体基础等。而把埋置深度超过 5 m 或埋深与基础底面相比较大，且需采用特殊的施工方法的基础称为深基础，如桩基础、地下连续墙、墩基础和沉井基础等。在保证结构安全的前提下，应优先选用浅基础，以降低工程造价。但当基础埋深过小时，可能会使地基受到压力后，把基础四周的土挤出，使基础产生滑移而失去稳定，同时易受到自然因素的侵蚀和影响。因此，基础的埋深除岩石地基外，一般不小于 0.5 m。

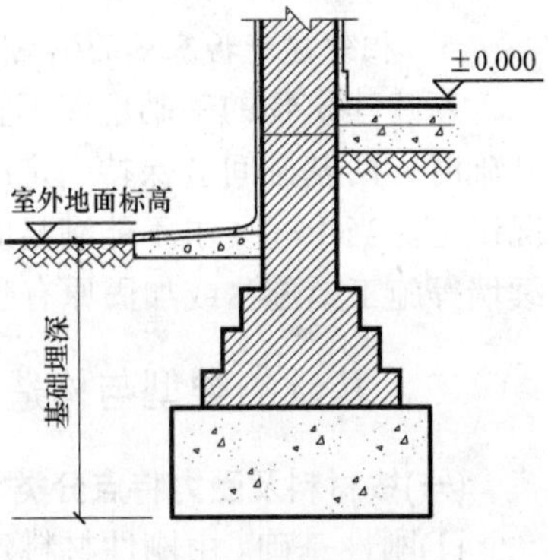

图 5-2　基础的埋深

(二)基础埋深的影响因素

1. 建筑物的类型及基础的构造

多层建筑一般根据地下水位及冻土深度等来确定埋深尺寸。高层建筑筏形和箱形基础的埋置深度应满足地基承载力、变形和稳定性要求。在抗震设防区，除岩石地基外，天然地基上的箱形和筏形基础其埋置深度不宜小于建筑物高度的 1/15；桩箱或桩筏基础的埋置深度(不计桩长)不宜小于建筑物高度的 1/18 ~ 1/20。位于岩石地基上的高层建筑，其基础埋深还应满足抗滑要求。

2. 作用在地基上的荷载大小和性质

荷载大小及性质不同，对持力层的要求也不同。例如某一深度的土层，对荷载小的基础可能是很好的持力层，但对荷载大的基础就可能不宜作为持力层。又如对于承受水平荷载的基础，必须有足够的埋深来获得土的侧向抗力，以保证基础的稳定性；对于承受动荷载的基础，则不宜选择饱和疏松的粉细砂作为持力层，以免这些土层由于振动液化而丧失承载力。

3. 工程地质和水文地质条件

基础底面应尽量选在常年未经扰动而且坚实平坦的土层或岩石上，俗称“老土层”。在满足地基稳定和变形要求的前提下，基础宜浅埋。当上层软弱土较厚或上层地基的承载力大于下层土时，宜进行技术、经济等方面的分析对比，采用综合效益较好的基础埋深及形式(见图 5-3)。

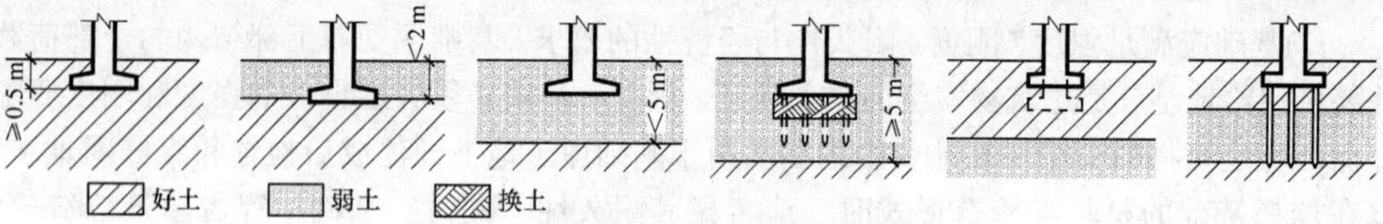

图 5-3　工程地质条件对基础埋深的影响

根据地下水的常年水位和最高水位，一般宜将基础底面位于最高水位之上，以避免地下水位变化对地基承载力的影响，同时可不需进行特殊防水处理。当地下水位较高，基础不能埋置在地下水位以上时，宜将基础埋置在全年最低地下水位以下，且不小于 200 mm。

4. 地基土壤冻胀深度

在季节性冻土地区，决定基础埋深时还应考虑地基土的冻胀性。当土层温度降至 0 ℃以下时，土中的部分孔隙水将冻结而形成冻结土。冬天土层的冻胀力会把房屋拱起，产生变形；天气转暖，冻土解冻时又会产生陷落。因此，应根据当地的气候条件了解土层的冻结深度，一般将基础埋置在土层冻结深度以下 200 mm。

5. 相邻建筑物基础的影响

新建建筑物的基础埋深不宜深于相邻的原有建筑物的基础；当新建基础埋深深于原有基础时，两基础间应保持一定净距，其数值应根据原有建筑荷载大小、基础形式和土质情况确定。当上述要求不能满足时，应采取分段施工，设临时加固支撑，打板桩，做地下连续墙等施工措施，或加固原有建筑物地基。

二、基础的类型与构造

(一)按材料及受力特点分类

(1)刚性基础。由刚性材料建造的基础称为刚性基础。刚性材料是指抗压强度高，抗拉、抗剪强度较低的材料。常用的有砖、灰土、混凝土、三合土、毛石等。为满足地基承载力的要求，基底宽一般大于上部墙、柱宽。但当基底尺寸很宽时，基础挑出部分很大，而基础又没有足够的高度 H_0，基础产生的内力就会超过其抗拉、抗剪强度，发生破坏。按刚性材料的受力状况，压力通常是沿一定角度的范围扩散的，在此范围内材料不会受拉破坏。此压力扩散线与竖直面的夹角称为刚性角，用 α 表示。刚性基础的受力、传力特点见图 5-4。

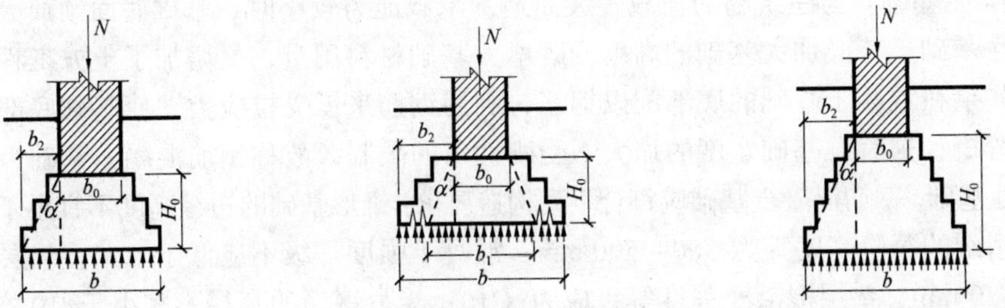

(a)基础在刚性角范围内受力　(b)基础底面宽度超过刚性角限制范围而破坏　(c)基础宽度加大的同时增加基础高度

图 5-4　刚性基础的受力、传力特点

由于刚性基础常常是台阶状的，为了保证基础不产生抗拉、抗剪破坏，基础的台阶宽高比必须在刚性角的限制范围内，即台阶宽高比应≤[$\tan\alpha$]，称为刚性角的限制或台阶宽高比限制。根据材料强度及基础底面平均压力的不同，刚性角 α 的值也不同，台阶宽高比的允许值也就不同，见表 5-1。常见的砖基础做法见图 5-5，混凝土基础做法见图 5-6。由于刚性基础受刚性角的限制，所以只适用在承载力较高的地基上建造的低层和多层房屋。

表 5-1　刚性基础台阶宽高比允许值

基础材料	质量要求	台阶宽高比的允许值		
		$p\leqslant100$	$100<p\leqslant200$	$200<p\leqslant300$
混凝土	C15 混凝土	1：1.00	1：1.00	1：1.25
毛石混凝土	C15 混凝土	1：1.00	1：1.25	1：1.50
砖	砖不低于 MU10、砂浆不低于 M5	1：1.50	1：1.50	1：1.50
毛石	砂浆不低于 M5	1：1.25	1：1.50	
灰土	体积比为 3：7 或 2：8 的灰土，其最小干密度：粉土 1.55 t/m^3；粉质黏土 1.50 t/m^3；黏土 1.45 t/m^3	1：1.25	1：1.50	
三合土	体积比 1：2：4～1：3：6(石灰：砂：骨料)，每层约虚铺 220 mm，夯至 150 mm	1：1.50	1：2.00	

注：p 为基础底面处的平均压力值，kPa。

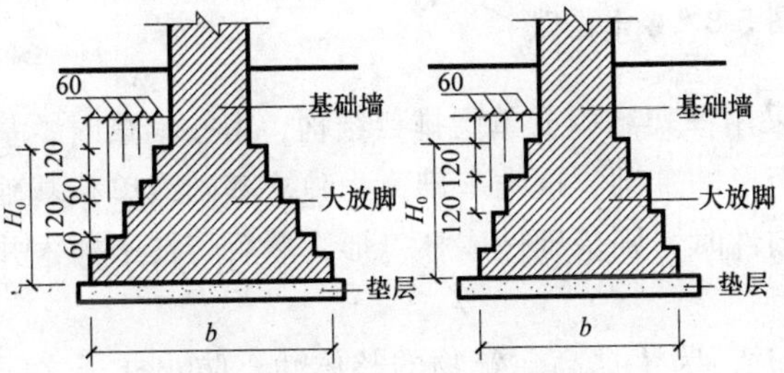

(a)二一间隔一收　(b)两皮一收

图 5-5　砖基础

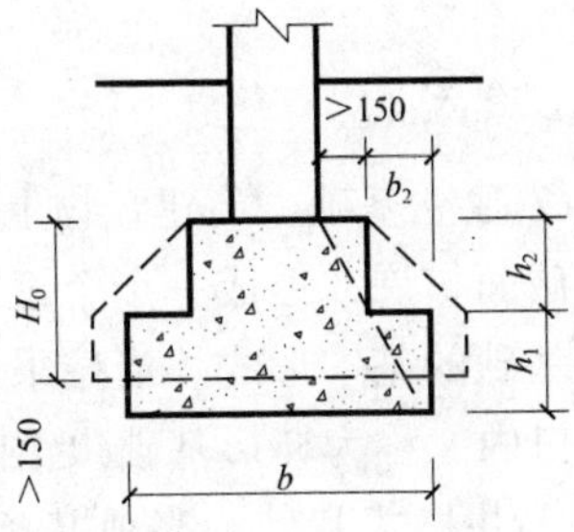

图 5-6　混凝土基础

(2)柔性基础。当建筑物的荷载较大而地基承载能力较小时，基础底面须放大，如果仍采用刚性基础，势必加大基础的高度，既增大基础材料用量，又增加了土方工程量，很不经济。如果在混凝土基础的底部配以钢筋，利用钢筋来承受拉应力，使基础底部能够承受较大的弯矩，这时，基础宽度的加大不受刚性角的限制，故称钢筋混凝土基础为非刚性基础或柔性基础。钢筋混凝土基础应符合下列构造要求：锥形基础的边缘高度不宜小于 200 mm，阶梯形基础的每阶高度宜为 300 ~ 500 mm；混凝土强度等级不应低于 C20；垫层的厚度不宜小于 70 mm，垫层混凝土强度等级应为 C10；受力钢筋的直径不宜小于$\phi10$，间距宜为 100 ~ 200 mm。分布钢筋的直径不小于$\phi8$；间距不大于 300 mm。钢筋保护层的厚度当有垫层时不小于 40 mm；无垫层时不小于 70 mm。钢筋混凝土基础构造如图 5-7。

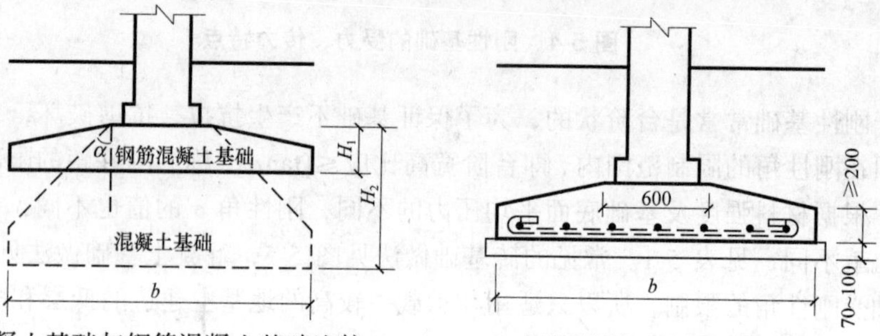

(a)混凝土基础与钢筋混凝土基础比较　　(b)钢筋混凝土基础配筋示意

图 5-7　钢筋混凝土基础

(二)按构造型式分类

基础的构造型式随建筑物上部结构形式、荷载大小及地基土性质的变化而不同。基础按构造型式不同，主要有以下几种基本类型：

(1)条形基础。当建筑物上部结构采用墙承重时，基础常沿墙身扩展形成长条形。这类基础称为条形基础或带形基础，是墙承式建筑基础的基本形式(见图 5-8)。

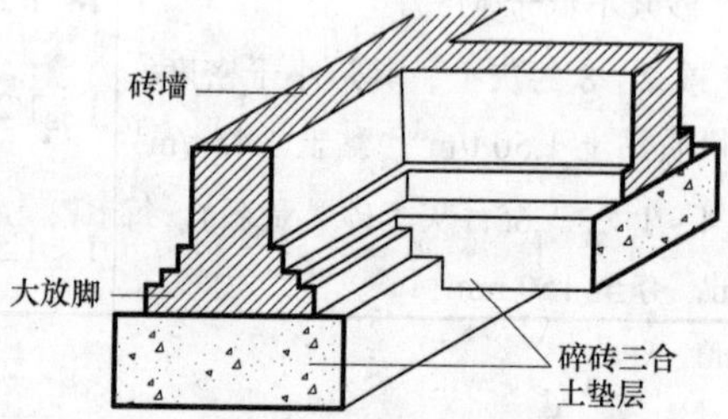

图 5-8　条形基础

(2)独立基础。当建筑物上部结构采用框架结构或单层排架结构，由柱承重时，基础常按柱截面扩展，形成一个个正方形或矩形的基础。这类基础称为独立基础或单独基础，是柱下基础的基本形式。当柱采用预制构件时，则基础做成杯口形，然后将柱子插入并嵌固在杯口内，称为杯形基础(见图 5-9)。

(3)井格式基础。当地基条件较差时，为了提高建筑物的整体性，防止柱子之间产生不均匀沉降，常将柱下基础沿纵横两个方向扩展连接起来，形成十字交叉的井格基础(见图 5-10)。

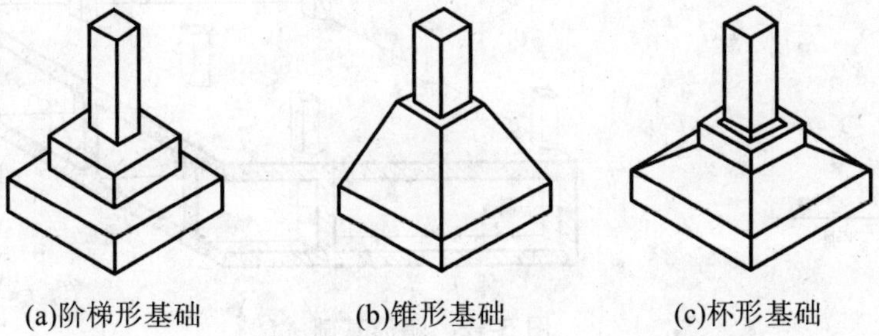

图 5-9　独立基础

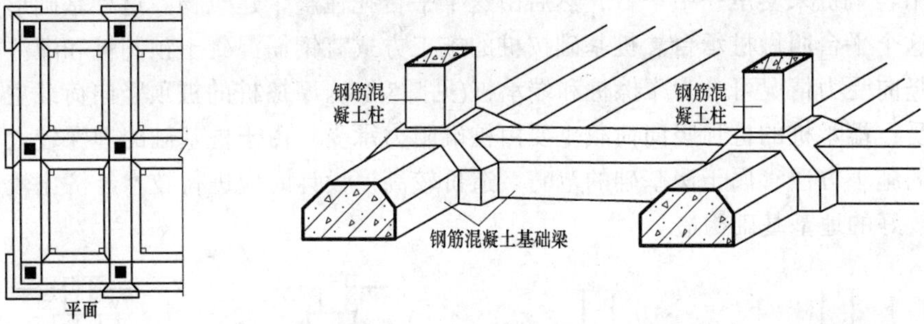

图 5-10　井格基础

(4)片筏式基础。当建筑物上部荷载大，而地基又较弱时，采用简单的条形基础或井格基础已不能适应地基变形的需要，这时通常将墙或柱下基础连成一片，使建筑物的荷载承受在一块整板上，这种基础叫片筏基础。片筏基础有平板式和梁板式两种。图 5-11 为梁板式片筏基础。

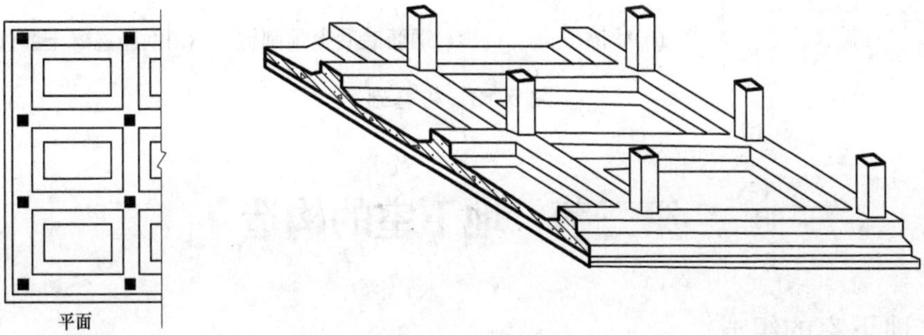

图 5-11　片筏基础

(5)箱形基础。当板式基础埋深很大时，常将基础改做成箱形基础。箱形基础是由钢筋混凝土底板，顶板和若干纵、横隔墙组成的整体结构，基础的中空部分可用做地下室。箱形基础整体空间刚度大，整体性强，能抵抗地基的不均匀沉降，较适用于高层建筑或在软弱地基上建造的重型建筑物(见图 5-12)。

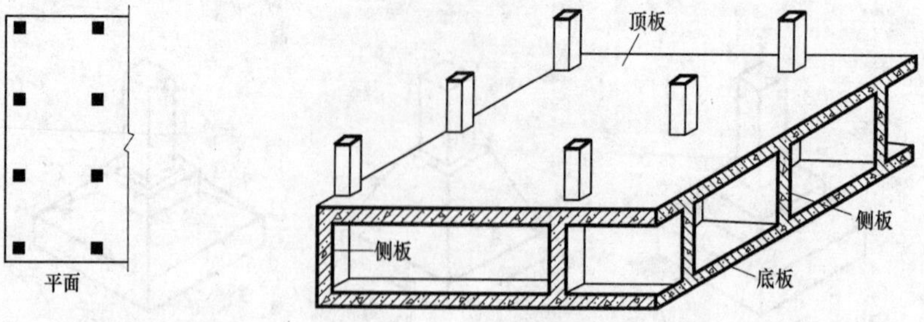

图 5-12　箱形基础

(6)桩基础。当上部结构荷载较大且地基软弱土层较厚，地基承载力不能满足要求时，可以采用若干桩来支承一个平台，然后由这个平台托住整个建筑物。这种基础形式称为桩基础，这个平台叫做桩承台。桩基础按桩的施工方式有钢筋混凝土预制桩和灌注桩基础。按桩的竖向受力情况可分为摩擦桩和端承桩(见图5-13)。摩擦桩的桩顶竖向荷载主要由桩侧阻力承受；端承桩的桩顶竖向荷载主要由桩端阻力承受。由于桩基础的埋深较大，且需采用特殊的施工方法，属于深基础的范畴，造价较高。设计时应进行技术经济比较后选择综合效益较好的地基基础构造。

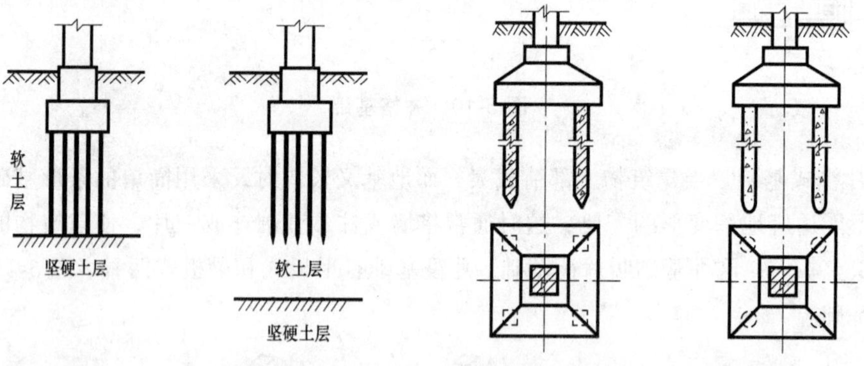

(a)端承桩　(b)摩擦桩　(c)钢筋混凝土预制桩　(d)钢筋混凝土灌注桩

图 5-13　桩基础

第三节　地下室的构造

一、地下室的组成

建筑物的地下使用空间称为地下室。地下室一般由墙、底板、顶板、门窗、楼梯等部分组成(见图5-14)。地下室的墙不仅要承受上部的垂直荷载，还要承受土、地下水及土壤冻胀时产生的侧压力。当地下水位高于地下室地面时，地下室底板不仅承受作用在它上面的垂直荷

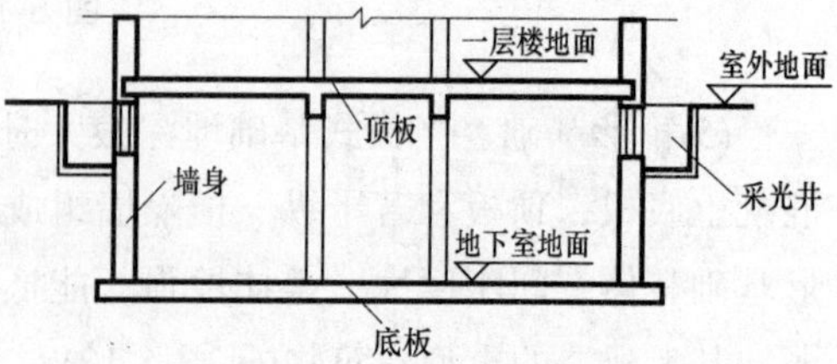

图 5-14　地下室的组成

载，还要承受地下水的浮力。当地下室窗台低于室外地面时，为达到采光和通风的目的，应设采光井。

二、地下室的分类

(一)按埋入地下深度的不同分

①全地下室。指地下室地面低于室外地坪的高度超过该房间净高的 1/2。②半地下室。指地下室地面低于室外地坪的高度为该房间净高的 1/3 ~ 1/2(见图 5-15)。

(二)按使用功能不同分

①普通地下室。一般用做高层建筑的地下停车库、设备用房。根据用途及结构需要可做成一层或二、三层，多层地下室。②人防地下室。是结合人防要求设置的地下空间，用以应付战时情况下人员的隐蔽和疏散，并有保障人身安全的各项技术措施。

三、地下室防潮构造

当地下水的常年水位和最高水位均在地下室地坪标高以下时，地下室的底板和墙体仅受土层中毛细水和地表下渗而形成的无压水影响，只需做防潮处理。其必须在地下室外墙外侧设垂直防潮层。具体做法是在墙体外表面先抹一层 20 mm 厚的水泥砂浆找平，再涂一道冷底子油和两道热沥青；然后在外侧回填低渗透性土壤，如黏土、灰土等，并逐层夯实，土层宽度为 500 mm 左右，以防地面雨水或其他地表水的影响。另外，还应在地下室的所有墙体设两道水平防潮层，一道设在地下室地坪附近，另一道设在室外地坪以上 150 ~ 200 mm 处，使整个地下室防潮层连成整体，以防地下潮气沿地下墙身或勒脚侵入室内(见图 5-16)。

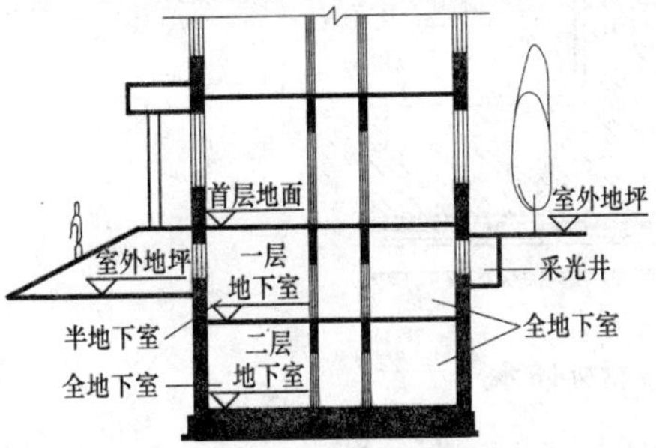

图 5-15　地下室的分类

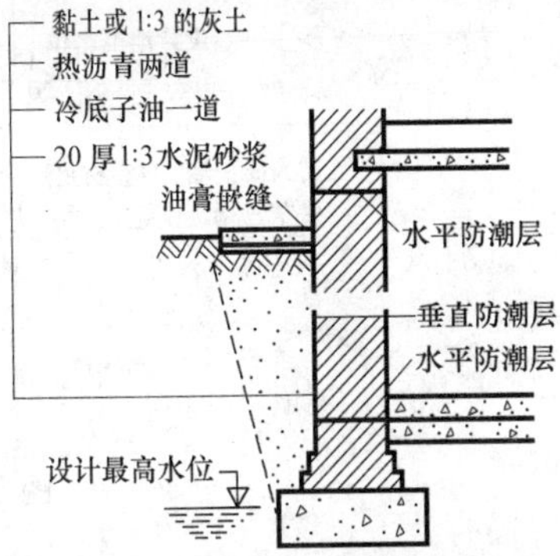

图 5-16　地下室的防潮

四、地下室防水构造

当设计最高水位高于地下室地坪时，地下室的外墙和底板都浸泡在水中，应考虑进行防水处理。常采用的防水措施有三种。

(一)卷材防水

卷材防水是以防水卷材和相应的黏结剂分层粘贴，铺设在地下室底板及墙体表面，形成连续防水层的做法。常用的卷材有沥青防水卷材、高聚物改性沥青类防水卷材和高分子类卷材。

根据防水层铺设位置的不同分为外防水和内防水。

1. 外防水

外防水是将防水层贴在地下室外墙的外表面和底板的下表面，这样对防水有利，但维修困难。外防水分别要在底板的下侧和外墙的外侧设置防水层。外墙防水层的构造要点是：先在外墙外侧抹 20 mm 厚的 1∶3 水泥砂浆找平层，并刷冷底子油一道，然后按选定的卷材层数分层粘贴防水卷材，防水层须高出最高地下水位 500～1 000 mm。防水层外侧还须砌半砖厚的保护墙或粘贴 50 mm 厚的聚苯乙烯板保护层。另外，防水层以上的地下室侧墙应采用防潮措施直至室外散水处。底板的防水构造是先浇 100 mm 厚的混凝土垫层，再以选定的卷材层数粘贴在垫层上形成防水层，并在防水层上抹 20～30 mm 厚的水泥砂浆保护层，再在上面浇筑钢筋混凝土底板。为了保证水平防水层包向垂直墙面，底板防水层必须留出足够的长度以便与垂直防水层搭接，同时要做好转折处卷材的保护工作。因此，注意外防水的施工顺序是先做底板垫层，然后铺底板防水层、施工底板，再施工墙体、贴外墙防水层，最后做外墙保护层。地下室外防水构造见图 5-17。

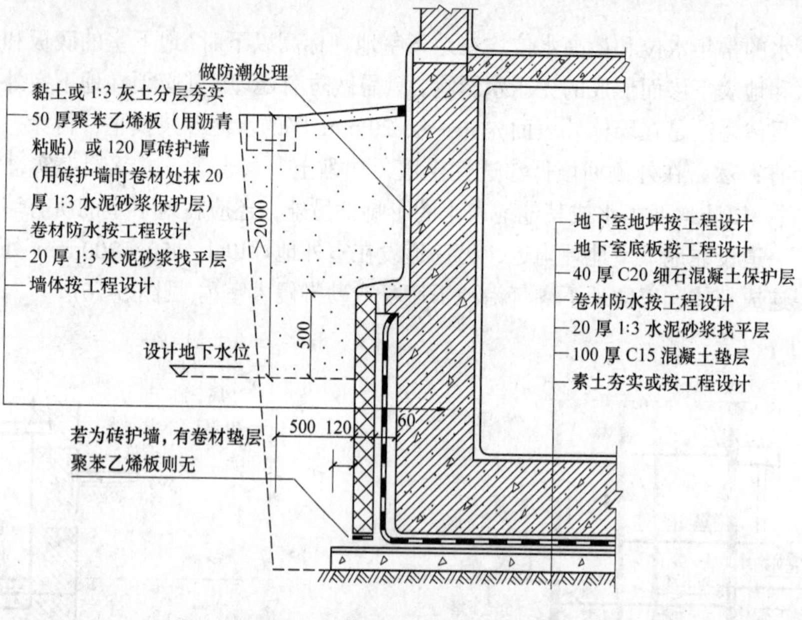

图 5-17　地下室卷材外防水

2. 内防水

内防水是将防水层贴在地下室外墙的内表面，这样施工方便，容易维修，但对防水不利，故常用于修缮工程。

(二)混凝土构件自防水

当地下室地坪和墙体均为钢筋混凝土结构时，可采用抗渗性能好的防水混凝土，称为构件自防水(见图 5-18)。防水混凝土常采用普通混凝土和外加剂混凝土。普通混凝土主要是采用不同粒径的骨料进行级配，并提高混凝土中水泥砂浆的含量，使砂浆充满于骨料之间，

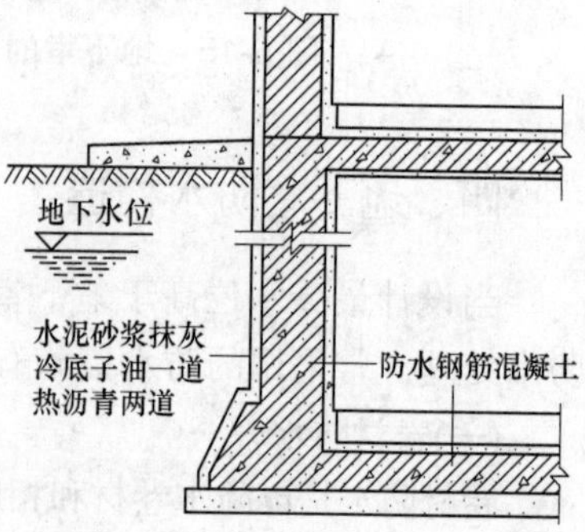

图 5-18　混凝土构件自防水

从而堵塞因骨料间不密实而出现的渗水通路，以达到防水目的。外加剂混凝土是在混凝土中渗入加气剂或密实剂，以提高混凝土的抗渗性能。

(三)涂料防水

涂料防水是用可塑性和黏结力较强的高分子防水涂料，直接涂刷在基层上形成一层不透水的薄膜层以达到防水目的。防水涂料有塑料、橡胶和改性沥青三大类，常用的有塑料油膏、氯丁胶乳沥青涂料和焦油聚氨酯防水涂膜等。常常用在建筑内有管道、转折和高差等特殊部位。涂料防水有利于形成完整的防水涂层，对细部的防水处理极为有利。

小　结

本章介绍了基础与地基的基本概念、基础的构造与地下室的构造。

基础是建筑物地面以下的结构构件，承受着建筑物全部荷载并传给地基。地基就是基础底面以下，支承基础传来荷载的土层。基础是建筑物的组成构件，而地基则不是建筑物的组成部分。

地基有天然地基与人工地基之分。

室外设计地面至基础底面的垂直距离称为基础的埋深。根据埋深的大小及施工方法的不同，可分为浅基础和深基础两类。

基础按所采用材料受力特点的不同有刚性基础和柔性基础之分；按其构造型式不同有条形基础、独立基础、井格基础、片筏基础、箱形基础、桩基础等形式。

地下室是建造在地下的使用空间。由于地下室的外墙、底板受到地下潮气和地下水的侵袭，因此必须重视地下室的防潮与防水处理。

当地下水的常年水位和最高水位均在地下室地坪标高以下时，地下室的底板和墙体仅受土层中毛细水和地表下渗而形成的无压水影响，只需做防潮处理。

当设计最高地下水位在地下室地坪标高以上时，地下室的底板和外墙直接受到水的浸泡，必须对外墙和底板采取防水措施。防水措施主要有卷材防水、混凝土构件自防水和涂料防水三类。当前以卷材防水运用最多。卷材防水又有外防水和内防水之分。外防水构造是在外墙外侧和底板下侧铺设卷材，必须注意卷材的接头、保护及收头处理。

防水混凝土的防水措施多采用对骨料进行科学级配混凝土和外加剂混凝土两种。

在建筑内有管道、转折和高差等特殊部位，地下室常常采用涂料防水。

复习思考与练习题

一、名词解释

(1)基础；(2)人工地基；(3)基础埋深；(4)刚性基础

二、填空题

(1)地基分为(　　)和(　　)两大类。人工加固地基常用(　　)、(　　)、(　　)、(　　)等方法。

(2)基础按材料及受力情况不同分为(　　)基础和(　　)基础。

(3)基础按构造型式不同有(　　)、(　　)、(　　)、(　　)、(　　)和(　　)等。

(4)地下室常用的防水措施有(　　)、(　　)和(　　)三种。

(5)地下室的卷材防水根据卷材铺设位置不同分为(　　)和(　　)两类，其中(　　)防水是将防水材料贴在迎水面。

三、问答题

(1)地基和基础有什么区别，它们之间的关系是怎样的?

(2)基础埋深的影响因素有哪些?

(3)刚性基础的受力特点是什么? 什么是刚性角和刚性角的限制?

(4)基础按构造型式的不同有哪些类型? 各自适用于什么情况?

(5)地下室防潮的构造要点有哪些?

(6)地下室在什么情况下要防水? 外防水与内防水有什么区别?

(7)地下室外防水的构造要点有哪些?

四、实训练习题

(1)抄绘某条形基础的平面图，并设计、绘制 2～3 个基础断面图。

第六章 墙 体

【学习目标】

- 了解：墙体的保温、隔热及节能构造。
- 熟悉：墙体的类型及设计要求、隔墙及墙面装修构造。
- 掌握：砖墙和砌块墙的构造。

第一节 概 述

墙体是建筑物中重要的组成部分，具有承重、围护、分隔、装修等作用。在工程设计中，应合理选择墙体材料、结构方案及构造做法。

一、墙体的类型

(一)按墙体所在位置分类

按墙体在平面上所处位置不同，可分为外墙和内墙；按墙体在平面上方向不同分为纵墙和横墙(见图 6-1)。位于房屋周边的墙统称为外墙，起着挡风、遮雨、保温隔热等作用。位于房屋内部的墙统称为内墙，起着分隔室内空间的作用。沿房屋短轴方向的墙称为横墙，沿房屋长轴方向的墙称为纵墙。根据位置和方向不同，就有外横墙、外纵墙、内横墙和内纵墙的区别，其中，外横墙又俗称山墙，外纵墙俗称檐墙。另外，窗与窗之间和窗与门之间的墙称为窗间墙，窗台下面的墙称为窗下墙，上部伸出屋面的墙称为女儿墙。

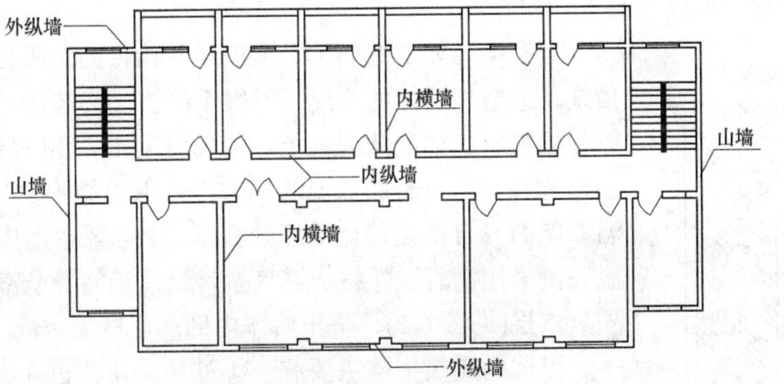

图 6-1 墙体各部分名称

(二)按墙体受力状况分类

在混合结构建筑中，按墙体受力方式分为两种：承重墙和非承重墙。承重墙直接承受上部楼板或屋顶传来的荷载，非承重墙则不承受外来荷载。非承重墙又可分为两种：一是自承重墙，不承受外来荷载，仅承受自身重量并将其传至基础；二是隔墙，起分隔房间的作用，不承受外来荷载，并把自身重量传给梁或楼板。框架结构中的墙均为非承重墙，包括填充墙、幕墙和自承重墙。

(三)按墙体构造和施工方式分类

按构造方式，墙体可以分为实体墙、空体墙和组合墙三种。实体墙由单一材料组成，如砖墙、砌块墙等。空体墙也是由单一材料组成，可由单一材料砌成内部空腔，也可用具有孔洞的材料建造墙，如空斗砖墙、空心砌块墙等。组合墙由两种以上材料组合而成，例如混凝土、加气混凝土复合板材墙。其中混凝土起承重作用，加气混凝土起保温隔热作用。

按施工方式，墙体可以分为块材墙、板筑墙及板材墙三种。块材墙是用砂浆等胶结材料将砖石块材等组砌而成，例如砖墙、石墙及各种砌块墙等。板筑墙是在现场立模板，现浇而成的墙体，例如现浇混凝土墙等。板材墙是预先制成墙板，施工时安装而成的墙，例如预制混凝土大板墙、各种轻质条板内隔墙等。

二、墙体的设计要求

(一)强度和稳定性要求

强度是指墙体承受荷载的能力，它与墙体采用的材料、材料的强度等级、墙体的厚度等因素有关。作为承重墙的墙体，必须具有足够的强度，以确保结构的安全。对于抗震设防的地区，墙体选用的烧结普通砖和烧结多孔砖的强度等级不应低于 MU10，砌筑砂浆强度等级不应低于 M5。

墙体的稳定性与墙的高度、长度和厚度有关。高而薄的墙稳定性差，矮而厚的墙稳定性好；长而薄的墙稳定性差，短而厚的墙稳定性好。当稳定性不够时，可以采用增设壁柱或圈梁、构造柱等措施。

(二)保温隔热要求

在寒冷及严寒地区要求墙体具有良好的保温性能，以减少室内热量的散失，同时防止墙体表面和内部产生凝结水。在夏热冬冷和夏热冬暖地区则要求墙体有一定的通风隔热能力，防止夏季室内温度过高。

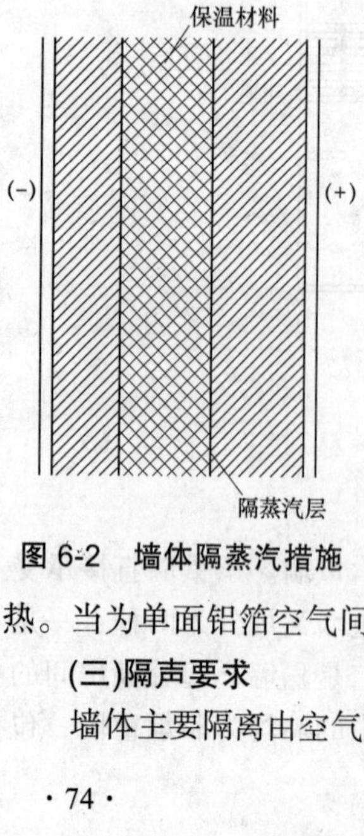

图 6-2　墙体隔蒸汽措施

对有保温要求的墙体，须提高其构件的热阻，通常采取以下措施：①增加墙体的厚度，但很不经济。②选择导热系数小的墙体保温材料，如泡沫混凝土、加气混凝土、膨胀珍珠岩等。其保温构造有单一材料的保温结构和复合保温结构之分。发展高效保温节能的复合墙是墙体节能的根本出路。③在墙体的保温层靠高温一侧采用沥青、卷材、隔汽涂料以及铝箔等防潮、防水材料作隔蒸汽层(见图 6-2)，防止墙体内部产生冷凝水。

墙体的隔热措施主要有：①外墙采用浅色而平滑的外饰面，如白色外墙涂料、玻璃马赛克、浅色墙地砖、金属外墙板等，以反射太阳辐射热。②在外墙内部设通风间层，利用空气的流动带走热量。③采用多排孔混凝土或轻骨料混凝土空心砌块墙体，或采用复合墙体。④设置带铝箔的封闭空气间层，利用空气间层隔热。当为单面铝箔空气间层时，铝箔宜设在温度较高的一侧。

(三)隔声要求

墙体主要隔离由空气直接传播的噪声。一般采取以下措施：加强墙体缝隙的填密处理、增加墙厚和墙体的密实性、采用有空气间层式多孔性材料的夹层墙、尽量利用垂直绿化降噪声等。

(四)材料及施工要求

选用墙体材料还须注意其吸水率和抗冻性，这是墙体耐久性的主要特征之一。建筑工业化的关键是墙体改革，应该设法采用轻质高强的材料，如硅酸盐砌块，同时还可减少使用黏土，节约土地资源。还应注意墙体的防水、防潮处理。在较大的房屋中，还应设置防火墙，以防止火灾蔓延。

(五)结构布置要求

对以墙体承重为主的低层或多层砖混结构，常要求各层的承重墙上、下必须对齐；各层的门、窗孔洞也以上、下对齐为佳。此外，还需合理选择墙体结构布置方案。

墙体的结构布置方案有横墙承重、纵墙承重、混合承重和内框架承重等几种(见图 6-3)。

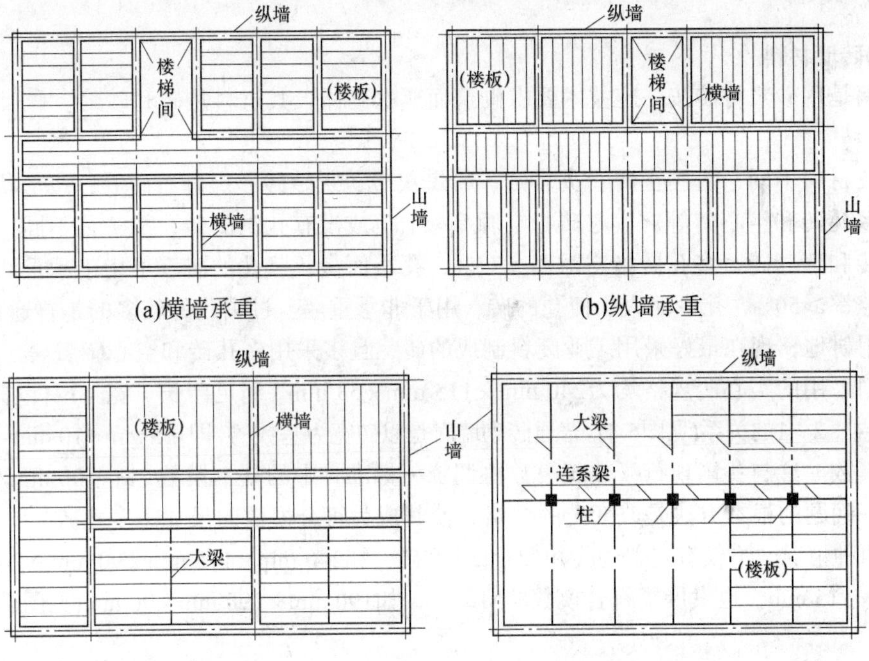

(a)横墙承重　(b)纵墙承重　(c)混合承重　(d)内框架承重

图 6-3　墙体结构布置方案

凡是楼板、屋顶上的荷载均由横墙承受，纵墙只起纵向稳定和拉结以及承自重的作用的结构称横墙承重方案。它的特点是横墙间距小、数量多，加上纵墙的拉结，使建筑物的整体性好、横向刚度大，对抵抗风力、地震力等水平荷载有利。但横墙承重方案的开间尺寸不够灵活，墙体占据的面积较大，墙体的材料用量较多。适用于房间开间尺寸不大的宿舍、住宅及病房楼等建筑。

凡是楼板、屋顶上的荷载均由纵墙承受，横墙只起分隔房间作用或起横向稳定作用的结构称为纵墙承重方案。纵墙承重可使房间开间的划分灵活，多适用于需要较大房间的办公楼、商店、教学楼等公共建筑。

凡由纵墙和横墙共同承受楼板、屋顶荷载的结构布置称混合承重方案。该方案房间布置较灵活，建筑物的刚度亦较好。混合承重方案多用于开间、进深尺寸较大且房间类型较多的建筑和平面形式复杂的建筑中，前者如教学楼、商店，后者如点式住宅、幼儿园等建筑。

在结构设计中，有时采用墙体和钢筋混凝土梁、柱组成的框架共同承受楼板和屋顶的荷载。这时，梁的一端支承在柱上，而另一端则搁置在墙上，这种结构布置称为部分框架结构或内框架承重方案。它适合于室内需要较大使用空间的建筑，如商场等。

在地震区的房屋，应优先采用横墙承重或纵横墙共同承重的结构体系。同时，纵横墙的布置宜均匀对称，沿平面内宜对齐，沿竖向应上下连续；同一轴线上的窗间墙宽度宜均匀。

第二节　墙体构造

一、砖墙

(一)砖墙材料

砖墙是用砂浆将砖按一定技术要求砌筑而成的砌体，其材料是砖和砂浆。

1. *砖*

砖按材料不同，有黏土砖、页岩砖、粉煤灰砖、灰砂砖、煤矸石砖等；按形状分有实心砖、多孔砖和空心砖等。实心砖指空隙率＜15%或没有孔洞的砖，按工艺不同，实心砖有烧结砖和蒸养砖。多孔砖指空隙率≥15%，孔小而多，竖孔的砖，可用于承重墙。空心砖指空隙率≥50%，孔少而大，横孔的砖，用于非承重墙。过去用的较多的是普通黏土砖，但其占用耕地，现在最好采用工业废料制成的砖，且多采用多孔砖和空心砖。

我国采用的实心砖规格均为240 mm×115 mm×53 mm，满足砖长：宽：厚(包括10 mm宽灰缝)=4：2：1的关系(见图6-4)。普通砖砌墙时是以砖宽为基数的，即115 mm +10 mm=125 mm为砖的模数。这与我国现行《建筑模数协调统一标准》中的基本模数1 M=100 mm不协调，解决这一问题的根本方法是改变砖的规格，使其成为符合模数的尺寸。多孔砖与空心砖的尺寸有两种情况，不仅有与普通砖相配合的P型砖，如240 mm×115 mm×90 mm、240 mm×180 mm×115 mm，也发展了符合模数的M型砖，如190 mm×190 mm×90 mm(见图6-5)。

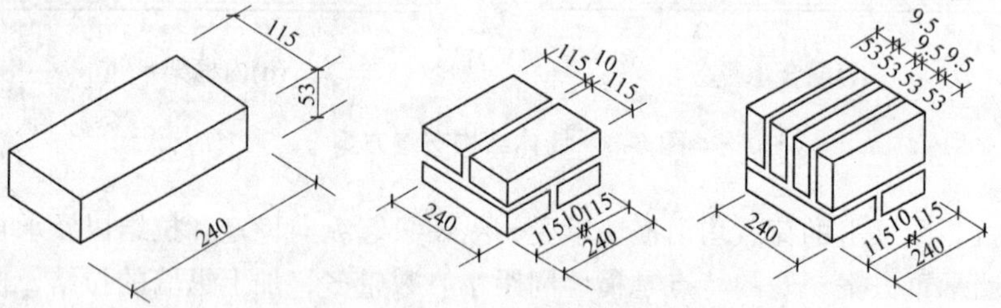

图 6-4　普通实心砖的尺寸关系

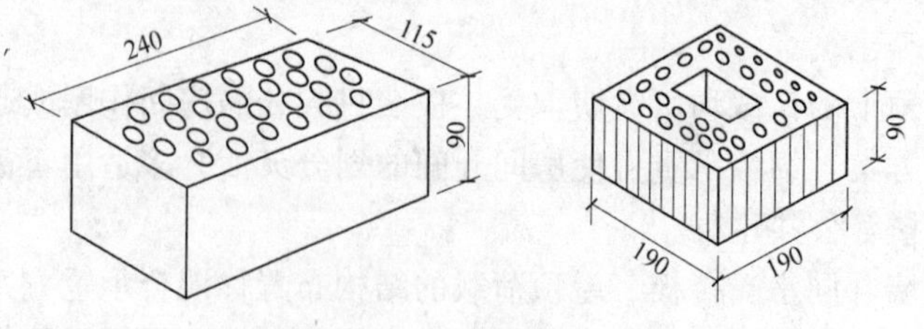

图 6-5　多孔砖的尺寸

砖的强度以强度等级表示，有 MU30、MU25、MU20、MU15、MU10 五个级别。

2. *砂浆*

砂浆是砌墙的胶结材料。常用的砂浆有水泥砂浆、混合砂浆、石灰砂浆。

(1)水泥砂浆由水泥、砂加水拌和而成。它强度高、防水性好，但流动性和保水性较差，适应砌筑湿环境下及地面以下的砌体，如地下室、基础等。

(2)石灰砂浆由石灰膏、砂加水拌和而成。它流动性和保水性很好，但它的强度较低，所以适宜砌筑次要民用建筑的地上砌体、临时建筑等。

(3)混合砂浆由水泥、石灰膏、砂加水拌和而成。既有较高的强度，也有良好的流动性和保水性，故广泛用于民用建筑地上砌体。

砂浆强度等级有 M15、M10、M7.5、M5、M2.5 共五个级别。

(二)砖墙的组砌方式与尺寸

1. *砖墙的厚度*

砖墙的厚度除应满足强度、稳定性、保温隔热、隔声及防火等功能方面的要求外，还应与砖的规格尺寸相配合(见图 6-6)。砖墙的厚度一般以砖长为基数来称呼，如一砖厚、半砖厚等。当灰缝宽度按 10 mm 计算时，普通砖墙厚度的尺寸见表 6-1。

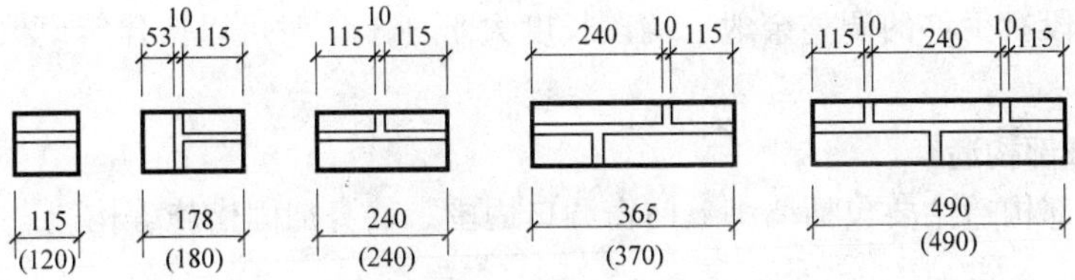

图 6-6　墙厚与普通砖规格的关系

表 6-1　普通砖墙厚度的尺寸　　(单位：mm)

墙厚名称	1/4 砖	1/2 砖	3/4 砖	1 砖	$1\frac{1}{2}$ 砖	2 砖	$2\frac{1}{2}$ 砖
标志尺寸	60	120	180	240	370	490	620
构造尺寸	53	115	178	240	365	490	615

2. *砖墙的组砌方式*

为了保证墙体的强度，砖砌体的砌筑原则是：上下错缝，内外搭接，横平竖直，砂浆饱满，接搭牢固(见图6-7)。常用的错缝方法是将丁砖和顺砖上下皮交错砌筑。砌筑时，每排列一层砖称为一皮砖。常见的砖墙砌式有全顺式、一顺一丁式、三顺(或多顺)一丁式、每皮丁顺相间式(也叫十字式)、两平一侧式等(见图6-8)。

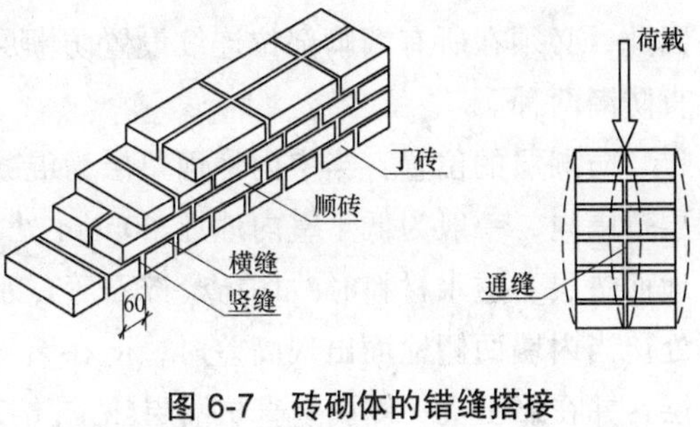

图 6-7　砖砌体的错缝搭接

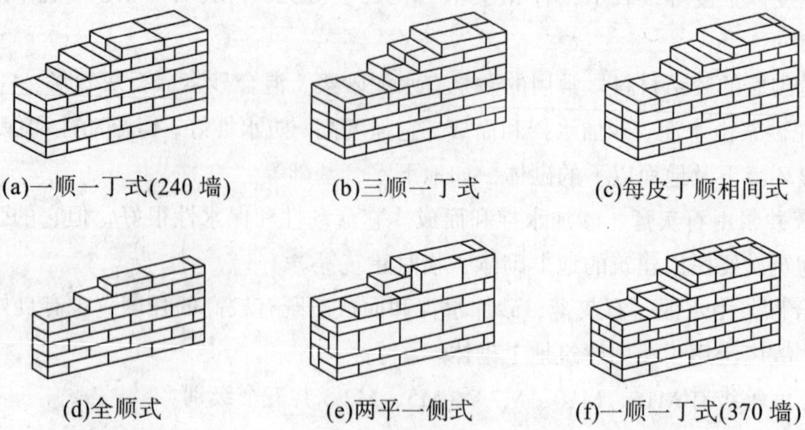

图 6-8　砖墙的组砌方式

3. *砖墙的墙段长度*

砖墙的墙段长度应符合砖的规格。灰缝厚度按 10 mm 考虑，普通砖的砖模=125(115+10)，则墙段长度 $L=125n-10$(n 为半砖的数量)。这与建筑统一模数不相符。为了尽量减少砍砖，并解决这个矛盾，要求墙段长度小于 1.5 m 时必须符合砖模，但灰缝厚度可以在 8 ~ 12 mm 范围内，使墙段有少许的调整余地；墙段长度大于 1.5 m 时可以按建筑模数协调统一标准确定尺寸。

(三)墙体细部构造

墙体的细部构造主要包括墙脚、门窗洞口周围、墙身加固措施等构造。

1. *墙脚*

底层室内地面以下、基础以上的这段墙体常称为墙脚。墙脚的构造包括勒脚、墙身防潮层、散水和明沟。

(1)勒脚。就是外墙的墙脚，是外墙接近室外地面的部分。一般情况下，勒脚的高度为室内地坪与室外地面的高差部分。为防止雨水上溅墙身和机械作用等影响，要求墙脚坚固耐久和防潮。一般采用以下几种构造做法：①抹灰：可采用 20 ~ 30 mm 厚 1∶2.5 水泥砂浆等抹面。此法多用于一般建筑。②贴面：可采用天然石材或人工石材，如花岗石、水磨石板等，其耐久性、装饰效果好，用于高标准建筑。③采用石材砌筑等。

(2)墙身防潮。在墙身中设防潮层的目的是防止地面下土壤中的水分沿基础墙上升和位于勒脚处的地面水渗入墙内，使墙身受潮，提高建筑物的耐久性，保持室内干燥、卫生。因此，必须在所有墙脚部位连续设置防潮层。根据防潮层设置方式的不同有水平防潮和垂直防潮两种。

防潮层的位置：当室内地面垫层为混凝土等密实材料时，防潮层的位置应设在室内垫层范围内，一般为低于室内地坪 60 mm 处，同时还应至少高于室外地面 150 mm。当室内地面垫层为透水材料时(如炉渣、碎石等)，水平防潮层的位置应平齐或高于室内地面 60 mm 处。当内墙两侧地面出现高差时，应在墙身内与两边室内地坪对应处设高低两道水平防潮层，并在靠土壤一侧设垂直防潮层(见图 6-9)。

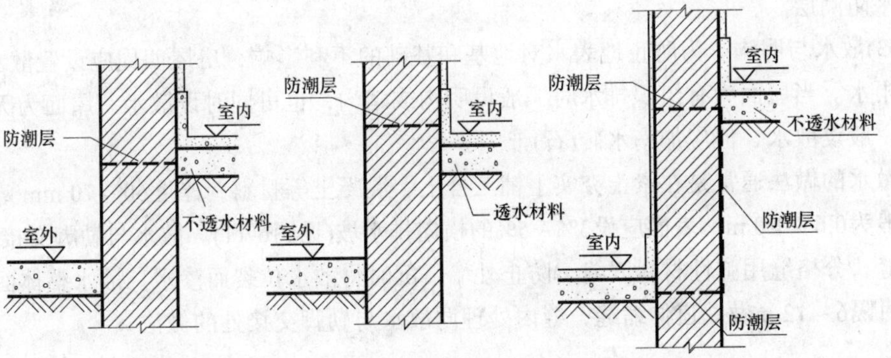

图 6-9　墙身防潮层的位置

防潮层的构造做法：

水平防潮层的做法常用以下三种(见图 6-10)：①防水砂浆防潮层，采用 1∶2 水泥砂浆加 3%～5%防水剂，厚度为 20～25 mm，或用防水砂浆砌三皮砖作防潮层。此法构造简单，但砂浆开裂或不饱满时影响防潮效果，且因为砂浆为脆性材料，易开裂。②细石混凝土防潮层，采用 60 mm 厚的细石混凝土带，内配 3 根ϕ6～ϕ8 钢筋，其防潮性能好。③油毡防潮层，先抹 20 mm 厚水泥砂浆找平层，上铺一毡二油(或干铺油毡一层)，这种做法防水效果好，但因为油毡的隔离，削弱了砖墙的整体性，不应在刚度要求高或抗震设防地区采用。

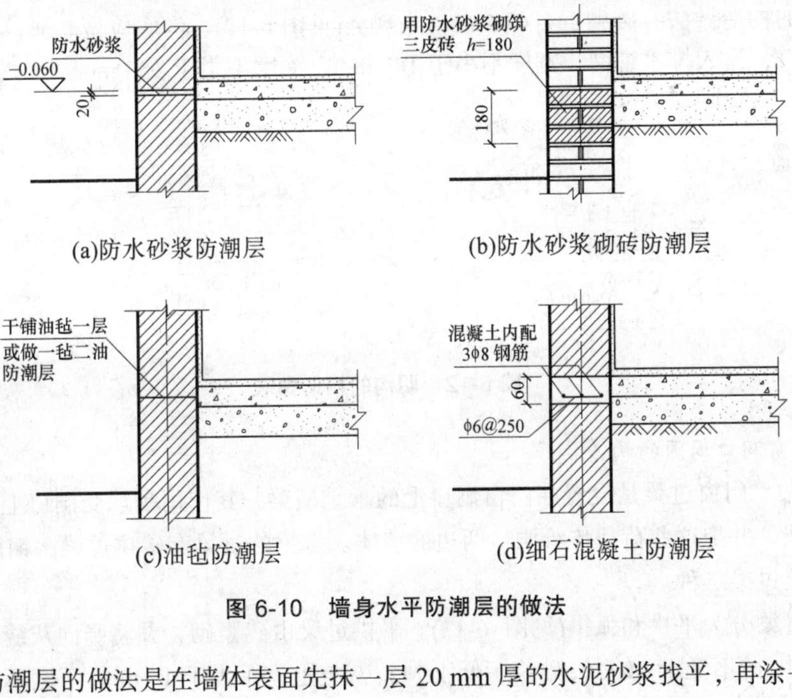

(a)防水砂浆防潮层　(b)防水砂浆砌砖防潮层

(c)油毡防潮层　(d)细石混凝土防潮层

图 6-10　墙身水平防潮层的做法

垂直防潮层的做法是在墙体表面先抹一层 20 mm 厚的水泥砂浆找平，再涂一道冷底子油和两道热沥青。

如果墙脚采用不透水的材料(如石材或混凝土等)，或设有钢筋混凝土地圈梁，可以不设水平防潮层。

(3)散水与明沟。为防止地表水对地基和基础的不利影响，房屋四周应设置散水或明沟排除雨水。当屋面为有组织排水时一般设明沟或暗沟，也可同时设散水。屋面为无组织排水时一般设散水，但应加滴水砖(石)带。

散水的做法通常是在素土夯实上铺三合土、混凝土等材料，厚度60 ~ 70 mm。散水宽度一般为0.6 ~ 1.0 m，表面应设3% ~ 5%的横向排水坡(见图6-11)。散水与勒脚交接处应设分格缝，分格缝用弹性材料嵌缝，防止外墙下沉时将散水拉裂而渗水。散水整体面层纵向距离每隔6 ~ 12 m做一道伸缩缝，缝内处理同散水与勒脚交接处的做法。

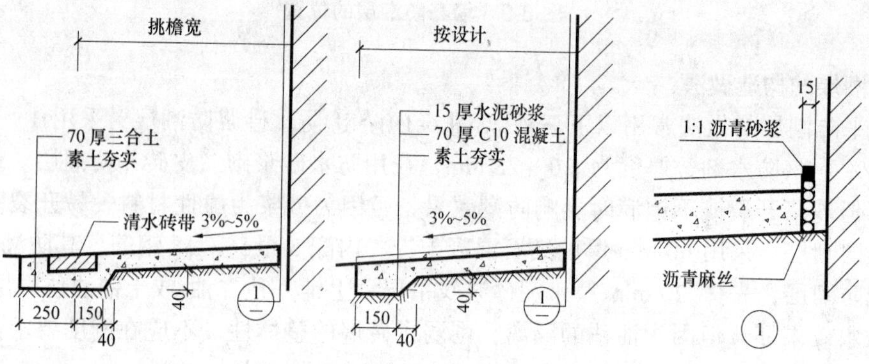

图 6-11　散水的构造做法

明沟的构造做法有砖砌、石砌、混凝土现浇(见图 6-12)。沟底应做 0.5% ~ 1%的纵坡，坡向集水口，流入排水管网。宽度不小于 180 mm，深度不小于 150 mm。

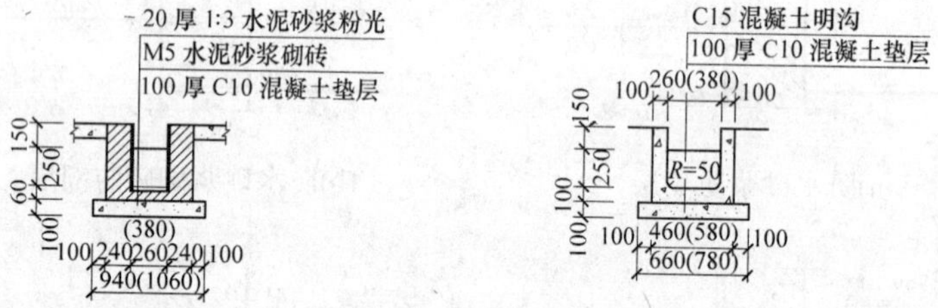

图 6-12　明沟的构造做法

2. 门窗洞口周围的构造

(1)过梁。门窗过梁是设置在门窗洞口上的承重横梁，其作用是承受洞口上部砌体传来的各种荷载，并把这些荷载传给洞口两边的墙体。常见的过梁有砖拱过梁、钢筋砖过梁和钢筋混凝土过梁三种。

砖拱过梁分为平拱和弧拱(见图 6-13)。平拱过梁由砖竖砌，并将竖向灰缝做成上宽下窄来形成拱，砖不低于 MU10，砂浆不低于 M5，灰缝上宽不大于 15 mm，下宽不小于 5 mm。同时要求拱脚下面伸入墙内不小于 20 mm，平拱的底面中心要有 1%的起拱。砖砌平拱过梁的净跨不应超过 1.2 m。因为施工复杂，现在弧拱过梁应用很少。

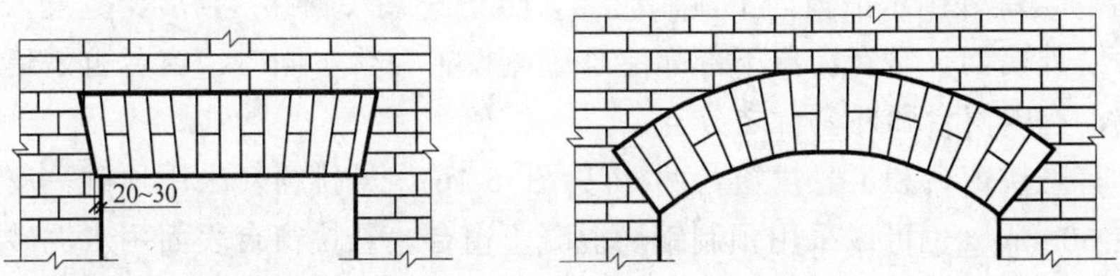

(a)平拱　　　　(b)弧拱

图 6-13　砖拱过梁

钢筋砖过梁用不低于MU10的砖、不低于M5的砂浆在洞口上部平砌5 ~ 7皮砖或≥L/4高。一般采用在洞口上方先支木模，并在第一皮砖下面厚不小于30 mm的砂浆层内设2 ~ 3根ϕ6钢筋，间距不超过120 mm，钢筋伸入两端墙内不少于240 mm，并应在端部做60 mm高的垂直弯钩(见图6-14)。钢筋砖过梁净跨不应超过1.5 m。

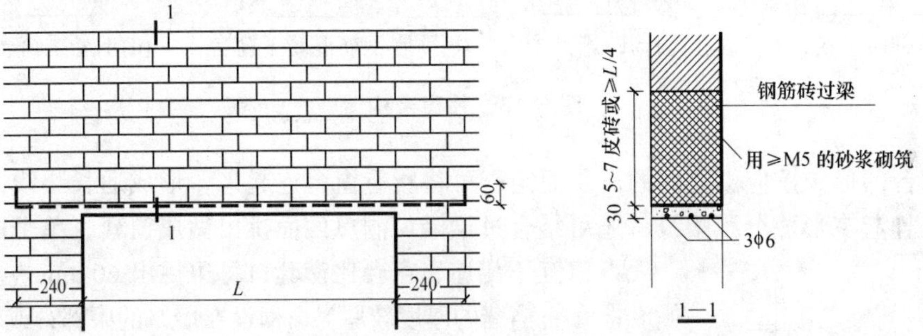

图 6-14　钢筋砖过梁构造示意图

钢筋混凝土过梁有现浇和预制两种，梁高及配筋由计算确定。为了施工方便，梁高应与砖的皮数相适应，以方便墙体连续砌筑，故常见梁高为 60 mm、120 mm、180 mm、240 mm，即 60 mm 的整倍数。梁宽一般同墙厚，梁两端支承在墙上的长度不少于 240 mm，以保证足够的承压面积。过梁断面形式有矩形和 L 形，矩形多用于内墙和混水墙，L 形多用于外墙和清水墙，在有保温要求的外墙中，为了减少热损失，防止过梁内壁产生冷凝水，应采用 L 形过梁。当门窗洞口较大、有较大振动荷载或集中荷载，或可能产生地基不均匀沉降的房屋应采用钢筋混凝土过梁。它坚固耐用，施工简便，目前被广泛采用。

为简化构造，节约材料，可将过梁与圈梁、悬挑雨篷、窗楣板或遮阳板等结合起来设计。如在南方炎热多雨地区，常从过梁上挑出 300 ~ 500 mm 宽的窗楣板，既保护窗户不淋雨，又可遮挡部分太阳光。钢筋混凝土过梁构造见图 6-15。

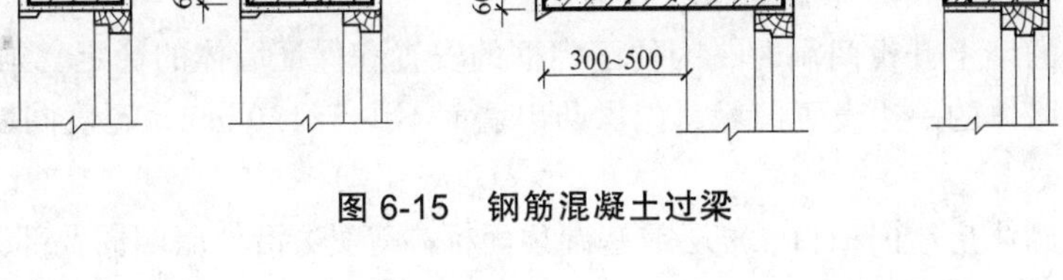

图 6-15　钢筋混凝土过梁

(2)窗台。当室外雨水沿窗向下流淌时，为防止其渗入墙身，且沿窗缝渗入室内，同时避免雨水污染外墙面，常在窗洞下部靠室外一侧设置窗台。同时，窗台也是建筑立面重点处理的部位，有内窗台和外窗台之分。

外窗台有悬挑窗台和不悬挑窗台两种(见图 6-16)。悬挑窗台采用顶砌一皮砖或侧砌一砖，并悬挑 60 mm，也可以采用预制钢筋混凝土窗台。悬挑窗台表面用水泥砂浆抹灰，并于外沿下部做出滴水，即做成锐角或半圆凹槽导雨水沿滴水聚集而落下。由于悬挑窗台下部容易积灰，在风雨作用下很容易污染窗台下的墙面，影响立面美观，因此现在许多建筑都设计为不悬挑窗台，采用光滑易冲洗的面层材料，并在上表面开成向外的坡度，利用雨水的冲刷洗去积灰。

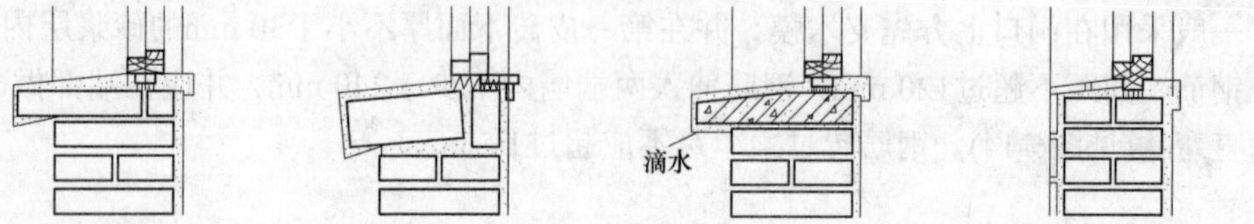

(a)平砌砖悬挑窗台　(b)侧砌砖悬挑窗台　(c)预制钢筋混凝土窗台　(d)不悬挑窗台

图 6-16　外窗台构造

外窗台的形式还应由立面的需要而定，可将所有窗台连起来，形成通长腰线，也可将几个窗台连起来形成分段腰线，还可结合过梁沿窗洞口四面挑出做成窗套，单个窗台也可以互不相连，窗台比窗套口每边挑出 60 mm 左右。

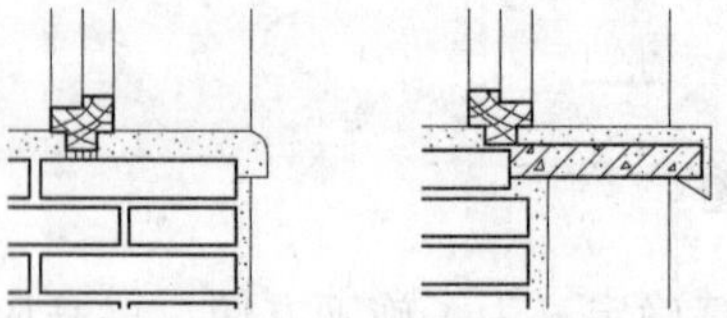

(a)抹灰内窗台　(b)采暖地区预制钢筋混凝土窗台

图 6-17　内窗台构造

当墙的厚度较厚，窗框设在墙厚的中部，或者采用凸窗，窗框与墙面外平，以及处于内墙上的窗，都需要设内窗台。室内如为暖气采暖，为便于安装暖气片，窗台下应预留凹龛，此时应采用预制钢筋混凝土窗台板，两端支承在窗间墙上形成内窗台。因为不受雨水冲刷，内窗台一般为水平的，可结合室内装修选择表面做法(见图 6-17)。

3. 墙身的加固措施

由于墙身承受集中荷载或墙上开洞口及地震等因素的影响，须增加墙身的强度或稳定性，采取一些加固措施。通常有以下几种方法。

1)增加壁柱和门垛(见图 6-18)

当墙体要承受梁传来的集中荷载，而墙厚又不足以承担；或当墙体的长度和高度超过一定限度并影响到墙体稳定性时，常在墙身局部适当位置增设凸出墙面的壁柱。壁柱突出墙面的尺寸一般为 120 mm × 370 mm、240 mm × 370 mm、240 mm × 490 mm 或根据结构计算确定。

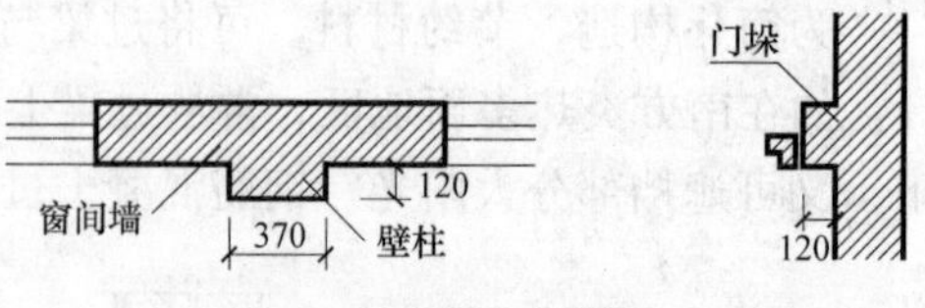

图 6-18　壁柱和门垛

当在较薄的墙上开设门洞时，为便于门框的安置和保证墙体的稳定，须在门靠墙转角处或丁字接头墙体的一边设置门垛，门垛凸出墙面不少于 120 mm，宽度同墙厚。

2)设置圈梁

圈梁是在砌体房屋的檐口、楼层或基础顶面标高等处，沿外墙四周及部分内墙设置的，在同一水平面上连续闭合的梁式构件。其作用是增加墙体的稳定性，提高房屋的整体刚度，防止由于地基的不均匀沉降或较大振动荷载等对房屋引起的不利影响。对于抗震设防地区，利用圈梁加固墙身更加必要。

(1)圈梁的设置要求。圈梁的数量与房屋的高度、层数、地基状况和地震烈度有关。

在非抗震设防区，空旷的单层房屋(如食堂)，当檐口标高为5～8 m时，应在檐口标高处设置一道圈梁；当檐口标高大于 8 m 时，应适当增设。多层房屋(如宿舍、办公楼等)，且层数为3～4层时，应在檐口标高处设置圈梁一道。当层数超过4层时，应在所有纵横墙上隔层设置。采用现浇钢筋混凝土楼(屋)盖的多层砌体结构房屋，当层数超过 5 层时，除在檐口标高处设置一道圈梁外，可隔层设置圈梁，并与楼板一起现浇。建筑在软弱地基或不均匀地基上的砌体房屋，应在多层房屋的基础和顶层处各设置一道，其他各层可隔层设置，必要时也可层层设置。

在抗震设防区，空旷的单层房屋，墙顶标高处应设置现浇圈梁，并宜沿墙高每隔3 m左右增设一道圈梁。多层房屋采用砖墙、装配式钢筋混凝土楼屋盖或木楼屋盖，横墙承重时应按表 6-2 的要求设置圈梁；纵横承重时，每层均应设置圈梁，且抗震横墙上的圈梁的间距应比表 6-2 的要求适当加密。采用现浇或装配整体式钢筋混凝土楼屋盖与墙体有可靠连接的房屋可不另设圈梁，但楼板边沿应加 2 根ϕ12 的加强钢筋，并与相应的构造柱钢筋可靠连接。

表 6-2　抗震设防区圈梁设置要求及配筋表

圈梁设置要求及配筋		烈度		
		6、7	8	9
圈梁设置要求	沿外墙及内纵墙	屋盖处及每层楼盖处	屋盖处及每层楼盖处	屋盖处及每层楼盖处
	沿内横墙	屋盖处及每层楼盖处；屋盖处间距不应大于 7 m；楼盖处间距不应大于15 m；构造柱对应部位	屋盖处及每层楼盖处，屋盖处沿所有横墙，且间距不应大于7 m；楼盖处间距不应大于7 m；构造柱对应部位	屋盖处及每层楼盖处，各层所有横墙
配筋	最小纵筋	4ϕ10	4ϕ12	4ϕ14
	最小箍筋用量	ϕ6@250	ϕ6@200	ϕ6@150

(2)圈梁的位置。圈梁的位置与数量有关。当只设一道圈梁时应通过屋盖处，增设时应通过相应楼盖处。当屋盖、楼盖与相应窗过梁位置靠近时，可通过窗顶兼作过梁。在抗震设防区，圈梁与楼板、屋面板的位置关系见图6-19。圈梁与预制板宜在同一标高处(高低圈梁)或圈梁紧靠板底(板底圈梁)，圈梁与现浇板宜在同一标高处(板平圈梁)。

(3)圈梁的构造。圈梁应采用现浇钢筋混凝土，混凝土强度不应低于 C20。圈梁的宽度宜与墙厚相同，当墙厚 $h \geqslant 240$ mm 时，其宽度不宜小于 $2h/3$；圈梁高度不应小于 120 mm，并与砖的皮数相适应。圈梁纵向钢筋不应少于 4ϕ10，箍筋间距不应大于 300 mm。圈梁兼作过梁时，过梁部分的钢筋应按计算用量另行增配。纵横墙交接处的圈梁应有可靠的连接。

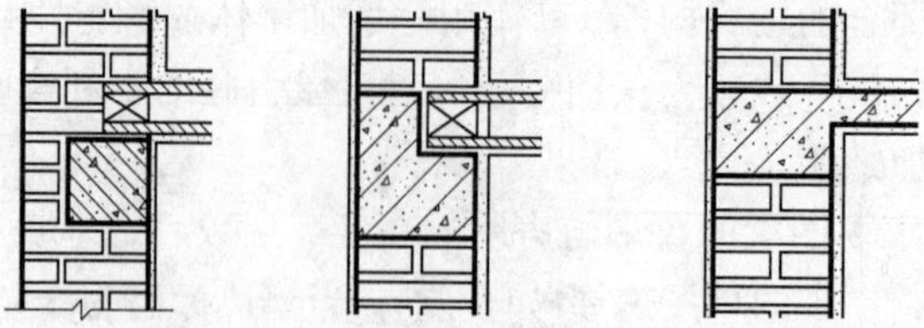

(a)板底圈梁　　(b)高低圈梁　　(c)板平圈梁

图 6-19　圈梁构造

在抗震设防区，多层砖房的现浇钢筋混凝土圈梁应符合下列要求：圈梁在表 6-2 要求的间距内无横墙时，应利用梁或板缝中配筋替代圈梁；楼、屋盖圈梁的配筋应符合表 6-2 的要求；圈梁钢筋应伸入构造柱内，并应有可靠锚固。基础圈梁和空旷单层房屋的墙顶圈梁，截面高度不应小于 180 mm，配筋不应少于 4ϕ12，箍筋间距不宜大于 200 mm。

圈梁应在同一水平面上闭合，当圈梁被门窗洞口截断时，应在洞口上部增设相同截面的附加圈梁。

3)构造柱及其他抗震构造措施

构造柱是在多层砌体房屋中设置在墙体转角或某些墙体中部的钢筋混凝土柱。其作用是从竖向加强墙体的连接，与圈梁形成空间骨架以加强砌体结构的整体刚度，提高墙体抵抗变形的能力，防止房屋在地震作用下突然倒塌，减轻房屋的损坏程度。

构造柱的设置部位，一般情况下应符合表 6-3 的要求。

表 6-3　砖房构造柱设置要求

<table>
<tr><th colspan="4">房屋层数</th><th colspan="2" rowspan="2">设置部位</th></tr>
<tr><th>6 度</th><th>7 度</th><th>8 度</th><th>9 度</th></tr>
<tr><td>四、五</td><td>三、四</td><td>二、三</td><td></td><td rowspan="3">楼、电梯间四角，楼梯段上下端对应的墙体处；外墙四角和对应转角；
错层部位横墙与外纵墙交接处；
大房间内外墙交接处，较大洞口两侧</td><td>隔 15 m 或单元横墙与外纵墙交接处</td></tr>
<tr><td>六、七</td><td>五</td><td>四</td><td>二</td><td>隔开间横墙(轴线)与外墙交接处，山墙与内纵墙交接处</td></tr>
<tr><td>八</td><td>六、七</td><td>五、六</td><td>三、四</td><td>内墙(轴线)与外墙交接处；内墙的局部较小墙垛处；9 度时内纵墙与横墙(轴线)交接处</td></tr>
</table>

构造柱应采用现浇钢筋混凝土，混凝土强度不应低于 C20。构造柱的最小截面为 180 mm × 240 mm，纵向钢筋宜用 4ϕ12，箍筋间距不宜大于 200 mm，且在圈梁相交的节点处应适当加密，加密范围在圈梁上下均不应小于 1/6 层高及 450 mm 中的较大者，箍筋间距不宜大于 100 mm；7 度时超过六层、8 度时超过五层和 9 度，纵向钢筋宜用 4ϕ14，箍筋间距不大于 200 mm；房屋四角的构造柱可适当加大截面及配筋。

构造柱与墙连接处宜砌成马牙槎，从每层柱脚开始，先退后进，每一马牙槎的高度方向的尺寸不宜超过 300 mm，并应沿墙高每 500 mm 设 2ϕ6 拉接筋，每边伸入墙内不少于 1 m。施工时应先砌墙形成马牙槎，随着墙体的上升而逐段现浇钢筋混凝土柱身，使墙柱形成整体。构造柱应每层与圈梁连接，连接处构造柱的纵筋应穿过圈梁，保证构造柱纵筋上下贯通。构造柱可不单独设基础，但应伸入室外地坪下 500 mm，或锚入浅于 500 mm 的基础梁内。当遇有管沟时，应伸到管沟下。构造柱的构造见图 6-20。

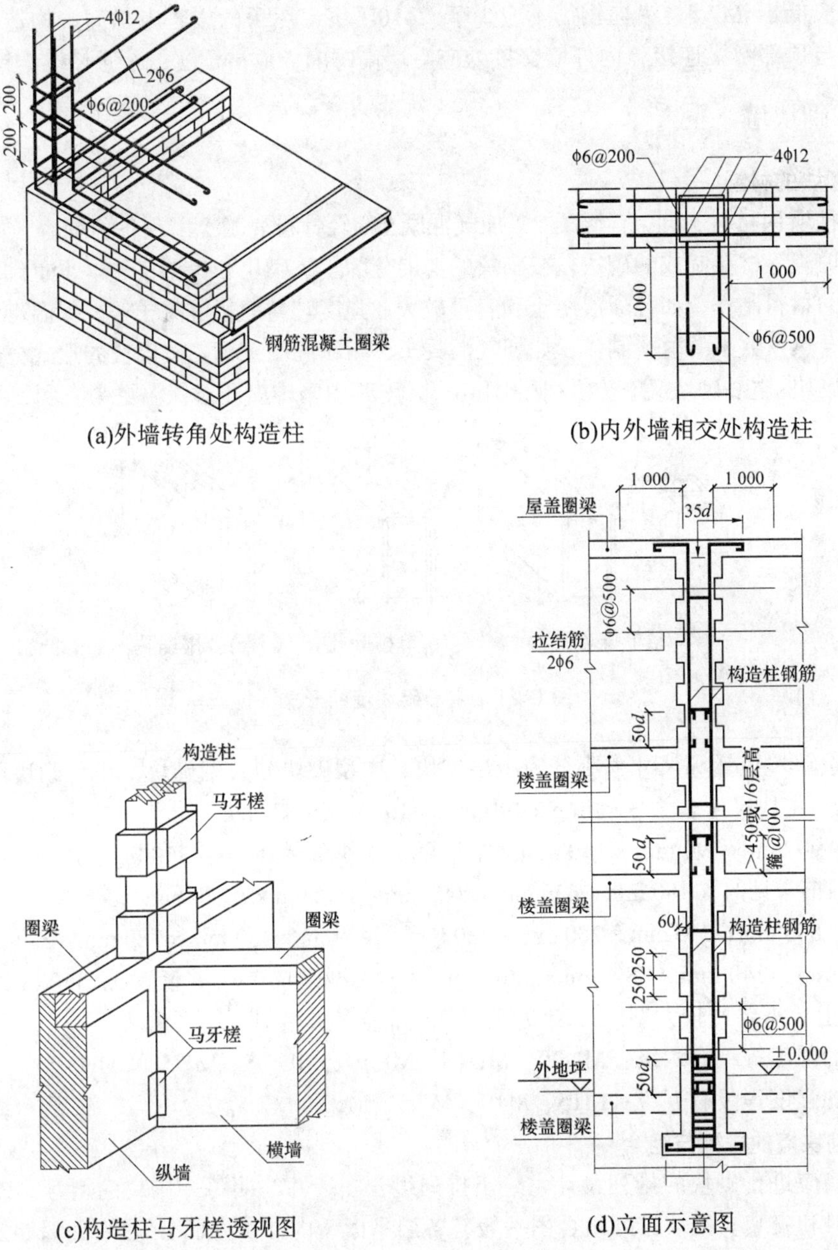

图 6-20　构造柱的构造

另外，设防烈度为 7 度时长度大于 7.2 m 的大房间及 8 度和 9 度时，如外墙转角及内外墙交接处未设构造柱，应沿墙高每隔 500 mm 配置 2ϕ6 拉结钢筋，每边伸入墙内不宜小于 1 m。

后砌的非承重隔墙沿墙高每隔 500 mm 配置 2ϕ6 钢筋与承重墙或构造柱拉结，每边伸入墙内不应小于 500 mm。设防标准 8 度和 9 度时长度大于 5 m 的后砌非承重砌体隔墙的墙顶，尚应与楼板或梁拉结。

顶层楼梯间横墙和外墙应沿墙高每隔 500 mm 设 2ϕ6 通长钢筋；7 ~ 9 度时其他各层楼梯间墙体应在休息平台或楼层半高处设置 60 mm 厚的钢筋混凝土带或配筋砖带，其砂浆强度等级不应低于 M7.5，纵向钢筋不应少于 2ϕ10。突出屋顶的楼、电梯间，构造柱应伸到顶部，并与顶部圈梁连接，内外墙交接处应沿墙高每隔 500 mm 设 2ϕ6 通长拉结钢筋。

二、砌块墙

(一)砌块的材料

砌块按所用材料不同，有混凝土、加气混凝土、轻骨料混凝土以及各种废渣，如煤矸石、粉煤灰、炉渣等材料制成的砌块。按砌块的功能分为承重砌块和保温砌块。承重砌块用强度等级较高的材料制作，如普通混凝土和容重较大、强度较高的轻混凝土等，保温砌块一般用容重小、导热系数小的材料制作，如加气混凝土、陶粒混凝土等。按砌块的形式分为实心砌块和空心砌块。空心砌块又有方孔、圆孔和扁孔等，其中多排扁孔对保温更为有利，见图 6-21。

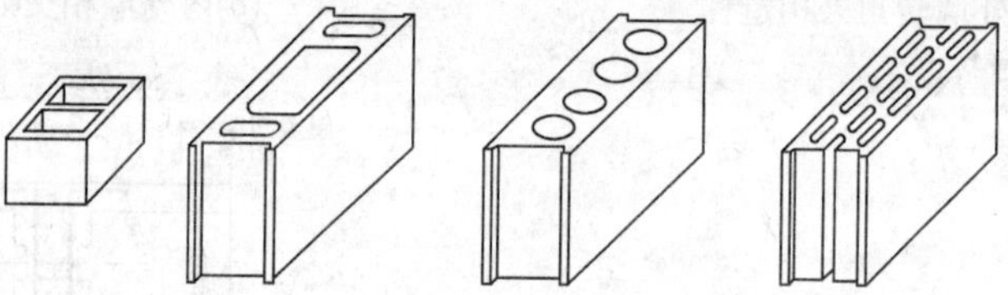

(a)单排方孔　　(b)单排圆孔　　(c)多排扁孔

图 6-21　空心砌块墙的形式

砌块按单块重量和尺寸大小分为小型砌块、中型砌块和大型砌块。小型砌块单块重量小于 20 kg，主块尺寸多为 390 mm × 190 mm × 190 mm，辅助块尺寸为 190 mm × 190 mm × 90 mm 和 190 mm × 190 mm × 190 mm。中型砌块单块重量在 20 ~ 350 kg，中型砌块各地尺寸不一，目前常见的有 180 mm × 630 mm × 845 mm、180 mm × 1 280 mm × 845 mm、180 mm × 2 130 mm × 845 mm、240 mm × 280 mm × 380 mm、240 mm × 480 mm × 380 mm、240 mm × 580 mm × 380 mm、240 mm × 880 mm × 380 mm 等。大型砌块单块重量大于 350 kg，块高在 980mm 以上，需要比较大型的吊装设备。我国目前多采用中、小型砌块。

砌块的强度等级有六级：MU20、MU15、MU10、MU7.5、MU5 和 MU3.5。

砂浆的强度等级有五级：M15、M10、M7.5、M5 和 M2.5。

(二)砌块墙的排列与组合

砌块墙应进行砌块的排列设计，绘出排列组合图，并注明每一砌块的型号，以便施工时按图进料和安装。砌块排列组合图一般有各层平面、内外墙立面分块图(见图 6-22)。

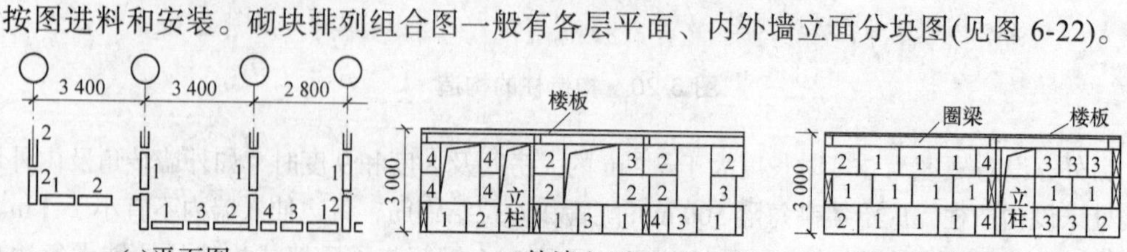

(a)平面图　　(b)外墙立面　　(c)内墙立面

图 6-22　砌块排列示意图

砌块墙排列设计的原则是：正确选择砌块的规格尺寸，减少砌块的规格类型；优先选用大规格的砌块做主砌块，以加快施工速度；上下皮应错缝搭接，内外墙和转角处砌块应彼此搭接，以加强整体性；空心砌块上下皮应孔对孔、肋对肋，错缝搭接。

(三)砌块墙的构造

1. *砌块墙的接缝与组砌*

砌块墙的接缝包括水平缝和垂直缝。水平缝有平缝和槽口缝；垂直缝有平缝、错口缝和槽口缝等形式(见图6-23)。灰缝的宽度依砌块种类而定，小型砌块的灰缝一般为10 mm。中型砌块的灰缝一般为15 ~ 20 mm。砌筑砂浆的强度等级一般应不小于M5，当垂直灰缝宽度大于30 mm时，应用C20细石混凝土灌实。

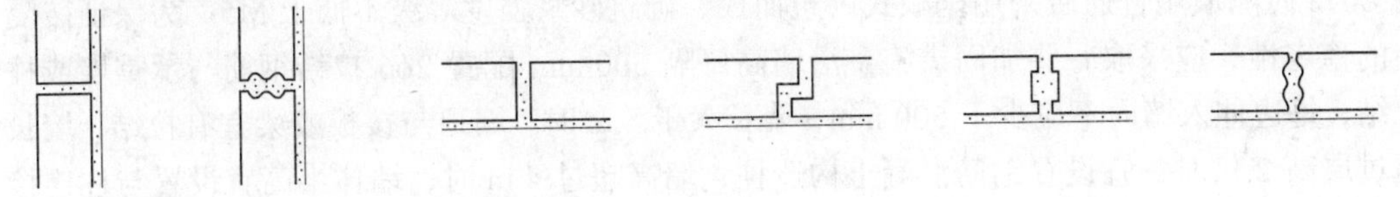

(a)水平平缝 (b)水平双槽缝 (c)垂直平缝 (d)垂直错口缝 (e) 垂直方槽缝 (f)垂直双槽缝

图 6-23 砌块墙的砌筑缝

砌块之间的砌筑缝应做到砂浆饱满，横平竖直，避免通缝。小型砌块上下皮的搭缝长度不得小于 90 mm。中型砌块上下皮的搭缝长度不得小于块高的 1/3，且不应小于 150 mm。当砌块搭接长度不足时，应在水平灰缝内设 2ϕ4 的钢筋网片，网片两端离该垂直灰缝的距离不得小于 300 mm，见图 6-24。

2. *过梁、圈梁与构造柱*

砌块墙的圈梁常和过梁统一考虑，有现浇和预制两种。不少地区采用 U 形预制构件，在槽内配置钢筋，现浇混凝土形成圈梁(见图 6-25(a))。

空心砌块的构造柱应采用将砌块上下孔对齐，于孔中配 2ϕ10 ~ 2ϕ12 的钢筋，然后用细石混凝土分层灌实，形成芯柱(见图 6-25(b))。

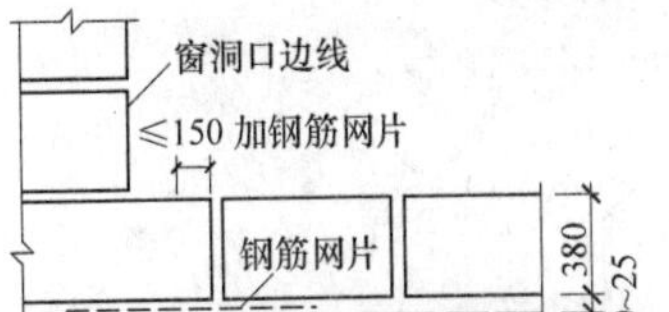

图 6-24 砌块墙的通缝处理

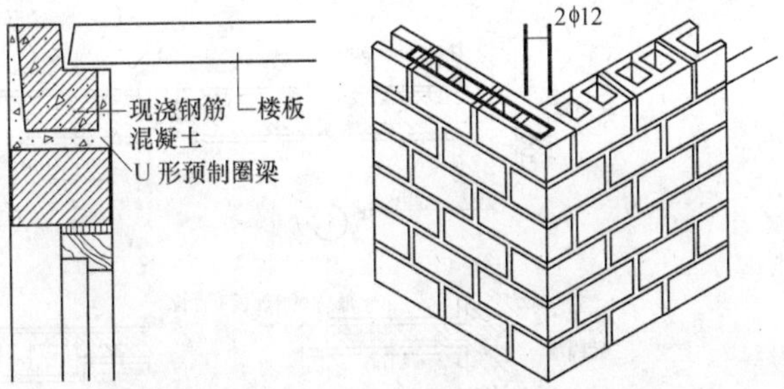

(a)U 形预制圈梁块 (b)外墙转角处的构造柱

图 6-25 圈梁和构造柱

3. *墙脚防潮构造*

砌块墙应在墙脚处铺设防潮层，防潮层一般采用防水砂浆。防潮层以下的砌体，砌筑砂浆应采用 M5 水泥砂浆。空心砌块用于地面以下或防潮层以下的砌体时，其孔洞应用不低于 C20 的混凝土填实。

三、隔墙

隔墙是分隔建筑物内部空间的非承重构件，自重由楼板或梁来承担，因此要求隔墙自重轻、厚度薄、便于拆卸，有一定的隔声和防火性能，浴室、厕所的隔墙还应能防潮、防水。常用隔墙有块材隔墙、轻骨架隔墙和板材隔墙三大类。

1. 块材隔墙

块材隔墙用普通黏土砖、空心砖、加气混凝土等块材砌筑而成，常采用普通砖隔墙和砌块隔墙两种。

(1)普通砖隔墙。普通砖隔墙有 1/2 砖(120 mm)和 1/4 砖(60 mm)墙，一般采用 1/2 砖隔墙。1/2 砖隔墙用普通砖采用全顺式砌筑而成，砌筑砂浆强度等级不低于 M5。为保证砖隔墙的稳定性，应采取一些加固措施：沿墙高每隔 500 mm 配置 2ϕ6 拉结钢筋与承重墙或柱拉结，每边伸入墙内不应少于 500 mm；墙长大于 5 m 时，墙顶与楼板或梁宜有拉结，墙长超过层高 2 倍时，宜设置钢筋混凝土构造柱；墙高超过 4 m 时，墙体半高宜设置与柱连接且沿墙全长贯通的钢筋混凝土带。为了保证砖隔墙不承重，并与楼板顶紧，在砖墙砌到楼板底或梁底时，可采用立砖斜砌，或预留 30 mm 的空隙每隔 1 m 塞小木楔打紧，然后用砂浆填缝。普通砖隔墙构造见图 6-26。

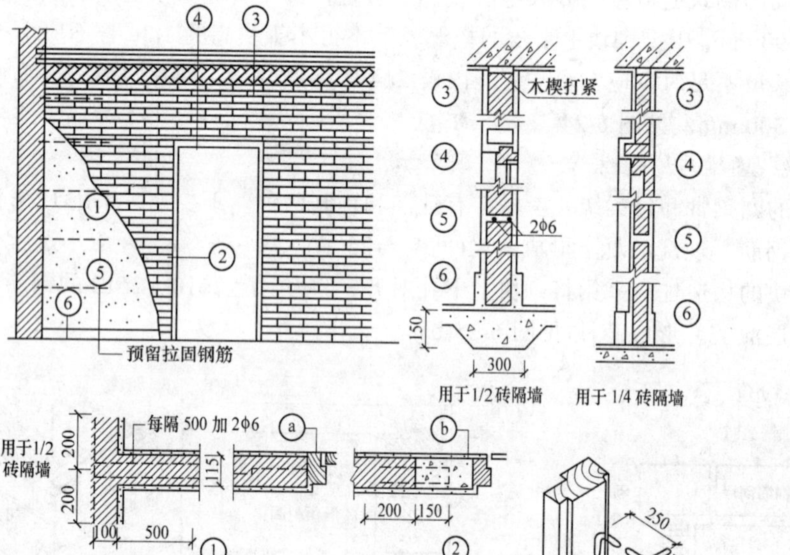

图 6-26　普通砖隔墙构造图

(2)砌块隔墙。为减轻隔墙自重，可采用轻质砌块，墙厚一般为 90～120 mm。加固措施同 1/2 砖隔墙的做法。砌块不够整块时宜用普通砖填补。因砌块孔隙率大、吸水量大，故在砌筑时先在墙下部实砌 3 ~ 5 皮实心砖再砌砌块。

2．轻骨架隔墙

轻骨架隔墙又称为立筋式隔墙，由骨架(墙筋)和面层两部分组成。骨架有木骨架和金属骨架之分，面层有板条抹灰、钢丝网板条抹灰、胶合板、纤维板、石膏板等。

木骨架由上槛、下槛、墙筋、斜撑或横档组成。上槛、下槛及墙筋断面尺寸为(45 ~ 50) mm×(70 ~ 100) mm，斜撑与横档断面相同或略小些，墙筋间距常用 400 mm，横档间距可与墙筋相同，也可适当放大。金属骨架一般采用薄型钢板、铝合金薄板或拉眼钢板网加工而成。其安装过程是先用螺钉将上槛、下槛(导向龙骨)固定在楼板上，然后安装墙筋。图 6-27 为一种薄壁轻钢骨架的立筋面板隔墙。为保证板与板的接缝在墙筋和横档上，因此金属墙筋的间距应视面板规格而定。

面层有抹灰面层和人造板材面层。隔墙的名称以面层材料而定。传统的板条抹灰隔墙就是在木骨架上钉板条，然后抹灰形成的(见图 6-28)。人造板面层可用木骨架或轻钢骨架。木质骨架做法同板条抹灰隔墙，但墙筋间距视面板规格而定。采用金属骨架时，可先钻孔，用螺栓固定，或采用膨胀铆钉将板材固定在墙筋上，面板钉好后，在面板上刮腻子后裱糊墙纸或喷涂油漆等。板材间留宽度为 5 mm 左右的缝隙供伸缩，采用木条或铝压条盖缝。这种采用人造板面层的隔墙称为立筋面板隔墙，常用面板类型有胶合板、硬质纤维板、石膏板等。立筋面板隔墙为干作业，自重轻，施工方便，灵活多变，得到广泛应用。

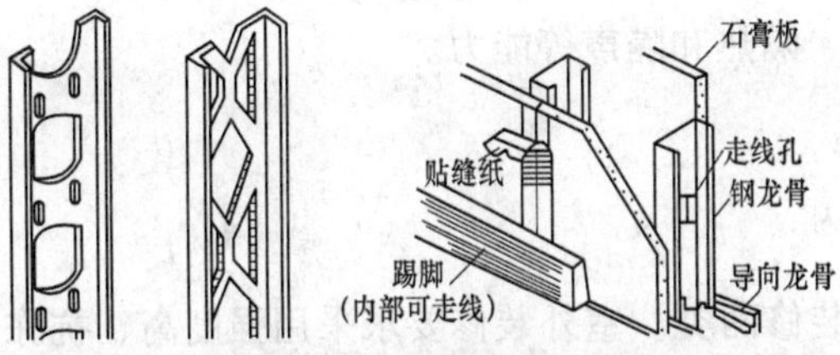

图 6-27　薄壁轻钢骨架隔墙

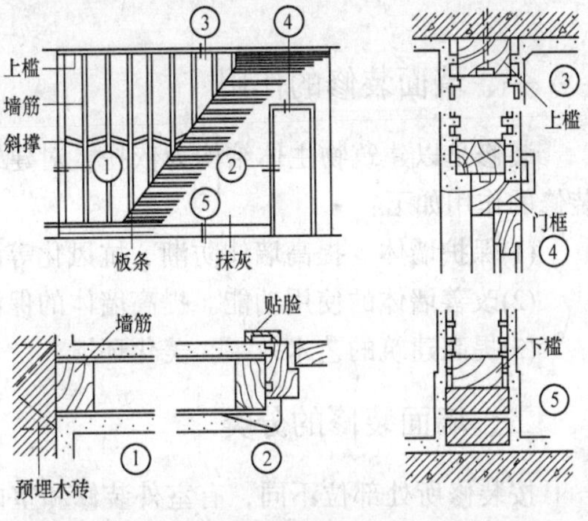

图 6-28　板条抹灰隔墙

3．板材隔墙

板材隔墙是指各种轻质板材的高度相当于房间净高，不依赖骨架，可直接装配而成的隔墙。目前多采用条板，如碳化石灰板、加气混凝土条板、多孔石膏条板、纸蜂窝板、水泥刨花板、复合板等，其规格一般为：长 2 700 ~ 3 000 mm，宽 500 ~ 800 mm，厚 80 ~ 120 mm。

如图 6-29 所示为碳化石灰板隔墙构造。安装时，在板顶与楼板之间用木楔将条板楔紧，条板间的缝隙用水玻璃黏结剂或 107 胶水泥砂浆进行黏结，待安装完成后，进行表面装修。

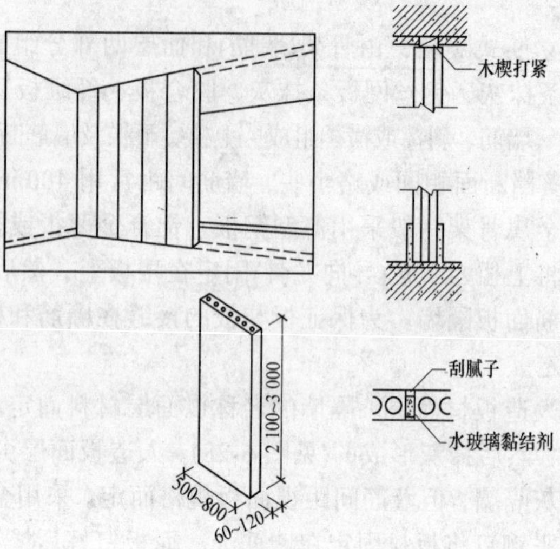

图 6-29　板材隔墙构造图

第三节　墙面装修

一、墙面装修的作用

装修是以建筑物主体结构为依托，对建筑内外空间进行的细部加工和艺术处理。墙面装修的作用如下：

(1)保护墙体。提高墙体防潮、抗风化等耐久性能，延长墙体的使用年限。

(2)改善墙体的使用功能。提高墙体的保温、隔热和隔声等能力。

(3)提高建筑的艺术效果，美化环境。

二、墙面装修的分类

按装修所处部位不同，有室外装修和室内装修两类。室外装修要求采用强度高、抗冻性强、耐水性好及具有抗腐蚀性的材料。室内装修材料则因室内使用功能不同，要求有一定的强度、耐水及耐火性。

按饰面材料和构造不同，有清水勾缝、抹灰类、贴面类、涂刷类、裱糊类、条板类、玻璃(或金属)幕墙等。

三、墙面装修构造

(一)清水墙饰面

清水墙是墙体砌成后不加其他覆盖性饰面层，只是利用原结构砖墙或混凝土墙的表面进行勾缝或模纹处理的一种墙体装饰装修方法。清水墙饰面主要有清水砖墙和混凝土墙面。清水砖墙构造处理的重点是勾缝，为防止雨水浸入墙身和整齐美观，可用 1∶1 或 1∶2 水泥细砂浆勾缝，勾缝的形式有平缝、平凹缝、斜缝、弧形缝等。混凝土墙只要配合比及工艺合理，模板质量符合要求，完全可以做到墙面平整，也不需饰面保护。

(二)抹灰类墙面装修

抹灰是一种传统的墙面装修，是由砂浆或石渣浆采用抹、刷、磨、斩、粘等不同方法施工到墙面上的做法。抹灰分为一般抹灰和装饰抹灰两类。

一般抹灰有石灰砂浆、混合砂浆、水泥砂浆等。为保证抹灰牢固、平整、颜色均匀和面层不开裂、脱落，抹灰须分层施工，且每层不宜抹得太厚，一般应小于 10 mm。抹灰一般分为底层、中层和面层(见图 6-30)，各层的作用不同。底层主要起到黏结和初步找平的作用，施工上称刮糙，一般室内砖墙多用石灰砂浆和混合砂浆，室外或室内有防水、防潮要求时，采用水泥砂浆。混凝土墙体一般采用混合砂浆或水泥砂浆。中层起进一步找平的作用，所用材料与底层基本相同，层数要根据装饰等级确定；面层又称罩面，主要起装饰作用，所用材料为各种砂浆或水泥石渣浆。抹灰的总厚度依位置不同而异，外墙抹灰一般为 20 ~ 25 mm，内墙抹灰为 15 ~ 20 mm，顶棚为 12 ~ 15 mm。

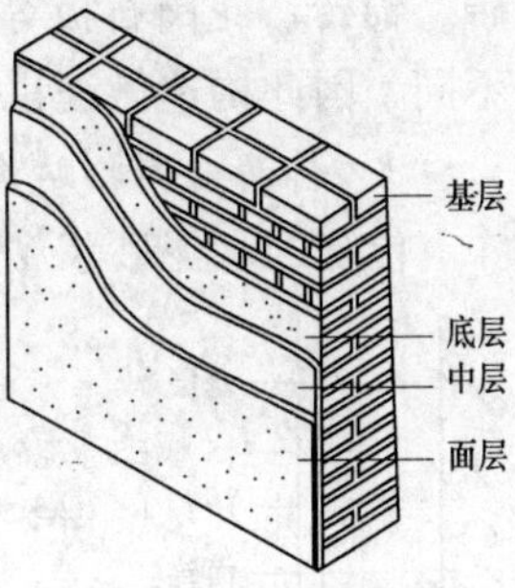

图 6-30　抹灰的分层

装饰抹灰是在一般抹灰的基础上，对抹灰表面进行装饰性加工，利用不同的施工工具和操作方法形成饰面层的做法，主要有水刷石、干粘石、斩假石、水泥拉毛等。

在内墙面和楼地面交接处，为了遮盖地面与墙面的接缝、保护墙身以及防止擦洗地面时弄脏墙面做成踢脚线。其材料与楼地面相同。常见做法有三种：与墙面粉刷相平、凸出、凹进。踢脚线高 120 ~ 150 mm。

在内墙面抹灰中，对门厅、走道等易受到碰撞的墙面和厨房、浴厕等有防潮、防水要求的墙面，为保护墙身，应做墙裙。墙裙高一般为 1.5 ~ 1.8 m，采用水泥砂浆饰面、水磨石饰面或瓷砖贴面(见图 6-31)。对内墙阳角、门洞转角等处，为防止被碰撞损害，应做成高度为 2 m 左右，1∶2 的水泥砂浆护角。

在外墙面抹灰中，为施工接茬、比例划分和适应抹灰层胀缩以及日后维修更新的需要，抹灰前，事先按设计要求弹线分格，用素水泥浆将浸过水的小木条临时固定在分格线上，做成引条(见图 6-32)。

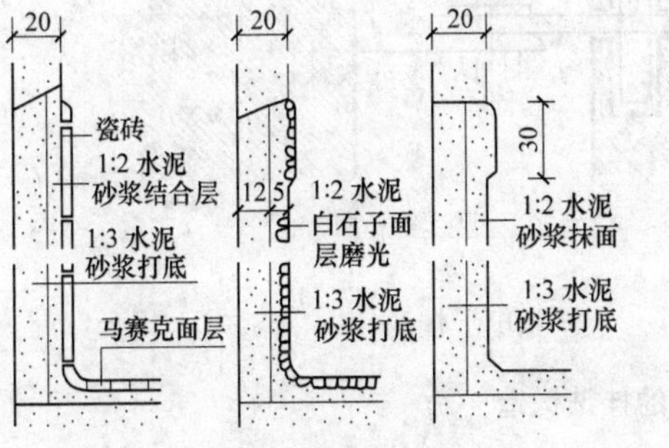

(a)瓷砖墙裙 (b)水磨石墙裙 (c)水泥砂浆墙裙

图 6-31　墙裙的构造

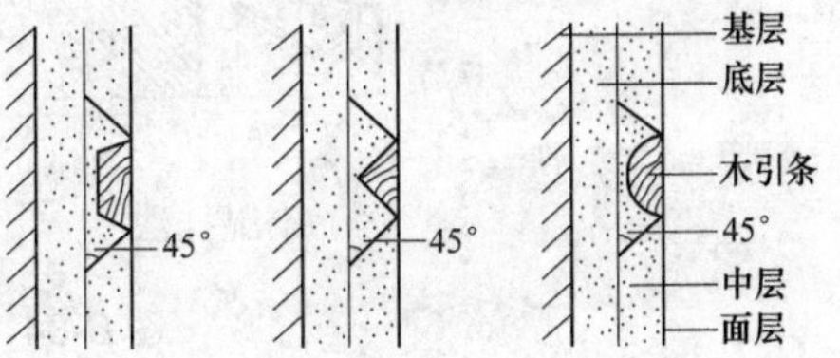

图 6-32　引条的做法

(三)贴面类墙面装修

贴面类墙面装修是利用各种天然或人造板、块，通过绑、挂或直接粘贴于基层表面的装饰装修做法。这种做法装饰性强、耐久性好、容易清洗，是目前高级建筑装饰中经常用到的饰面做法。

饰面板主要有花岗石和大理石等天然石板，以及水磨石、水刷石和剁斧石等人造石板。饰面砖主要有面砖、瓷砖、锦砖等陶瓷和玻璃制品。大理石、瓷砖等多用在室内装修，面砖、锦砖、花岗石板等多用在室外装修。由于饰面板、块的材料、形状、质量及适用部位不同，因此构造做法也有一定的差异，主要有粘贴和挂贴两种做法。

1. 饰面砖的粘贴构造

传统的水泥砂浆粘贴构造一般分为底层、黏结层和块材面层三个层次。在面积小、高度不大的墙面中，还可以直接用建筑胶粘贴。面砖的粘贴做法一般是：先将面砖放入水中浸泡，安装前取出晾干或擦干净。安装时先抹 15 mm 1∶3 水泥砂浆打底并划毛，再用 1∶0.2∶2.5 混合砂浆或用掺有 107 胶(水泥用量 5%～7%)的 1∶2.5 水泥砂浆满刮 10 mm 厚于面砖背面紧粘于墙上。对贴于外墙的面砖常在面砖之间留出一定缝隙(见图 6-33)。

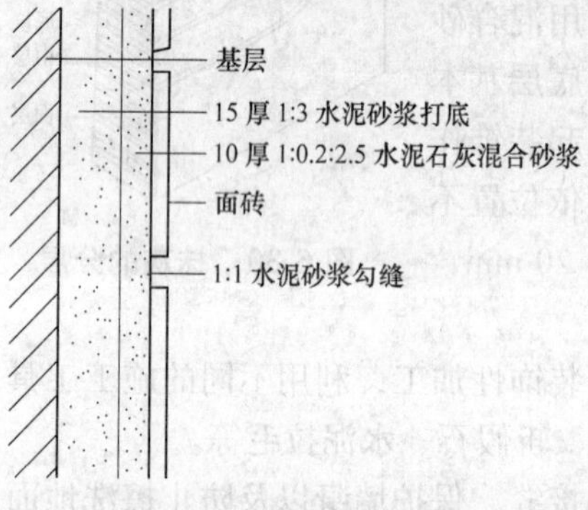

图 6-33　面砖饰面构造

2. 饰面板的挂贴构造

石材类饰面板按其厚度分为两种，通常厚度为 30～40 mm 称为板材，厚度为 40～130 mm 以上称为块材。石材类饰面板的安装方法是在墙体或结构主体上先固定龙骨骨架，形成饰面板的结构层，然后利用粘贴、紧固件连接、嵌条定位等手段，将饰面板安装在骨架上。具体安装方法有湿挂法(见图 6-34(a))和干挂法(见图 6-34(b))两种。

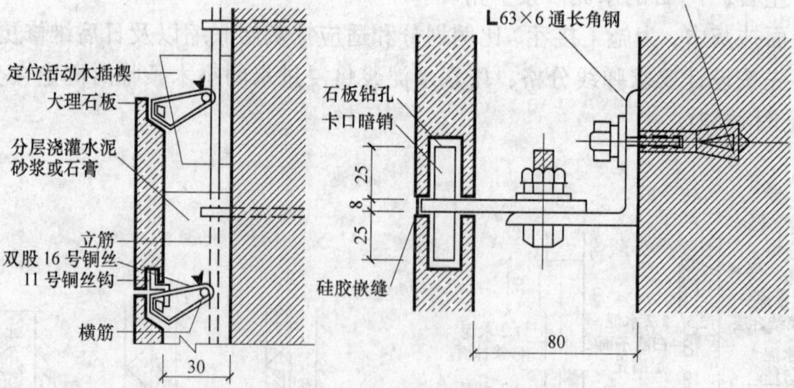

(a)湿挂法　　(b)干挂法

图 6-34　饰面板的挂贴构造

(四)涂料类墙面装修

涂料是指喷涂、刷于基层表面后，能与基层形成完整而牢固的保护膜的涂层饰面装修。

涂料按其主要成膜物的不同，可以分为有机涂料和无机涂料两大类。有机涂料按其主要成膜物质和稀释剂的不同，可分为溶剂型涂料、水溶性涂料和乳液型涂料三种。常用的无机涂料有石灰浆、大白浆、可赛银浆、无机高分子涂料等。

(五)裱糊类墙面装修

裱糊类墙面装修是将各种装饰性的墙纸、墙布、织锦等材料裱糊在内墙面上的一种装修饰面。墙纸品种很多，目前国内使用最多的是塑料墙纸和玻璃纤维墙布等。

墙纸与墙布的粘贴都应在平整、致密的基层上进行，如基层不平需先刮腻子，干后用砂纸磨平。为了避免基层吸水过快，还应在基层表面满刷一遍按 1：0.5～1：1 稀释的 107 胶水，进行闭水处理，待胶水干后再开始裱糊。

(六)板材类墙面装修

板材类装修是指采用天然木板或各种人造薄板借助于镶钉胶等固定方式对墙面进行装饰处理。板材类墙面由骨架和面板组成，骨架有木骨架和金属骨架，面板有硬木板、胶合板、纤维板、石膏板等各种装饰面板和近年来应用日益广泛的金属面板。

木质板墙面一般多用做宾馆、大型公共建筑的门厅以及大厅面的装修。木质板墙面装修构造是先立墙筋，然后外钉面板。

金属薄板墙面是指利用薄钢板、不锈钢板、铝板或铝合金板作为墙面装修材料。其精密、轻盈，体现着新时代的审美情趣。金属薄板墙面装修构造，也是先立墙筋，然后外钉面板。墙筋用膨胀铆钉固定在墙上，间距为60～90 mm。金属板用自攻螺丝或膨胀铆钉固定，也可先用电钻打孔后用木螺丝固定。

小　结

本章主要讲述了墙体的作用、分类及要求，砖墙、砌块墙、隔墙的构造，以及墙面装修的作用、分类和构造。

墙体是建筑物中重要的组成部分，具有承重、围护、分隔、装修等作用。在工程设计中，需要满足各种功能要求，还需满足强度、刚度和稳定性的结构要求。墙体按不同的分类方式有多种类型。墙体有四种承重方案：横墙承重、纵墙承重、纵横墙承重和墙柱混合承重。应合理选择墙体材料、结构方案及构造做法。

砖墙和砌块墙都是块材墙，由块材和胶结材料组砌而成，既可以做承重墙，也可做非承重墙。墙身的细部构造包括墙脚(勒脚、墙身防潮层、散水和明沟)、门窗洞口(过梁、窗台)和墙身加固措施(壁柱、门垛、圈梁、构造柱)等。隔墙是非承重墙，有块材隔墙、骨架隔墙和板材隔墙。

墙面装修可以起到保护墙体、改善墙体的使用功能、提高建筑的艺术效果、美化环境等作用。按装修所处部位不同，有室外装修和室内装修两类。按饰面材料和构造不同，有清水勾缝、抹灰类、贴面类、涂刷类、裱糊类、板材类墙面装修等。墙面装修的构造层次主要有基层和饰面层两部分，基层要保证面层材料附着牢固；饰面层要保证墙面美观、清洁及满足使用要求。

复习思考与练习题

一、名词解释

(1)横墙；(2)纵墙；(3)窗间墙；(4)窗下墙；(5)女儿墙；(6)山墙；(7)圈梁；(8)过梁；(9)构造柱；(10)砌块墙；(11)隔墙；(12)勒脚；(13)散水；(14)门垛。

二、填空题

(1)在混合结构建筑中，墙体按受力方式分为两种(　　　)和(　　　)。

(2)墙体是建筑物中重要的组成部分，具有(　　　)、(　　　)、(　　　)、(　　　)等作用。

(3)根据位置和方向不同，墙体分(　　　)、(　　　)、(　　　)和(　　　)。

(4)按构造方式，墙体可以分为(　　　)、(　　　)和(　　　)三种。

(5)按施工方式，墙体可以分为(　　　)、(　　　)及(　　　)三种。

(6)墙身的细部构造包括(　　　)、(　　　)和(　　　)。

(7)墙面装修可以起到(　　　)、(　　　)、(　　　)、(　　　)等作用。

(8)墙面装修按饰面材料和构造不同，有(　　　)、(　　　)、(　　　)、(　　　)、(　　　)、(　　　)墙面装修等。

三、问答题

(1)墙体如何分类？

(2)墙体的设计要求有哪些？

(3)砖模与建筑模数如何协调？

(4)砖墙组砌的要点是什么？

(5)过梁的作用、设置要求是什么？设置位置如何确定？

(6)常见的隔墙形式有哪些？主要构造做法是什么？

(7)砌块墙的组砌要求有哪些？

(8)墙面装修的作用及常用饰面类型有哪些？

四、实训练习题

(1)到校内教学楼及实训楼内，找出横墙、纵墙、窗间墙、窗下墙、女儿墙、山墙；指出墙体的细部构造措施的具体位置，说明其名称、类型和作用；描述内外墙的装修方法及主要构造特点。

(2)到一处砖混结构建筑物的施工现场，了解墙体的承重方案、组砌方式；圈梁、过梁和构造柱的作用、设置位置、结构形式和尺寸及具体构造做法；隔墙与主体墙的连接构造；防潮层的位置和做法等。

第七章　楼层和地层

【学习目标】

- 了解：楼地层的设计要求、构造原理等。
- 熟悉：常用楼板、楼地面、顶棚、阳台及雨篷的构造做法。
- 掌握：楼板层、顶棚、阳台、雨篷的类型、构造组成、作用、适用情况等。

第一节　概　述

楼地层是指多层建筑的楼板层与地坪层，是分隔建筑空间的水平承重构件。

一、楼地层的设计要求

(1)应有足够的强度和刚度，以保证结构的安全和变形要求。

(2)应有一定的隔声性能。不同建筑质量等级和不同的使用要求有不同程度的隔声要求。

(3)应有一定的热工和防火要求。一般楼层和地层应有一定的蓄热性，即地面应有舒适的感觉。楼地层应根据建筑物的等级、对防火的要求等进行设计。建筑物的耐火等级对构件的耐火极限和燃烧性能有一定的要求。

(4)应满足防水、防潮要求。对于厨房、卫生间等一些地面潮湿、易积水房间，应处理好楼地层的防渗问题。

(5)应便于在楼层和地层中敷设各种管线。

(6)应满足经济要求。一般楼地层占建筑物总造价的 20%～30%，选用楼板时应考虑就地取材及经济合理的结构形式，并尽量为建筑工业化创造条件。

二、楼地层的组成

(一)楼板层的组成

为了满足使用功能的要求，楼板层通常有多层构造组成(见图 7-1(a))。

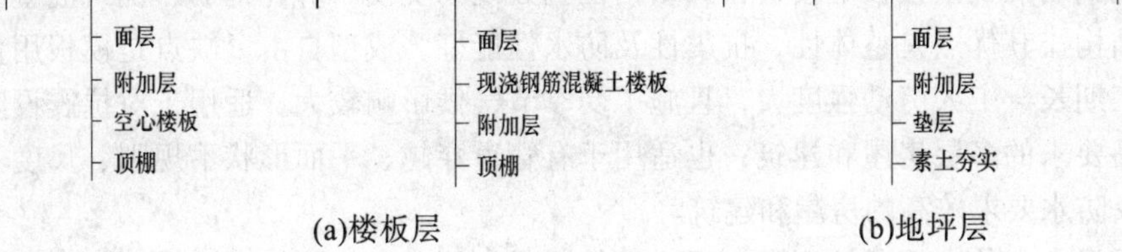

(a)楼板层　　　　(b)地坪层

图 7-1　楼地层的组成

(1)面层。又称为楼面，起着保护楼板、承受并传递荷载的作用，同时对室内有很重要的清洁及装饰作用。

(2)结构层。即楼板，是楼板层的承重部分。将所承受的上部荷载及自重传递给墙或柱，再由墙或柱传给基础，并对墙身起水平支撑作用。

(3)附加层。也称功能层，根据楼板层的具体要求而设置。主要作用是隔声、隔热、保温、防水、防潮、防腐蚀、防静电等。根据需要，有时和面层合二为一，有时又和顶棚层合为一体。

(4)顶棚层。位于楼板层最下层，主要作用是保护楼板、安装灯具、装饰室内、敷设管线等。

(二)地坪层的组成

地坪层的基本组成部分有面层、垫层和基层三部分。对有特殊要求的地坪，常在面层和垫层之间增设附加层(见图 7-1(b))。

三、楼板层的类型

楼板层根据其结构层所用材料不同，可分为木楼板、砖拱楼板、钢筋混凝土楼板和压型钢板组合楼板等几种类型。

(1)木楼板。是在由墙或梁支撑的木搁栅上铺钉木板，木搁栅之间有剪刀撑。下做板条抹灰顶棚。木楼板自重轻、构造简单、保温隔热性能好、舒适、有弹性，但其隔声、耐久、耐火性能较差，木材消耗量大，造价偏高，现采用较少。

(2)砖拱楼板。可节约钢材、水泥、木材，但自重大，施工复杂，承载力及抗震性能均较差，现在基本不用。

(3)钢筋混凝土楼板。强度高、刚度大、可塑性好，耐久及耐火性能好，便于工业化施工，目前应用最广泛。

(4)压型钢板组合楼板。是以压型钢板为衬板，并以钢衬板为楼板的受弯构件和底模，将混凝土与其浇筑在一起而形成的楼板。这种楼板的整体性好、强度高、刚度大、施工快，且有利于各种管线的敷设，是目前大力推广的楼板形式。

第二节　钢筋混凝土楼板构造

钢筋混凝土楼板按其施工方法不同，分为现浇式、装配式和装配整体式三种。

一、现浇钢筋混凝土楼板

现浇钢筋混凝土楼板是楼板在其结构位置处现场支模、绑扎钢筋、浇筑混凝土而成型的楼板结构。其优点是整体性、抗震性及防水性能好，成型自由。缺点是模板用量大、工序多、工期长、工人劳动强度大，且施工受季节气候影响较大。适用于对抗震设防和整体性有较高要求的多层房屋和建筑；也适用于有管道穿越、平面形状不规则、尺度不符合模数要求及防水要求较高的房屋和建筑。

根据受力和传力情况的不同，现浇钢筋混凝土楼板可分为板式楼板、梁板式楼板、井式楼板、无梁楼板和压型钢板混凝土组合楼板等。

(1)板式楼板。楼板内不设置梁，将板直接支撑在四周的墙上，荷载由板直接传给墙体，这种楼板称为板式楼板。根据受力特点和支撑情况又分单向板与双向板。当板的长短边之比大于 2 时，板基本上沿短边方向传递荷载，板内受力钢筋沿短边方向布置，称为单向板。当板的长短边之比小于或等于 2 时，荷载沿双向传递，短边方向内力较大，长边方向内力较小，受力主筋平行于短边，并摆在下面，这种板称双向板。板式楼板底面平整、美观、施工方便。适用于走廊、卫生间和厨房等小跨度房间。

(2)梁板式楼板(又称肋梁楼板)见图 7-2。是最常见的楼板形式之一，当板为单向板时，称为单向板梁板式楼板；当板为双向板时，称为双向板梁板式楼板。梁分主梁、次梁，次梁与主梁一般垂直相交布置，板支撑在次梁上，次梁支撑在主梁上，主梁支撑在墙或柱上。其主次梁布置对建筑的使用、造价和美观等有很大影响。表 7-1 给出了板、次梁、主梁的经济尺寸，供设计时参考。

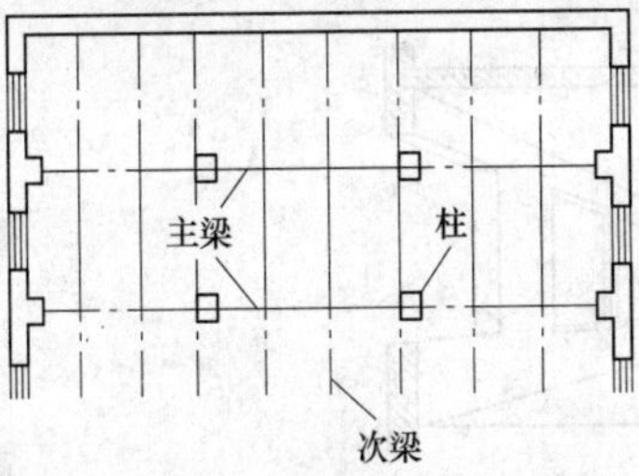

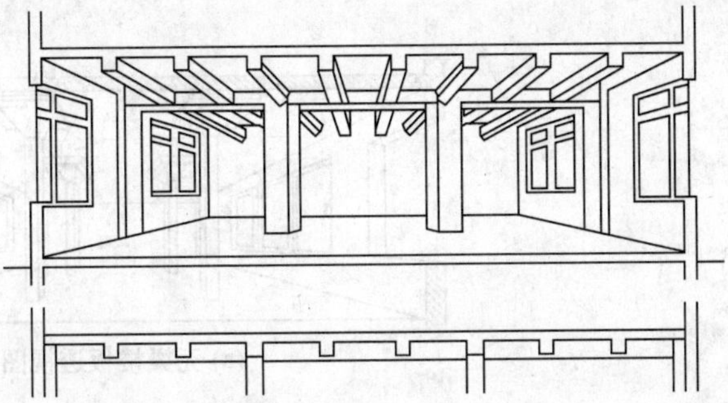

图 7-2　梁板式楼板

表 7-1　梁板式楼板的结构经济尺寸

构件	跨度 L(m)	截面高度 h	截面宽度 b
主梁	L_1=5 ~ 8	$h_1=L_1/(14 \sim 8)$	$b_1=h_1/(3 \sim 2)$
次梁	L_2=4 ~ 6	$h_2=L_2/(18 \sim 12)$	$b_2=h_2/(3 \sim 2)$
板	L_3=1.5 ~ 3	$h_3=L_3/(40 \sim 35)$ 一般取 h_3=60 ~ 80 mm	—

(3)井式楼板。当房间尺寸较大，并接近正方形时，常沿两个方向布置等距离、等截面高度的梁(不分主次梁)，板为双向板，形成井格式的梁板结构，纵梁和横梁同时承担着由板传递下来的荷载，称为井式楼板，见图 7-3。井式楼板常用于跨度为 10 m 左右、长短边之比小于 1.5 的公共建筑的门厅、大厅等。若在井格梁下面加以适当装饰处理，有很好的艺术效果。

(4)无梁楼板。无梁楼板是将楼板直接支承在柱上，不设主梁和次梁。柱网一般布置为正方形或矩形，柱距以 6 m 左右较为经济(见图 7-4)。为减少板跨、改善板的受力条件和加强柱对板的支承作用，一般在柱的顶部设柱帽或托板。由于其板跨较大，板厚不宜小于 120 mm，一般为 160 ~ 200 mm。无梁楼板楼层净空较大，顶棚平整，采光通风和卫生条件较好，适用于商店、仓库和展览馆等活荷载较大的建筑。

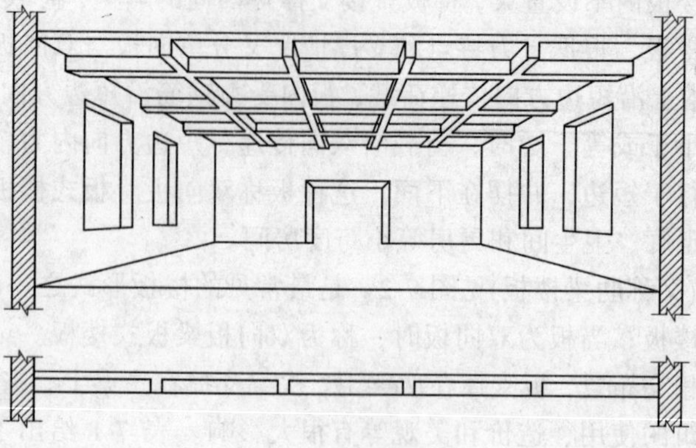

图 7-3　井式楼板

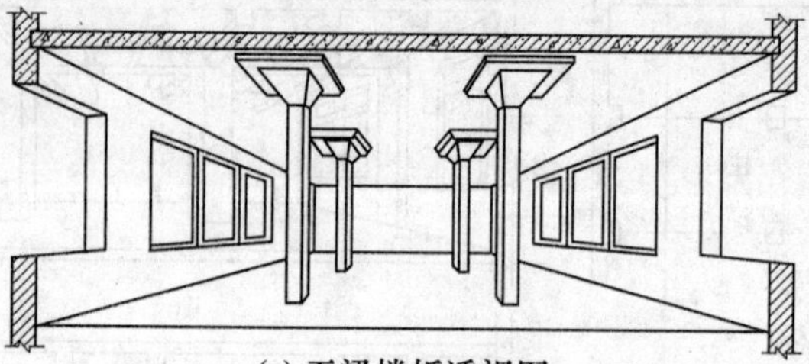

(a) 无梁楼板透视图

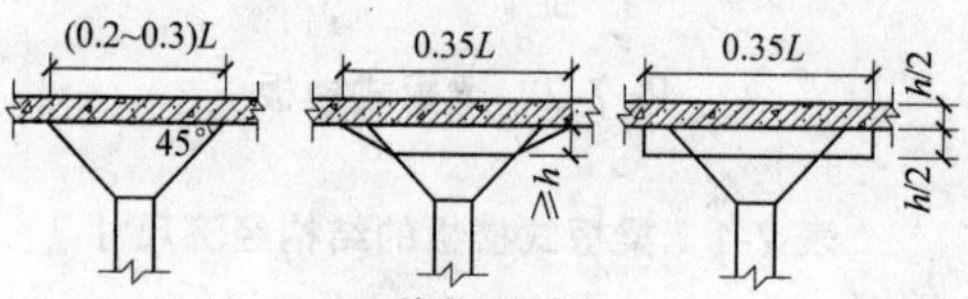

(b) 柱帽形式

图 7-4　无梁楼板

(5)压型钢板组合楼板。如图 7-5 所示，它由钢梁、压型钢板和现浇混凝土三部分组成。一般采用栓钉焊接、自攻螺栓连接、膨胀铆钉固接和压边咬接等方式将钢筋混凝土、压型钢板和钢梁组合成整体。使用此种楼板应注意的问题：①有腐蚀的环境中应避免应用；②应避免压型钢板长期暴露，以防钢板和梁生锈，破坏结构的连接性能；③在动荷载作用下，应仔细考虑其细部设计，并注意保持结构组合作用的完整性和共振问题。

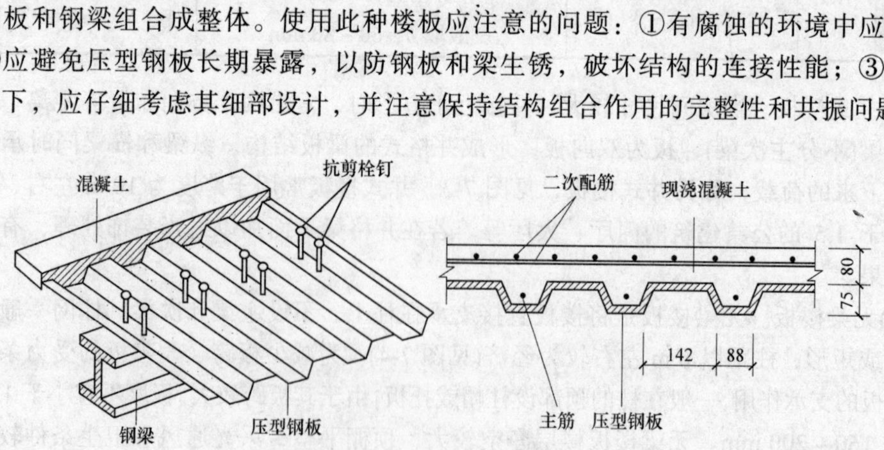

图 7-5　压型钢板组合楼板

二、装配式钢筋混凝土楼板

装配式钢筋混凝土楼板是指不在施工现场浇筑混凝土而在预制构件加工厂或施工现场制作的钢筋混凝土楼板构件，经安装拼合而成的楼板。可节省模板，缩短工期，且施工不受季节限制，有利于实现建筑工业化。但楼板的整体性较差，不宜在抗震设防要求较高的地区使用。

(一)楼板的类型

楼板按是否预加应力分两种：①非预应力楼板；②预应力楼板。即在楼板预制加工过程中预先给它施加一个应力，使楼板在安装受荷后所受到的拉应力和预先施压的应力平衡。这样可提高楼板的刚度和抗裂性，且板型规律、节约钢材和混凝土。

楼板按截面形状主要分三种(见图 7-6)：①实心平板。跨度一般在 2.4 m 以内，板厚 50 ~ 80 mm，板宽有 500 mm、600 mm、700 mm 三种规格，板长有 1 200 mm、1 500 mm、1 800 mm、2 100 mm、2 400 mm 五种规格。其跨度小，板面上下平整，隔声差，常用于小房间、过道等处，也可用做架空搁板、阳台板、管沟盖板、雨篷板等。②槽形板。在实心板两侧增设边肋而形成，是一种肋、板结合的预制构件。板宽为 500 ~ 1 200 mm，非预应力槽形板跨长一般为 3 ~ 6 m，若板跨超过 6 m，须在板中每隔 500 ~ 700 mm 增设一道高为 120 ~ 240 mm、厚为 30 mm 的横肋。这种楼板自重轻、省材料、便于在板上开洞，但隔声效果差。常用于厨房、卫生间、库房等管道较多的房间。③空心板。也是一种梁板结合的形式，与槽形板比，其上下板面平整，隔声效果更好，目前采用较多。按打孔形状不同又分方孔板、圆孔板和椭圆孔板，方孔板较经济，但脱模困难；圆孔板刚度、隔音隔热较好，制作方便，节省材料，使用较广，但板面不能随意打洞。目前，我国预应力空心板的跨度一般为 6 m、6.6 m、7.2 m 等，板厚为 120 ~ 300 mm。

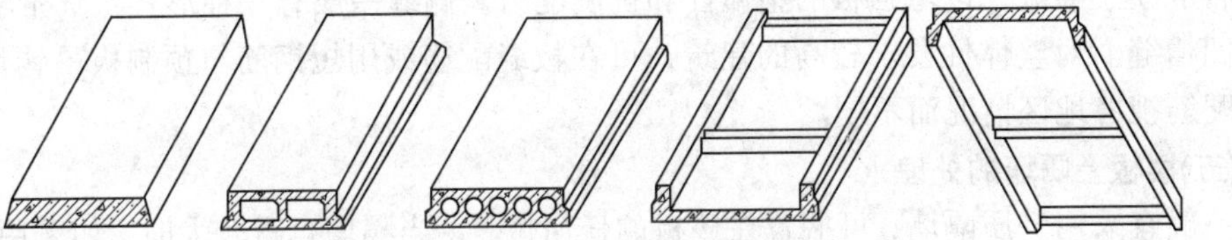

图 7-6　预制装配式钢筋混凝土楼板截面形状

(二)楼板的结构布置(见图 7-7)

根据房间的平面尺寸和房间的使用要求，板的结构布置可采用墙承重系统和框架承重系统。当预制板直接放置在墙上时为板式结构布置，多用于横墙较密的住宅、宿舍等建筑中；当预制板放置在梁上时为梁板式结构布置，多用于教学楼等开间、进深都较大的建筑中。另外，在布置楼板时，应注意以下几点：①板的规格和类型要尽量少些，简化施工，防止搞错。②优先选用宽板，减少板缝的现浇混凝土量，窄板作调剂用。③楼板的长边不得搁置在梁或砖墙内，避免出现三面支承情况而导致板产生裂缝。④按支承楼板的墙或梁的净尺寸计算楼板的块数，不够整块数的尺寸可通过调整板缝或于墙边挑砖或增加局部现浇板等办法来解决。⑤遇有上下管线、烟道、通风道穿过楼板时，尽量将该处楼板现浇，防止圆孔板开洞过多。⑥空心板安装前要做好堵头以防板端被压坏。

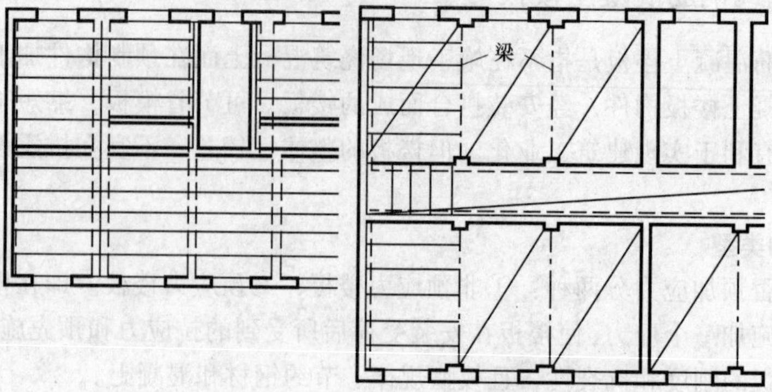

(a)板式结构布置　　(b)梁板式结构布置

图 7-7　预制装配式钢筋混凝土楼板结构布置

(三)楼板的搁置要求

(1)应有足够的搁置长度。板在梁上的搁置长度应不小于 80 mm；支承于内墙上时其搁置长度应不小于 100 mm；支承于外墙上时其搁置长度应不小于 120 mm。

(2)铺板前，先在墙或梁上用 20 mm 厚 M5 水泥砂浆找平(即坐浆)，再铺板，使板与墙或梁有较好的联结，并使墙体受力均匀。

(3)楼板与墙体、楼板与楼板之间常用锚固钢筋(又称拉结筋)予以锚固。

(四)板缝处理

板的接缝有端缝、侧缝。板的端缝处理，一般只需将板缝内填实细石混凝土，使之相互联结。为了增强建筑物抗水平力的能力，可将板端外露的钢筋交错搭接在一起，然后浇筑细石混凝土灌缝，以增强板的整体性和抗震能力。侧缝一般有三种形式：V 形缝、U 形缝、凹槽缝。对整体性要求较高的建筑，可在板缝配筋或用短钢筋与预制板吊钩焊接，板缝的配筋视各地区情况而不同。

(五)楼板上隔墙的处理

一般宜采用轻质隔墙，可搁置在楼板的任何位置。当隔墙自重较大时，如采用砖隔墙、砌块隔墙等，则应避免将隔墙搁置在一块板上，而将其设置在两块板的接缝处。当采用槽形板或小梁搁板的楼板时，隔墙可直接搁置在板的纵肋或小梁上；当采用空心板时，须在隔墙下的板缝处设现浇板带或梁来支承隔墙。

三、装配整体式钢筋混凝土楼板

装配整体式钢筋混凝土楼板是在楼板中预制部分构件，然后在现场安装，再以整体浇筑的办法连接而成的楼板；或在现浇(亦可预制)密肋小梁间安放预制空心砌块并现浇面板而制成的楼板结构。具有整体性强和节约模板等优点。

(一)预制薄板叠合楼板

预制薄板叠合楼板(见图7-8)是由预制薄板和现浇钢筋混凝土层叠合而成的装配整体式楼板。其预制板部分通常采用预应力或非预应力薄板。为了保证预制薄板与叠合层有较好的连接，薄板上表面需做刻槽或在板面上露出较规则的三角形结合钢筋等处理。预制薄板跨度一般为 4 ~ 6 m，最大可达到 9 m，板宽为 1.1 ~ 1.8 m，板厚一般不小于 50 mm。现浇叠合层厚度通常为 100 ~ 120 mm，以大于或等于薄板厚度的 2 倍为宜。叠合楼板的总厚度常为 150 ~ 250 mm。

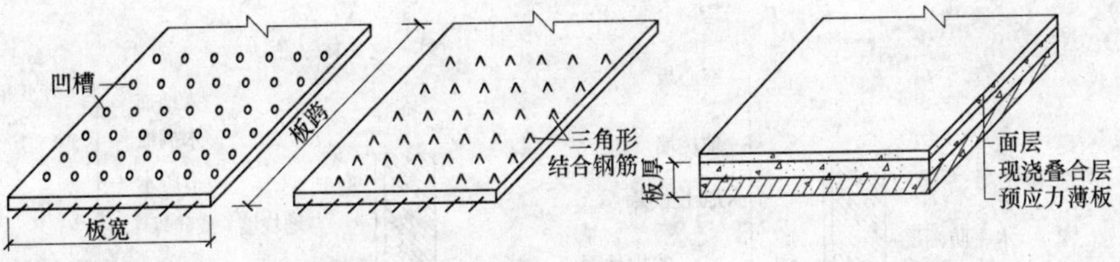

(a)薄板面刻凹槽　(b)薄板面外露三角形结合钢筋　(c)叠合组合板

图 7-8　叠合楼板

(二)密肋填充块楼板

楼板的密肋小梁有现浇和预制两种。现浇密肋填充块楼板是以陶土空心砖、矿渣混凝土实心块等作为肋间填充块来现浇密肋和面板而成。预制小梁填充块楼板是在预制小梁之间填充陶土空心砖、矿渣混凝土实心块、煤渣空心块，上面现浇面层而成。密肋填充块楼板板底平整，有较好的隔声、保温、隔热效果，在施工中空心砖还可起到模板作用，也有利于管道的敷设(见图 7-9)。此种楼板常用于学校、住宅、医院等建筑中。

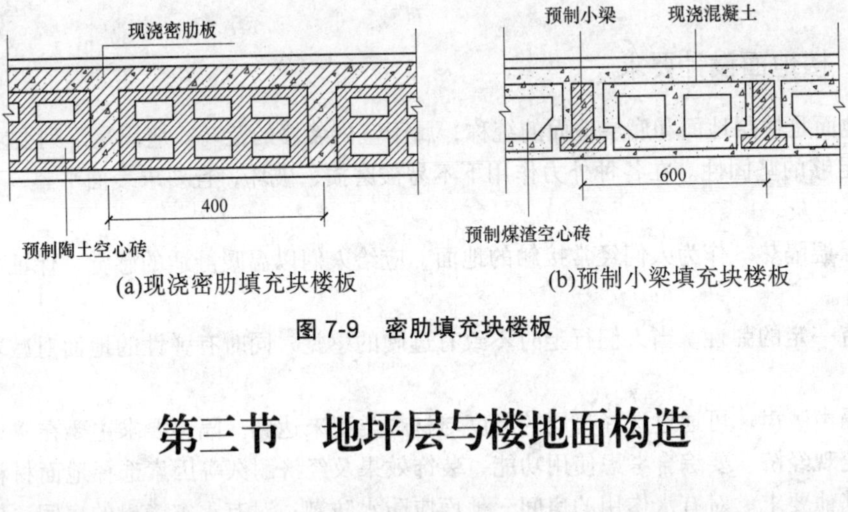

(a)现浇密肋填充块楼板　(b)预制小梁填充块楼板

图 7-9　密肋填充块楼板

第三节　地坪层与楼地面构造

一、地坪层构造

地坪层指建筑物底层房间与土层的交接处。所起作用是承受地坪上的荷载，并均匀地传给地坪以下土层。按地坪层与土层间的关系不同，可分为实铺地层和空铺地层两类。

(1)实铺地层。地坪的基本组成部分有面层、垫层和基层，对有防水、保温、管道敷设等特殊要求的地坪，常在面层和基层之间增设附加层。①面层和楼面一样都称为地面，是直接承受人、家具、设备等各种物理和化学作用的表面层，起着保护结构层和美化室内的作用。②垫层是承受面层荷载并将荷载均匀地传递给地基的构造层，分刚性垫层和柔性垫层两类。③基层即地基，一般为原土层或填土分层夯实。当上部荷载较大时，增设 2：8 灰土或碎砖、道渣三合土 100 ~ 150 mm 厚。

(2)空铺地层。为防止房屋底层房间受潮或满足某些特殊使用要求(如舞台、体育训练、比赛场、幼儿园等的地层需要有较好的弹性)将地层架空形成空铺地层。主要做法是：在夯实土或混凝土垫层上砌筑地垅墙或砖墩上架梁，在地垅墙或梁上铺设钢筋混凝土预制板(见图 7-10)。

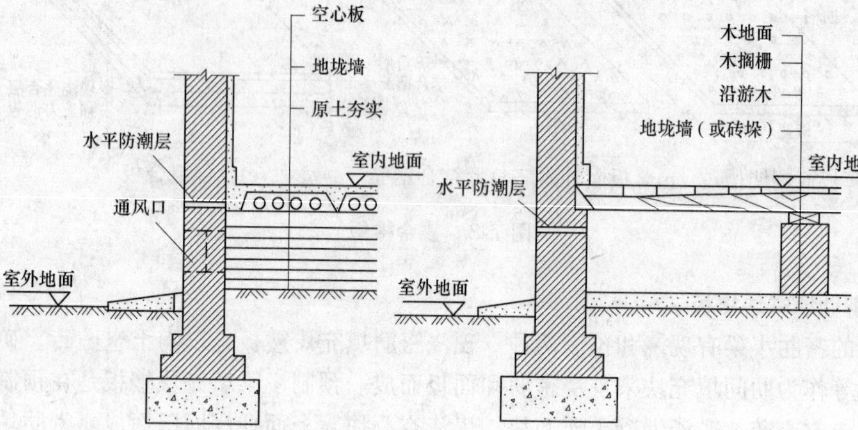

(a)钢筋混凝土预制板空铺地层　　(b)木空铺地层

图 7-10　空铺地层构造

二、楼地面设计要求

楼地面是楼层地面和底层地面的统称，属于室内装修的范畴。应满足下列要求：

(1)足够的坚固性。在各种外力作用下不易被磨损、破坏，且要求表面平整、光洁、易清洁和不起灰。

(2)保温隔热。作为人们经常接触的地面，应给人们以温暖舒适的感觉，保证寒冷季节脚部舒适。

(3)有一定的弹性。当人们行走时不致有过硬的感觉，同时有弹性的地面对减弱撞击声亦有利。

(4)隔声吸声。可通过选择垫层的厚度与材料类型来达到。隔声要求主要在楼地面。

(5)美观经济。要综合考虑使用功能、装饰效果及经济耐久等因素选择地面材料。

(6)其他要求。对有水作用的房间，地面应防水防潮；对有火灾隐患的房间，应防火耐燃烧；对有酸碱作用的房间，则要求具有耐腐蚀的能力等。

三、楼地面的类型及构造

按面层所用材料和施工方式不同，常见楼地面类型有整体地面、块材地面、塑料地面、木地面、涂料地面等，其构造情况分别介绍如下。

(一)整体地面

(1)水泥砂浆地面。构造简单，坚固、耐磨、防水，造价低廉，但导热系数大，吸水性差，冬天感觉阴冷，易起砂、起灰，无弹性，不易清洁，是一种采用较多的低档地面或进行二次装修的商品房的地面。

(2)水泥石屑地面。表面光洁，不起尘，易清洁，造价是水磨石地面的50%，但强度高，性能近似水磨石。

防滑水泥地面是将砂浆面层做成瓦垄状、齿槽状，在砂浆面层内掺一定量的氧化铁红或其他颜料即为彩色水泥地面。

(3)水磨石地面。将天然石料(大理石、方解石)的石渣做成水泥石屑面层，经磨光打蜡制成。质地美观，表面光滑，不起尘，易清洁，具有很好的耐磨性、耐久性，耐油耐碱、防水防火。但湿作业量大，工序多，热工性能较差，易返潮。常用于公共建筑门厅、走道、主要房间地面、墙裙，住宅的浴室、厨房、厕所等处。

水磨石地面分为普通水磨石和彩色水磨石两类。底层为找平层，面层嵌固玻璃塑料分格条、铜条或铝条分为1 m×1 m的方格图案。

(二)块材类地面

块材类地面是利用各种人造的和天然的预制块材、板材镶铺在基层上面。常用块材有陶瓷地砖、马赛克、水泥花砖、大理石板、花岗石板等，常用铺砌或胶结材料起胶结和找平作用，有水泥砂浆、油膏、细砂、细炉渣等做结合层。

(1)铺砖地面。有黏土砖地面、水泥砖地面、预制混凝土块地面等。铺设方式分干铺和湿铺两种。干铺是在基层上铺一层20～40 mm厚砂子，将砖块等直接铺设在砂上，板块间用砂或砂浆填缝。这种做法施工简单、维修方便，造价低谦，但牢固性较差，不易平整。湿铺是在基层上铺1：3水泥砂浆12～20 mm厚，用1：1水泥砂浆灌缝，这种做法坚实平整，但施工复杂，造价略高，适用于要求不高或庭园小道等处。

(2)缸砖、地面砖及陶瓷锦砖地面。缸砖是陶土加矿物颜料烧制成的一种无釉砖块，主要有红棕色和深米色两种，形状有矩形、正方形、六角形、菱形等。缸砖质地细密坚硬，强度较高，耐磨、耐水、耐油、耐酸碱，易于清洁，不起灰，施工简单，广泛用于卫生间、浴室、厨房等处地面。地面砖比缸砖的各项性能指标要好，且图案色彩丰富，装饰效果好，但造价较高，多用于装修标准要求较高的建筑物地面。陶瓷锦砖色泽多样，质地坚硬，经久耐用，耐磨、防水、耐腐蚀、易清洁，适用于有水、有腐蚀的地面。

(3)天然石板地面。常用的天然石板地面有大理石和花岗石板，它们质地坚硬，色泽艳丽，属高档地面装饰材料。但其造价高，一般多用于高级宾馆、会堂、公共建筑的大厅、门厅等处。

(三)木地面

木地面的主要特点是有弹性，不起灰、不返潮、易清洁、保温性好，常用于高级住宅、宾馆、体育馆、健身房、剧院舞台等建筑中。

按用材规格分有普通木、硬木条和拼花木地面三种。按构造方式分为空铺、实铺和粘贴木地面三种。空铺木地面常用于底层地面，因其占用空间多，费材料，故采用较少。实铺木地面是将木地板直接钉在钢筋混凝土基层上的木搁栅上，而木搁栅绑扎后预埋在钢筋混凝土楼板内的10号双股镀锌铁丝上，或用V形铁件嵌固。为了防腐，可在基层上刷冷底子油和热沥青，搁栅及地板背面满涂防腐油或煤焦油。

(四)卷材地面

卷材地面是用成卷的铺材铺贴而成。常见卷材有软质聚氯乙烯塑料地毡、橡胶地毡以及地毯等。

聚氯乙烯塑料地毡(又称地板胶)是软质卷材，目前市面上出售的地毡宽度多为 2 m 左右，厚度 1 ~ 2 mm，可直接干铺在地面上，也可用聚氨酯等粘合剂粘贴。

(五)涂料地面

涂料地面是利用涂料涂刷或涂刮而成。它是水泥砂浆地面的一种表面处理形式，用以改善水泥砂浆地面在使用和装饰方面的不足。涂料类地面整体性、耐磨性好，耐腐蚀、耐水防潮，易清洁，不起灰，弥补了水泥砂浆和混凝土地面的缺陷，同时价格低廉，易于推广。

第四节 顶棚构造

顶棚又称天棚或天花板，是楼板层的最下面部分，是室内主要饰面之一。要求其表面光洁，美观，能反射光线，改善室内照度以提高室内装饰效果；对某些有特殊要求的房间，还要求其具有隔声吸音或反射声音、保温、隔热、管道敷设等方面的功能。按其构造方式分直接式顶棚和吊挂式顶棚两种。

一、直接式顶棚

直接式顶棚是在屋面板、楼板等的底面直接喷浆、抹灰、粘贴壁纸、粘贴面砖、粘贴或钉接石膏板条与其他板材等饰面材料。其构造简单、施工方便，多用于装饰要求不高的大量性民用建筑中。根据其做法又分以下几种(见图 7-11)：

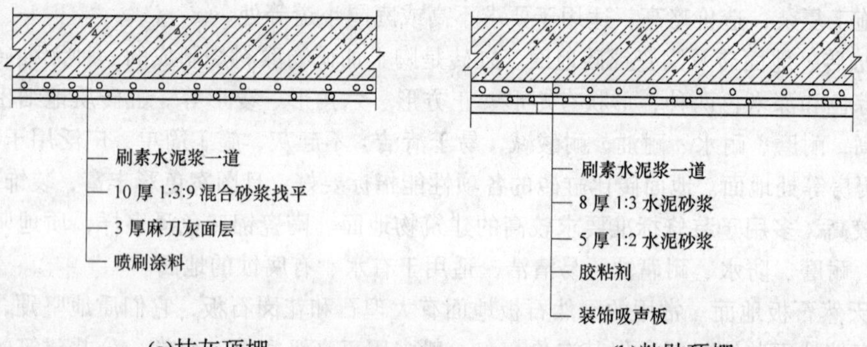

(a)抹灰顶棚　　(b)粘贴顶棚

图 7-11　直接式顶棚构造

(1)直接喷刷涂料顶棚。当楼板底面平整，室内装饰要求不高时，可在楼板底面填缝刮平后直接喷刷石灰浆、大白浆等涂料，以增加顶棚的反射光照作用。

(2)抹灰顶棚。当楼板底面不够平整或室内装修要求较高时，可在楼板底抹灰后再喷刷涂料。顶棚抹灰可用纸筋灰、水泥砂浆和混合砂浆等，抹灰厚度一般为 10 ~ 15 mm。

(3)粘贴顶棚。对有保温、隔热、吸声要求的房间，以及楼板底不需要敷设管线而装修要求又高的房间，可于楼板底面用砂浆打底找平后，用黏结剂粘贴墙纸、泡沫塑料板、铝塑板或装饰吸音板等。

二、悬吊式顶棚

悬吊式顶棚也称“吊顶”，它离开屋顶或楼板的下表面有一定的距离，通过悬挂物与主体结构联结在一起。这类顶棚类型较多，构造复杂，装饰效果好，主要用于中、高档装饰标准的建筑物。一般由吊杆、骨架和面层三部分组成(见图 7-12)。

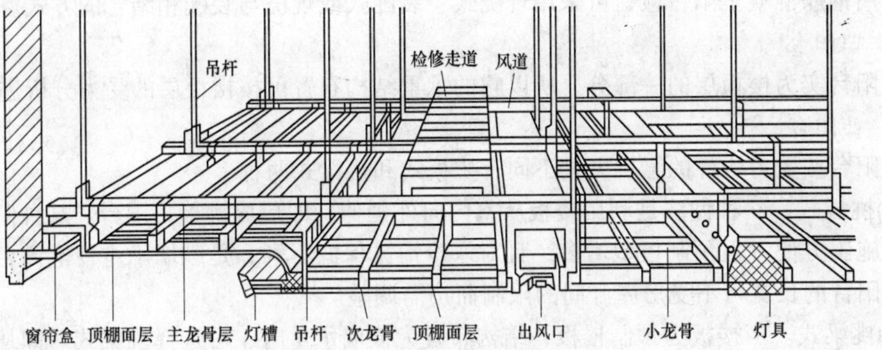

图 7-12　悬吊式顶棚构造示例

吊杆是连接骨架与楼板结构层的承重传力构件。常采用φ(6～8)钢筋、8 号钢丝或 M8 螺栓。固定方法有：预埋筋锚固、预埋件锚固、膨胀螺栓锚固和射钉锚固。

骨架主要由主龙骨、次龙骨等组成，主要承受顶棚荷载并由吊杆传递给楼板结构层。按所用材料不同有木骨架和金属骨架，建议采用轻钢龙骨、型钢龙骨和铝合金龙骨等，可节约木材，并可提高建筑物的耐火等级。

面层主要起到装饰、吸声、反射光、悬挂灯具等作用。其构造做法一般有抹灰类、板材类和卷材类三种。可结合灯具、风口布置一起考虑。

第五节　阳台与雨篷

一、阳台

阳台是楼房建筑中不可缺少的室内外过渡空间，供居住者晒衣、休息、眺望或从事家务活动用，一般每套住宅都应设置。

(一)阳台的类型

阳台按其与外墙的位置关系可分为凸阳台(挑阳台)、凹阳台与半凸半凹阳台(见图 7-13)；按其在建筑中所处的位置可分为中间阳台和转角阳台；按使用功能不同又可分为生活阳台(靠近卧室或客厅)和服务阳台(靠近厨房)；按施工方法可分为现浇阳台和预制阳台。

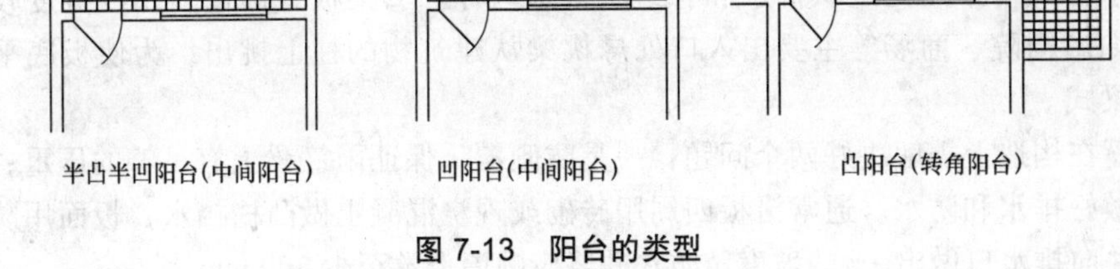

半凸半凹阳台(中间阳台)　凹阳台(中间阳台)　凸阳台(转角阳台)

图 7-13　阳台的类型

(二)阳台的结构布置

因阳台承重构件一般是楼板的一部分，故其结构布置应与楼板的结构布置一起考虑，主要采用钢筋混凝土阳台板，可采用现浇式、装配式或现浇与装配相结合的方式。

1. 凹阳台

凹阳台实为楼板层的一部分，所以它的承重结构布置可按楼板层的受力分析进行。

2. 凸阳台

凸阳台按受力构件的悬挑方式不同有挑板式和挑梁式两种。

(1)挑板式。一种做法是利用楼板从室内向外延伸，即形成挑板式阳台。这种阳台构造简单，施工方便，但预制板型增多，且对寒冷地区保温不利，是纵墙承重住宅阳台的常用做法，阳台的长宽可不受房屋开间的限制而按需调整。

(2)挑梁式。当楼板为预制楼板，结构布置为横墙承重时，可选择挑梁式。即从横墙内向外伸挑梁，其上搁置预制楼板。阳台荷载通过挑梁传给纵横墙，由压在挑梁上的墙体和楼板来抵抗阳台的倾覆力矩。挑梁压在墙中的长度应不小于 1.5 倍的挑出长度。

(三)阳台的构造

(1)阳台的栏杆和扶手。是为保证人们在阳台上活动安全而设置的，应坚固可靠，舒适美观。扶手高度应不低于 1.05 m，高层建筑应不低于 1.1 m，镂空栏杆的垂直杆件间净距不能大于 130 mm。

栏杆从外形上分有三种，即空花栏杆、实心栏板以及由空花栏杆和实心栏板组合而成的组合式栏杆；按材料不同，有金属栏杆、砖砌栏板、钢筋混凝土栏杆(板)等。

阳台扶手主要有金属和钢筋混凝土两种。金属扶手一般为ϕ50 钢管与金属栏杆焊接。钢筋混凝土扶手应用广泛，形式多样，一般直接用做栏杆压顶，宽度有 80 mm、120 mm、160 mm。当扶手上需放置花盆时，需在外侧设保护栏杆，一般高 180 ~ 200 mm，花台净宽为 240 mm。

(2)阳台的排水处理。阳台排水有外排水和内排水两种。外排水是在阳台外侧设置泄水管将水排出。泄水管为ϕ40 ~ ϕ50 镀锌铁管或塑料管，外挑长度不少于 80 mm，以防雨水溅到下层阳台。内排水适用于高层和高标准建筑，即在阳台内侧设置排水立管和地漏，将雨水直接排入地下管网，保证建筑物立面美观。

二、雨篷

雨篷是在房屋的入口处，为了遮雨而设置的水平构件。多采用钢筋混凝土悬挑式结构。大型雨篷下常加柱，形成门廊。

雨篷有悬板式和梁板式两种(见图 7-14)。①悬板式雨篷外挑长度一般为 0.9 ~ 1.5 m，板根部厚度不小于挑出长度的 1/8，且不小于 70 mm，雨篷宽度比门洞每边宽 250 mm，雨篷排水方式可采用无组织排水和有组织排水两种。②梁板式雨篷多用在宽度较大的入口处，如影剧院、商场等主要出入口处悬挑梁从建筑物的柱上挑出，为使板底平整，多做成倒梁式。

雨篷在构造上需解决好两个问题：一是防倾覆，保证雨篷梁上有足够的压重；二是板面上要做好排水和防水。通常沿板四周用砖砌或现浇混凝土做凸檐挡水，板面用防水砂浆抹面，并向排水口做出 1%的坡度。防水砂浆应顺墙上卷至少 300 mm。

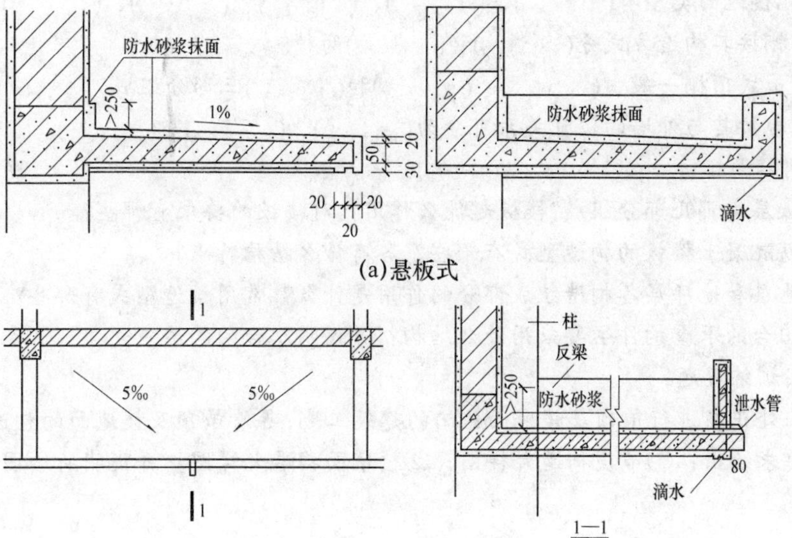

(a)悬板式

(b)梁板式

图 7-14　雨篷构造

小　结

本章主要介绍楼层和地层的作用、构造组成、分类和设计要求，钢筋混凝土楼板、顶棚、地坪层、楼地面及阳台和雨篷的构造做法。重点掌握基本概念、构造组成、作用及构造处理方法等，应能结合实际工程进行具体分析。

复习思考与练习题

一、名词解释

(1)楼地层；(2)吊顶；(3)阳台；(4)雨篷；(5)龙骨。

二、填空题

(1)楼板层通常由(　　　)、(　　　)、(　　　)和(　　　)组成。

(2)地坪层的基本组成部分有(　　　)、(　　　)和(　　　)三部分。

(3)楼板层根据其结构层所用材料不同，可分为(　　　)、(　　　)、(　　　)和(　　　)等几种类型。

(4)钢筋混凝土楼板按其施工方法不同，分为(　　　)、(　　　)和(　　　)三种。

(5)根据受力和传力情况的不同，现浇钢筋混凝土楼板可分为(　　　)、(　　　)、(　　　)、(　　　)和(　　　)等。

(6)装配式钢筋混凝土楼板按其截面形状主要有(　　　)、(　　　)和(　　　)三种。

(7)装配整体式楼板通常有两种，即(　　　)和(　　　)。

(8)按地坪层与土层间的关系不同，地坪层可分为(　　　)和(　　　)两类。

(9)常见楼地面类型有(　　　)、(　　　)、(　　　)、(　　　)、(　　　)等。

(10)顶棚按其构造方式分(　　　)和(　　　)两种。

(11)悬吊式顶棚一般由(　　　)、(　　　)和(　　　)三部分组成。

(12)阳台按其与外墙的位置关系可分为(　　　)、(　　　)与(　　　)。

三、问答题

(1)楼板层由哪几部分组成?楼板起什么作用？对楼板的要求有哪些?

(2)钢筋混凝土楼板的构造型式有哪些？各有什么结构特点?

(3)楼地层和地坪层各构造组成部分的作用是什么？常用构造型式有哪些?

(4)凸阳台的承重构件主要采用什么结构？并说明阳台的构造。

四、实训练习题

参观一处正在进行吊顶及楼地面施工的建筑工地，弄清吊顶及楼地面的构造组成情况，并按制图要求绘出：①吊顶构造大样图；②楼地面构造大样图。并说明所绘图的具体构造情况。

第八章　屋　顶

【学习目标】

- 了解：屋顶的作用、类型与设计要求。
- 熟悉：屋顶的排水方式、设计内容及常见保温隔热构造方案。
- 掌握：平屋顶的柔性防水屋面和刚性防水屋面的构造组成及防水构造做法；坡屋顶的承重方案及防水构造做法。

第一节　概　述

一、屋顶的作用与要求

屋顶是建筑物最上层的覆盖部分，是房屋的重要组成部分。主要作用有：①围护作用，屋顶能防御自然界风、雨、雪、太阳辐射、气温变化等不利因素的影响，保证建筑内部有良好的环境；②承重作用，承受自重及作用于屋顶上的风、雨、雪荷载及设备、检查荷载等各种荷载；③装饰美化作用，屋顶的形式对建筑立面和整体造型有很大的影响，是体现建筑风格的重要手段。

屋顶主要应满足三方面的要求：①功能要求，即满足防水、保温、隔热、防火等要求，应能抵御自然界各种环境因素对建筑物的不利影响。②结构要求，应具有足够的强度和刚度，以保证房屋的结构安全，并防止因变形过大而引起防水层开裂、漏水。③建筑艺术要求，变化多样的屋顶外形，装饰精美的屋顶细部，是中国传统建筑的重要特征之一。现代建筑也应注重屋顶形式及其细部设计，以满足人们对建筑艺术方面的要求。

二、屋顶的类型

屋顶主要由屋面层、承重结构、保温或隔热层和顶棚四部分组成。支承结构可以是平面结构，如屋架、刚架、梁板等；也可以是空间结构，如薄壳、网架、悬索等。由于支承结构形式及建筑平面的不同，屋顶的外形也不同，常见的有平屋顶、坡屋顶及曲面屋顶等。

(1)平屋顶。通常是指屋面坡度小于 5%的屋顶，常用坡度为 2%～3%。平屋顶易于协调统一建筑与结构的关系，节约材料，屋面可有多种用途，如设露台、屋顶花园、屋顶游泳池等。常见平屋顶的形式见图 8-1。

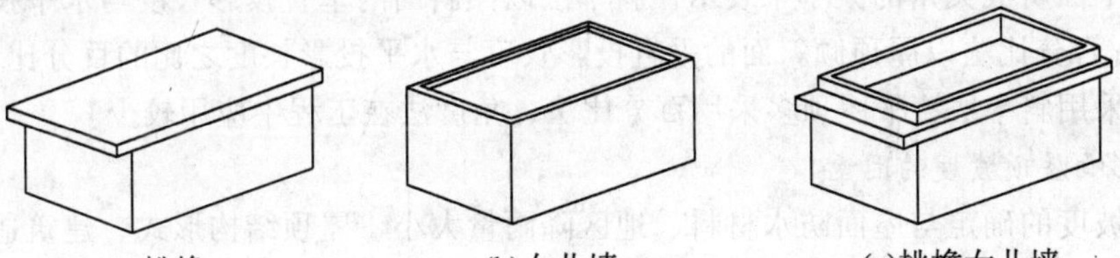

(a)挑檐　　(b)女儿墙　　(c)挑檐女儿墙

图 8-1　平屋顶的形式

(2)坡屋顶。是指屋面坡度较陡的屋顶，其坡度一般在 10%以上。坡屋顶坡度较大，雨水容易排除、屋面材料可以就地取材、施工简单及易于维修，其形式多种多样，形成丰富多彩的建筑造型，广泛应用于民居建筑中。常见坡屋顶的形式见图 8-2。

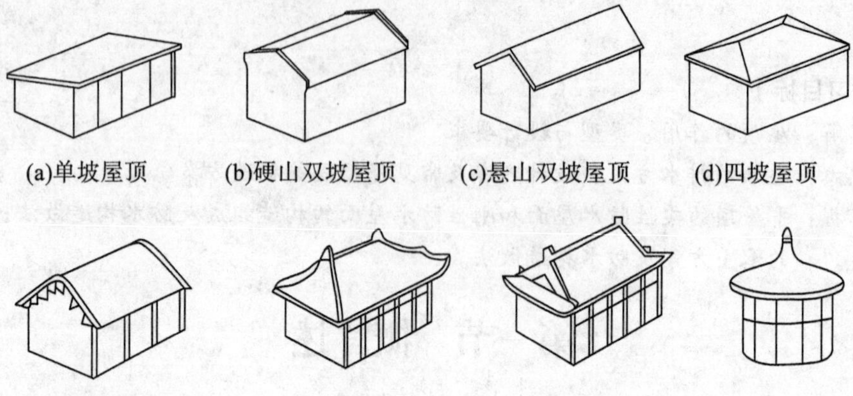

(a)单坡屋顶　(b)硬山双坡屋顶　(c)悬山双坡屋顶　(d)四坡屋顶

(e)卷坡屋顶　(f)庑殿屋顶　(g)歇山屋顶　(h)圆攒尖顶

图 8-2　坡屋顶的形式

(3)曲面屋顶。随着建筑科学技术的发展，在大跨度、大空间和造型特殊的建筑中使用了多种新型结构的屋顶，如薄壳屋顶、网架屋顶、拱屋顶、折板屋顶、悬索屋顶等，见图 8-3。这类屋顶结构内力分布均匀合理，节约材料，但施工复杂，造价高。

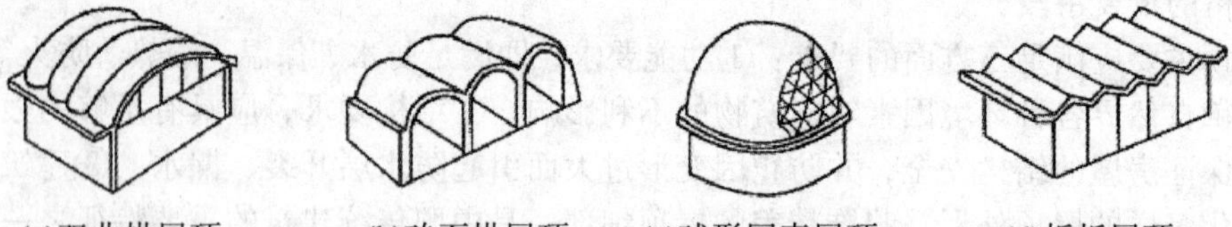

(a)双曲拱屋顶　(b)砖石拱屋顶　(c)球形网壳屋顶　(d)折板屋顶

图 8-3　曲面屋顶的形式

三、屋顶排水

屋顶直接受到雨、雪的侵袭，为了迅速排除屋面雨水，保证水流畅通，必须做好屋顶排水。

(一)屋顶坡度

1. 屋顶坡度的表示方法

常用的坡度表示方法有角度法、斜率法和百分比法三种，见图 8-4。角度法以屋顶倾斜面与水平面所成夹角的大小来表示；斜率法以倾斜面的垂直投影长度与水平投影长度之比来表示；百分比法以屋顶倾斜面的垂直投影长度与水平投影长度之比的百分比值来表示。坡屋顶多采用斜率法，平屋顶多采用百分比法，角度法在工程中应用较少。

2. 影响屋顶坡度的因素

屋顶坡度的确定与屋面防水材料、地区降雨量大小、屋顶结构形式、建筑造型要求以及经济条件等因素有关。屋面防水材料尺寸越小，屋面排水坡度越大，反之越小；降雨量大的地区屋面排水坡度较大，反之则较小。表 8-1 列举了各种类型屋面的适宜坡度，可供参考。

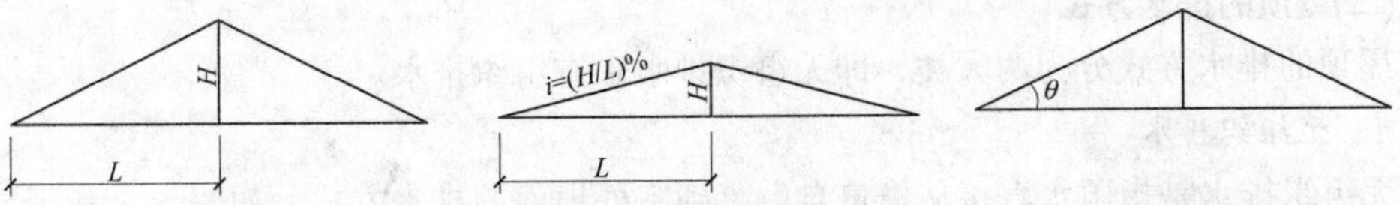

(a)斜率法　(b)百分比法　(c)角度法

图 8-4　屋顶坡度表示法

表 8-1　屋面类型与适宜坡度

屋面类型	屋面名称	适宜坡度(%)
坡屋面	黏土瓦屋面	≥40
	小青瓦屋面	≥30
	平瓦屋面、波形瓦屋面	20 ~ 50
平屋面	卷材、刚性防水屋面、涂膜平屋面	2 ~ 3
	架空板隔热屋面	≤5
	种植屋面	≤3
	蓄水屋面	≤0.5
其他屋面	网架结构、悬索结构金属薄板屋面	≥4
	网架结构卷材屋面	≥3
	金属压型板屋面	5 ~ 17

3. 屋顶坡度的形成方法

形成屋顶坡度的做法一般有两种：

(1)结构找坡，亦称搁置坡度(见图 8-5)。是指屋顶结构自身带有排水坡度，如将屋面板搁放在根据屋面排水要求设计的倾斜的梁或墙上，平屋顶结构找坡的坡度宜为 3%左右。这种做法不需另设找坡层，施工方便、荷载轻、造价低，但顶棚倾斜，室内空间不规整，用于民用建筑时往往需要设吊顶。

(2)材料找坡(见图 8-6)。材料找坡亦称垫置坡度，是指屋面板呈水平搁置，利用轻质材料垫置成排水坡度的做法。常用于找坡的材料有水泥炉渣、石灰炉渣等，找坡材料最薄处一般不宜小于 30 mm。材料找坡的坡度不宜过大，否则可用保温材料来做成排水坡度。利用材料找坡可获得平整的室内空间，但找坡材料增加了屋面荷载，材料和人工消耗较多。

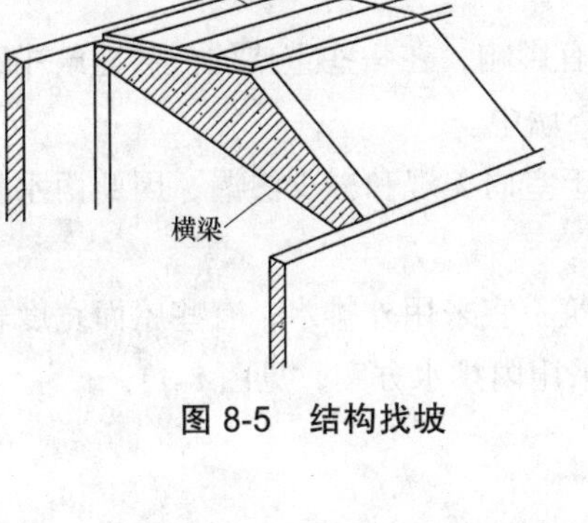

图 8-5　结构找坡

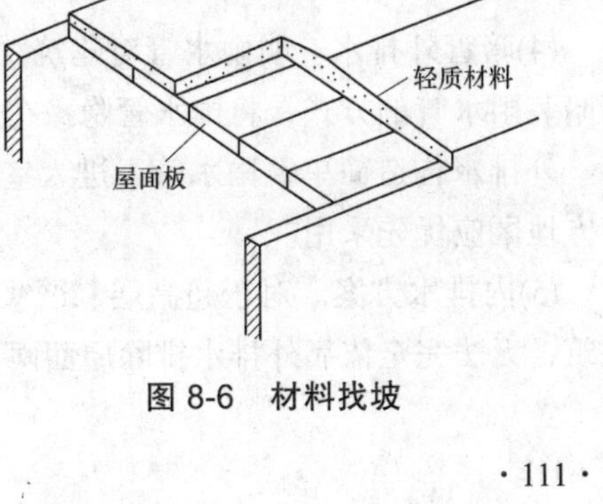

图 8-6　材料找坡

(二)屋顶的排水方式

屋顶的排水方式分为两大类，即无组织排水和有组织排水。

1. 无组织排水

无组织排水是指雨水直接从檐口自由落到室外地面的排水方式，如图 8-7 所示，又称自由落水。其构造简单，造价低，但屋面雨水自由落下会溅湿墙面，外墙墙脚容易被飞溅的雨水侵蚀，降低外墙的坚固耐久性，滴落的雨水也可能影响行人。因此，无组织排水一般适用于低层、不临街、雨水较少地区的建筑物及积灰较多或有腐蚀性介质的工业建筑物。

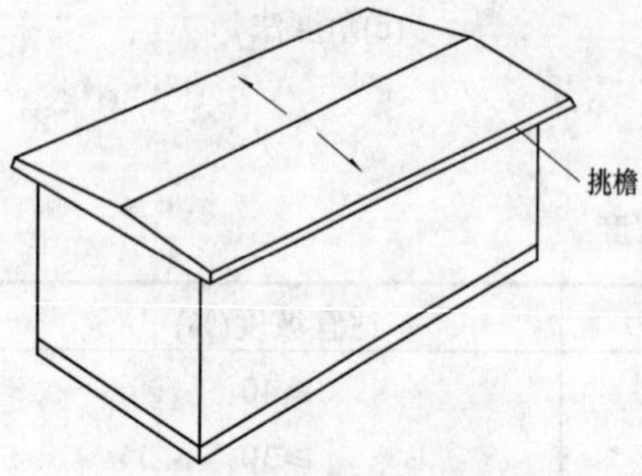

图 8-7　平屋顶自由落水

2. 有组织排水

有组织排水是指屋面雨水通过排水系统有组织地排到室外地面或地下沟管的排水方式。有组织排水过程首先将屋面划分为若干个排水区，使每个排水区的雨水按屋面排水坡度有组织地排到檐沟或女儿墙天沟，并在檐沟或天沟内填 0.5%～1%纵坡，使雨水集中至雨水口，然后经过雨水口排到雨水管，直至室外地面或地下排水管网。在建筑工程中应用十分广泛。有组织排水分外排水和内排水。

(1)挑檐沟外排水。屋面雨水汇集到悬挑在墙外的檐沟内，再由水落管排下，见图 8-8。当建筑物出现高低屋面时，可先将高处屋面的雨水排至低处屋面，然后从低处屋面的檐沟引入地下。用此方案时，水流路线的水平距离不应超过 24 m，以免造成屋面渗漏。

(2)女儿墙外排水。其做法是：将外墙升起封住屋面形成女儿墙，屋面雨水穿过女儿墙流入室外的雨水管，最后引入地沟，见图 8-9。

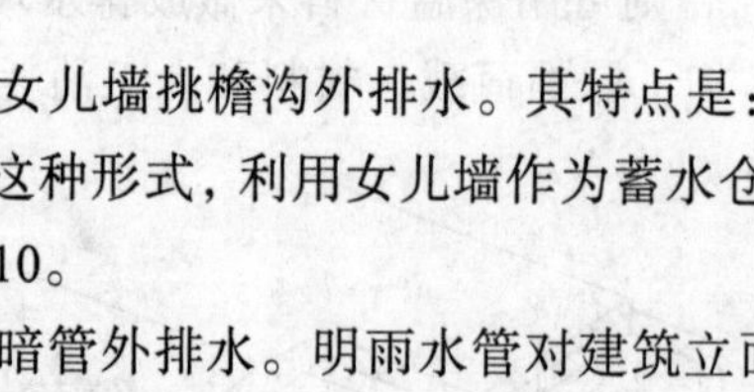

图 8-8　挑檐沟外排水

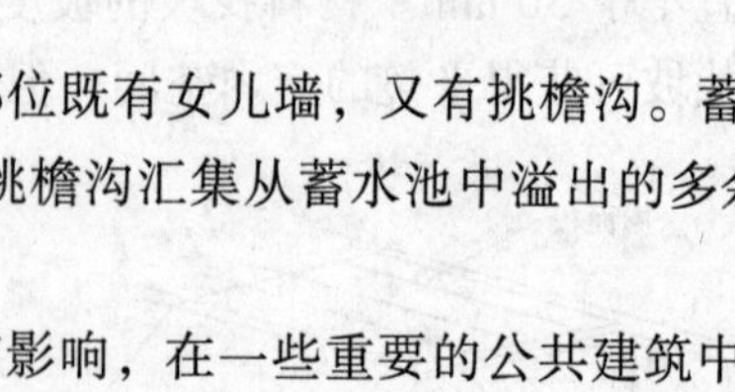

图 8-9　女儿墙外排水

(3)女儿墙挑檐沟外排水。其特点是：在屋檐部位既有女儿墙，又有挑檐沟。蓄水屋面常采用这种形式，利用女儿墙作为蓄水仓壁，利用挑檐沟汇集从蓄水池中溢出的多余雨水，见图 8-10。

(4)暗管外排水。明雨水管对建筑立面的美观有影响，在一些重要的公共建筑中，常采用暗装雨水管的方式，将雨水管隐藏在假柱或空心墙中。

外排水构造简单，雨水管不进入室内，有利于室内美观和减少渗漏，因此雨水较多的南方地区应优先采用。

(5)内排水方案。对于超高层、严寒地区的建筑不宜采用外排水；有些屋面宽度较大的建筑，无法完全依靠外排水排除屋面雨水，也要采用内排水方案，见图 8-11。

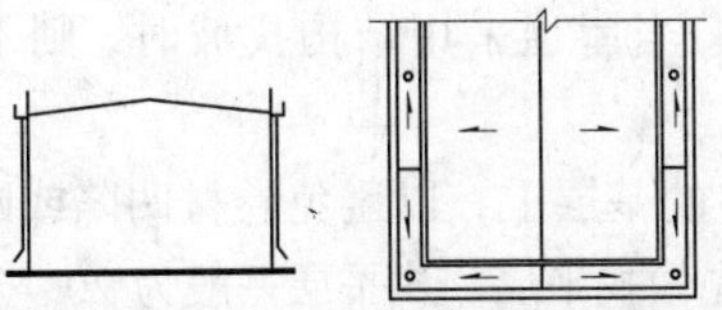

图 8-10　女儿墙挑檐沟外排水

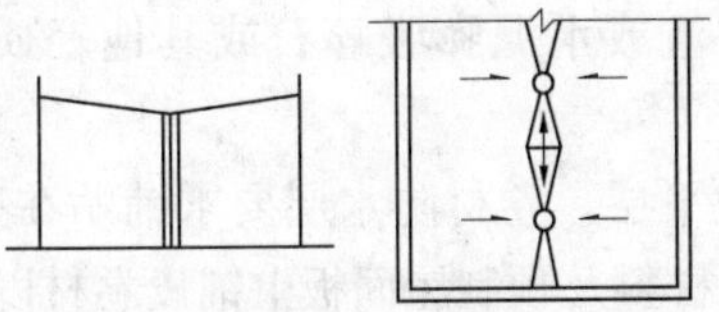

图 8-11　内排水

第二节　平屋顶构造

一、平屋顶的防水

平屋顶防水屋面按其防水层材料和做法的不同常分为柔性防水屋面、刚性防水屋面和涂膜防水屋面等多种类型。

(一)柔性防水屋面(卷材防水屋面)

柔性防水屋面是将柔性防水卷材相互搭接用胶结材料贴在屋面基层上形成防水能力的，由于卷材具有一定的柔性，能适应部分屋面变形，所以称为柔性防水屋面。

1. *卷材和卷材粘合剂*

(1)沥青油毡。由沥青、胎体、填充料经浸滞或辊压制成，属低档材料。油毡较经济，有一定的防水能力，但须热加工，易污染环境，高温时易流淌，老化周期多为 6～8 年。我国过去使用较多，现已逐步被新型屋面防水卷材替代。

(2)高聚物改性沥青卷材。按改性材料种类可分为 SBS、APP、PVC、再生橡胶和废胶粉等几种改性沥青卷材，与沥青防水卷材比较，具有高温不流淌、低温不脆裂、拉伸强度高和延伸率较大的优点。

(3)合成高分子卷材。以合成橡胶、合成树脂或两者共混体为基料，加入适量化学助剂和填充料经塑炼混炼、压延或挤出成型，具有强度高、断裂伸长率大、耐老化及可冷施工等优越性能，属新型高档防水材料。常见的有三元乙丙橡胶卷材等。

(4)卷材粘合剂。主要有冷底子油、沥青胶等。冷底子油是将沥青稀释溶解在煤油、轻柴油或汽油中制成。沥青胶是在沥青中加入滑石粉、云母粉等填充料加工制成。沥青胶又分为适于黏结石油沥青类卷材的石油沥青胶和适于黏结煤沥青卷材的煤沥青胶。高聚物改性沥青卷材和合成高分子卷材使用专门配套的粘合剂，如改性沥青类卷材常用 RA-86 型氯丁胶黏结剂等，三元乙丙橡胶卷材用聚氨酯底胶基层处理剂等。

2. *构造层次与做法*

柔性防水屋面由多层材料叠合而成，其基本构造层次按构造要求由结构层、找坡层、找平层、结合层、防水层和保护层等组成，见图 8-12。

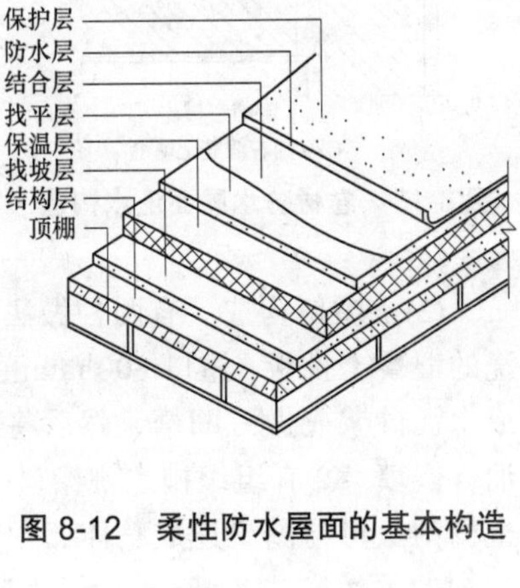

图 8-12　柔性防水屋面的基本构造

(1)结构层。卷材防水屋面的结构层通常为具有一定强度和刚度的预制或现浇钢筋混凝土屋面板。

(2)找坡层。当屋顶采用材料找坡时，应选用轻质材料形成所需的排水坡度，通常是在结构层上铺 1∶(6～8)

的水泥炉渣或水泥膨胀蛭石或其他轻质混凝土等。当屋顶采用结构找坡时，则不设找坡层。

(3)找平层。卷材防水层要求铺贴在坚固而平整的基层上，以避免卷材凹陷或断裂，因而在松软材料及预制屋面板上铺设卷材以前，必须先做找平层。找平层一般为 20 ~ 30 mm 厚 1∶3 水泥砂浆。

(4)结合层。结合层的作用是在卷材与基层间形成一层胶质薄膜，使卷材与基层胶结牢固。沥青类卷材通常用冷底子油作结合层，高分子卷材则多用配套基层处理剂。

(5)防水层。是由卷材和相应的卷材黏结剂构成。其做法是：①沥青卷材。由多层油毡和沥青玛瑅酯交替粘合而成。②高聚物改性沥青卷材。高聚物改性沥青卷材的铺贴方法有冷粘法和热熔法两种。冷粘法是用胶粘剂将卷材粘贴在找平层上，或利用卷材的自粘性进行铺贴。热熔法施工是用火焰加热器将卷材均匀加热至表面光亮发黑，然后立即滚铺卷材使之平展并辊压牢固。③合成高分子卷材。以三元乙丙橡胶卷材为例，其构造做法是：先在找平层上涂刮基层处理剂如 CX-404 胶等，要求薄而均匀，待处理剂干燥不粘手后即可铺贴卷材。卷材长边应最少搭接 50 mm，短边最少搭接 70 mm。卷材铺好后立即将其辊压密实，搭接部位用胶粘剂均匀涂刷粘全。

(6)保护层。为保护防水层，防止卷材因裸露而受温度、阳光等作用老化，增加其使用年限，卷材表面需设保护层。当为非上人屋面时，可在最后一层沥青胶上趁热满粘一层 3 ~ 6 mm 粒径的无棱石子作保护层，既经济方便，又有一定效果。当为上人屋面时，可在防水层上面浇筑 30 ~ 40 mm 厚细石混凝土，用 20 mm 厚 1∶3 水泥砂浆贴地砖或混凝土预制板等，既可提供活动面层，还可起保护作用。

3. 细部构造

柔性防水屋面在处理好大面积屋面防水的同时，应注意泛水、檐口、雨水口以及变形缝等部位的细部构造处理。

(1)泛水构造(见图 8-13)。泛水指屋顶上沿所有垂直面所设的防水构造。突出屋面的女儿墙、烟囱、楼梯间、变形缝、检修孔和立管等的壁面与屋顶的交接处是最容易漏水的地方，必须将屋面防水层延伸至这些垂直面上，形成立铺的防水层，称为泛水。

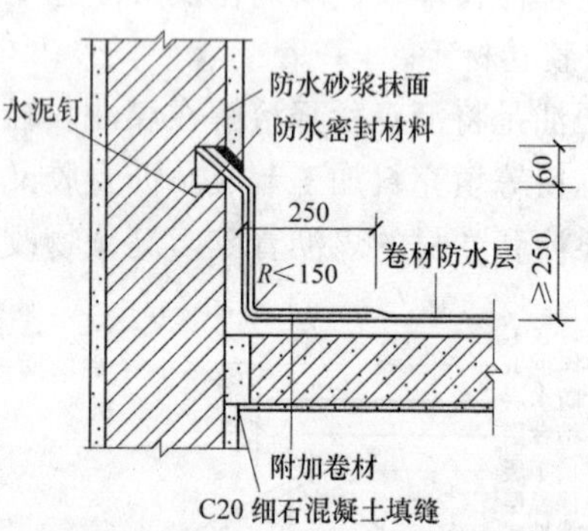

图 8-13　卷材防水屋面泛水构造

泛水构造应注意以下几点：①泛水高度应足够，一般不小于 250 mm，并加铺一层附加卷材。②屋面与立墙相交处应做成弧形或 45°斜面，使卷材紧贴于找平层上，而不致出现空鼓现象。③做好泛水上口的卷材收头固定，防止卷材在垂直墙面上向下滑动。④泛水顶部应有挡雨措施，防止雨水顺立墙流入卷材收口处引起渗漏。

(2)挑檐口构造。有两种做法：①无组织排水挑檐口(见图 8-14)。一般采用与圈梁整浇的混凝土挑板。檐口 800 mm 范围内卷材应采取满贴法，在混凝土檐口上用细石混凝土或水泥砂浆先做一凹槽，然后将卷材贴在槽内，将卷材收头用水泥钉钉牢，上面用防水油膏嵌填。②有组织排水挑檐口(见图 8-15)。常常将檐沟布置在出挑部位，现浇钢筋混凝土檐沟板可与圈梁连成整体，预制檐沟板则需搁置在钢筋混凝土屋架挑牛腿上。檐沟内加铺 1～2 层附加卷材；沟内转角部位找平层应做成圆弧形或 45°斜坡；为了防止檐沟壁面上的卷材下滑，通常在檐沟边缘用水泥钉钉压条，将卷材的收头处压牢固，再用油膏或砂浆盖缝。

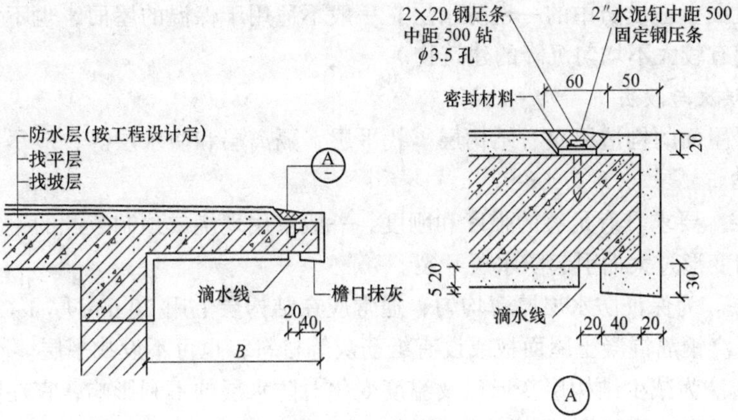

图 8-14　无组织排水挑檐口构造

(3)雨水口构造。雨水口是用来将屋面雨水排至雨水管而在檐口处或檐沟内开设的洞口，要求排水通畅，不易堵塞和渗漏。其位置应尽可能比屋面或檐沟面低。有垫坡层或保温层的屋面，可在雨水口直径 500 mm 范围内减薄形成漏斗形，避免积水。

雨水口又分两类：①直管式(见图 8-16)，适用于中间天沟、挑檐沟和女儿墙内排水天沟。做法是将各层卷材(包括附加卷材)粘贴在套管内壁上，表面涂防水油膏，用环行筒将卷材压紧，嵌入的深度至少为 100 mm。②弯管式(图 8-17)，适用于女儿墙外排水。做法是将屋面防水层及泛水的卷材铺贴到套管内壁四周，铺入深度至少为 100 mm，套管口用铸铁篦遮盖，以防污物堵塞雨水口。

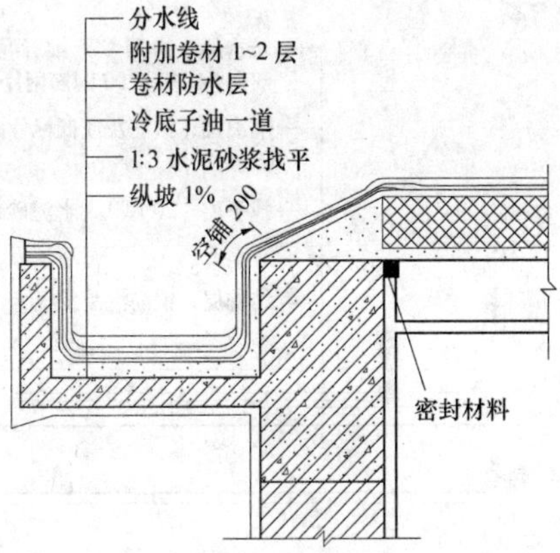

图 8-15　有组织排水挑檐口构造

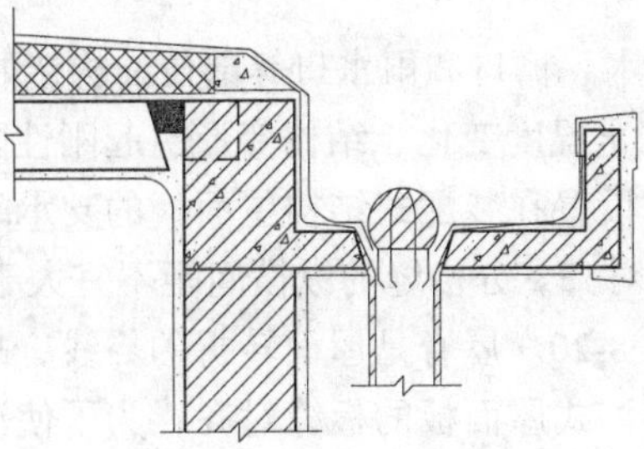

图 8-16　直管式雨水口构造

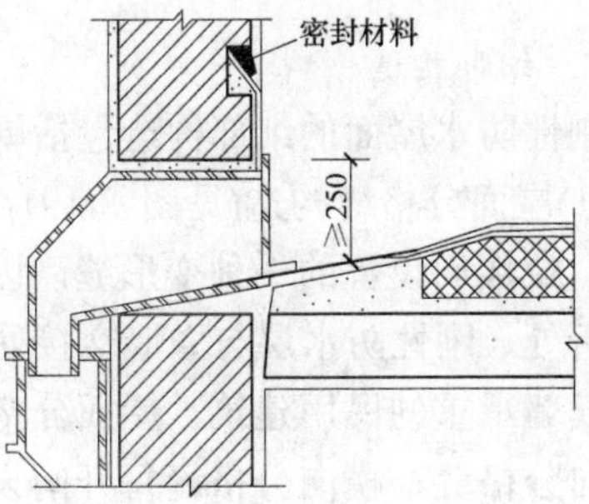

图 8-17　弯管式雨水口构造

(二)刚性防水屋面

刚性防水屋面主要指以密实性混凝土或防水砂浆等刚性材料作为防水层的屋面。其优点是施工简单、经济和维修方便；缺点是易开裂，对气温变化和屋面基层变形的适应性较差。多用于日温差较小的我国南方地区防水等级为Ⅲ级的屋面防水，也可用做防水等级为Ⅰ、Ⅱ级的屋面多道设防中的一道防水层。一般不适用于保温的屋面，也不宜用于高温、有振动、基础有较大不均匀沉降的建筑物。

1. 构造层次与做法

刚性防水屋面的构造层次有结构层、找平层、隔离层和防水层等，应尽量采用结构找坡，见图 8-18。

(1)结构层。要求具有足够的强度和刚度，一般采用现浇或预制装配的钢筋混凝土屋面板，以免结构变形过大而引起防水层开裂。

(2)找平层。为保证防水层厚薄均匀，通常应在结构层上用 20 mm 厚 1∶3 水泥砂浆找平。若采用现浇钢筋混凝土屋面板或设有纸筋灰等材料，也可不设找平层。

(3)隔离层。为减少结构层变形以及温度变化对防水层的不利影响，宜在防水层下设置隔离层。隔离层可采用纸筋灰、低强度等级砂浆或薄砂层上干铺一层油毡等。

(4)防水层。用不低于 C20 的细石混凝土整体现浇而成，其厚度不小于 40 mm，并双向配置ϕ 4 ~ 6@200 钢筋网片。还可适量掺入膨胀剂等外加剂提高其抗裂和抗渗性能。

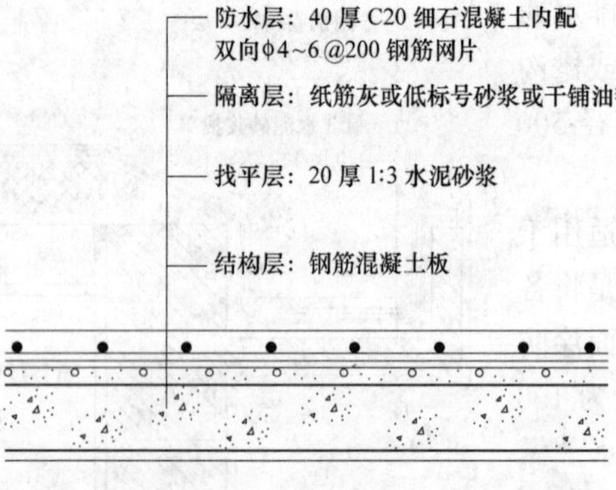

图 8-18　刚性防水屋面的构造层次

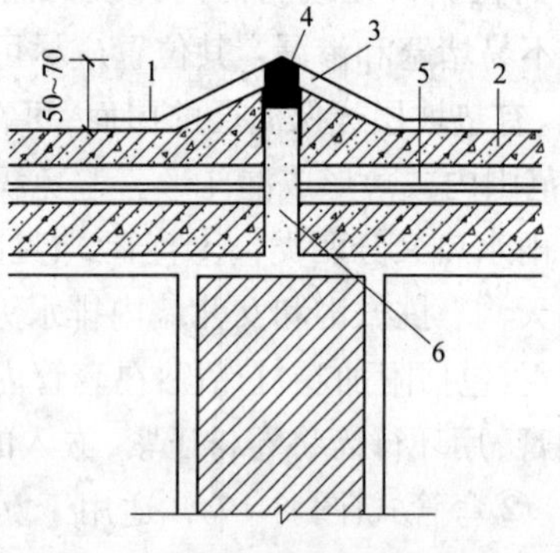

1—防水卷材；2—刚性防水层；3—衬垫材料；4—密封材料；5—隔离层；6—细石混凝土

图 8-19　屋面分格缝构造

2. 细部构造

刚性防水屋面的细部构造包括屋面分格缝、泛水、檐口和雨水口等部位的构造处理。

(1)屋面分格缝构造(见图 8-19)。分格缝是为防止温度变化、结构变形引起刚性防水层拉裂、拉坏而设置的一种变形缝。因此，分格缝常设置在装配式结构屋面板的支承端、屋面转折处、刚性防水层与立墙交接处，并应与板缝对齐。分格缝的纵横间距不宜大于 6 m。采用横墙承重的民用建筑，屋面分格缝的位置见图 8-20。屋脊是屋面转折的界线，故设有一纵向分格缝；横向分格缝每开间设一道，并与装配式屋面板的板缝对齐；为了使混凝土在收缩和温度变形时不受女儿墙的影响，沿女儿墙四周也应设泛水分格缝。

构造处理时还应注意以下几点：①防水层内钢筋网片在分格缝处应断开；②屋面板缝用浸过沥青的麻丝等密封材料嵌填，缝口用油膏嵌缝；③缝口表面用防水卷材铺贴盖缝，卷材宽度为 200 ~ 300 mm。

(2)泛水构造(图 8-21)。凡屋面防水层与垂直墙面的交接处都须做泛水处理。与柔性防水屋面一样，刚性防水屋面的泛水应有足够的高度，一般不小于 250 mm；泛水应嵌入立墙上的凹槽内并用压条及水泥钉固定。但刚性防水层与屋面突出物(女儿墙、烟囱等)间须留分格缝，缝内用油膏嵌缝，缝外用附加卷材铺贴至泛水所需高度并做好压缝收头处理，以免雨水渗进缝内。

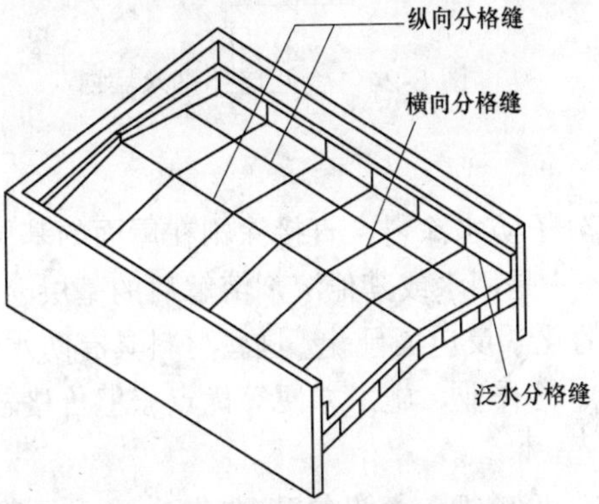

图 8-20　屋面分格缝的位置

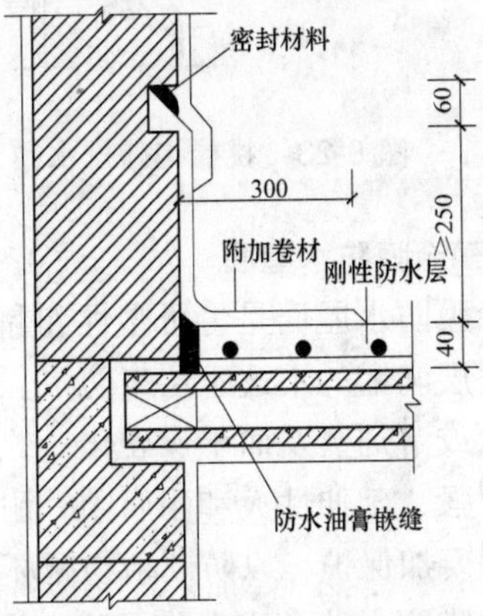

图 8-21　刚性防水层屋面泛水

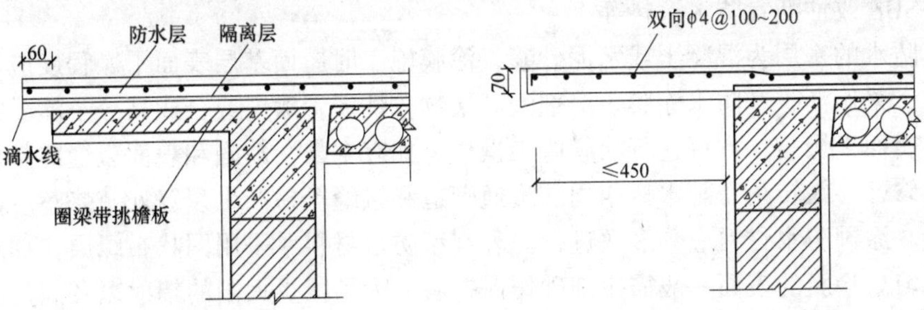

(a)圈梁带挑檐板　　(b)挑檐板与屋顶圈梁连为一体

图 8-22　刚性防水屋面檐口构造

(3)檐口构造。常用形式有：①自由落水檐口。当挑檐较短时，可将混凝土防水层直接悬挑出去形成挑檐口，圈梁带挑檐板见图 8-22(a)。当挑檐长度较长时，为了保证悬挑结构的强度，应采用与屋顶圈梁连为一体的悬臂板形成挑檐，见图 8-22(b)。在挑檐板与屋面板上做找平层和隔离层后浇筑混凝土防水层，并注意在檐口做好滴水。②挑檐沟外排水檐口。挑檐沟一般采用现浇或预制钢筋混凝土槽形天沟板，在沟底用低强度等级的混凝土或水泥炉渣等材料垫置成纵向排水坡度，铺好隔离层后再浇筑防水层，防水层应挑出屋面并做好滴水，挑檐沟外排水檐口见图 8-23。③女儿墙外排水檐口(见图 8-24)。跨度不大的平屋顶，当采用女儿墙外排水时，常利用倾斜的屋面板与女儿墙间的夹角做成三角形断面天沟，其构造处理基本同女儿墙泛水，天沟内需设有纵向排水坡度。

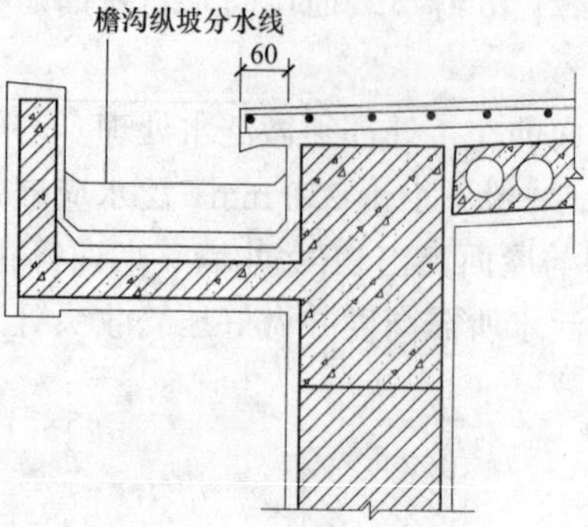

图 8-23　挑檐沟外排水檐口

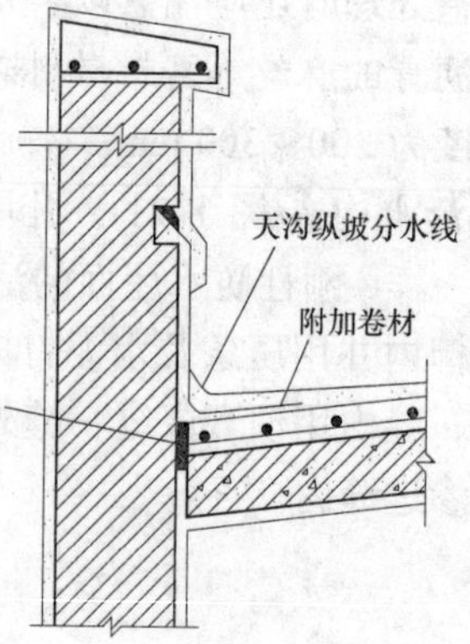

图 8-24　女儿墙外排水檐口

(三)涂膜防水屋面

涂膜防水屋面是将可塑性和黏结力强的高分子防水涂料，直接涂刷在屋面的基层上，形成一层满铺的不透水层来防水。通常有两类：一是用水或其他溶剂溶解后的基层上涂刷，通过水或溶剂蒸发而干燥硬化；二是通过材料的化学反应而硬化。这些材料具有防水性好、黏结力强、延伸性大和耐腐蚀、耐老化、无毒、冷作业、施工方便等优点，但价格较贵，成膜后要加保护，以防硬杂物碰坏。

涂膜防水的合成高分子防水涂料有硅橡胶、聚硫橡胶、聚氨酯(非焦油型)和丙烯酸酯类、聚合物水泥等防水涂料；高聚物改性沥青防水涂料有氯丁橡胶沥青、再生橡胶沥青防水涂料、SBS 改性沥青防水涂料等。

涂膜防水的基层为混凝土或水泥砂浆，涂膜施工时屋面基层表面干燥程度应与涂料特征相适应，采用沥青基防水涂膜、溶剂型高聚物改性沥青涂料或合成高分子涂膜，均应在屋面基层表面干燥后，方可进行涂膜施工操作。如有空鼓、缺陷和表面裂缝应整修后用聚合物砂浆修补。在转角、雨水口四周、贯通管道和接缝等易产生裂缝处，修整后需用纤维材料加固。涂刷防水材料应分多次进行。乳剂型防水材料，采用网状布织层，如玻璃布可使涂膜均匀。涂膜的表面一般需撒细砂作保护层，为了减少太阳的辐射以及满足屋面颜色的需要，可适量加入银粉或颜料作着色保护涂料。上人屋顶和楼地面一般在防水层上涂抹一层 5 ~ 10 mm 厚黏结性好的聚合物水泥砂浆，干燥后再抹水泥砂浆面层。

涂膜防水主要适用于防水等级为Ⅲ、Ⅳ级的屋面防水，也可作为Ⅰ、Ⅱ级屋面多道防水设防中的一道防水。

二、平屋顶的保温与隔热

我国北方地区冬天寒冷，南方地区夏天炎热，因此建筑物外围护构件必须具有良好的热工性能，即北方地区需加强保温措施，南方地区需加强隔热措施。

(一)屋顶的保温

在寒冷地区或有空调要求的建筑物中，屋顶应做保温处理，以减少室内热量的损失，降低能源消耗。保温构造的做法通常是在屋顶中增设保温层。

1. 保温材料

保温材料要求密度小、孔隙多、导热系数小。目前常用的主要有以下三类。

(1)各种散状的保温材料，如炉渣、矿渣等工业废料以及蛭石、膨胀珍珠岩等。若上面做卷材防水层，必须在散状材料上先抹水泥砂浆找平层，再铺卷材。这类保温材料质量轻、效果好，但整体性差，施工操作较困难。

(2)现浇轻骨料混凝土，用轻骨料(矿渣、陶粒、蛭石、珍珠岩等)与石灰或水泥拌和，浇筑而成。这种保温层可浇筑成不同厚度，可与找坡层结合处理。

(3)块状保温材料，如膨胀珍珠岩混凝土预制块、加气混凝土块、泡沫塑料板等。上面做找平层再铺防水层。屋面排水一般采用结构找坡，或用轻混凝土在保温层下先做找坡层。

2. 保温构造

(1)保温层。在屋顶上的设置位置有以下三种：①正铺保温层。即保温层位于结构层之上，防水层之下。这种做法符合热工学原理和力学要求，构造简单，施工方便，应用较广，见图 8-25。②倒铺保温层。即保温层位于防水层之上。此法的优点是保护了防水层不受外界气温变化和外力作用的影响，使其更具耐久性；缺点是需选择吸湿性低、耐候性强的材料，如膨胀沥青珍珠岩等有机材料。保温层上部应用混凝土、卵石、砖等较重的覆盖层压住，见图 8-26。③保温层与结构层结合。保温层与结构层结合的做法有两种：一种是在槽形板内设置保温层，见图 8-27(a)、(b)；另一种是将保温层和结构层合为一体，简化了屋顶构造层次，施工方便，但构件制作工艺复杂，屋面板的强度较低，耐久性较差，见图 8-27(c)。

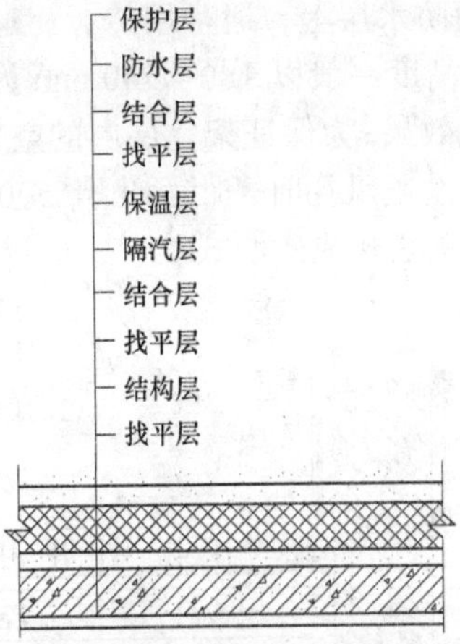

图 8-25 正铺保温层屋面

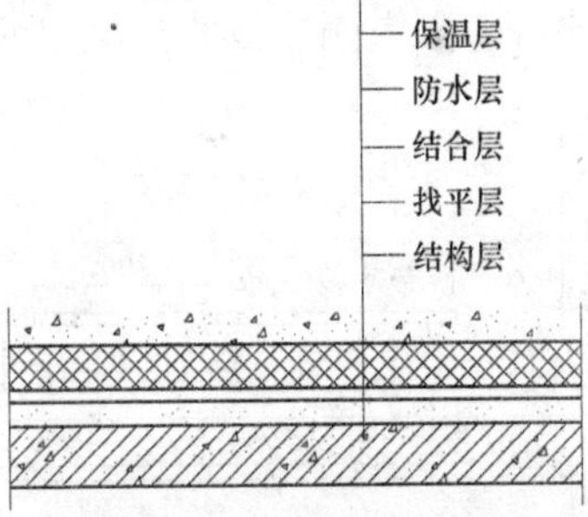

图 8-26 倒铺保温层屋面

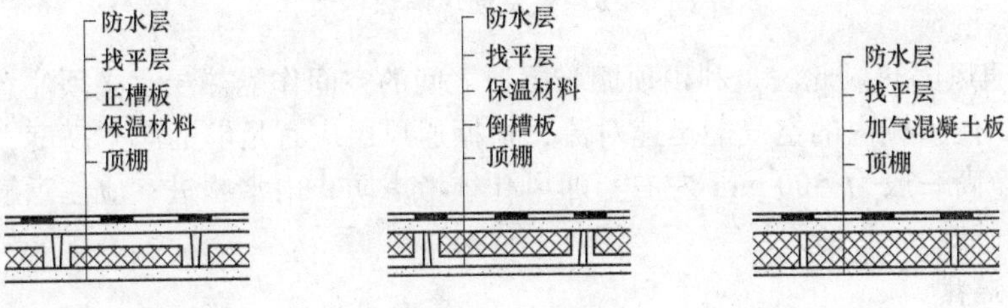

(a)保温层在槽形板下 (b)保温层在槽形板上 (c)保温层和结构层合为一体

图 8-27 保温层与结构层结合的屋面

(2)隔汽层。根据规范的要求，在我国纬度40°以北地区且室内湿度大于75%，或其他地区室内空气湿度常年大于80%时，保温层下面应设置隔汽层，以防止室内湿气进入屋面保温层，降低保温层的效果，造成防水层起鼓甚至开裂。目前常用的做法有：①1.5 mm 厚氯化聚乙烯防水卷材；②4 mm 厚 SBS 改性沥青防水卷材；③1.5 mm 厚聚氨酯防水涂料。

由于保温层下设隔汽层，上面设置防水层，即保温层的上下两面均被卷材封闭住，因而在施工中往往出现保温材料或找平层未干透，其中残存一定的水汽无法散发。为了解决这个问题，可以在保温层上部或中部设置排气道，排气道间距宜为 6 m，纵横设置，屋面面积每 36 m^2 宜设置一个排气孔，排气孔应按防水处理，见图 8-28。

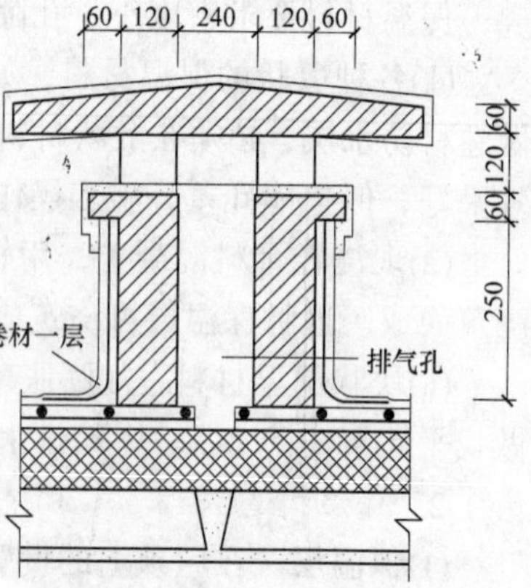

图 8-28　屋面排气孔构造

(二)屋顶的隔热

我国南方地区夏季太阳辐射强烈，气候炎热，屋顶温度较高，为了改善居住条件，对屋顶进行隔热处理，以降低屋顶热量对室内的影响。常用的隔热措施有以下几点。

1. 通风隔热

通风隔热就是在屋顶设置架空通风间层，使其上层表面遮挡阳光辐射，同时利用风压和热压作用使间层中的热空气被不断带走。通风间层的设置通常有以下两种方式：

(1)架空通风隔热。架空通风隔热间层设于屋面防水层上，通常用砖、瓦、混凝土等材料及其制品制作，其构造见图 8-29。架空层的净空高度一般以 180 ~ 240 mm 为宜，屋面宽度大于 10 m 时，应在屋脊处设置通风桥以改善通风效果；为保证架空层内的空气流通顺畅，其周边应留设一定数量的通风孔，当女儿墙不宜开设通风孔时，距女儿墙 500 mm 范围内不应铺设架空板，架空隔热板的支承物可以做成砖垄墙式或砖墩式。

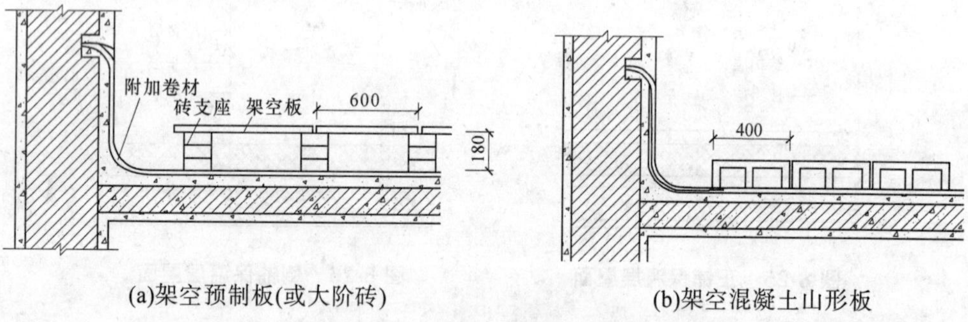

(a)架空预制板(或大阶砖)　　(b)架空混凝土山形板

图 8-29　架空通风隔热构造

(2)顶棚通风隔热。此法是利用顶棚与屋顶之间的空间作隔热层。必须注意设置一定数量的通风孔，使顶棚内的空气能迅速对流；顶棚通风层应有足够的净空高度，仅作通风隔热用的空间净高一般为 500 mm 左右；通风孔须考虑防止雨水飘进；应注意解决好屋面防水层的保护问题。

2. 蓄水隔热

蓄水隔热屋顶利用屋顶的蓄水层来达到隔热的目的。蓄水屋面构造与刚性防水屋面构造基本相同，主要区别是增加了蓄水分仓壁、溢水孔、泄水孔和过水孔，见图 8-30。

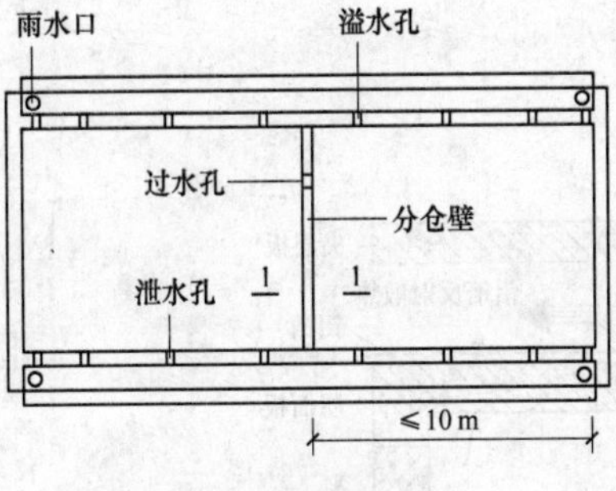

(a)平面图

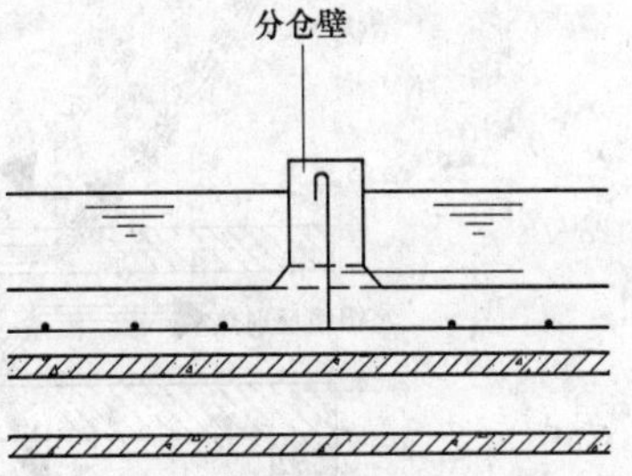

(b)1—1 剖面图

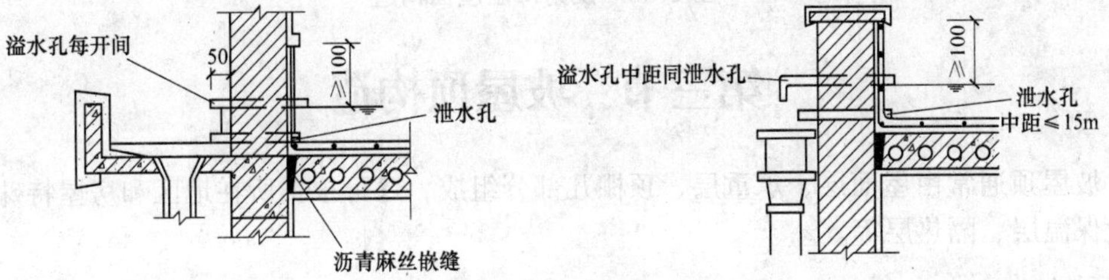

(c)构造详图

图 8-30　蓄水屋面构造

3. 种植隔热

在平屋顶上种植植物，借助栽培介质隔热及植物吸收阳光进行光合作用和遮挡阳光的双重功效来达到降温隔热的目的。种植隔热屋面构造与刚性防水屋面构造基本相同，不同的是，需增设挡墙和种植介质。一般种植隔热屋面是在屋面防水层上直接铺填种植介质，栽培植物，见图 8-31。

4. 蓄水种植隔热

蓄水种植隔热屋面是将一般种植屋面与蓄水屋面结合起来，构造层次见图 8-32。

5. 反射降温

反射屋面是一种特殊的隔热屋面，它对屋面面层进行浅色处理，减少太阳热辐射对屋面的作用，降低屋面表面温度，达到改善屋面隔热效果的目的。通常是在屋面层喷涂一层白色或浅色的涂料，或采用屋面层铺设白色或浅色的地面砖等。反射屋面的隔热降温作用主要取决于屋面表面反射材料的性质，如材料表面的光洁度、反射率。对隔热要求较高的屋顶，可在间层内铺设铝箔，利用二次反射使隔热，降温效果更好，见图 8-33。

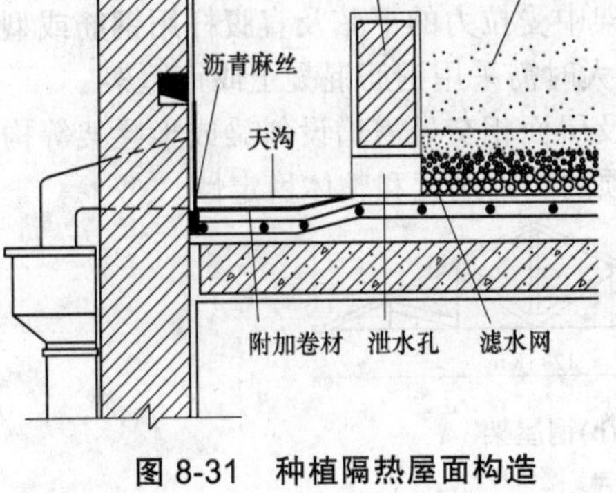

图 8-31　种植隔热屋面构造

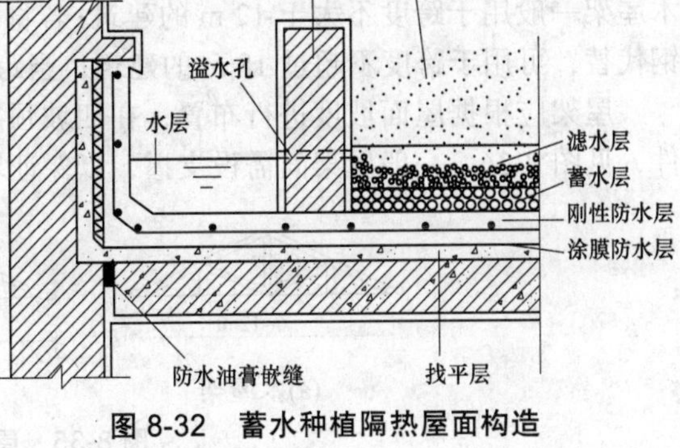

图 8-32　蓄水种植隔热屋面构造

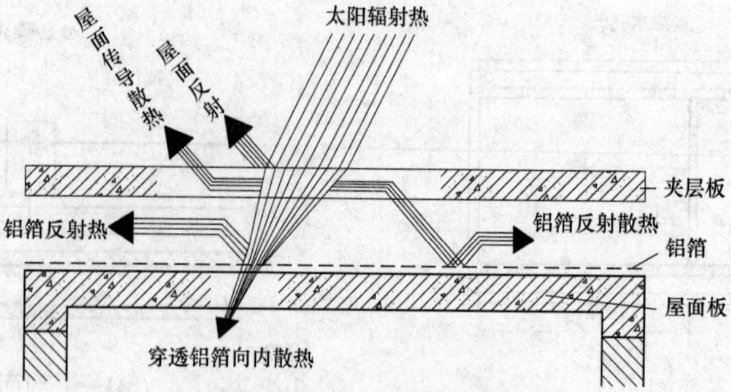

图 8-33　反射降温屋面构造

第三节　坡屋顶构造

坡屋顶通常由屋面层、承重层、顶棚几部分组成，还可根据所在地区和房屋特殊需要增设保温层、隔热层等。

一、坡屋顶的承重方案

坡屋顶的承重结构主要有山墙承重、屋架承重等方案。

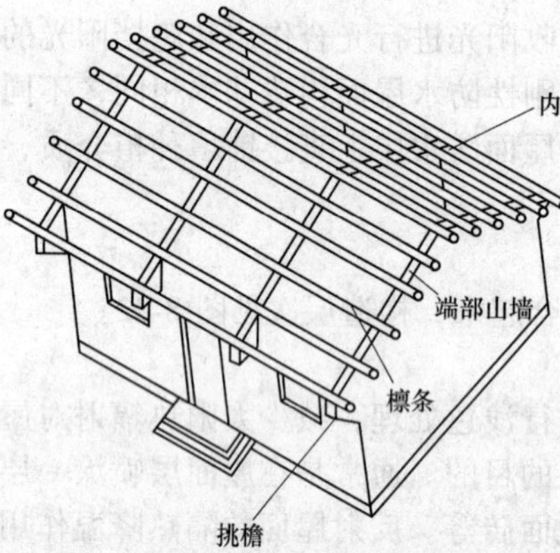

图 8-34　山墙承重体系

(1)山墙承重。即在山墙上搁檩条，檩条上设椽子后再铺屋面，也可在山墙上直接搁置挂瓦板、预制板等形成山墙承重体系(见图 8-34)。其结构简单、施工方便，适用于小空间建筑物中，如宿舍、住宅等。

布置檩条时，山墙端部檩条可出挑形成悬山屋顶。常用檩条有：①木檩条，有矩形和圆形(即原木)两种，跨度以不超过 4 m 为宜；②钢筋混凝土檩条，有矩形、L 形、T 形等，跨度可以达到 6 m；③钢檩条，有型钢或轻型钢檩条，檩条的间距根据屋面防水材料及基层构造处理而定，一般为 700～1 500 mm。

(2)屋架承重。是将屋架设置于墙或柱上，再在屋架上放置檩条及椽子而形成的屋顶结构形式，适用于有较大空间的建筑物中。屋架一般采用三角形，由上弦杆、下弦杆、腹杆组成，有木屋架、钢屋架、钢筋混凝土屋架等类型，见图 8-35。木屋架一般用于跨度不大于 12 m 的建筑；若将木屋架中受拉力的下弦及直腹杆用钢筋或型钢代替，可用于跨度不超过 18 m 的建筑；当跨度更大时需采用钢筋混凝土或钢屋架。

屋架应根据屋面坡度进行布置，在四坡顶屋面及屋面相交处需增设斜梁或半屋架等构件，见图 8-36。一般屋架间需设支撑，以保证坡屋顶的空间刚度和整体稳定性。

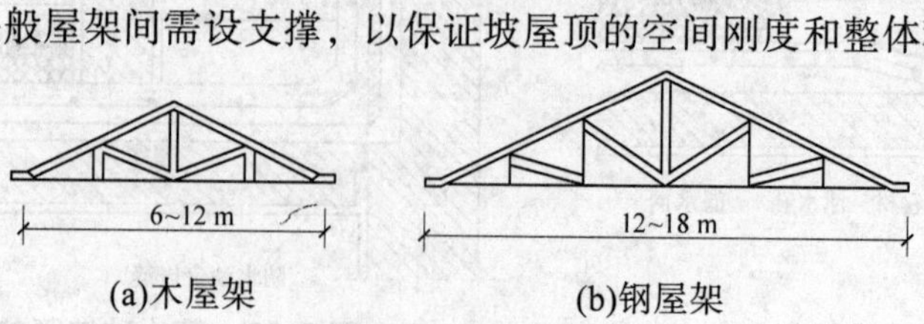

(a)木屋架　　(b)钢屋架

图 8-35　屋架形式

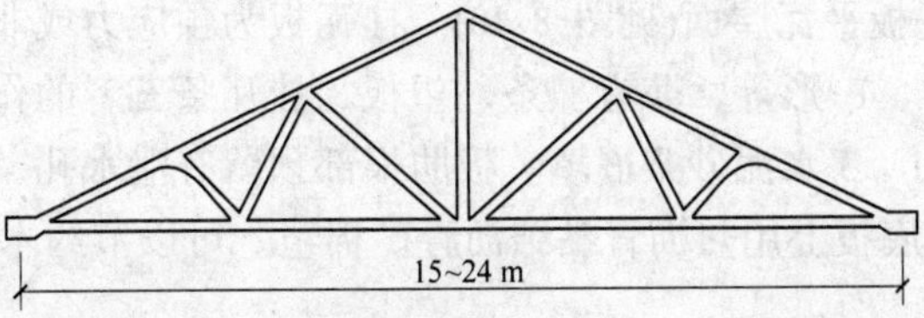

(c)钢筋混凝土屋架

续图 8-35

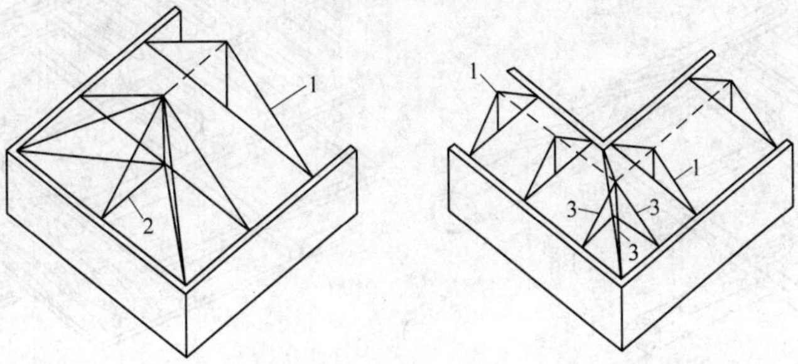

1—屋架；2—半屋架；3—斜屋架

图 8-36 屋架布置示意图

二、坡屋顶构造

坡屋顶常用瓦材作为防水层。在有檩体系中，瓦通常铺设在由檩条、屋面板、挂瓦条等组成的基层上；无檩体系的瓦屋面基层则由各类钢筋混凝土板构成。

坡屋顶的名称可随瓦的种类而定，如平瓦屋面、小青瓦屋面等。基层的做法则随瓦的种类和房屋的质量要求而定。

(一)平瓦屋面

平瓦用黏土烧制而成，又称机制平瓦，瓦宽 230 mm，长 380 ~ 420 mm，瓦的四边有榫和沟槽，见图 8-37。铺瓦时顺着瓦的上下左右利用榫、槽相互搭扣密合，避免雨水从搭接处渗入。屋脊部位用脊瓦铺盖。平瓦屋面的坡度不宜小于 1∶2(约 26°)，多雨地区还应酌情加大。

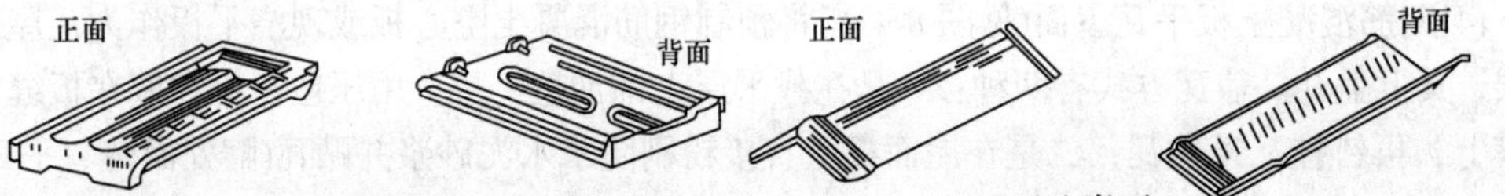

(a)平瓦　　(b)脊瓦

图 8-37 机制平瓦

1. 平瓦屋面的常见做法

(1)冷摊瓦平瓦屋面(见图 8-38)。先在与檩条垂直方向钉木椽条，然后在垂宜于椽条方向钉挂瓦条，最后在挂瓦条上盖瓦。其基层只有木椽条和木挂瓦条两种构件，构造简单、经济，但保温性能差，易从瓦缝中飘雨雪入室，常用于标准不高的建筑物。

(2)木望板平瓦屋面(见图 8-39)。先在檩条上铺钉 15 ~ 20 mm 厚木望板，然后在木望板上干铺一层油毡，再在垂直于檐口方向钉木板条(称为压毡条或顺水条)，在顺水条上钉挂瓦条，最后盖瓦。增加一层油毡使其防水和保温效果更好。

(3)钢筋混凝土挂瓦板平瓦屋面(见图 8-40)。挂瓦板为预应力或非预应力混凝土构件，断面形式有∏形、T 形、F 形等，兼有檩条、望板、挂瓦条三者的作用。板肋用来挂瓦，中距 330 mm。板缝用 1∶3 水泥砂浆嵌填。板肋根部预留有泄水孔，可以排出瓦缝渗下的雨水。要求保温时可在底板上用热沥青黏结沥青矿棉毡。可以节约木材，值得推广应用。

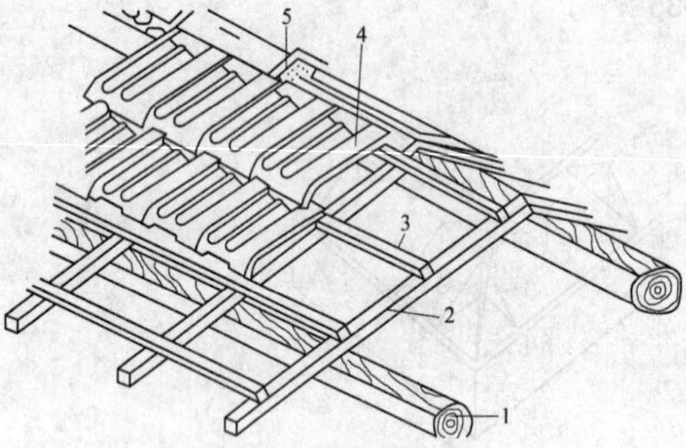

1—檩条；2—椽条；3—挂瓦条；4—平瓦；5—脊瓦

图 8-38　冷摊瓦平瓦屋面

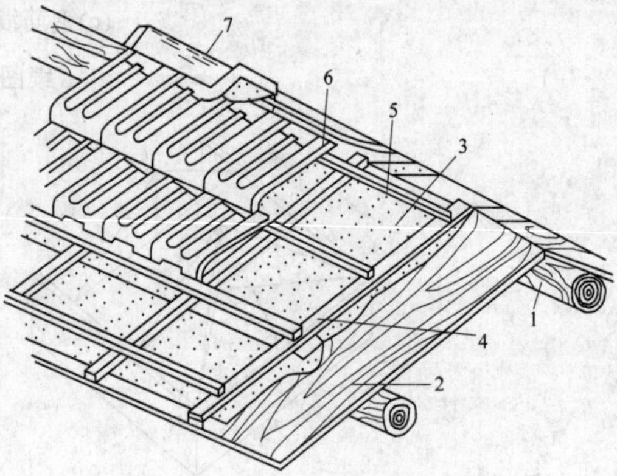

1—檩条；2—木望板；3—油毡；4—顺水条；5—挂瓦条；6—平瓦；7—脊瓦

图 8-39　木望板平瓦屋面

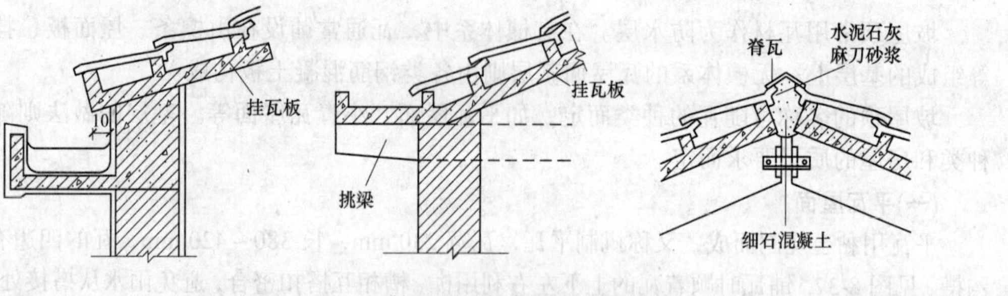

图 8-40　钢筋混凝土挂瓦板平瓦屋面

(4)钢筋混凝土板平瓦屋面(见图 8-41)。将预制钢筋混凝土空心板或现浇平板作为瓦屋面的基层，其上盖瓦。盖瓦方式有两种：一是在找平层上铺油毡一层，用压毡条钉在嵌在板缝内的木楔上，再钉挂瓦条挂瓦；二是在屋面板上直接粉刷防水水泥砂浆并贴瓦(陶瓷面砖、平瓦)。

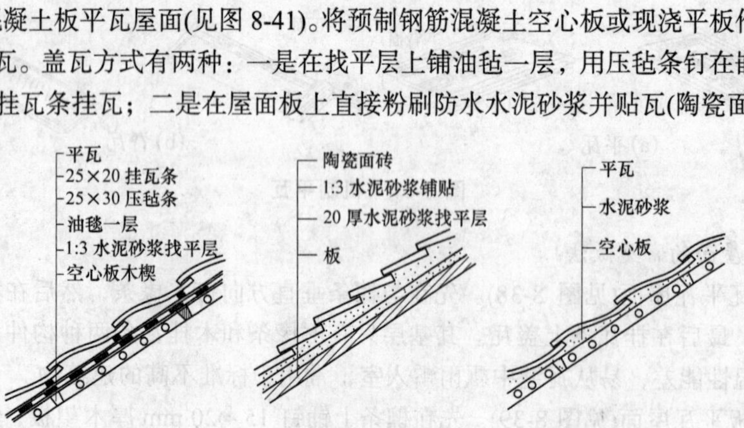

(a)木条挂瓦　　(b)砂浆贴面砖　　(c)砂浆贴瓦

图 8-41　钢筋混凝土板瓦屋面

2. 平瓦屋面的细部构造

(1)纵墙檐口。主要有两种做法：①挑檐(见图 8-42)。挑檐是屋面挑出外墙的部分，它可以保护外墙不受雨水淋湿。②封檐(见图 8-43)。即檐口外墙高出屋面将檐口包住的构造做法。为了解决排水问题，一般需做檐部内侧水平天沟。天沟可用混凝土槽形天沟板，沟内铺卷材防水层，并将油毡一直铺到女儿墙上形成泛水；也可用镀锌铁皮放在木底板上，铁皮天沟一边伸入油毡层下，并在靠墙一侧做成泛水。

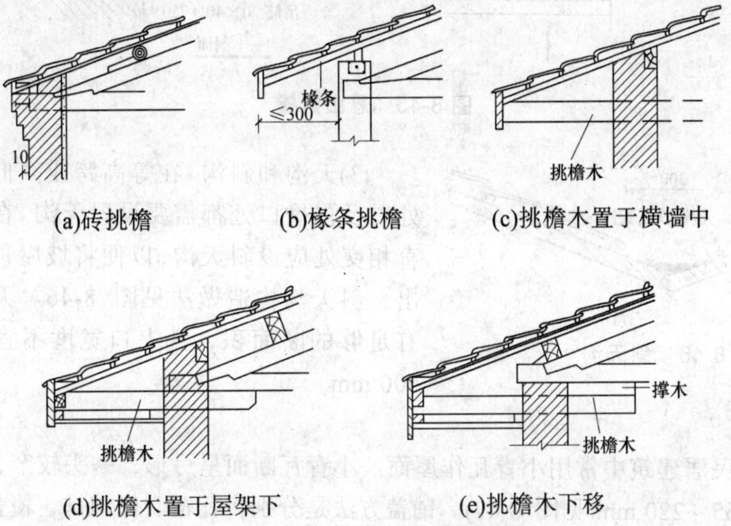

图 8-42　平瓦屋面纵墙挑檐

(2)山墙檐口。按屋顶形式有两种做法：①硬山檐口(见图 8-44)。将山墙向上砌成女儿墙，女儿墙高出屋面 500 mm 以上做封火墙，在女儿墙与屋面的交接处做泛水处理，有砂浆抹灰泛水、小青瓦坐浆泛水、镀锌铁皮泛水等。②悬山檐口。用檩条挑出山墙，檩条端部用木封檐板封住，沿山墙挑檐边的一行瓦，用 1∶2.5 水泥砂浆做成批水线，将瓦封固，见图 8-45。

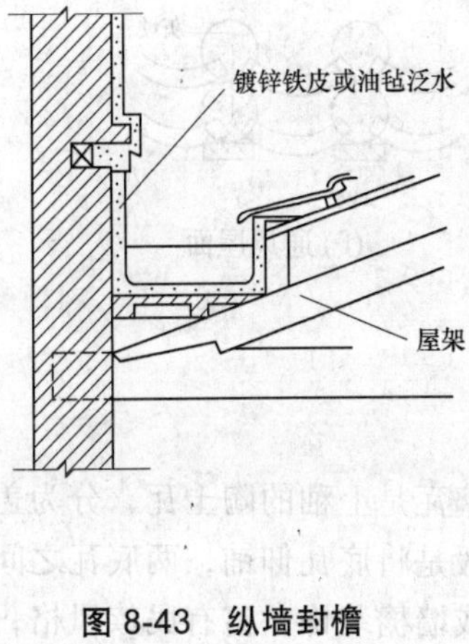

图 8-43　纵墙封檐

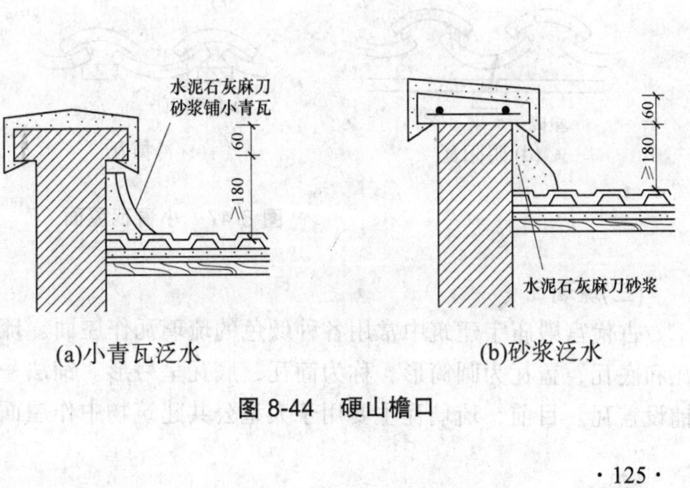

图 8-44　硬山檐口

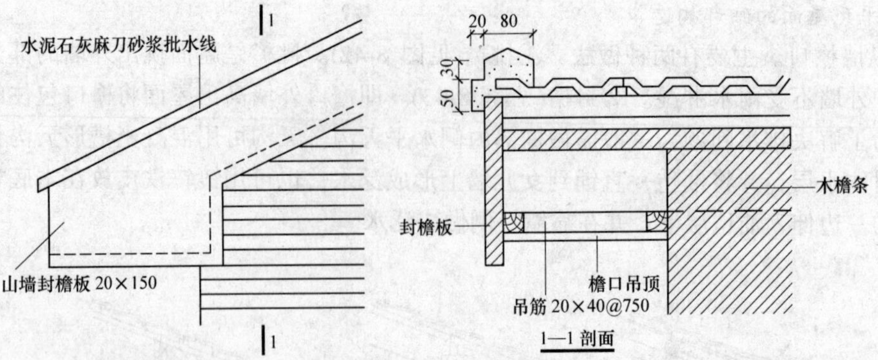

图 8-45　悬山封檐

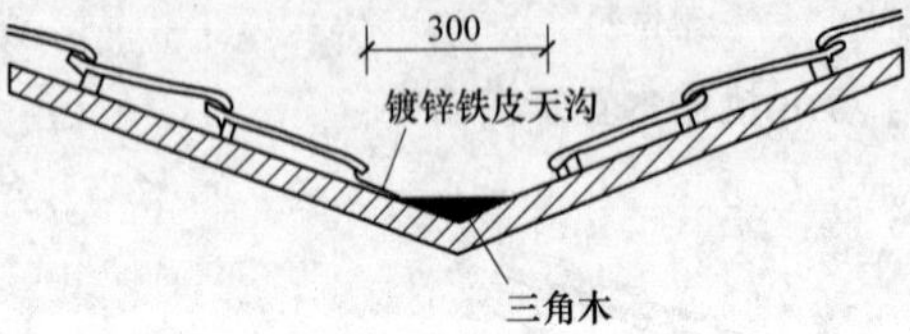

图 8-46　斜天沟

(3)天沟和斜沟。在等高跨或高低跨屋面相交处以及包檐口处都需要设置天沟。在两坡屋面垂直相交处应设斜天沟，以便将坡屋顶上的雨水排出，斜天沟构造做法见图 8-46。天沟及斜沟应有足够的断面积，其上口宽度不宜小于 300～500 mm。

(二)小青瓦

在我国旧民居建筑中常用小青瓦作屋面。小青瓦断面呈弓形，一头较窄，尺寸规格不一，宽度为 165～220 mm(见图 8-47)。铺盖方法是分别将瓦覆、仰铺排，覆盖成陇，仰铺成沟。盖瓦搭设底瓦约 1/3，上、下两皮瓦搭接长度为：少雨地区搭六露四；多雨地区搭七露三。露出长度不宜大于 1/2 瓦长。在檐口盖瓦尽头处常设花边瓦，底瓦则铺滴水瓦。小青瓦块小，容易漏雨，须经常维修，除旧房维修及少数地区民居外已很少使用。

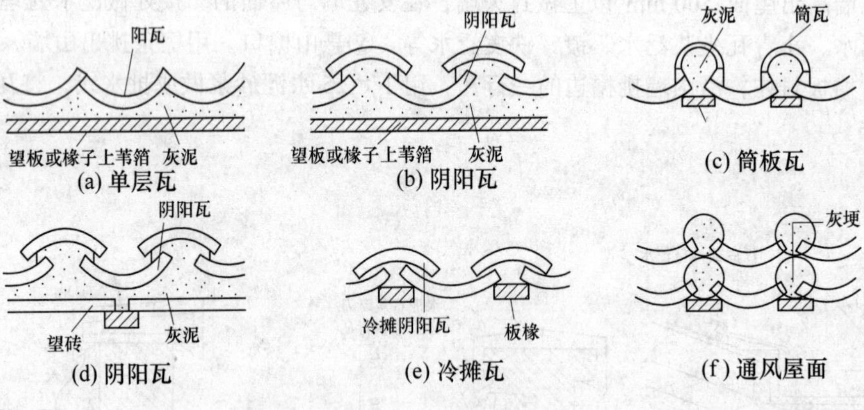

图 8-47　小青瓦屋面

(三)琉璃瓦

古代宫殿庙宇建筑中常用各种颜色的琉璃瓦作屋面。琉璃瓦是上釉的陶土瓦，分为盖瓦和底瓦，盖瓦为圆筒形，称为筒瓦，底瓦呈弓形。铺法一般是将底瓦仰铺，两底瓦之间铺设盖瓦。目前，琉璃瓦主要用于大型公共建筑物中作屋面或墙檐装饰，富有民族风格，如纪念堂、大会堂等。

(四)彩色压型钢板屋面

彩色压型钢板屋面简称彩板屋面，是近年来在大跨度建筑中广泛采用的高效能屋面，具有自重轻、强度高、色彩绚丽、质感好且施工安装方便等优点，可以获得较好的建筑艺术效果。根据彩板的功能构造分为单层彩板和保温夹心彩板。

单层彩板屋面大多将屋面板直接支承于檩条上，檩条一般采用槽钢、工字钢或轻钢檩条。檩条间距一般为 1.5 ~ 3.0 m。屋面板与檩条的连接采用各种螺钉、螺栓等紧固件，将屋面板固定于檩条上，螺钉一般在屋面板的波峰上。

保温夹心彩板是由彩色涂层钢板作表层，自熄性聚苯乙烯泡沫塑料或硬质聚氨酯泡沫塑料作芯材，通过加压加热固化制成的夹心板，具有抗风寒、保温、体轻、防水、装饰等多种功能，是一种高效结构材料，主要适用于公共建筑、工业厂房的屋面。

小　结

本章主要介绍了屋顶的作用、类型和设计要求、平屋顶的排水设计和防水构造以及坡屋顶的基本构造。着重掌握排水组织设计的基本方法和防水构造处理的基本原理与构造方法，能根据工程的实际情况加以具体分析，进行合理的排水设计和构造处理。

复习思考与练习题

一、名词解释

(1)材料找坡；(2)结构找坡；(3)泛水；(4)分格缝。

二、填空题

(1)屋顶按采用材料和结构类型的不同可分为(　　　)、(　　　)和(　　　)三大类。

(2)根据建筑物的性质、重要程度、使用功能要求、防水层耐用年限、防水层选用材料和设防要求，将屋面防水分为(　　　)级。

(3)屋顶坡度的表示方法有(　　　)、(　　　)和(　　　)三种。

(4)平屋顶排水坡度的形成方法有(　　　)和(　　　)两种。

(5)选择有组织排水时，每根雨水管可排除大约(　　　)m^2的屋面雨水，其间距一般控制在(　　　)m 以内。

(6)平屋顶保温层的做法有(　　　)、(　　　)和(　　　)。

(7)屋面泛水应有足够的高度，最小为(　　　)mm。

(8)坡屋顶的承重方案主要有(　　　)、(　　　)和(　　　)三种。

(9)坡屋顶的平瓦屋面的纵墙檐口根据造型要求可做成(　　　)和(　　　)两种。

(10)平屋顶的隔热通常有(　　　)、(　　　)、(　　　)和(　　　)等处理方法。

三、问答题

(1)屋顶设计应满足哪些要求?

(2)常见的有组织排水方案有哪几种?各适用于什么条件?

(3)柔性防水屋面有哪些构造层次?各有何要求?

(4)柔性防水屋面的泛水、天沟、檐口等细部构造的要点是什么?

(5)刚性防水屋面的基本构造层次有哪些?各层做法如何?为何要设置隔离层?

(6)刚性防水屋面设置分格缝的目的是什么?通常在哪些部位设置分格缝?

(7)何谓涂膜防水屋面?其基本构造层次有哪些?

(8)平屋顶的保温、隔热措施主要有哪些?各有何特点?

(9)坡屋顶的承重结构有哪几种?分别在什么情况下采用?

四、实训练习题

参观建筑屋面工程现场,说明现场屋顶类型、承重方案、承重构件、屋面采用的防水方式、排水方式,并绘出相应的施工图。

第九章　楼梯

【学习目标】

- 了解：楼梯的组成、类型；台阶、坡道的构造要求。
- 熟悉：楼梯的尺度。
- 掌握：钢筋混凝土楼梯的构造。

第一节　概　述

一、楼梯的组成

楼梯一般由楼梯段、平台及栏杆(或栏板)三部分组成，见图 9-1。

(1)楼梯段。又称楼梯跑，是楼梯的主要使用和承重部分。它由若干个踏步组成。为减少人们上下楼梯时的疲劳和适应人行的习惯，一个楼梯段的踏步数要求最多不超过 18 级，最少不少于 3 级。

(2)平台。是指两楼梯段之间的水平板，有楼层平台、中间平台之分。其主要作用是让人们在连续上楼时可在此稍加休息，缓解疲劳，又称休息平台，也是梯段之间转换方向的连接处。

(3)栏杆。栏杆是楼梯段的安全设施，一般设置在梯段的边缘和平台临空的一边，它必须坚固可靠，有足够的安全高度。

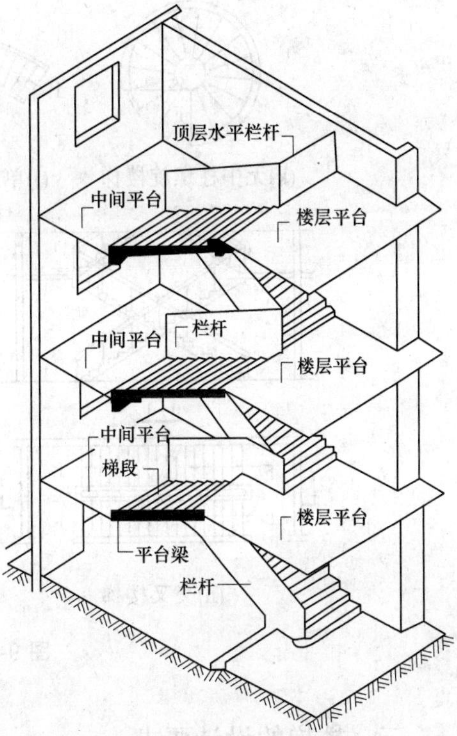

图 9-1　楼梯的组成

二、楼梯的类型

按位置不同分，楼梯有室内与室外两种。

按使用性质分，室内有主要楼梯、辅助楼梯；室外有安全楼梯、防火楼梯。

按材料分有木质、钢筋混凝土、钢质、混合式及金属楼梯。

按楼梯的平面形式不同，可分为如下几种(见图 9-2)：(a)单跑直楼梯；(b)双跑直楼梯；(c)曲尺楼梯；(d)双跑平行楼梯；(e)双分转角楼梯；(f)双分平行楼梯；(g)三跑楼梯；(h)三角形三跑楼梯；(i)圆形楼梯；(j)中柱螺旋楼梯；(k)无中柱螺旋楼梯；(l)单跑弧形楼梯；(m)双跑弧形楼梯；(n)交叉楼梯；(o)剪刀楼梯。

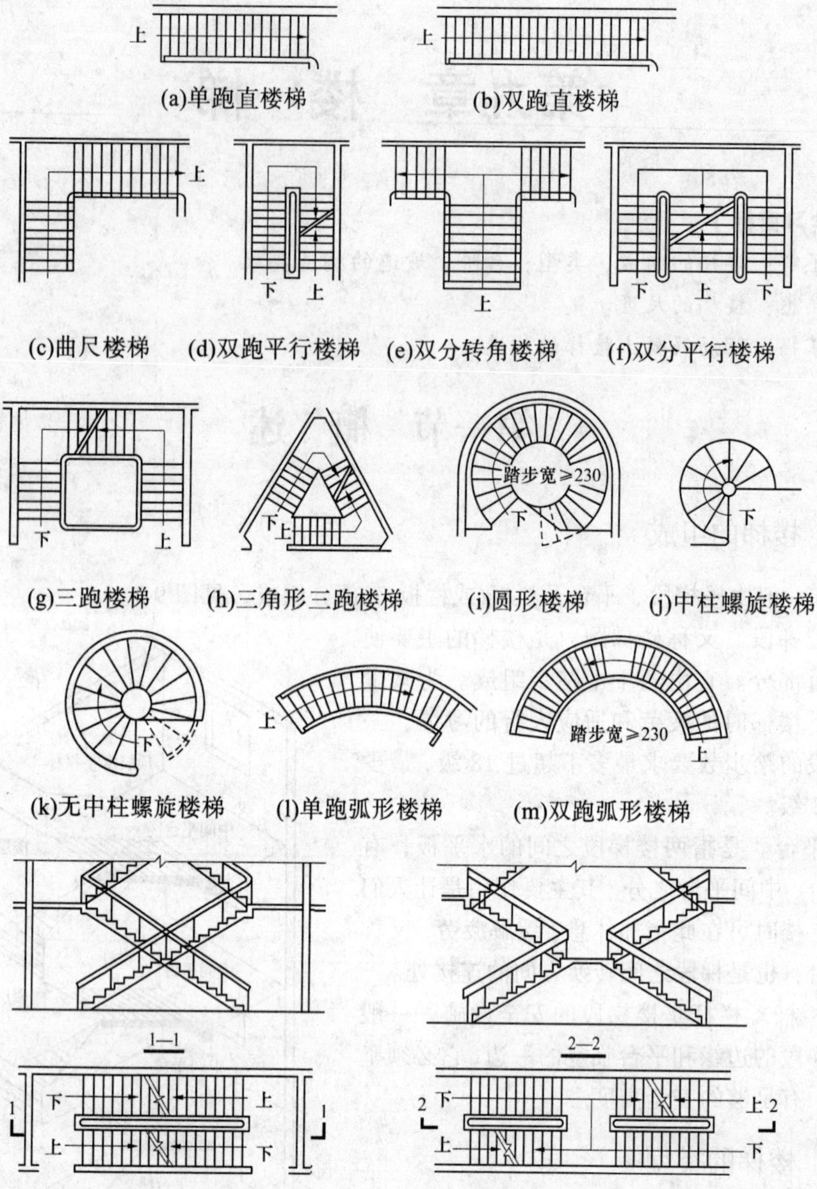

图 9-2　楼梯平面形式

三、楼梯的设计要求

(1)作为主要楼梯，应与主要出入口邻近，且位置明显；同时还应避免垂直交通与水平交通在交接处拥挤、堵塞。

(2)必须满足防火要求，楼梯间除允许直接对外开窗采光外，不得向室内任何房间开窗；楼梯间四周墙壁必须为防火墙；对防火要求高的建筑物特别是高层建筑，应设计成封闭式楼梯或防烟楼梯。

(3)楼梯间必须有良好的自然采光。

四、楼梯的尺度

(一)楼梯段的宽度

楼梯的宽度必须满足上下人流及搬运物品的需要。从确保安全角度出发，楼梯段宽度是由通过该梯段的人流数确定的。梯段宽度按每股人流 500 ~ 600 mm 宽度考虑，单人通行时为 900 mm，双人通行时为 1 000 ~ 1 200 mm，三人通行时为 1 500 ~ 1 800 mm，其余类推。同时，需满足各类建筑设计规范中对梯段宽度的限定。如住宅≥1 100 mm，公共建筑≥1 300 mm 等。

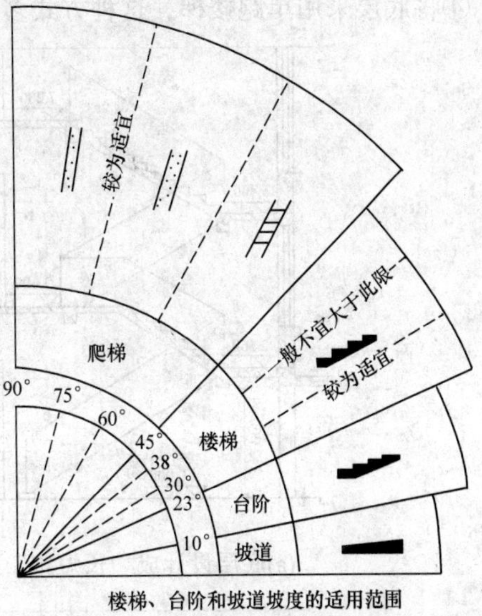

图 9-3　梯段坡度适用范围

(二)楼梯的坡度与楼梯的踏步

楼梯梯段的最大坡度不宜超过38°；当坡度小于20°时，采用坡道；大于45°时，则采用爬梯，见图 9-3。

楼梯坡度实质上与楼梯踏步密切相关，踏步高与宽之比即可构成楼梯坡度。踏步高常以 h 表示，踏步宽常以 b 表示，踏步的常用公式：$2h+b=600$ mm。民用建筑中，楼梯踏步的最小宽度与最大高度的限制值见表 9-1。

表 9-1　楼梯踏步常用尺寸　(单位：mm)

楼梯类别	宽度 b	高度 h
住宅公用楼梯	260 ~ 300	150 ~ 175
幼儿园楼梯	260 ~ 280	120 ~ 150
医院、疗养院等楼梯	300 ~ 350	120 ~ 150
学校、办公楼等楼梯	280 ~ 340	140 ~ 160
剧院、会堂等楼梯	300 ~ 350	120 ~ 150

(三)楼梯栏杆扶手的高度

楼梯栏杆扶手的高度，指踏面前缘至扶手顶面的垂直距离。楼梯扶手的高度与楼梯的坡度、楼梯的使用要求有关，很陡的楼梯，扶手的高度矮些，坡度平缓时高度可稍大。在 30°左右的坡度下常采用 900 mm；儿童使用的楼梯一般为 600 mm。对一般室内楼梯≥900 mm，靠梯井一侧水平栏杆长度＞500 mm，其高度≥1 000 mm，室外楼梯栏杆高≥1 050 mm。

(四)梯井宽度

所谓梯井，是指梯段之间形成的空当，以 60 ~ 200 mm 为宜。

(五)平台的宽度

平台的宽度一般情况下应大于或等于楼梯段的宽度。

(六)楼梯的净空高度

为保证在这些部位通行或搬运物件时不受影响，其净高在平台处应大于 2 m；在梯段处应大于 2.2 m。

当楼梯底层中间平台下做通道时，为使下面空间净高≥2 000 mm，常采用图 9-4 所示的四种处理方法：①将楼梯底层设计成“长短跑”，让第一跑的踏步数目多些，第二跑踏步少些，利用踏步的多少来调节下部净空的高度。②增加室内外高差。③将上述两种方法结合，即降低底层中间平台下的地面标高，同时增加楼梯底层第一个梯段的踏步数量。④将底层采用单跑楼梯，这种方式多用于少雨地区的住宅建筑。

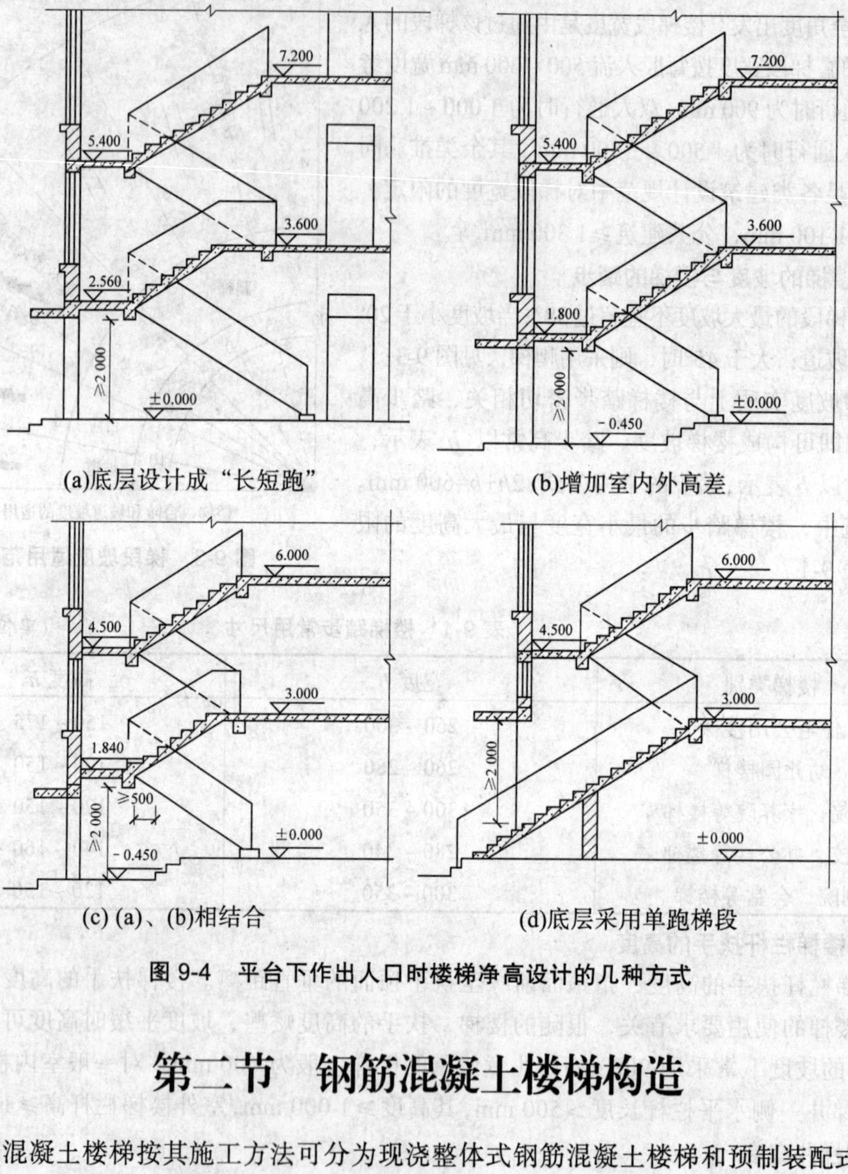

(a)底层设计成“长短跑”　　(b)增加室内外高差

(c) (a)、(b)相结合　　(d)底层采用单跑梯段

图 9-4　平台下作出人口时楼梯净高设计的几种方式

第二节　钢筋混凝土楼梯构造

钢筋混凝土楼梯按其施工方法可分为现浇整体式钢筋混凝土楼梯和预制装配式钢筋混凝土楼梯。

一、现浇整体式钢筋混凝土楼梯

(一)板式梯段

板式梯段是指楼梯段作为一块整板，斜搁在楼梯的平台梁上。平台梁之间的距离便是这块板的跨度，见图 9-5。

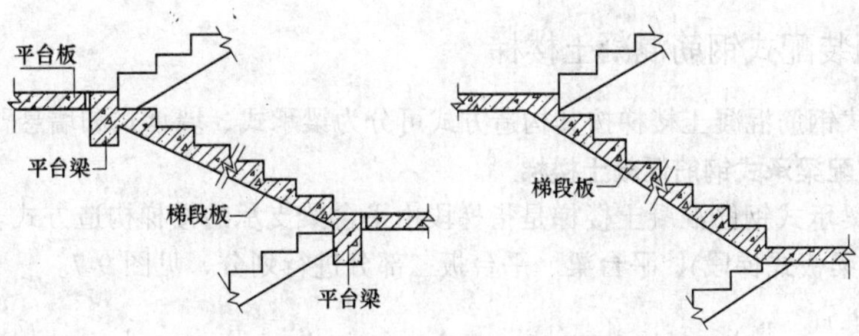

(a)　　　　　　　　　　　　(b)

图 9-5　现浇钢筋混凝土板式梯段

(二)梁板式梯段

当梯段较宽或楼梯负载较大时，采用板式梯段往往不经济，须增加梯段斜梁(简称梯梁)以承受板的荷载，并将荷载传给平台梁，这种梯段称梁板式梯段。

梁板式梯段在结构布置上有双梁布置和单梁布置之分。梯梁在板下部的称正梁式梯段，将梯梁反向，上面称反梁式梯段，见图 9-6。

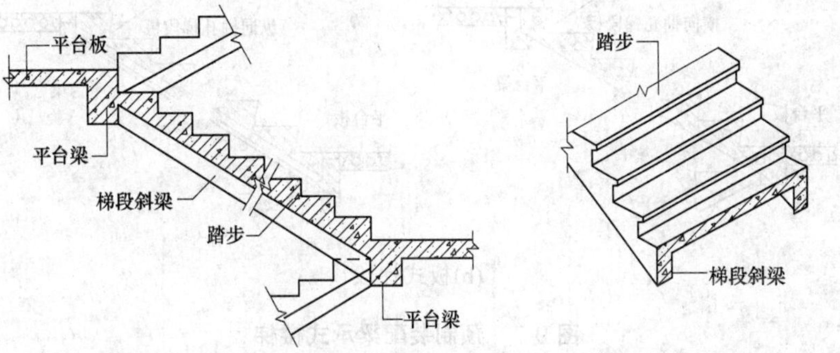

(a)正梁式梯段

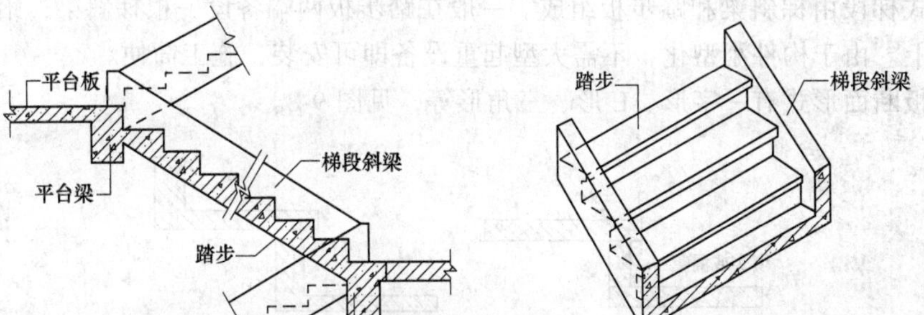

(b)反梁式梯段

图 9-6　现浇钢筋混凝土梁板式梯段

在梁板式结构中，单梁式楼梯是近年来公共建筑中采用较多的一种结构形式。这种楼梯的每个梯段由一根梯梁支承踏步。梯梁布置有两种方式：一种是单梁悬臂式楼梯，另一种是单梁挑板式楼梯。单梁楼梯受力复杂，梯梁不仅受弯，而且受扭。但这种楼梯外形轻巧、美观，常在建筑空间造型中所采用。

二、预制装配式钢筋混凝土楼梯

预制装配式钢筋混凝土楼梯按其构造方式可分为梁承式、墙承式和墙悬臂式等类型。

(一)预制装配梁承式钢筋混凝土楼梯

预制装配梁承式钢筋混凝土楼梯是指梯段由平台梁支承的楼梯构造方式。预制构件可按梯段(板式或梁板式梯段)、平台梁、平台板三部分进行划分，见图 9-7。

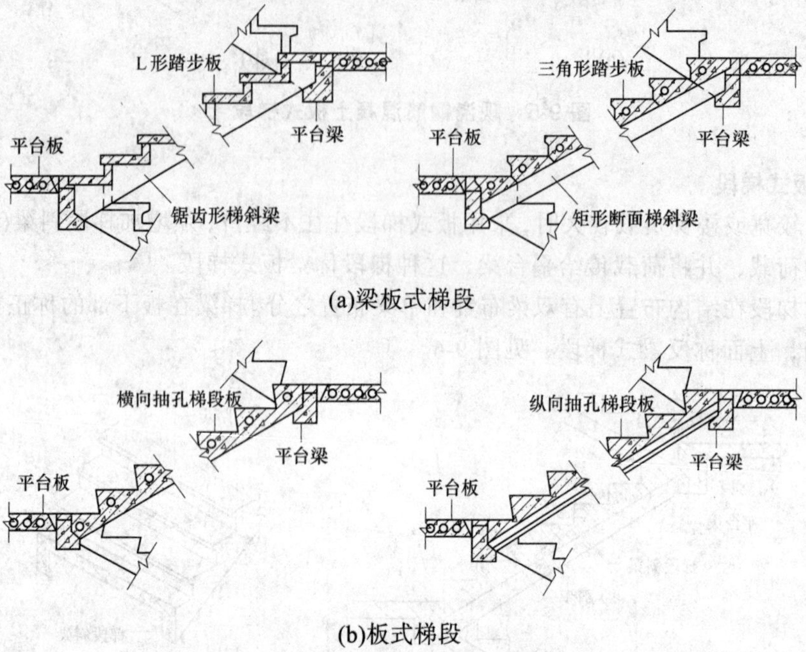

图 9-7　预制装配梁承式楼梯

梁板式梯段由梯斜梁和踏步板组成。一般在踏步板两端各设一根梯斜梁，踏步板支承在梯斜梁上。由于构件小型化，不需大型起重设备即可安装，施工简便。

踏步板断面形式有一字形、L 形、三角形等，见图 9-8。

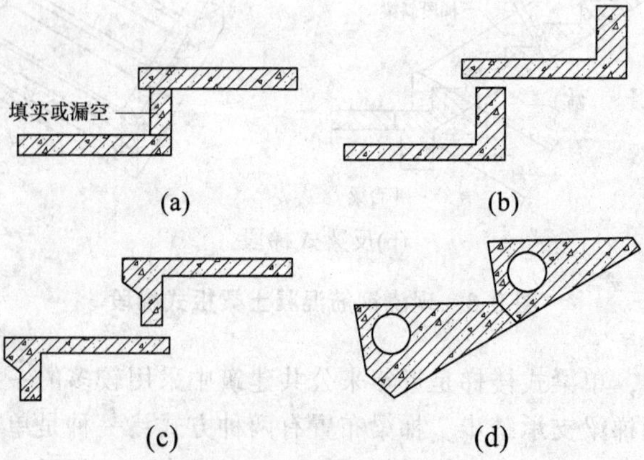

图 9-8　踏步板断面形式

梯斜梁：用于搁置一字形、L 形断面踏步板的梯斜梁为锯齿形变断面构件；用于搁置三角形断面踏步板的梯斜梁为等断面构件，见图 9-9。

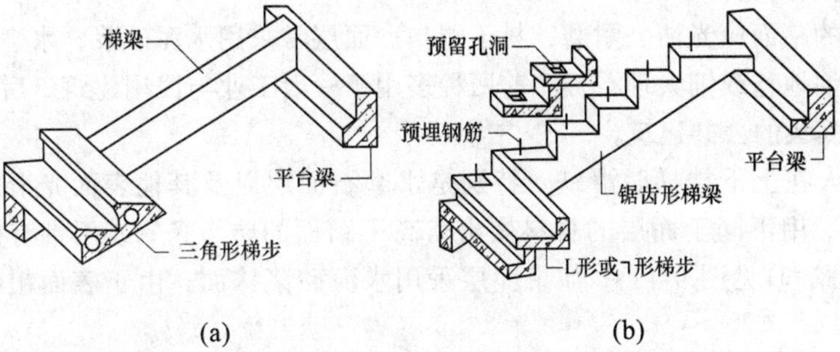

图 9-9　预制梯段斜梁的形式

(二)预制装配墙承式钢筋混凝土楼梯

预制装配墙承式钢筋混凝土楼梯是指预制钢筋混凝土踏步板直接搁置在墙上的一种楼梯形式，其踏步板一般采用一字形、L 形断面，见图 9-10。

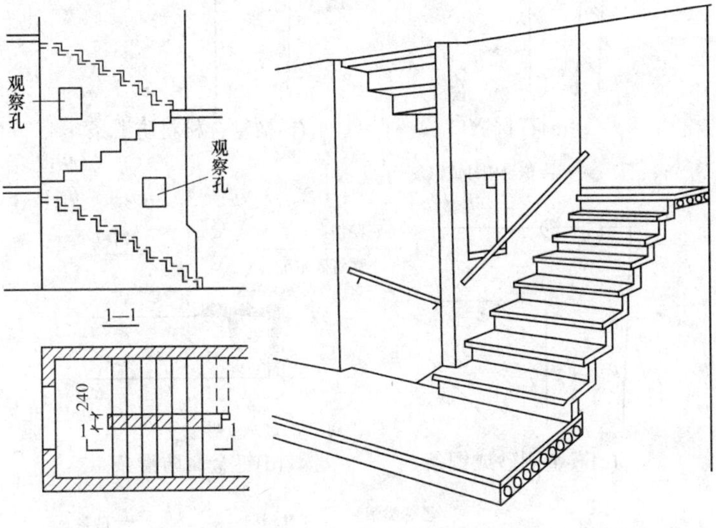

图 9-10　墙承式钢筋混凝土楼梯

这种楼梯由于在梯段之间有墙，搬运家具不方便，也阻挡视线，上下人流易相撞。通常在中间墙上开设观察口，以使上下人流视线相通，也可将中间墙两端靠平台部分局部收进，以使空间通透，有利于改善视线和搬运家具物品。但这种方式对抗震不利，施工也较麻烦。

(三)预制装配墙悬臂式钢筋混凝土楼梯

预制装配墙悬臂式钢筋混凝土楼梯是指预制钢筋混凝土踏步板一端嵌固于楼梯间侧墙上，另一端凌空悬挑的楼梯形式。

预制装配墙悬臂式钢筋混凝土楼梯用于嵌固踏步板的墙体厚度不应小于 240 mm，踏步板悬挑长度一般≤1 800 mm。踏步板一般采用 L 形带肋断面形式，其入墙嵌固端一般做成矩形断面，嵌入深度 240 mm。

三、楼梯的细部构造

(一)踏步的踏面

楼梯踏步的踏面应光洁、耐磨，易于清扫。面层常采用水泥砂浆、水磨石等，亦可采用铺缸砖、贴油地毡或铺大理石板。前两种多用于一般工业与民用建筑，后几种多用于有特殊要求或较高级的公共建筑。

为防止行人在上下楼梯时滑跌，特别是水磨石面层以及其他表面光滑的面层，常在踏步近踏口处，用不同于面层的材料做出略高于踏面的防滑条；或用带有槽口的陶土块或金属板包住踏口(见图 9-11)。如果面层采用水泥砂浆抹面，由于表面粗糙，可不做防滑条。

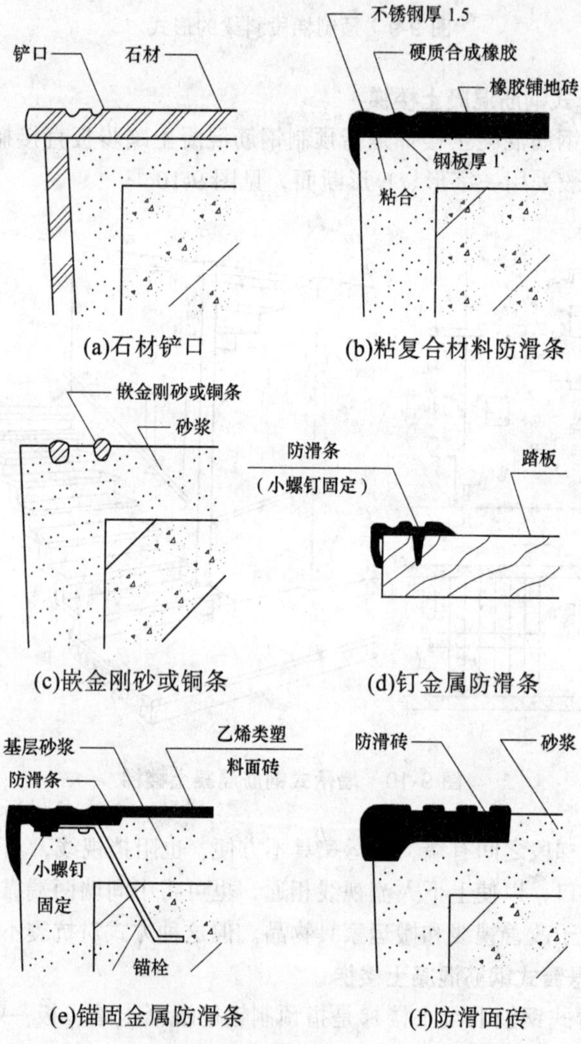

图 9-11　踏步防滑处理

(二)栏杆、栏板与扶手

(1)栏杆。多采用方钢、圆钢、钢管或扁钢等材料，并可焊接或铆接成各种图案，既起防护作用，又起装饰作用。

栏杆与踏步的连接方式(见图 9-12)有三种。①锚接：是在踏步上预留孔洞，然后将钢条插入孔内，预留孔一般为 50 mm×50 mm，插入洞内至少 80 mm，洞内浇注水泥砂浆或细石混凝土嵌固。②焊接：是在浇注楼梯踏步时，在需要设置栏杆的部位，沿踏面预埋钢板或在踏步内埋套管，然后将钢条焊接在预埋钢板或套管上。③栓接：是指利用螺栓将栏杆固定在踏步上，方式可有多种。

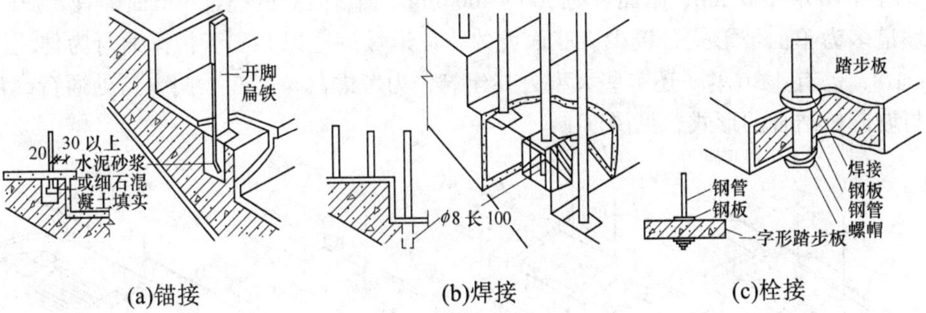

图 9-12　栏杆与踏步的连接方式

(2)栏板。多用钢筋混凝土或加筋砖砌体制作，也有用钢丝网水泥板的。钢筋混凝土栏板有预制和现浇两种。

(3)楼梯扶手。按材料分有木扶手、塑料扶手、金属扶手等；按构造分有镂空栏杆扶手、栏板扶手和靠墙扶手等，见图 9-13。

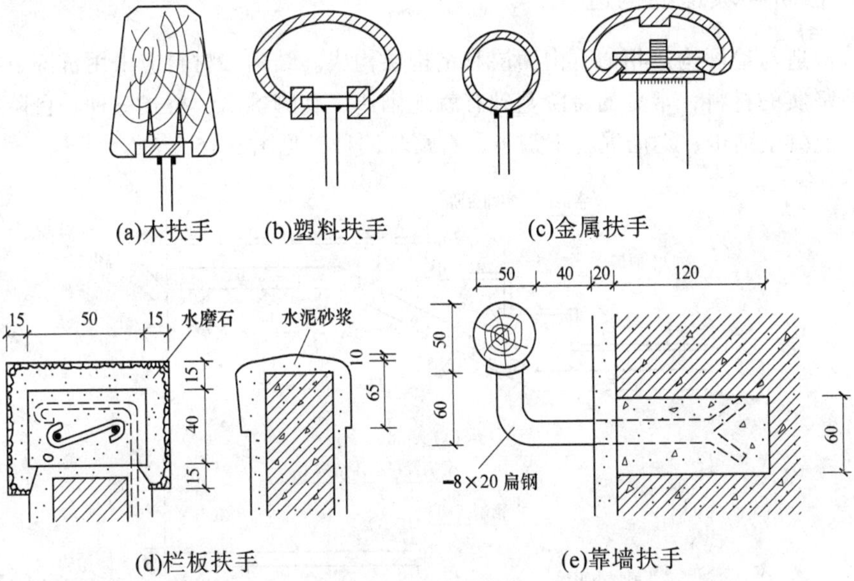

图 9-13　栏杆及栏板的扶手构造

木扶手、塑料扶手借木螺丝通过扁铁与镂空栏杆连接；金属扶手则通过焊接或螺钉连接；靠墙扶手则由预埋铁脚的扁钢借木螺丝来固定。栏板上的扶手多采用抹水泥砂浆或水磨石粉面的处理方式。

第三节　台阶与坡道

一、台阶与坡道的形式

台阶由踏步和平台组成。其形式有单面踏步式、三面踏步式等。台阶坡度较楼梯平缓，每级踏步高为 100 ~ 150 mm，踏面宽为 300 ~ 400 mm。当台阶高度超过 1 m 时，宜有护栏设施。

坡道多为单面坡形式，极少有三面坡的，坡道坡度应以有利于推车通行为佳，一般为 1/10 ~ 1/8，也有 1/30 的。还有些大型公共建筑，为考虑汽车能在大门入口处通行，常采用台阶与坡道相结合的形式，见图 9-14。

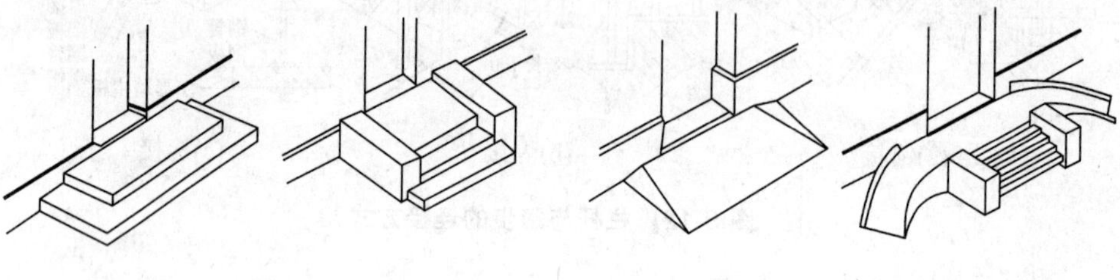

(a)三面踏步式　(b)单面踏步式　(c)坡道式　(d)踏步坡道结合式

图 9-14　台阶与坡道的形式

二、台阶与坡道的构造

台阶构造与地坪构造相似，由面层和结构层构成。结构层材料应采用抗冻、抗水性能好且质地坚实的材料，常见的台阶基础有就地砌造、勒脚挑出、桥式三种。台阶踏步有砖砌踏步、混凝土踏步、钢筋混凝土踏步、石踏步四种，见图 9-15。

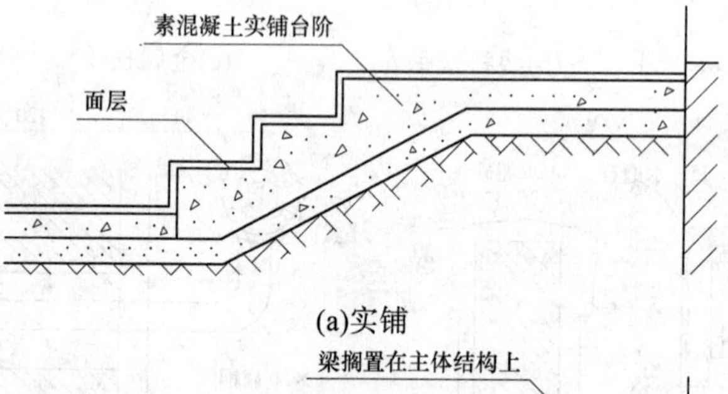

(a)实铺

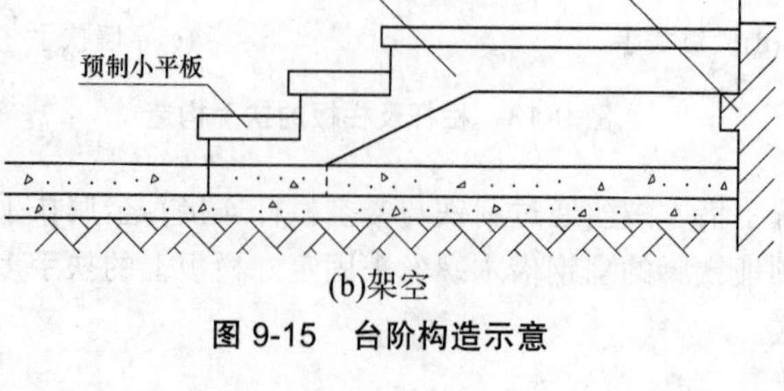

(b)架空

图 9-15　台阶构造示意

坡道材料常见的有混凝土或石块等，面层亦以水泥砂浆居多，对经常处于潮湿、坡度较陡或采用水磨石作面层的，在其表面必须做防滑处理，见图 9-16。

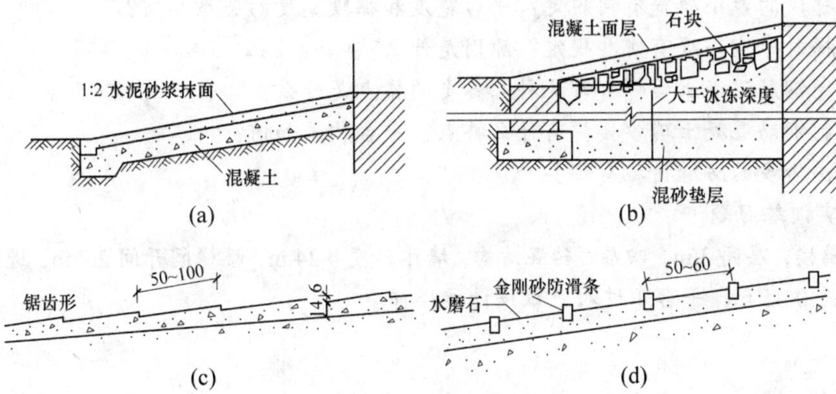

图 9-16　坡道构造

小　结

本章讲述了楼梯、室外台阶与坡道三部分内容，重点讲了钢筋混凝土楼梯的构造。

(1)楼梯是建筑物中重要的部件，由梯段、平台和栏杆所构成。

(2)楼梯段和平台的宽度应按人流股数确定，且应保证人流和货物的顺利通行。

(3)楼梯的通行净高在平台部位应大于 2 m，在梯段部位应大于 2.2 m。在平台下设出入口，当净高不足 2 m 时，可采用长短跑或利用室内外地面高差等办法予以解决。

(4)中、小型预制装配式钢筋混凝土楼梯可分为梁承式、墙承式和墙悬臂式几种。

复习思考与练习题

一、名词解释

(1)板式楼梯；(2)梁板式楼梯；(3)双跑平行梯；(4)楼梯净空高度。

二、填空题

(1)楼梯由(　　)、(　　)和(　　)三部分组成。

(2)楼梯按形式区分常见的有(　　)、(　　)、(　　)、(　　)、(　　)、(　　)等。

(3)钢筋混凝土楼梯按其施工方法可分为(　　)和(　　)，楼梯的尺度主要指(　　)、(　　)、(　　)、(　　)、(　　)。

(4)楼梯的数量主要根据(　　)和(　　)来确定。

(5)建筑物上、下层间的交通、疏散设施，包括楼梯、电梯、自动扶梯和坡道等。其中，(　　)在建筑中的使用最普遍。在我国，目前(　　)主要用于高层建筑，(　　)只是在人流量较大的大型公共建筑或高级宾馆中使用。

(6)现浇钢筋混凝土楼梯根据梯段的传力特点不同，分为(　　)楼梯和(　　)楼梯两类。

(7)楼梯的坡度一般为(　　)~(　　)，其中以(　　)较为常用。

(8)梯井宽度一般要满足施工的要求，通常取(　　)～(　　)mm。

三、问答题

(1)楼梯段的最小净宽有何规定？平台宽度和梯段宽度的关系如何？

(2)楼梯的净空高度有哪些规定？原因是什么？

(3)现浇钢筋混凝土楼梯有哪几种？各自的特点是什么？

(4)预制钢筋混凝土踏步楼梯有什么特点？平台构造如何？

(5)楼梯踏步的防滑措施有哪些？

四、实训练习题

某家属楼，层高 3 m，四层，砖混结构，墙体厚度 0.24 m，楼梯间开间 2.7 m，进深 5.7 m，室内外高差 0.45 m，平台下过人，试设计该楼梯。

第十章　门与窗

【学习目标】

- 了解：门窗的作用、类型。
- 熟悉：门窗的设置要求。
- 掌握：门窗的构造。

第一节　概　述

一、门窗的作用

门在房屋建筑中的作用主要是交通联系，并兼采光和通风；窗的作用主要是采光、通风及眺望。在不同情况下，门和窗还有分隔、保温、隔声、防火、防辐射、防风沙等要求。

门窗在建筑立面构图中的影响也较大，它的尺度、比例、形状、组合、透光材料的类型等，都影响着建筑的艺术效果。

二、门窗的形式与尺度

(一)门的形式与尺度

门按其开启方式通常有平开门、弹簧门、推拉门、折叠门、转门、上翻门、升降门、卷帘门等，见图 10-1。

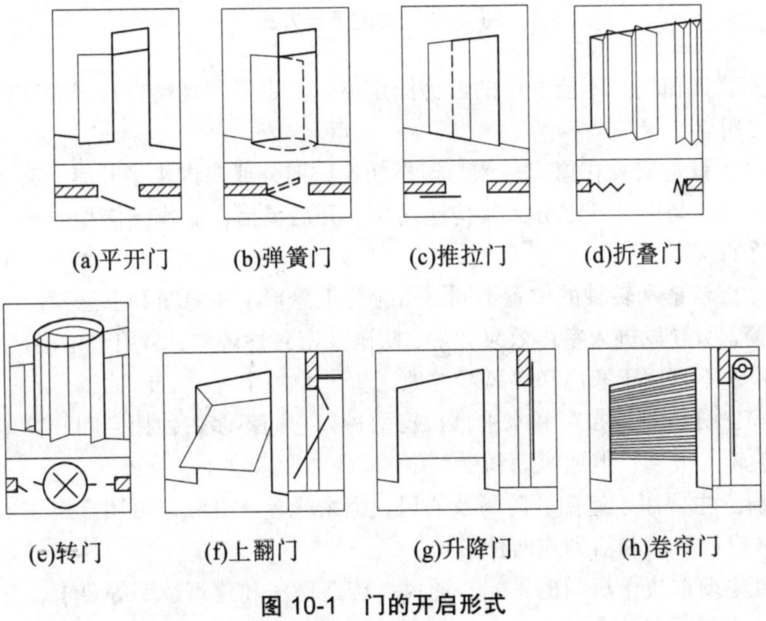

图 10-1　门的开启形式

门的尺度通常是指门洞的高宽尺寸。门作为交通疏散通道，其尺度取决于人的通行要求、家具器械的搬运及与建筑物的比例关系等，并要符合现行《建筑模数协调统一标准》的规定。门的高度不宜小于 2 100 mm。如门设有亮子，亮子高度一般为 300 ~ 600 mm，则门洞高度为 2 400 ~ 3 000 mm。公共建筑大门高度可视需要适当提高。门的宽度：单扇门为 700 ~ 1 000 mm，双扇门为 1 200 ~ 1 800 mm。宽度在 2 100 mm 以上时，则做成三扇、四扇门或双扇带固定扇的门，因为门扇过宽易产生翘曲变形，同时也不利于开启。辅助房间(如浴厕、贮藏室等)门的宽度可窄些，一般为 700 ~ 800 mm。

(二)窗的形式与尺度

窗的形式一般按开启方式定。而窗的开启方式主要取决于窗扇铰链安装的位置和转动方式。通常窗的开启方式有以下几种，见图 10-2。

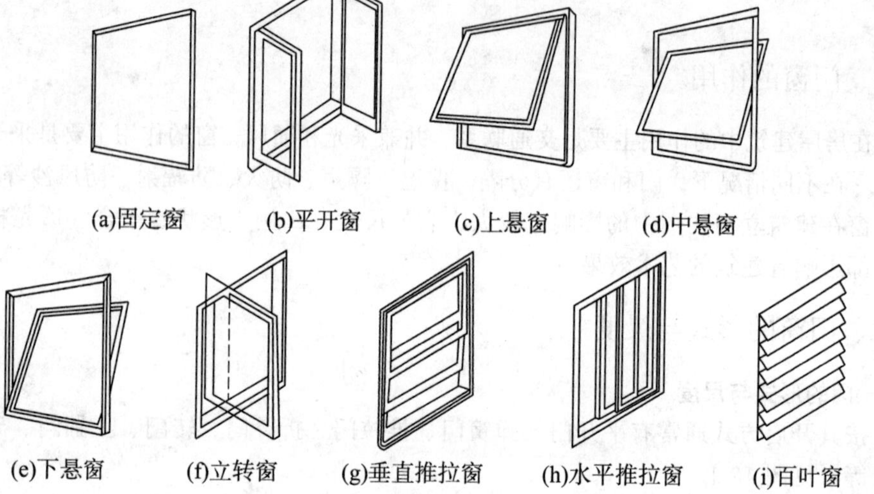

图 10-2 窗的开启方式

(1)固定窗。无窗扇、不能开启的窗为固定窗。固定窗的玻璃直接嵌固在窗框上，可供采光和眺望之用。

(2)平开窗。铰链安装在窗扇一侧与窗框相连，向外或向内水平开启。有单扇、双扇、多扇，以及向内开与向外开之分。其构造简单，开启灵活，制作维修均方便，是民用建筑中采用最广泛的窗。

(3)悬窗。因铰链和转轴的位置不同，可分为上悬窗、中悬窗和下悬窗。

(4)立转窗。引导风进入室内效果较好，防雨及密封性较差，多用于单层厂房的低侧窗。因密闭性较差，不宜用于寒冷和多风沙的地区。

(5)推拉窗。分垂直推拉窗和水平推拉窗两种。它们不多占使用空间，窗扇受力状态较好，适宜安装较大玻璃，但通风面积受到限制。

(6)百叶窗。主要用于遮阳、防雨及通风，但采光差。百叶窗可用金属、木材、钢筋混凝土等制作，有固定式和活动式两种形式。

窗的尺度主要取决于房间的采光、通风、构造做法和建筑造型等要求，并要符合现行《建筑模数协调统一标准》的规定。为使窗坚固耐久，一般平开木窗的窗扇高度为 800 ~

1 200 mm，宽度不宜大于 500 mm；上下悬窗的窗扇高度为 300 ~ 600 mm；中悬窗的窗扇高不宜大于 1 200 mm，宽度不宜大于 1 000 mm；推拉窗的窗扇高宽均不宜大于 1 500 mm。对一般民用建筑用窗，各地均有通用图，各类窗的高度与宽度尺寸通常采用扩大模数 3M 数列作为洞口的标志尺寸，需要时只要按所需类型及尺度大小直接选用。

第二节　平开木门窗的构造

一、平开木门的构造

木门一般由门框、门扇、亮子、五金零件及其附件组成，如图 10-3 所示。

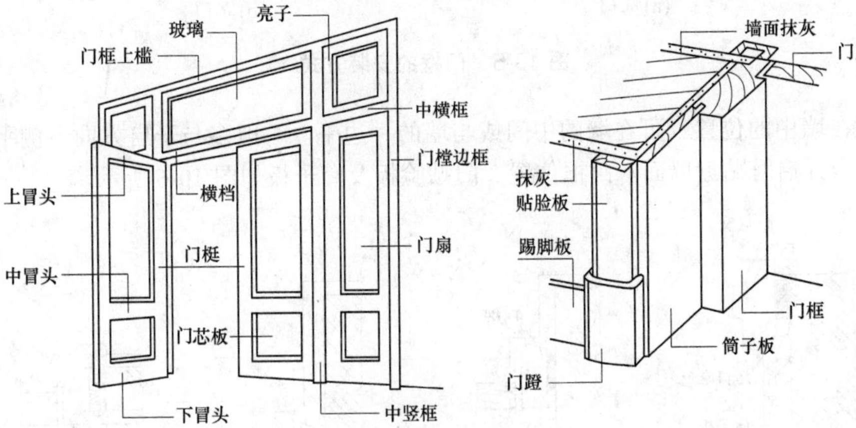

图 10-3　木门的组成

(一)门框

一般由两根竖直的边框和上框组成。当门带有亮子时，还有中横框，多扇门则还有中竖框。门框的断面形式与门的类型、层数有关，同时应利于门的安装，并应具有一定的密闭性，见图 10-4。

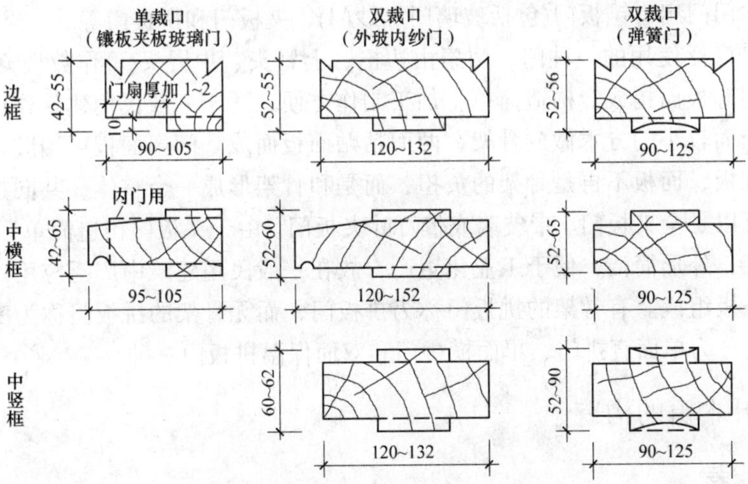

图 10-4　门框的断面形式与尺寸

门框的安装根据施工方式分后塞口和先立口两种，见图 10-5。

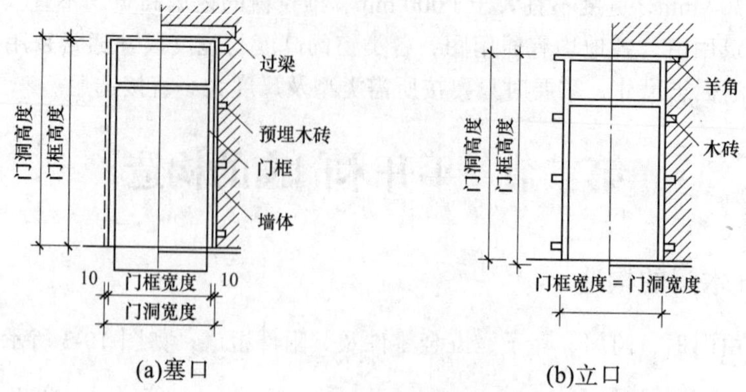

图 10-5　门框的安装方式

门框在墙中的位置，可在墙的中间或与墙的一边平。一般多与开启方向一侧平齐，尽可能使门扇开启时贴近墙面。门框位置、门贴脸板及筒子板如图 10-6 所示。

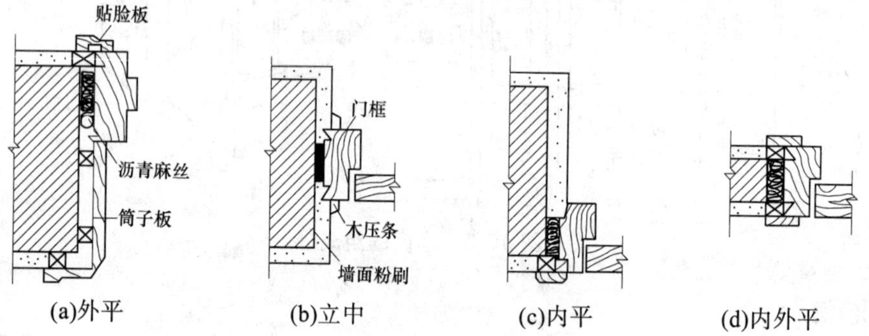

图 10-6　门框位置、门贴脸板及筒子板

(二)门扇

常用的木门门扇有镶板门(包括玻璃门、纱门)、夹板门和拼板门等。

镶板门是广泛使用的一种门，门扇由边梃、上冒头、中冒头(可作数根)和下冒头组成骨架，内装门芯板而构成。构造简单，加工制作方便，适于一般民用建筑作内门和外门。夹板门是用断面较小的方木做成骨架，两面粘贴面板而成。门扇面板可用胶合板、塑料面板和硬质纤维板，面板不再是骨架的负担，而是和骨架形成一个整体，共同抵抗变形。夹板门的形式可以是全夹板门、带玻璃或带百叶夹板门。由于夹板门构造简单，可利用小料、短料，自重轻，外形简洁，便于工业化生产，故在一般民用建筑中广泛应用。拼板门的门扇由骨架和条板组成。有骨架的拼板门称为拼板门，而无骨架的拼板门称为实拼门；有骨架的拼板门又分为单面直拼门、单面横拼门和双面保温拼板门三种。

二、平开木窗的构造

(一)窗框安装

窗框与门框一样，在构造上应有裁口及背槽处理，裁口亦有单裁口与双裁口之分。窗框的安装与门框一样，分后塞口与先立口两种。塞口时洞口的高、宽尺寸应比窗框尺寸大10～20 mm。

(二)窗框在墙中的位置

窗框在墙中的位置，一般是与墙内表面平，安装时窗框突出砖面 20 mm，以便墙面粉刷后与抹灰面平。框与抹灰面交接处，应用贴脸板搭盖，以阻止由于抹灰干缩形成缝隙后风透入室内，同时可增加美观。贴脸板的形状及尺寸与门的贴脸板相同。

当窗框立于墙中时，应内设窗台板，外设窗台。窗框外平时，靠室内一面设窗台板。

第三节　金属门窗和塑钢门窗的构造

一、钢门窗

钢门窗是用型钢或薄壁空腹型钢在工厂制作而成。它符合工业化、定型化与标准化的要求。在强度、刚度、防火、密闭等性能方面，均优于木门窗，但在潮湿环境下易锈蚀，耐久性差。

(一)钢门窗材料

(1)实腹式。是最常用的一种，有各种断面形状和规格。一般门可选用 32 料及 40 料，窗可选用 25 料及 32 料(25、32、40 等表示断面高为 25 mm、32 mm、40 mm)。

(2)空腹式。与实腹式钢门窗料比较，具有更大的刚度，外形美观，自重轻，可节约钢材 40%左右。但由于壁薄，耐腐蚀性差，不宜用于湿度大、腐蚀性强的环境。

(二)基本钢门窗

为了使用、运输方便，通常将钢门窗在工厂制作成标准化的门窗单元。这些标准化的单元，即是组成一樘门或窗的最小基本单元。设计者可根据需要，直接选用基本钢门窗，或用这些基本钢门窗组合出所需大小和形式的门窗。

钢门窗框的安装方法常采用塞框法。门窗框与洞口四周的连接方法主要有两种(见图 10-7)：①在砖墙洞口两侧预留孔洞，将钢门窗的燕尾形铁脚埋入洞中，用砂浆窝牢；②在钢筋混凝土过梁或混凝土墙体内则先预埋铁件，将钢窗的 Z 形铁脚焊在预埋钢板上。

(三)组合式钢门窗

当钢门窗的高、宽超过基本钢门窗尺寸时，就要用拼料将门窗进行组合。拼料起横梁与立柱的作用，承受门窗的水平荷载。

拼料与基本门窗之间一般用螺栓或焊接相连。当钢门窗很大时，特别是水平方向很长时，为避免大的伸缩变形引起门窗损坏，必须预留伸缩缝，一般是将两根 L56×36×4 的角钢用螺栓组成拼件，角钢上穿螺栓的孔为椭圆形，使螺栓有伸缩余地。

二、卷帘门

卷帘门主要由帘板、导轨及传动装置组成。工业建筑中的帘板常用页板式，页板可用镀锌钢板或合金铝板轧制而成，页板之间用铆钉连接。页板的下部采用钢板和角钢，用以增强卷帘门的刚度，并便于安设门钮。页板的上部与卷筒连接，开启时，页板沿着门洞两侧的导轨上升，卷在卷筒上。门洞的上部安设传动装置，传动装置分手动(见图 10-8)和电动两种。

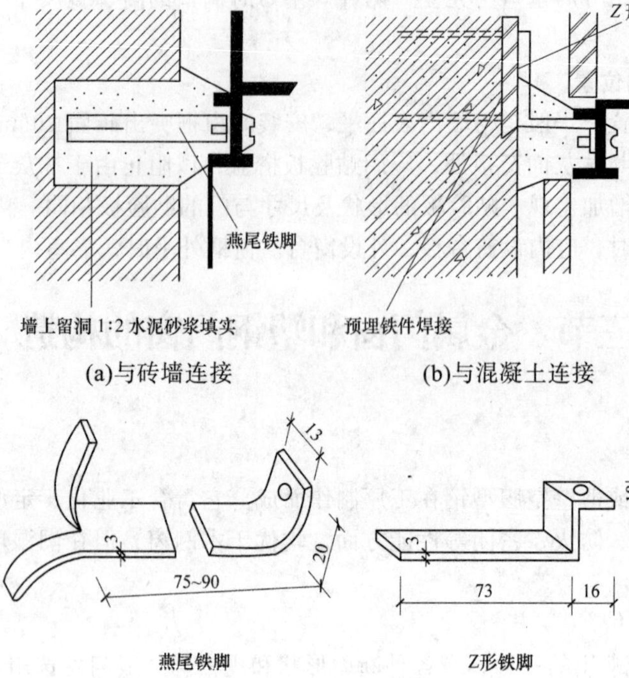

图 10-7　钢门窗与墙的连接

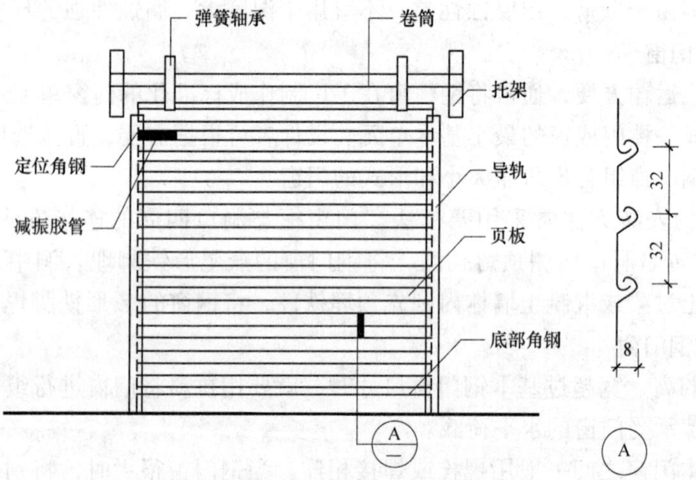

图 10-8　手动式卷帘门

三、彩板门窗

彩板钢门窗是以彩色镀锌钢板经机械加工而成的门窗。它具有自重轻、硬度高、采光面积大、防尘、隔声、保温密封性好、造型美观、色彩绚丽、耐腐蚀等特点。

彩板平开窗目前有带副框和不带副框的两种。当外墙面为花岗石、大理石等贴面材料时，常采用带副框的门窗，见图 10-9。当外墙装修为普通粉刷时，常用不带副框的做法，见图 10-10。

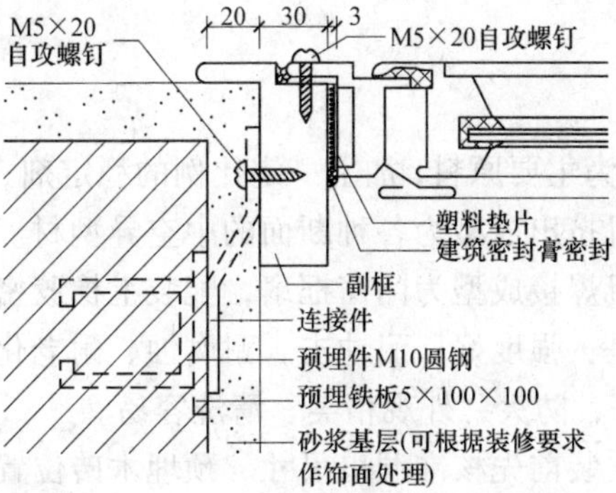

图 10-9　带副框彩板平开窗安装构造

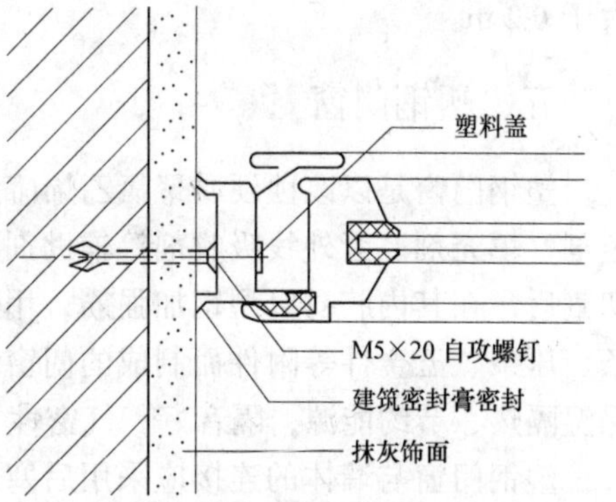

图 10-10　不带副框彩板平开窗安装构造

四、铝合金门窗

(一)铝合金门窗的特点

(1)自重轻。铝合金门窗用料省、自重轻，较钢门窗轻 50%左右。

(2)性能好。密封性好，气密性、水密性、隔声性、隔热性都较钢、木门窗有显著的提高。

(3)耐腐蚀、坚固耐用。铝合金门窗不需要涂涂料，氧化层不褪色、不脱落，表面不需要维修。铝合金门窗强度高，刚性好，坚固耐用，开闭轻便灵活，无噪声，安装速度快。

(4)色泽美观。铝合金门窗框料型材表面经过氧化着色处理后，既可保持铝材的银白色，又可以制成各种柔和的颜色或带色的花纹，如古铜色、暗红色、黑色等。

(二)铝合金门窗的设计要求

(1)应根据使用和安全要求确定铝合金门窗的风压强度性能、雨水渗漏性能、空气渗透性能综合指标。

(2)组合门窗设计宜采用定型产品门窗作为组合单元。非定型产品的设计应考虑洞口最大尺寸和开启扇最大尺寸的选择和控制。

(3)外墙门窗的安装高度应有限制。

(三)铝合金门窗框料系列

系列名称是以铝合金门窗框的厚度构造尺寸来区别各种铝合金门窗的称谓，如平开门门框厚度构造尺寸为 50 mm，即称为 50 系列铝合金平开门，推拉窗窗框厚度构造尺寸为 90 mm，即称为 90 系列铝合金推拉窗等。实际工程中，通常根据不同地区、不同性质的建筑物的使用要求选用相适应的门窗框。

(四)铝合金门窗安装

铝合金门窗是表面处理过的铝材经下料、打孔、铣槽、攻丝等加工，制作成门窗框料的构件，然后与连接件、密封件、开闭五金件一起组合装配成门窗。

门窗安装时，将门、窗框在抹灰前立于门窗洞处，与墙内预埋件对正，然后用木楔将三边固定。经检验确定门、窗框水平、垂直、无翘曲后，用连接件将铝合金框固定在墙(柱、梁)上，连接件固定可采用焊接、膨胀螺栓或射钉等方法。

门窗框与墙体等的连接固定点，每边不得少于二点，且间距不得大于 0.7 m。在基本风压大于等于 0.7 kPa 的地区，不得大于 0.5 m；边框端部的第一固定点距端部的距离不得大于 0.2 m。

五、塑钢门窗

塑钢门窗是以改性硬质聚氯乙烯(简称 UPVC)为主要原料，加上一定比例的稳定剂、着色剂、填充剂、紫外线吸收剂等辅助剂，经挤出机挤出成型为各种断面的中空异型材。经切割后，在其内腔衬以型钢加强筋，用热熔焊接机焊接成型为门窗框扇，配装上橡胶密封条、压条、五金件等附件而制成的门窗。其优点是：强度好、耐冲击，耐腐蚀、耐老化，保温隔热、节约能源，隔音好，气密性、水密性好，防火，外观精美、清洗容易。

塑钢门窗与墙体的连接应采用后塞口安装。安装前先核准洞口尺寸、预埋木砖位置和数量。安装时必须校正前后、左右的平直度，按设计要求调整后用木楔塞紧临时定位。塑钢门窗与墙体的固定应采用金属固定片，门窗框每边固定点不应少于三个。塑钢门窗型材系中空多腔，壁薄，材质较脆，因此应先钻孔后根据不同的墙体材料用自攻螺丝等拧入固定。检查无误后，在窗框和墙体间的缝隙处分层填塞毛毡卷或泡沫塑料，或根据隔热、隔声要求填入相应材料，注意填塞不宜过紧。最后在门窗框四周内外侧与窗框之间用 1∶2 水泥砂浆或麻刀白灰浆嵌实、抹平，用嵌缝膏进行密封处理。安装完毕后 72 h 时内防止碰撞震动。塑钢窗框与墙体的连接节点见图 10-11。

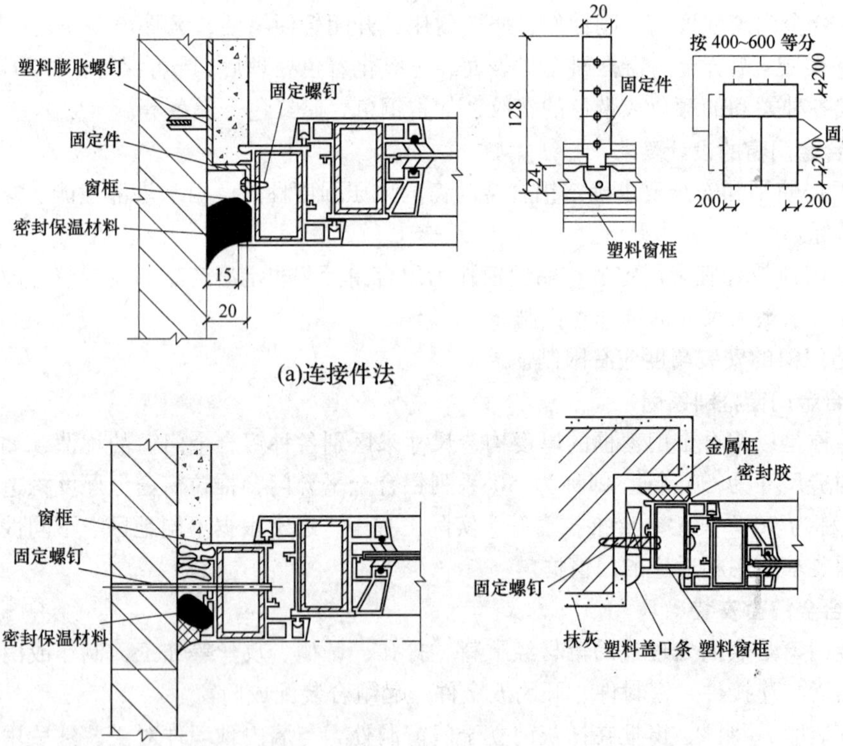

(a)连接件法

(b)直接固定法 (c)假框法

图 10-11 塑钢窗框与墙体的连接节点

小　结

本章主要讲述了门和窗的构造，通过学习要了解门窗的作用、类型，熟悉门窗的设置要求以及各种材料门窗的特点，掌握门窗的构造。门主要用做内外交通联系与分隔房间，门的大小和数量以及开启方向是根据通行能力、使用方便和防火要求决定的；窗的作用是采光和通风。门窗是房屋围护结构的一部分，亦需考虑保温、隔热、隔声、防风沙等要求。

复习思考与练习题

一、填空题

(1)门的主要作用是(　　　)，兼(　　　)和(　　　)。窗的主要作用是(　　　)、(　　　)和(　　　)。

(2)窗框的安装方法有(　　　)和(　　　)两种。

(3)门的尺度应根据交通运输和(　　　) 要求设计。

(4)窗户遮阳板按其形状和位置可分为(　　　)、(　　　)、(　　　)和(　　　)四种。

(5)按开启方式分，(　　　)是建筑中使用最广泛的一种门。

(6)铝合金门窗的安装应采用(　　　)法。

(7)木门由(　　　)、(　　　)、(　　　)和(　　　)组成。

(8)目前我国各地标准窗基本尺寸多以(　　　)为模数。

(9)外门上方应设有(　　　)，以防止雨水直接淋到门上。

(10)窗框在墙中的位置有(　　　)、(　　　)和(　　　)三种情况。

二、问答题

(1)门和窗有什么作用？对它们的构造有何要求？

(2)平开木门窗在墙洞中的位置有哪几种？比较这几种做法的优缺点。

(3)门窗框与砖墙之间的缝隙有哪几种处理方法？

(4)试述采用金属和塑料门窗的意义。

三、实训练习题

观察学院教学楼等各楼安装的铝合金、塑料和木门窗的构造特点，分析其各部分的作用，并比较木门窗、铝合金门窗和塑钢门窗的优缺点。

第十一章　变形缝

【学习目标】

- 了解：变形缝的基本概念和种类。
- 熟悉：各类变形缝的设置原则。
- 掌握：各类变形缝的构造做法。

第一节　概　述

一、变形缝的概念

建筑物由于受温度变化、地基不均匀沉降以及地震的影响，结构内将产生附加的变形和应力，如不采取措施或采取措施不当，会使建筑物产生裂缝甚至倒塌，影响使用与安全。实际工程中主要从两方面解决这个问题：一是通过加强建筑物的整体性，使其具有足够的强度和刚度；二是在变形敏感部位将结构断开，预留缝隙，使建筑物各部分能自由变形，不受约束。

变形缝就是为了防止建筑物在外界因素作用下产生变形，导致开裂甚至破坏而人为设置的适当宽度的缝隙。在构造上必须对缝隙加以处理，满足使用和美观要求。

二、变形缝的种类和设置要求

变形缝按其功能分伸缩缝、沉降缝和防震缝三种类型。

(一)伸缩缝

为防止建筑物因受温度变化的影响而产生热胀冷缩，进而因变形较大并受到约束而开裂，通常沿建筑物长度方向每隔一定距离预留缝隙，将建筑物断开。这种垂直缝隙称为伸缩缝，也称温度缝。

伸缩缝要求将建筑物的墙体、楼层、屋顶等地面以上构件全部断开，基础因受温度变化影响较小，不必断开。伸缩缝的宽度为 20 ~ 30 mm。

伸缩缝的位置和间距与建筑物使用的材料、结构类型、使用情况、施工方式及建筑所处位置和环境有关。结构设计规范对砌体结构建筑和钢筋混凝土结构建筑的伸缩缝最大间距所作的规定见表 11-1 和表 11-2。

(二)沉降缝

沉降缝是为了预防建筑物各部分由于地基承载力不同或各部分荷载差异较大等原因引起建筑物不均匀沉降、导致建筑物破坏而设置的变形缝。

设置沉降缝时必须将建筑的基础、墙体、楼层及屋顶等部分全部在垂直方向断开，使各部分形成能各自自由沉降的独立的刚度单元。

表 11-1　砌体房屋伸缩缝的最大间距　　(单位：m)

砌体类别	屋顶或楼板层的类别		间距
各种砌体	整体式或装配整体式钢筋混凝土结构	有保温层或隔热层的屋顶、楼板层	50
		无保温层或隔热层的屋顶	40
	装配式无檩体系钢筋混凝土结构	有保温层或隔热层的屋顶、楼板层	60
		无保温层或隔热层的屋顶	50
	装配式有檩体系钢筋混凝土结构	有保温层或隔热层的屋顶、楼板层	75
		无保温层或隔热层的屋顶	60
黏土砖、空心砖砌体	黏土瓦或石棉水泥瓦屋面		100
石砌体	木屋顶或楼板层		80
硅酸盐砌块和混凝土砌块砌体	砖石屋顶或楼板层		75

表 11-2　钢筋混凝土结构伸缩缝最大间距　　(单位：m)

项次	结构类型		室内或土中	露　天
1	排架结构	装配式	100	70
2	框架结构	装配式	75	50
		现浇式	55	35
3	剪力墙结构	装配式	65	40
		现浇式	45	30
4	挡土墙及地下墙壁等结构	装配式	40	30
		现浇式	30	20

凡属于下列情况的，均应考虑设置沉降缝：①当建筑物建造在不同的地基上，并难以保证均匀沉降时；②当同一建筑物相邻部分的基础形式、宽度和埋置深度相差较大，易形成不均匀沉降时；③当同一建筑物相邻部分的高度相差较大(一般为超过 10 m)、荷载相差悬殊或结构形式变化较大等易导致不均匀沉降时；④当平面形状比较复杂，各部分的连接部位又比较薄弱时；⑤分期建造房屋的交接处。

沉降缝的宽度与地基情况及建筑高度有关，地基越软的建筑物，沉陷的可能性越高，沉降后所产生的倾斜距离越大。不同地基情况下的沉降缝宽度见表 11-3。

表 11-3　沉降缝的宽度

地基情况	建筑物高度	沉降缝宽度(mm)
一般地基	$H<5$ m	30
	$H=5\sim10$ m	50
	$H=10\sim15$ m	70
软弱地基	2 ~ 3 层	50 ~ 80
	4 ~ 5 层	80 ~ 120
	5 层以上	＞120
湿陷性黄土地基		≥30 ~ 70

注： 沉降缝两侧结构单元层数不同时，由于高层部分的影响，低层结构的倾斜往往很大，因此沉降缝的宽度应按高层部分的高度确定。

(三)防震缝

防震缝指为防止地震时产生应力集中而引起建筑物结构断裂破坏而设置的缝。

在地震区建造房屋，最好不设变形缝，以保证结构的整体性，加强整体刚度。建筑物应力求体形简单，重量、刚度对称并均匀分布，其形心和重心尽可能接近，避免在平面和立面上的突然变化。但对于多层砌体房屋，在设计烈度为 8 度和 9 度的地震区，当建筑物立面高差大于 6 m，或建筑物有错层，且楼板错层高差较大，或建筑物各部分结构刚度、质量截然不同时，应设防震缝。

防震缝应沿建筑物全高设置。一般基础可不设防震缝，但与震动有关的建筑各相连部分的刚度差别很大时，也须将基础分开。缝的两侧一般应布置墙或柱，形成双墙或双柱或一墙一柱，使各部分结构封闭，以加强防震缝两侧房屋的整体刚度。

防震缝宽度在多层砖房中按设计烈度值大小取 50 ~ 70 mm。在多层构件混凝土框架建筑中，建筑高度在 15 m 及 15 m 以下时取 70 mm。当建筑高度超过 15 m 时：设计烈度 6 度，建筑物每增高 5 m，缝宽增加 20 mm；设计烈度 7 度，建筑物每增高 4 m，缝宽增加 20 mm；设计烈度 8 度，建筑物每增高 3 m，缝宽增加 20 mm；设计烈度 9 度，建筑物每增高 2 m，缝宽增加 20 mm。

(四)后浇带

后浇带是指现浇整体钢筋混凝土结构中，在施工期间保留的临时性温度和收缩变形缝，目的是释放混凝土浇筑过程中因温度变化、混凝土收缩等产生的大部分变形，减小约束力，避免出现贯通裂缝。

后浇带应设在结构内力相对较小，对构件无严重影响的部位。一般 30 ~ 40 m 设一道，缝宽 70 ~ 100 cm。一般在两部分混凝土浇灌后两周至一个月再用比原结构强度高 5 ~ 10 N/mm^2 的微膨水泥或无收缩水泥混凝土补浇成为连续、整体、无伸缩缝的结构。

通常防震缝应与伸缩缝、沉降缝协调布置，做到一缝多用。沉降缝可以兼起伸缩缝的作用，伸缩缝却不能代替沉降缝。防震缝如与沉降缝合并设置，基础也应设缝断开。注意，不应将防震缝做成错口、企口等形式，以防失去防震缝的作用。

比较以上变形缝可以看出，伸缩缝主要考虑建筑物上部的变形，缝宽最小。沉降缝主要考虑垂直方向的变形，但缝两侧建筑在沉降过程中有可能发生微量倾斜，因而缝较伸缩缝宽，且宽度随建筑高度的增加而加大。防震缝考虑地震时建筑物的摇摆，缝最宽。在抗震设防地区，设缝的宽度均按防震缝设置。

现代建筑中，考虑建筑使用和立面要求，结构缝的防水、施工复杂等，一般在结构总体布置上采取相应措施，减小房屋沉降差，减小温度应力，加强结构抗震能力，以减少或不设变形缝。

第二节　变形缝构造

为防止风、雨、冷热空气、灰砂等入室，影响建筑物的使用和耐久性，也为了美观，须对缝隙进行覆盖和装修，同时必须保证变形缝的功能正常发挥，使缝隙两侧结构单元的水平和竖向相对位移不受阻碍。

所选盖缝板的形式必须符合所属变形缝类别的变形需要，盖缝板的材料及构造方式必须符合变形缝所在部位的其他功能需要，如防水、防火、美观等。

在变形缝内部应当用具有自防水功能的柔性材料来塞缝，例如挤塑型聚苯板、沥青麻丝、橡胶条等，以防止热桥的产生。

一、墙体变形缝

墙体变形缝的构造处理既要保证变形缝两侧的墙体自由伸缩、沉降或摆动，又要密封严实，以满足防风、防雨、保温、隔热和外形美观的要求。

(一)墙体伸缩缝

根据墙体的材料、厚度及施工条件，伸缩缝一般做成平缝、企口缝和错口缝等截面形式，见图 11-1。

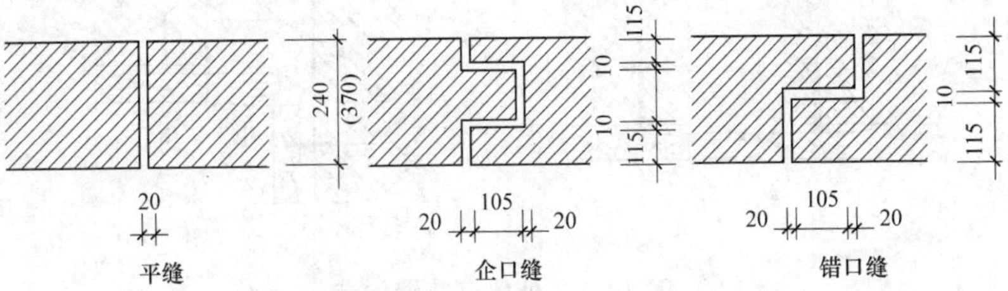

图 11-1　墙体伸缩缝形式

为避免外界自然条件对墙体及室内环境的影响，变形缝外墙外侧缝口应填塞或覆盖具有防水、保温和防腐性能的弹性材料，如沥青麻丝或木丝板、泡沫塑料条、橡胶条、油膏等。当缝口较宽时，还应用镀锌铁皮或铝片等金属调节片覆盖。内侧缝口通常用具有一定装饰效果的金属片、塑料片或木质盖缝条覆盖，见图 11-2。

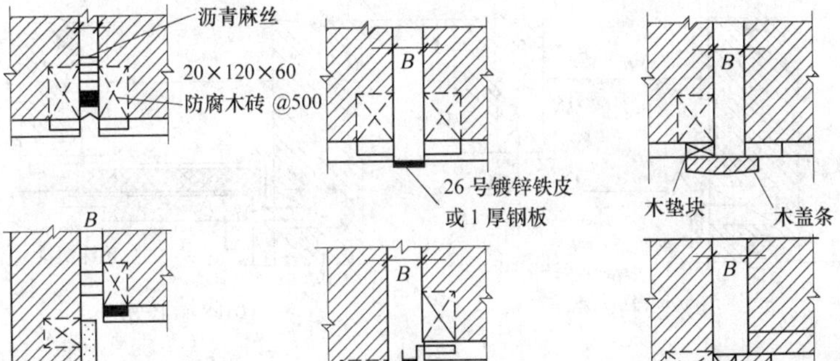

图 11-2　墙体伸缩缝处理

(二)墙体沉降缝

沉降缝一般兼起伸缩缝的作用，其构造与伸缩缝的不同之处在于，伸缩缝只需保证建筑物在水平方向的自由伸缩变形，而沉降缝主要应满足建筑物各部分在垂直方向的自由沉降变形，所以要从基础到屋顶全部断开。同时，沉降缝也应兼顾伸缩缝的作用，应在设计时满足伸缩和沉降双重要求。盖缝条及调节片构造必须保证在水平方向和垂直方向均能自由变形。一般外侧缝口宜根据缝的宽度不同，采用两种形式的金属调节片盖缝，见图 11-3。内墙沉降缝及外墙内侧缝口的盖缝同伸缩缝。

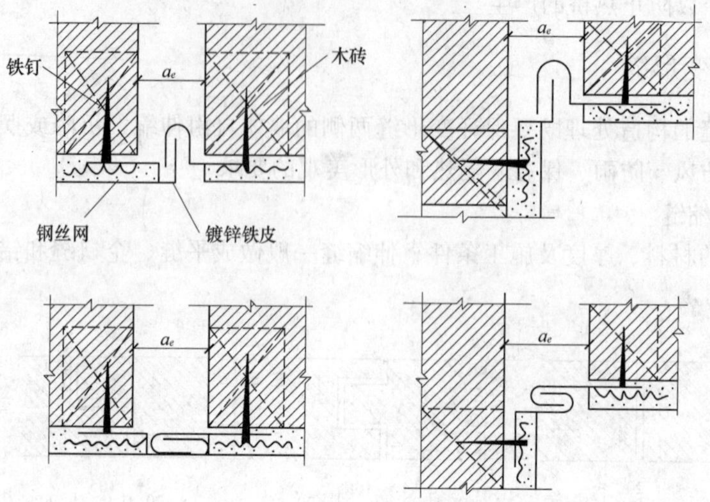

图 11-3　外墙沉降缝构造

(三)墙体防震缝

防震缝构造基本上和伸缩缝、沉降缝相同。唯因缝口宽度较大，构造上更应注意盖缝的牢固、防风、防雨等防护措施。外缝口通常用镀锌铁皮、铝片或橡胶条覆盖，内缝口常用木质盖板遮缝。寒冷地区的外缝口还须用具有弹性的软质聚氯乙烯泡沫塑料、聚苯乙烯泡沫塑料等保温材料填实，见图 11-4。

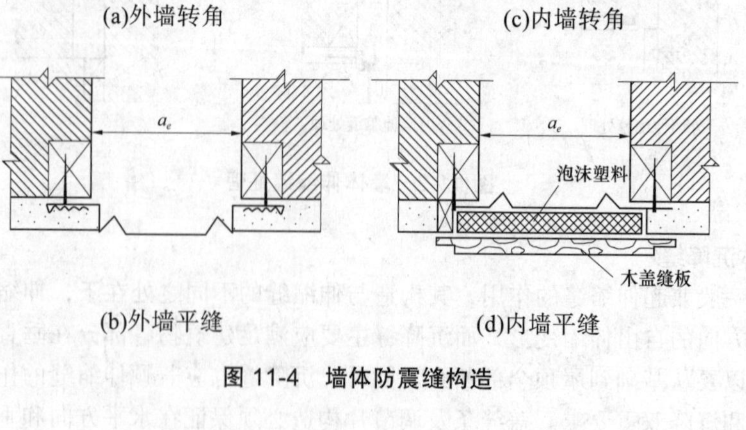

图 11-4　墙体防震缝构造

二、楼地层变形缝

楼地层变形缝的位置和宽度应与墙体变形缝一致。其构造特点是主要考虑方便行走、防火和防止灰尘下落，卫生间等有水环境还应考虑防水处理。

楼地层的变形缝内常填塞具有弹性的油膏、沥青麻丝、金属或橡胶塑料类调节片。上铺与地面材料相同的活动盖板、金属板或橡胶片等，见图 11-5。

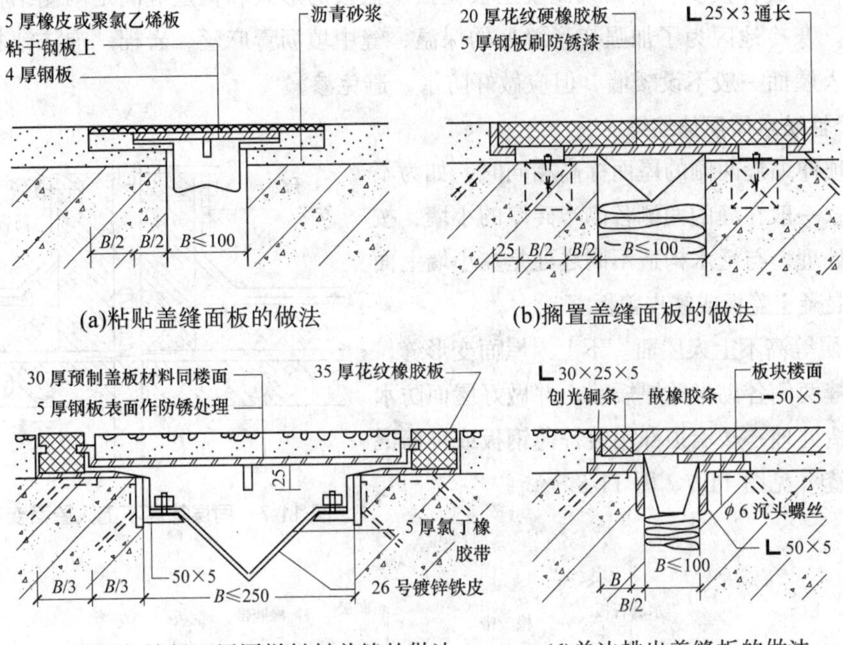

(a)粘贴盖缝面板的做法　(b)搁置盖缝面板的做法

(c)采用与楼板面层同样材料盖缝的做法　(d)单边挑出盖缝板的做法

图 11-5　楼地层变形缝构造

顶棚变形缝可用木板、金属板或其他吊顶材料覆盖，但构造上应注意不能影响结构的变形；若是沉降缝，则应将盖板固定于沉降较大的一侧，见图 11-6。

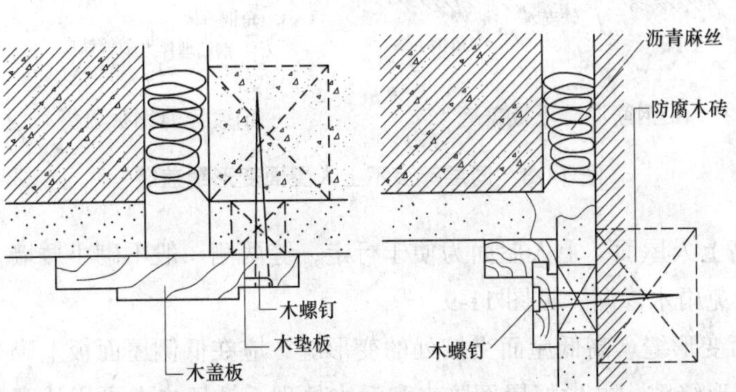

图 11-6　顶棚变形缝构造

三、屋顶变形缝

屋顶变形缝在构造上主要解决好防水、保温等问题。屋顶伸缩缝的位置有两种情况，一种是伸缩缝两侧屋面的标高相同，另一种是缝两侧屋面的标高不同。

缝两侧屋面的标高相同时，上人屋面和不上人屋面伸缩缝的做法也不相同。不上人屋顶通常在缝的两侧加砌矮墙。高出屋面 250 mm 以上，再按屋面泛水构造将防水层做到矮墙上。缝口用镀锌铁皮、铝板或混凝土板覆盖。盖板的形式和构造应满足两侧结构自由变形的要求。寒冷地区为了加强变形缝处的保温，缝中填沥青麻丝、岩棉、泡沫塑料等保温材料。上人屋面一般不设矮墙，但应做好防水，避免渗漏。

(一)柔性防水屋顶伸缩缝

当屋顶伸缩缝两侧的屋面标高相同时，如为不上人屋面，一般在缝的两侧各砌半砖厚的小墙，按泛水构造处理。与泛水构造不同之处是在小墙上面加设钢筋混凝土盖板或铁皮盖板。

(1)同层等高不上人屋面。不上人屋面变形缝，一般是在缝两侧各砌半砖厚矮墙，并做好屋面防水和泛水构造处理，矮墙顶部用镀锌薄钢板或钢筋混凝土板盖缝。见图 11-7、图 11-8。

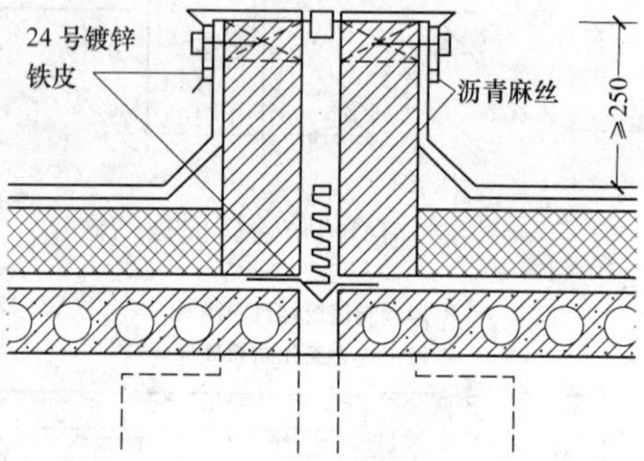

图 11-7　同层等高不上人屋面变形缝构造

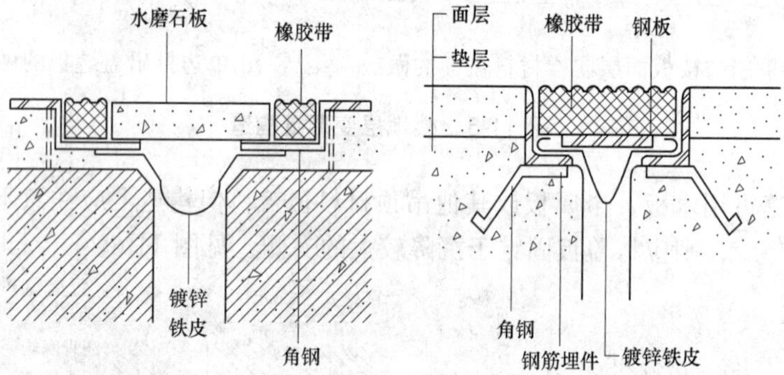

(a)钢筋混凝土板盖缝　　(b)镀锌薄钢板盖缝

图 11-8　同层等高不上人屋面变形缝盖缝

(2)同层等高上人屋面。上人屋面为便于行走，缝两侧一般不砌小矮墙，此时应切实做好屋面防水，避免雨水渗漏，见图 11-9。

(3)高低屋面变形缝。高低屋面交接处的变形缝，应在低侧屋面板上砌半砖矮墙，与高侧墙之间留出变形缝隙，并做好屋面防水和泛水处理。矮墙之上可用从高侧墙上悬挑的钢筋混凝土板或镀锌薄钢板盖缝，见图 11-10。

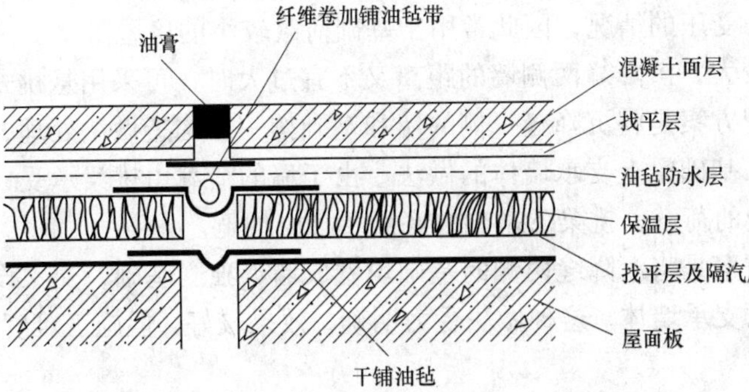

图 11-9　同层等高上人屋面变形缝构造

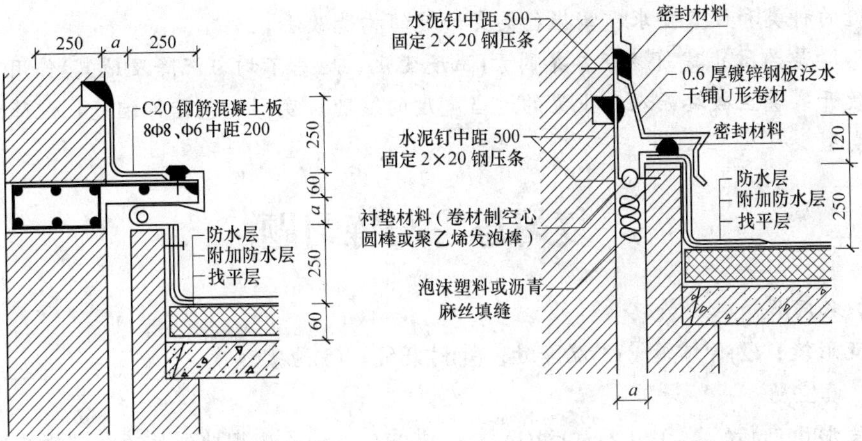

图 11-10　高低屋面变形缝构造

(二)刚性防水屋顶伸缩缝

刚性防水屋顶伸缩缝的构造与柔性防水屋顶的做法基本相同，只是防水材料不同而已。

四、基础变形缝

基础沉降缝的构造处理方案有双墙式、悬挑式和交叉式三种，见图 11-11。

(a)双墙方案沉降缝　(b)悬挑基础方案的沉降缝　(c)双墙基础交叉排列方案的沉降缝

图 11-11　基础沉降缝构造

双墙式处理方案，缝两侧的基础平行设置，施工简单，造价低，但易出现两墙之间间距较大或基础偏心受压的情况，因此常用于基础荷载较小的房屋。

基础总荷载较大，沉降缝两侧墙的距离又不宜过大时，可采用悬挑式或交叉式的处理方案。悬挑式处理方案是将沉降缝一侧的墙和基础按一般构造做法处理，而另一侧则采用挑梁支承基础梁，基础梁上支承墙体的做法。由于墙的荷载由挑梁承受，应尽量选用轻质墙以减少挑梁承受的荷载，挑梁下基础的底面要相应加宽。

交叉式处理方案是将沉降缝两侧的基础均做成墙下独立基础，交叉设置，在各自的基础上设置基础梁以支承墙体。这种做法受力明确，效果较好，但施工难度大，造价也较高。

小　结

本章主要介绍变形缝的基本概念、变形缝的设置要求、变形缝的类型与构造。要求了解变形缝的种类和设置要求，掌握各类变形缝的构造做法。

变形缝是为防止建筑物在外界因素(温度变化、地基不均匀沉降及地震)作用下产生变形，导致开裂甚至破坏而人为设置的适当宽度的缝隙。变形缝包括伸缩缝、沉降缝和防震缝三种类型。

复习思考与练习题

一、名词解释

(1)变形缝；(2)伸缩缝；(3)沉降缝；(4)防震缝；(5)地震烈度。

二、填空题

(1)变形逢包括(　　)、(　　)和(　　)，其中(　　)是从基础到屋顶全部垂直断开的变形缝。

(2)伸缩缝要求将建筑物从(　　)分开；沉降缝要求建筑物从(　　)分开。当既设伸缩缝又设防震缝时，缝宽按(　　)处理。

(3)防震缝应与(　　)和(　　)统一布置。

(4)沉降缝在基础处的处理方法有(　　)、(　　)和(　　)。

(5)伸缩缝的缝宽一般为(　　)；沉降缝的缝宽为(　　)；防震缝的缝宽一般取(　　)。

三、问答题

(1)什么是变形缝？它有哪几种类型？

(2)伸缩缝的间距受什么因素的影响？

(3)什么情况下须设伸缩缝？宽度一般是多少？

(4)什么情况下须设沉降缝？宽度由什么因素确定？

(5)什么情况下须设防震缝？防震缝宽度确定的主要依据是什么？

(6)墙体中的变形缝的截面形式有哪几种？

(7)基础沉降缝的处理形式有哪几种？

四、实训练习题

绘图表示基础沉降缝的构造。

第十二章　工业建筑简介

【学习目标】

- 了解：单层工业厂房的结构特点和分类；起重设备、金属梯、隔断的布设情况等。
- 熟悉：单层工业厂房主要承重构件和围护构件的构造要求。
- 掌握：单层工业厂房的结构形式及组成构件名称、类型、布设位置、作用；工业建筑的概念；厂房定位轴线的作用及标定等。

第一节　概　述

工业建筑是为工业生产需要而建造的各种不同用途的建筑物和构筑物的总称。工业厂房是用于工业生产的建筑物，主要包括生产厂房、辅助生产用房以及为生产提供动力的房屋等。厂房的建筑构造既要满足生产工艺的要求，也要为工人创造一个良好的生产环境，应力求做到技术先进、坚固可靠、经济适用、环境适宜。

与民用建筑相比，工业建筑具有以下特点：①厂房设计符合生产工艺要求；②厂房内生产设备多、尺寸大，有多种起重运输设备，厂房内部空间较大；③厂房的建筑构造比较复杂；④厂房骨架的承载力比较大。

一、工业建筑分类

(一)按建筑层数分类

按建筑层数分有三种：①单层厂房(见图 12-1)。是指层数为一层的厂房，它主要用于重型机械制造工业、冶金工业等重工业。其特点是生产设备体积大、重量重、厂房内以水平运输为主。②多层厂房(见图 12-2)。常见的层数为 2～6 层。其中两层厂房广泛应用于化纤工业、机械制造工业等。多层厂房多应用于电子工业、食品工业、化学工业、精密仪器工业等轻工业。其特点是生产设备较轻、体积较小、工厂的大型机床一般放在底层，小型设备放在楼层上，厂房内部的垂直运输以电梯为主，水平运输以电瓶车为主。③层数混合的厂房(见图 12-3)。厂房由单层跨和多层跨组合而成，适用于竖向布置工艺流程的生产项目，多用于热电厂、化工厂等。高大的生产设备位于中间的单跨内，边跨为多层。

以上三种厂房都可以根据需要做成单跨、双跨、多跨或高低跨。

(二)按用途分类

按用途分一般有：①主要生产厂房。在这类厂房中进行生产工艺流程的全部生产活动，一般包括从备料、加工到装配的全部过程。②辅助生产厂房。指为主要生产厂房服务的厂房，例如机械修理、工具等车间。③动力用厂房。是为主要生产厂房提供能源的场所，例如发电站、锅炉房、煤气站等。④储存用房屋。是为生产提供存储原料、半成品、成品的仓库等。⑤运输工具厂房。停放、检修各种运输工具的库房。⑥其他厂房。如水泵房、污水处理站等。

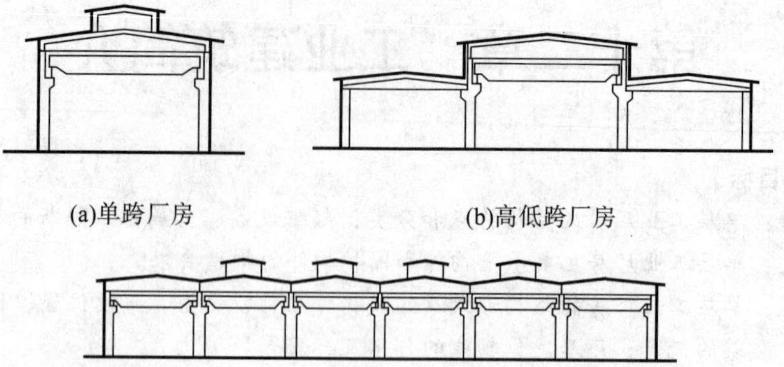

(a)单跨厂房　　(b)高低跨厂房

(c)多跨厂房

图 12-1　单层厂房的剖面图

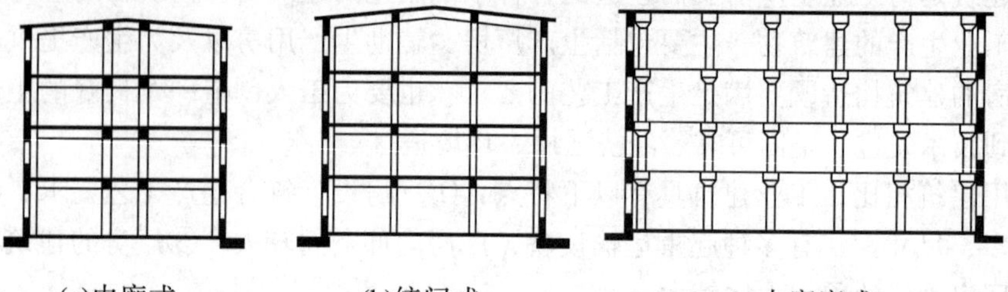

(a)内廊式　　(b)统间式　　(c)大宽度式

图 12-2　多层厂房的剖面图

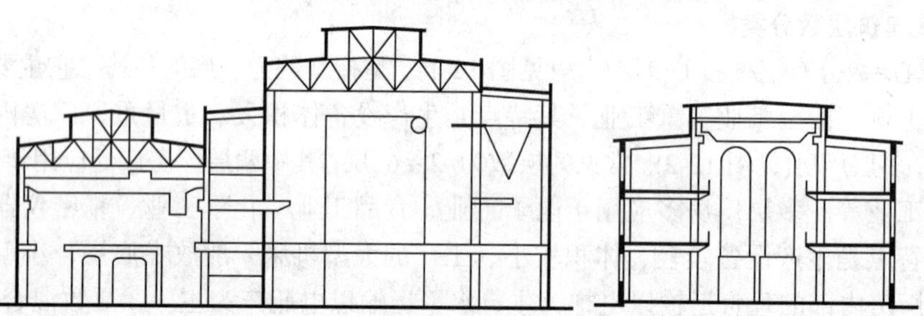

图 12-3　层数混合厂房的剖面图

(三)按生产状况分类

按生产状况分主要有：①冷加工车间。用于在常温状态下进行生产，例如机械加工车间、金工车间及装配车间等。②热加工车间。用于在高温和熔化状态下进行生产，可能散发大量余热、烟雾、灰尘、有害气体，例如铸工、锻工、热处理车间。③恒温恒湿车间。用于在恒温、恒湿条件下进行生产的车间，例如精密机械车间、纺织车间等。④洁净车间。要求在保持高度洁净的条件下进行生产，防止大气中灰尘及细菌对产品的污染，例如集成电路车间、精密仪器加工及装配车间等。⑤其他特种状况的车间。指生产过程中有爆炸可能性、有大量腐蚀物、有放射性散发物、防微振、防电磁波干扰等情况。

二、单层工业厂房结构类型及组成

单层厂房有墙承重与骨架承重两种结构方案。当厂房的跨度、高度、吊车荷载较小时可用墙承重方案；当厂房的跨度、高度、吊车荷载较大时，多采用骨架承重结构体系。

(一)单层工业厂房结构类型

1. 按其承重结构的材料分

(1)混合结构(见图 12-4)。它是由砖墙(或砖柱)、钢筋混凝土屋架(或屋面大梁)或钢屋架等组成。其构造简单，施工方便，耗钢量少，经济。但承载力低，适用于跨度、高度、吊车荷载较小的情况。

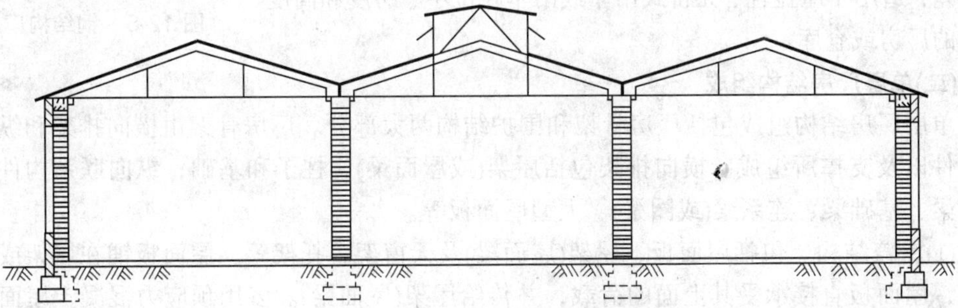

图 12-4　单层混合结构厂房

(2)钢筋混凝土结构(见图 12-5)。多采用预制装配的施工方法。结构构成主要由横向骨架、纵向联系杆以及支撑构件组成。其建设周期短，坚固耐用，比钢结构节省钢材，造价较低，应用较广。但其自重大、抗震性能比钢结构差。

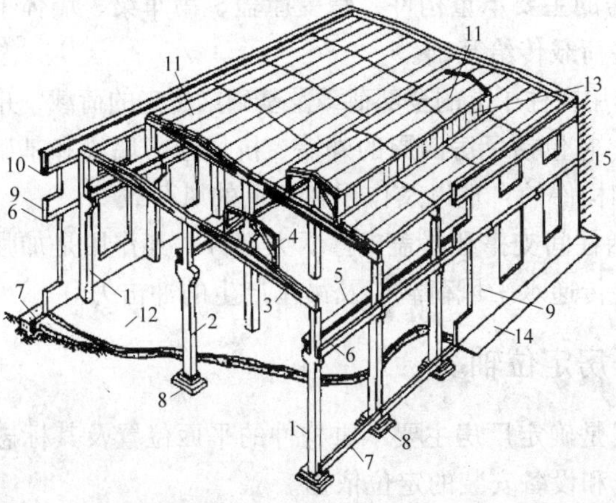

1—边列柱；2—中列柱；3—屋面大梁；4—天窗架；5—吊车梁；6—连系梁；7—基础梁；8—基础；9—外墙；10—圈梁；11—屋面板；12—地面；13—天窗扇；14—散水；15—风荷载

图 12-5　装配式钢筋混凝土排架及主要构件

(3)钢结构(见图 12-6)。该结构的主要承重构件全部采用钢材制作。这种骨架结构自重轻，抗震性能好，施工速度快。主要用于跨度大、空间高、吊车荷载重、高温或震动荷载大的工业建筑。但钢结构易腐蚀，维修费用高，耐久性能差，防火性能差，使用时应采用必要的防护措施。

2. 按其常用主要承重结构的形式分

(1)排架结构。是由柱子、基础、屋架(屋面梁)构成的一种坚固骨架体系。其梁柱间为铰接，可以适应较大的吊车荷载；柱子与基础的连接为刚接，应用较多。

(2)刚架结构。该结构是将屋架(屋面梁)与柱子合并为一个构件。柱子与屋架(屋面梁)连接处为一个整体刚性节点，柱子与基础的连接点一般为铰接点。构件种类少、轻巧，空间宽敞，但刚度较差，适用于屋盖轻、无桥式吊车或吊车吨位小、跨度和高度较小的厂房或仓库。

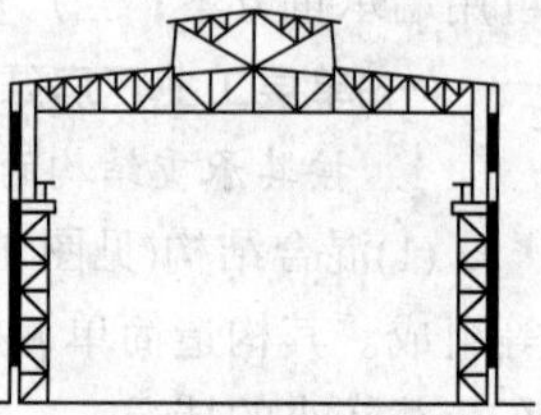

图 12-6 钢结构厂房

(二)单层厂房结构组成

单层厂房结构组成包括厂房骨架和围护结构两大部分。厂房骨架由横向排架和纵向联系构件以及支撑所组成。横向排架包括屋架(或屋面梁)、柱子和基础；纵向联系构件包括吊车梁、基础梁、连系梁(或圈梁)、大型屋面板等。

(1)屋盖结构。包括屋面板、屋架(屋面梁)及天窗架、托架等。屋面板铺在屋架或屋面梁上，屋面板直接承受其上面的荷载，并传给屋架(屋面梁)。多用预应力混凝土屋面板。屋架(屋面梁)搁置在柱子上，承受屋面板、天窗及其上的荷载，是主要承重构件。其形式有屋面梁、两铰(或三铰)拱屋架、桁架式屋架。桁架式屋架的外形有三角形、梯形、拱形、折线形等几种。

(2)吊车梁。吊车梁安放在柱子伸出的牛腿上，它承受吊车自重和吊车荷载，并把这些荷载传给柱子。

(3)柱子。它是厂房的主要承重构件，承受屋盖、吊车梁、墙体上的荷载，以及山墙传来的风荷载，并把这些荷载传给基础。

(4)基础。它承担作用在柱子上的全部荷载及基础梁传来的荷载，并将这些荷载传给地基。

(5)外墙围护系统。它包括厂房四周的外墙、抗风柱、墙梁和基础梁等。这些构件所承受的荷载主要是墙体和构件的自重以及作用在墙上的风荷载等。

(6)支撑系统。包括柱间支撑和屋盖支撑两大部分，其作用是加强厂房结构的空间整体刚度和稳定性。它主要传递水平风荷载以及吊车产生的冲击力。

三、单层工业厂房定位轴线

单层厂房定位轴线是确定厂房主要承重构件的平面位置及其标志尺寸的基准线，同时也是工业建筑施工放线和设备安装的定位依据。

厂房长轴方向的定位轴线称为纵向定位轴线，自下而上按 A，B，C，…顺序进行编号(I、O、Z 三个字母不用)；短轴方向的定位轴线称为横向定位轴线，自左至右按 1，2，3，4，…顺序进行编号，见图 12-7。

(一)柱网尺寸确定

柱子在建筑平面上排列所形成的网格称为柱网(见图 12-7)。一般是在纵横向定位轴线相交处设柱子，柱子纵向定位轴线之间的距离称为跨度，横向定位轴线之间的距离称为柱距。

柱网尺寸确定实际上就是选择厂房的跨度和柱距。

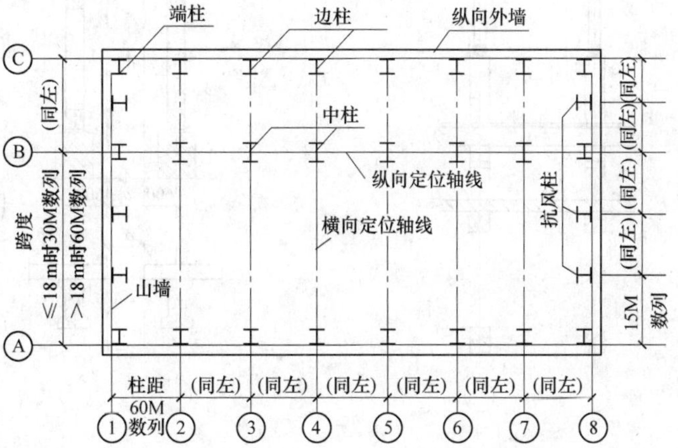

图 12-7　单层厂房定位轴线及柱网布置示意

在选择柱网时，应考虑工艺要求、建筑统一化规定、通用性较大及经济合理等。根据国家标准《厂房建筑模数协调标准》的要求，当跨度小于 18 m 时，应采用扩大模数 30 M 数列，即跨度可取 9 m、12 m、15 m。当跨度大于等于 18 m 时，按 60 M 模数递增，即跨度可取 18 m、24 m、30 m、36 m 等。柱距采用 60 M 模数，即 6 m、12 m、18 m 等。

(二)定位轴线的标定

定位轴线的标定的原则是结构合理、构造简单，能减少建筑构件的类型和规格，增加其通用性和互换性，扩大预制装配化程度，提高厂房建筑的工业化水平。标定位置通常由厂房的主要构件的布置情况决定。

1. 横向定位轴线

横向定位轴线标定了吊车梁、连系梁、基础梁、屋面板、墙板、纵向支撑等纵向构件的标志尺寸端部位置。

(1)中间柱与横向定位轴线。中间柱的截面中心线与横向定位轴线重合(见图 12-8)，而且屋架中心线也与横向定位轴线重合。纵向的结构构件如屋面板、吊车梁、连系梁的标志长度皆以横向定位轴线为界。

(2)变形缝处柱与横向定位轴线。在横向变形缝处一般采用双柱处理，为保证缝宽的要求，应设两条定位轴线，缝两侧柱截面中心均应自定位轴线向两侧内移 600 mm，见图 12-9。两条定位轴线之间的距离称为插入距，用 a_i 表示，并使 a_i 等于变形缝的宽度 a_e。

(3)端柱、山墙与横向定位轴线。①当山墙为非承重墙时，山墙内缘、抗风柱外缘与横向定位轴线重合(见图 12-10)，端柱柱截面中心线应自横向定位轴线内移 600 mm，这样有利于结构构件的协调统一，使屋面板与山墙处封闭，简化了结构布置，避免出现补充构件。②当山墙为承重山墙时，山墙内缘与横向定位轴线的距离应按半块砌体块材厚或墙体厚度一半来取(见图 12-11)，保证构件在墙体上有足够的支承长度。

2. 纵向定位轴线

单层厂房的纵向定位轴线主要用来标定厂房横向构件(如屋架或屋面梁)长度的标志尺寸。纵向定位轴线应使厂房结构与吊车的规格协调，保证吊车与柱之间留有足够的安全距离。

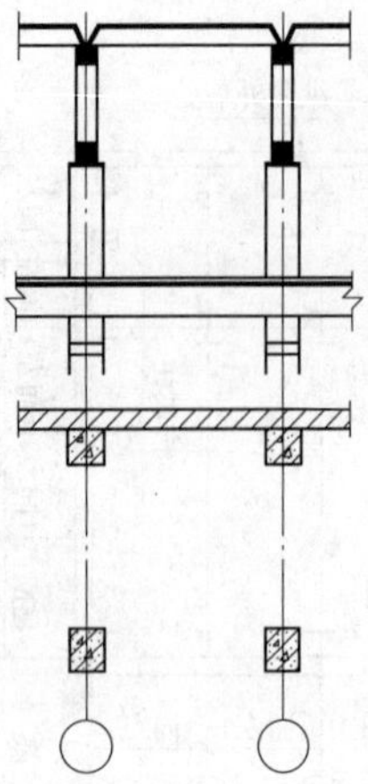

图 12-8　中柱与横向定位轴线

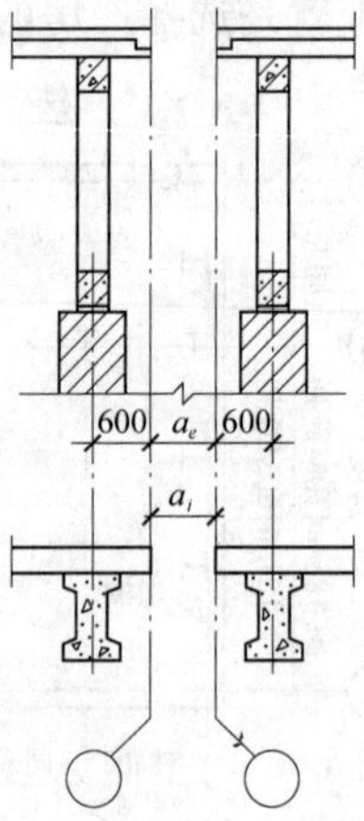

图 12-9　横向伸缩缝双柱处理

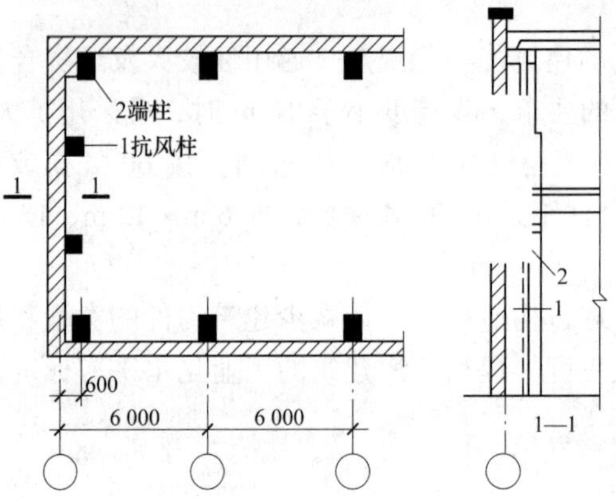

(a)　　(b)

图 12-10　非承重山墙、端柱与横向定位轴线

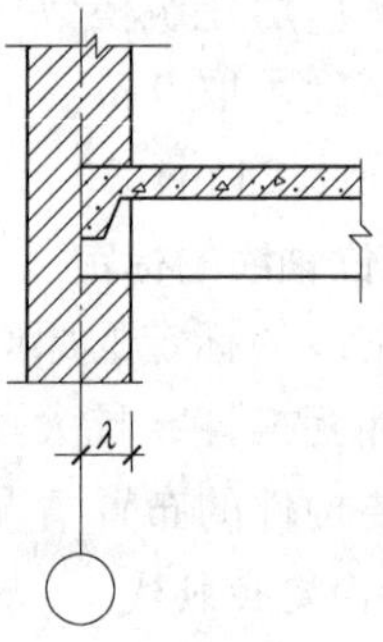

图 12-11　承重山墙横向定位轴线

(1)外墙、边柱与纵向定位轴线。应根据吊车起重量、柱距、跨度、有无安全走道板等因素计算协调确定。一般有两种情况：①封闭式结合。一般在无吊车或只有悬挂式吊车，桥式吊车起重量小于等于 20 t，柱距为 6 m 的厂房中采用，即外墙内缘、边柱外缘与纵向定位轴线重合，见图 12-12(a)。其屋面板可全部采用标准板，不需设补充构件，具有构造简单、施工方便等优点。②非封闭式结合。在吊车起重量大于等于 30 t，柱距大于 6 m 时采用非封闭结合(见图 12-12(b))，此时，边柱外缘与纵向定位轴线之间增设联系尺寸 a_c，如按常规布置屋面板只能铺至定位轴线处，与外墙内缘出现了非封闭的构造间隙，需要非标准的补充构件板。构造复杂，施工也较为麻烦。

(2)中柱与纵向定位轴线。多跨厂房的中柱分等高跨和不等高跨两种情况：①等高跨。厂房中柱通常为单柱，其截面中心与纵向定位轴线重合。此时上柱截面一般取 600 mm，以满足屋架和屋面大梁的支承长度，见图 12-13。②高低跨。也分两种情况：一是设一条定位轴线。当高低跨处采用单柱时，若高跨吊车起重量较小，则高跨上柱外缘和封墙内缘与定位轴线相重合，单轴线封闭结合，见图 12-14(a)。二是设两条定位轴线。当高跨吊车起重量较大，高跨轴线与上柱外缘之间设联系尺寸 a_c，低跨定位轴线与高跨定位轴线之间距离为插入距 a_i，为简化屋面构造，低跨定位轴线应自上柱外缘、封墙内缘通过，即插入距 a_i 等于联系尺寸 a_c，此时同一柱子的两条定位轴线分属高低跨(见图 12-14(b))；当高跨和低跨均为封闭结合，而两条定位轴线之间设有封墙时，则插入距等于墙厚(见图 12-14(c))。当高跨为非封闭结合，且高跨上柱外与低跨屋架端部之间设有封墙时，则两条定位轴线之间的插入距等于墙厚与联系尺寸之和(见图 12-14(d))。

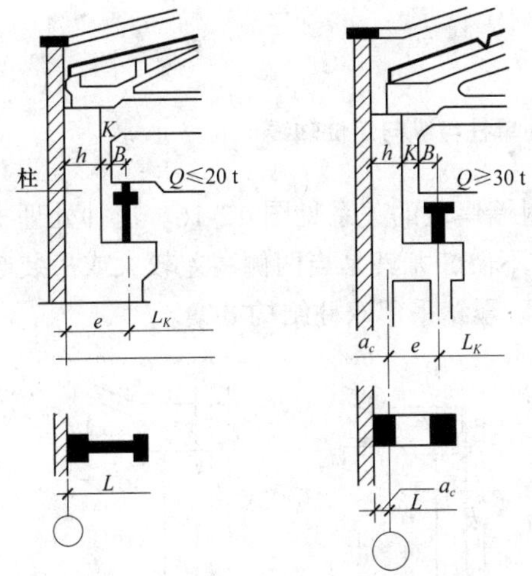

(a)封闭式结合　　(b)非封闭式结合

图 12-12　外墙、边柱与纵向定位轴线

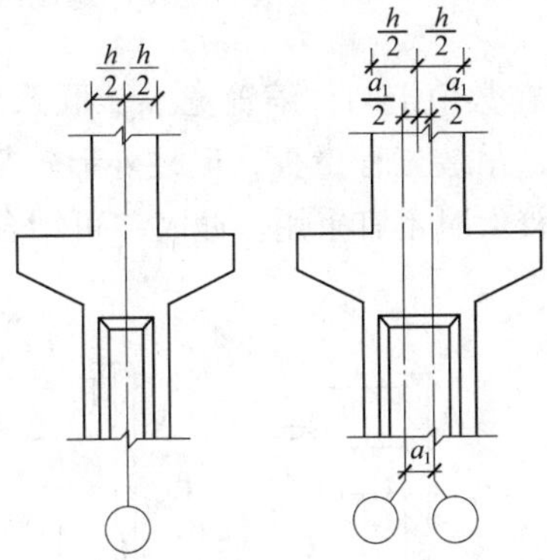

(a)　　(b)

图 12-13　等高跨中柱与纵向定位轴线

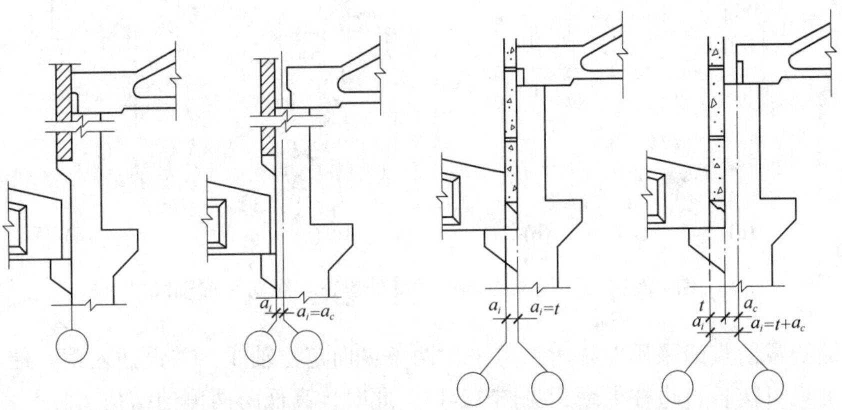

(a)　　(b)　　(c)　　(d)

图 12-14　高低跨中柱与纵向定位轴线

(3)纵向伸缩缝与防震缝处柱与纵向定位轴线。等高纵向伸缩缝处可采用单柱并设两条定位轴线，伸缩缝的一侧屋架或屋面梁搁置在活动支座上(见图 12-15)，此时，a_i=a_e。

不等高纵向伸缩缝一般设置在高低跨处。当采用单柱处理时，低跨的屋架或屋面梁搁置在活动支座的牛腿上，高低跨处采用两条纵向定位轴线，其中间设插入距 a_i。此时，插

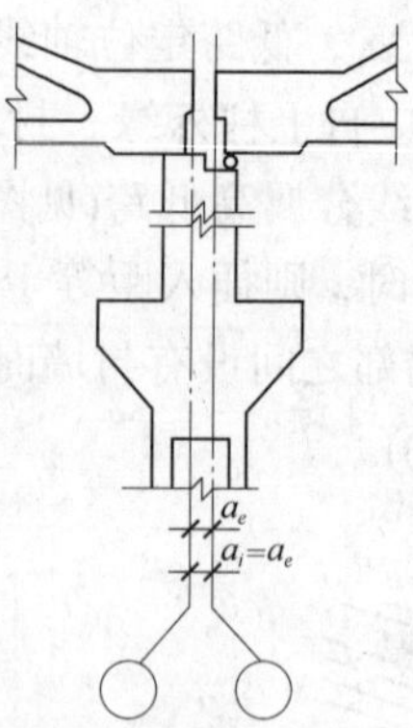

图 12-15　等高纵向伸缩缝处单柱与纵向定位轴线

入距 a_i 在数值上与伸缩缝宽 a_e、联系尺寸 a_c、封墙厚度的关系见图 12-16。这种处理，结构简单，吊装工程量少，但柱外形较复杂，制作不便，尤其是当两侧高差较大或吊装起重量差异较大时不宜采用。此时，可结合伸缩缝或防震缝采用双柱结构方案。

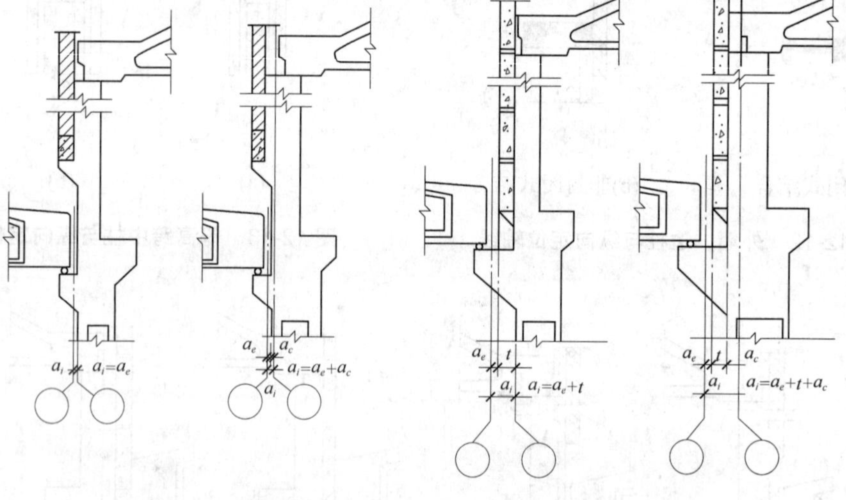

图 12-16　不等高纵向伸缩缝处单柱与纵向定位轴线

当伸缩缝或防震缝采用双柱时，可采用两条纵向定位轴线，并设插入距。柱与纵向定位轴线的关系可按各自边柱处理，见图 12-17。此时，高低跨两侧的结构实际是各自独立，自成系统，仅是互相靠拢，以便下部空间相通，有利于组织生产。

(4)纵横跨交接处的定位轴线。厂房纵横跨相交，常在相交处设变形缝，使纵横跨各自独立。纵横跨应有各自的柱列和定位轴线。设计时，常将纵跨和横跨的结构分开，并在两者之间设变形缝。对于纵跨相交处的定位轴线按山墙的定位轴线处理；对于横跨相交处的处理相当于边柱与外墙的处理。纵横跨连接处设双柱、双定位轴线，两条定位轴线之间设插入距(见图 12-18)。当封墙为砌体时，a_e 为变形缝的宽度；当封墙为墙板时，a_e 值取变形缝的宽度或吊装墙板所需净空尺寸的较大值。

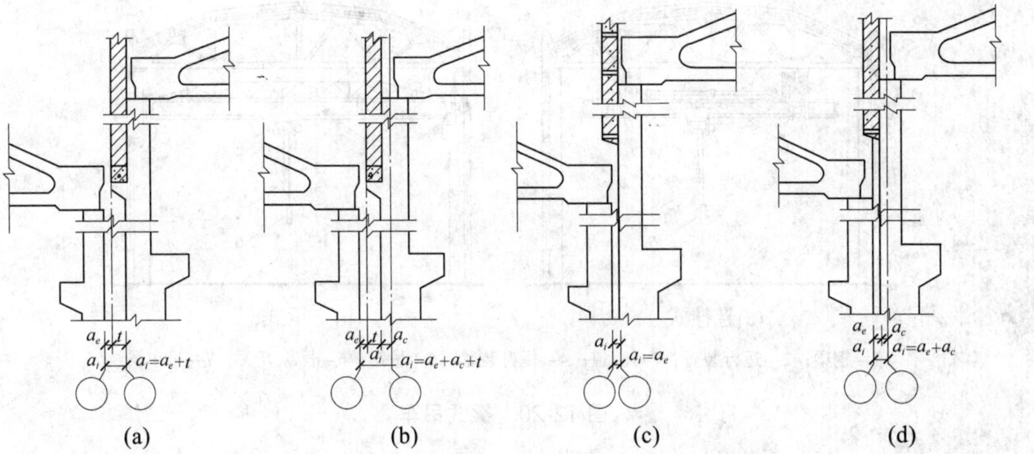

图 12-17　不等高纵向伸缩缝处双柱与纵向定位轴线

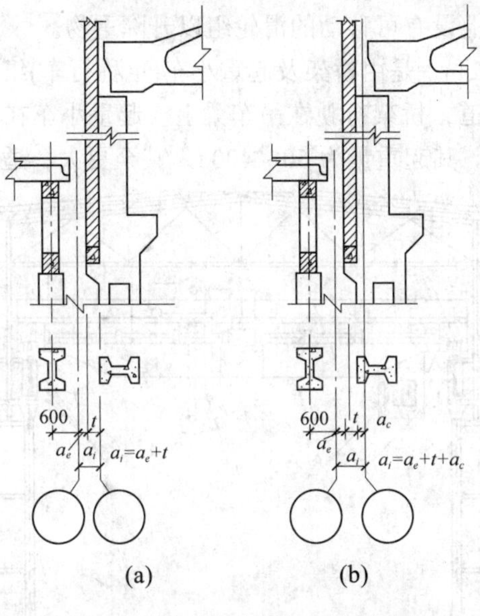

图 12-18　纵横跨交接处柱与定位轴线

四、单层工业厂房起重运输设备简介

厂房的上部空间应设置各类起重运输设备，常见的有以下三种吊车：

(1)单轨悬挂吊车(见图 12-19)。是在屋架(或屋面梁)下弦悬挂梁式钢轨，轨梁上安装可以水平移动的滑轮组(俗称电动葫芦)，利用滑轮组升降起重的一种起重设备，其起重量一般在 5 t 以下，有手动和电动两种类型。

(2)梁式吊车(见图 12-20)。是由梁架和电动葫芦组成，分两种：①悬挂式。是在屋架(或屋面梁)下弦悬挂梁式钢

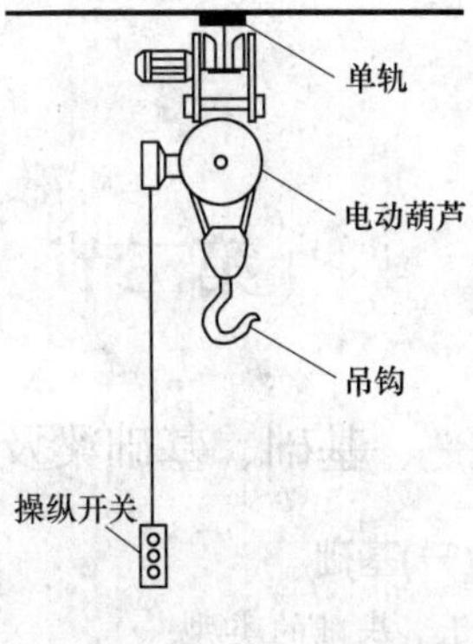

图 12-19　单轨悬挂吊车

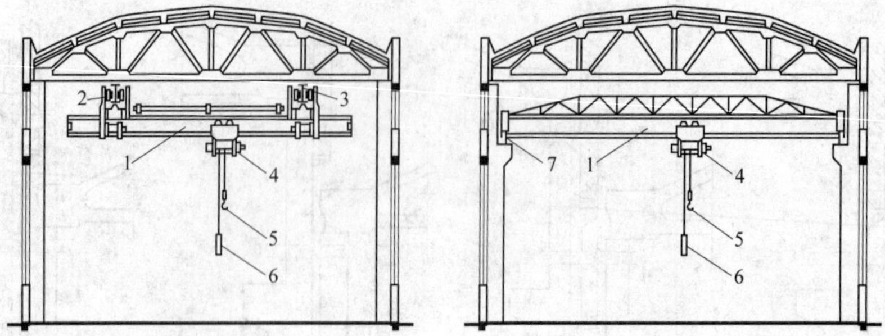

(a)悬挂式　　(b)支承式

1—钢梁；2—运行装置；3—轨道；4—提升装置；5—吊钩；6—操纵开关；7—吊车梁

图 12-20　梁式吊车

轨，钢轨成两平行直线，钢轨梁上安放滑行的单梁，单梁上设有可移动的滑轮组以升降重物。②支承式。是在排架柱上设牛腿，牛腿上搁置吊车梁，吊车梁上安装钢轨，钢轨上设有可滑行的单梁，在单梁上设有可移动的滑轮组以升降重物。

(3)桥式吊车(见图 12-21)。是由桥架及起重小车(也称行车)组成。通常在排架柱的牛腿上设置的吊车梁上安放轨道，桥架行驶在吊车梁上。起重小车在桥架上并可横向移动。小车上有供起重用的滑轮组。其起重量为 50 ~ 400 t，甚至更大，适用于大跨度的厂房。

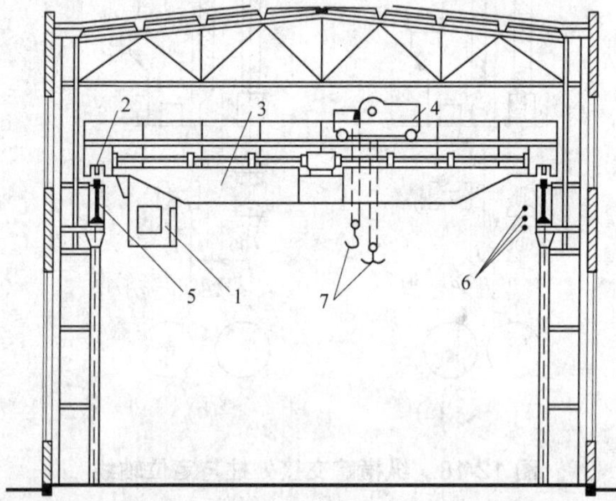

1—吊车司机室；2—吊车轮；3—桥架；4—起重小车；5—吊车梁；6—电线；7—吊钩

图 12-21　桥式吊车

第二节　单层工业厂房的主要结构构件

一、基础、基础梁及柱

(一)基础

1. 基础的类型

基础承受厂房上部结构的所有重量，并传送给地基。基础类型的选择主要取决于上部结构荷载的性质、大小及工程地质情况等。单层厂房一般常采用钢筋混凝土基础，当上部荷载不大、地基土质较均匀时，柱下多采用独立的杯形基础(见图 12-22(a))；当荷载的轴向大弯矩小且施工技术较好，而其他情况相同时，也可采用独立的壳体基础(见图 12-22(b))；当上部荷载较大，地基承载力较小，可采用条形基础。

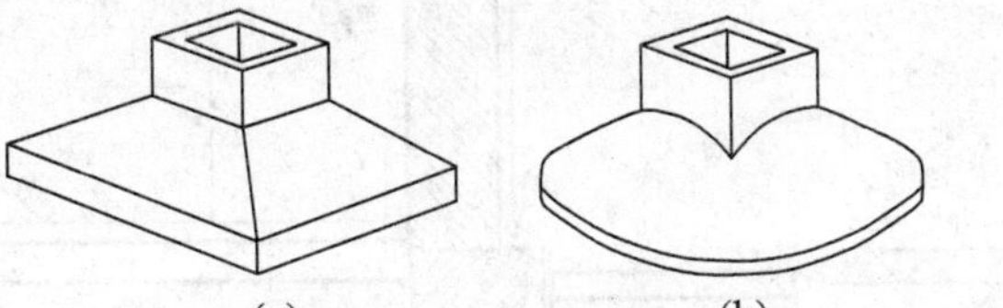

图 12-22　基础的类型

2. 基础的构造

杯形基础是天然地基上浅埋的预制钢筋混凝土柱下独立基础，在工业厂房中较常见。一般有三种：一般位置采用单杯基础；变形缝处采用双杯基础；有设备时采用高杯口基础。为便于安装，杯口顶每边应比柱每边大 75 mm，杯口底每边应比柱每边大 50 mm。在柱底面与杯底面之间还应预留 50 mm 的缝隙，用高强度细石混凝土找平。柱子就位后杯口与柱子四周缝隙用 C20 细石混凝土灌实。

(二)基础梁

采用排架结构的单层工业厂房，墙身一般砌筑在基础梁上(高墙的上部墙体砌筑在连系梁上)，基础梁的两端搁置在相邻两杯形基础的杯口上，墙体的重量通过基础梁传到基础上，可使墙和柱一起沉降，防止墙面因不均匀沉降而开裂。基础梁的断面形状常用倒梯形，有预应力和非预应力钢筋混凝土两种，见图 12-23。

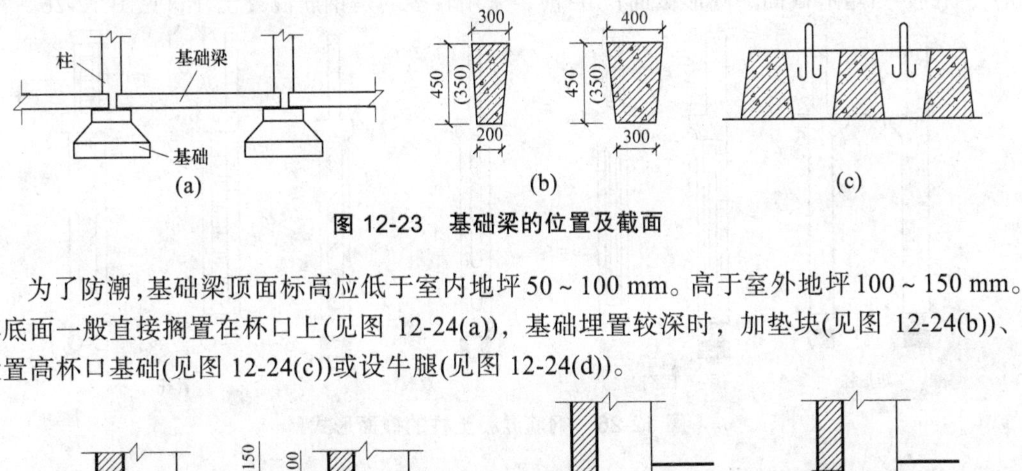

图 12-23　基础梁的位置及截面

为了防潮，基础梁顶面标高应低于室内地坪 50 ~ 100 mm。高于室外地坪 100 ~ 150 mm。其底面一般直接搁置在杯口上(见图 12-24(a))，基础埋置较深时，加垫块(见图 12-24(b))、设置高杯口基础(见图 12-24(c))或设牛腿(见图 12-24(d))。

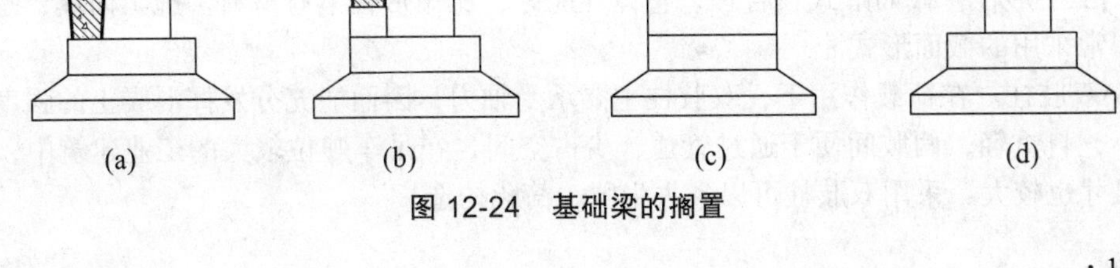

图 12-24　基础梁的搁置

寒冷地区基础梁下的土壤应采取防冻胀措施，基础梁底部应留有 50 ~ 150 mm 的空隙。同时对于有保温隔热要求的厂房，为防止热量沿基础梁散失，应在基础梁两侧铺设厚度≥300 mm 的松散材料，如矿渣、干砂等，见图 12-25。

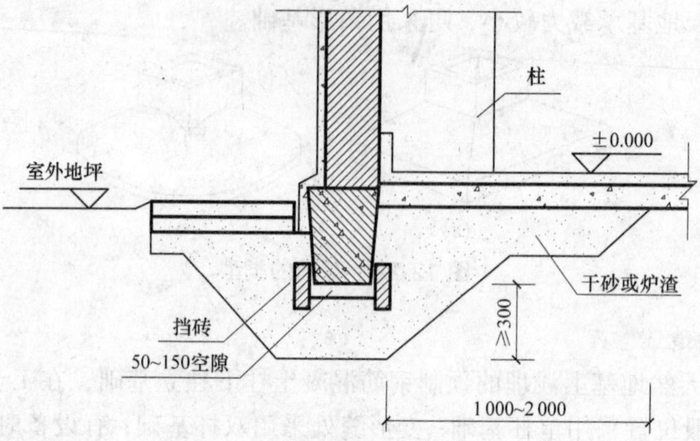

图 12-25 基础梁的防冻措施

(三)柱

厂房中柱由柱身(又分为上柱、下柱、牛腿)及柱上预埋件组成，主要承受屋架和牛腿上的吊车梁的垂直荷载、风荷载及吊车产生的纵向和横向的水平荷载，有时还要承受墙体、管道及设备等荷载，因此柱子的形式和尺寸应能满足抗压和抗弯的要求。

1. 柱的类型

根据柱的材料分有砖柱、钢筋混凝土柱、钢柱等；按截面形式分有单肢柱(矩形、工字形)、双肢柱(矩形截面、圆形截面)。目前，采用较多的是钢筋混凝土柱，见图 12-26。

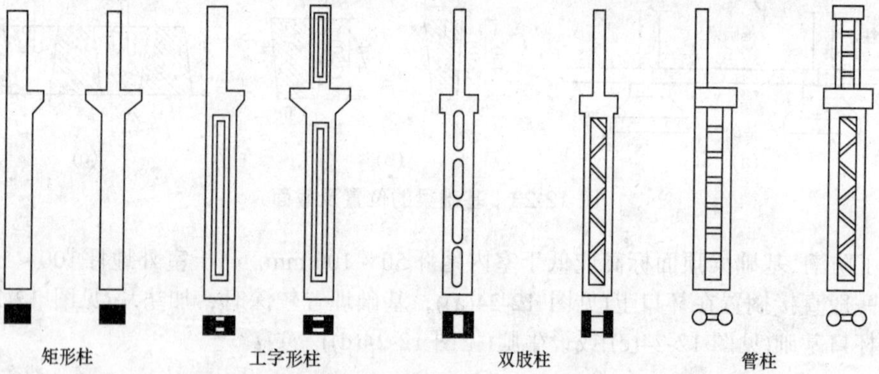

图 12-26 钢筋混凝土柱的截面形式

(1)矩形柱。构造简单，施工方便。但不能充分发挥混凝土的承压性能且自重大，耗费材料。中心受压的柱子或截面较小的柱子常采用此形式。

(2)工字形柱。截面形式较合理，整体性能好，比矩形柱节省材料。施工简单，是工业厂房中常采用的截面形式。

(3)双肢柱。在荷载作用下，双肢柱主要承受轴力，因而能充分发挥混凝土的强度。其断面小，自重轻，两肢间便于通过管道，少占空间，在吊车吨位较大的工业建筑中，柱的截面尺寸也较大，采用双肢柱可以省去牛腿，简化构造。

(4)钢筋混凝土管柱。采用高速离心方法制作，牛腿部分需浇筑混凝土。

2. 柱的构造

上柱的截面尺寸一般为 400 mm × 400 mm、400 mm × 500 mm、400 mm × 600 mm。下柱的截面尺寸一般为 400 mm × 400 mm、400 mm × 800 mm、400 mm × 1 000 mm。工字形柱的构造见图 12-27，双肢柱的构造见图 12-28。

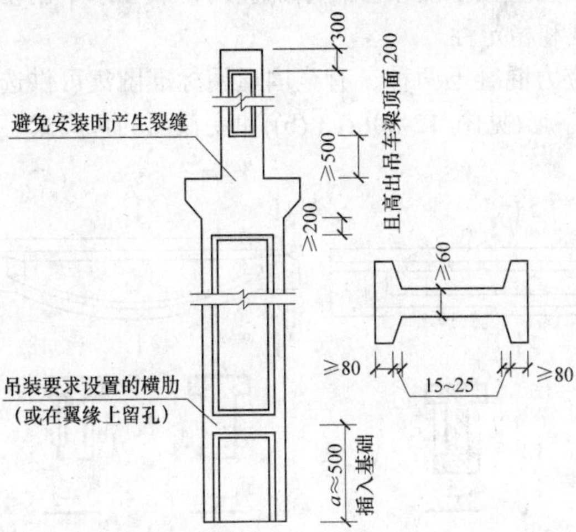

图 12-27　工字形柱的构造

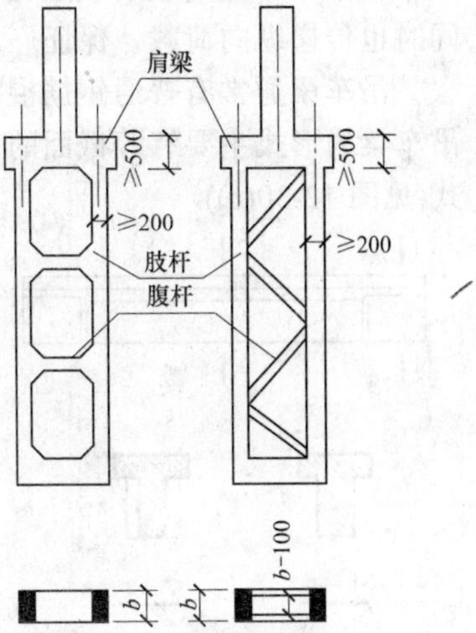

图 12-28　双肢柱的构造

单层厂房中的托梁、吊车梁、连系梁等常设在柱的牛腿上支承。钢筋混凝土牛腿柱有实腹式和空腹式之分，常采用实腹式。

3. 柱的预埋铁件

为保证柱能有效地传递荷载，必须使柱与其他构件有可靠的连接，所以应在柱子的相应位置预埋铁件或钢筋，见图 12-29。

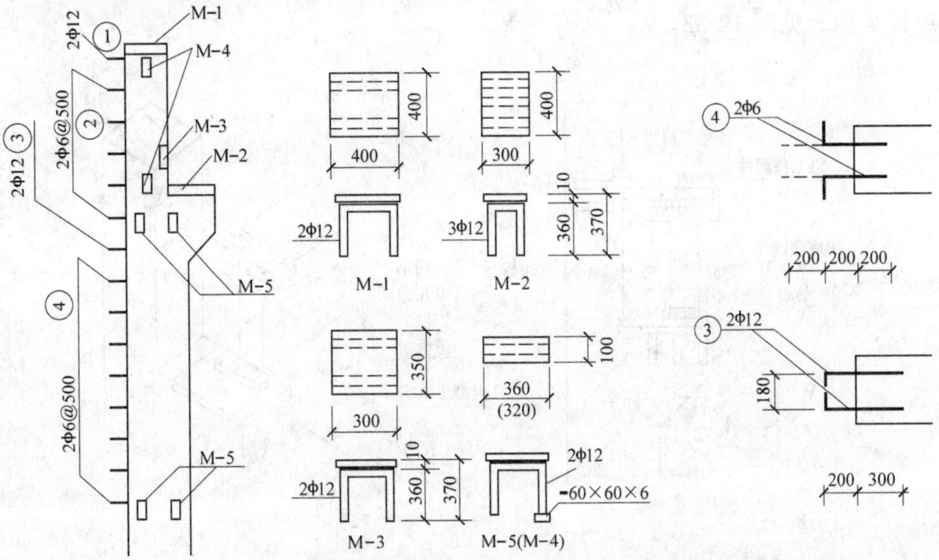

①—圈梁拉筋；②、④—墙体拉筋；③—连系梁拉筋

M-1—焊屋架埋件；M-2、M-3—焊吊车梁埋件；M-4、M-5—焊柱间支承埋件

图 12-29　柱的埋筋与埋件

二、吊车梁、连系梁、圈梁

(一)吊车梁

当工业厂房设有桥式吊车、梁式吊车时，需沿厂房纵向在柱子的牛腿处设置吊车梁。吊车在吊车梁上铺设的轨道上行驶。吊车梁直接承受吊车传来的竖向荷载和水平制动力，同时也传递纵向荷载，保证厂房纵向刚度和稳定性。

吊车梁通常有普通钢筋混凝土和预应力混凝土两种，有全国通用标准图集可供选用。吊车梁的形式主要有等截面的 T 形、工字形(见图 12-30(a)、(b))和变截面的鱼腹式、折线式(见图 12-30(c))。

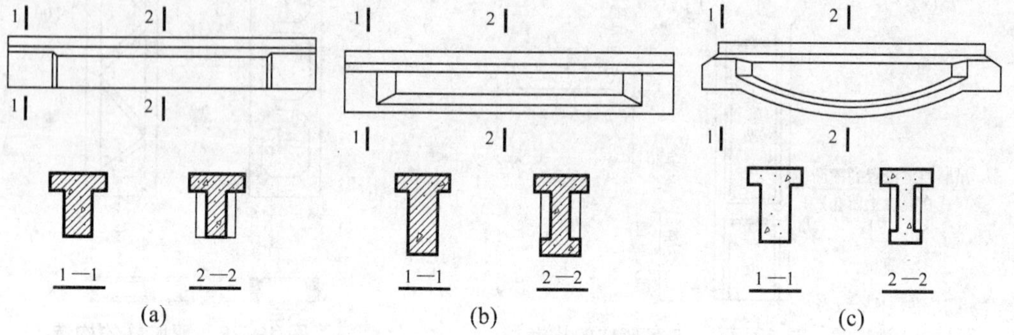

图 12-30　吊车梁的形状

吊车梁与柱的连接多采用焊接。为承受吊车的横向水平刹车力，将吊车梁上翼缘的预埋件与柱的预埋件用钢板或角钢焊接。吊车梁底部安装前应焊上一块垫板与柱牛腿顶面预埋钢板焊牢。吊车梁的对头空隙及梁与柱之间的空隙用 C20 混凝土填实，见图 12-31。

吊车梁与吊车轨道的连接见图 12-32。为防止吊车在行驶中与山墙冲撞，在吊车梁的终端应设车挡，见图 12-33。

图 12-31　吊车梁与柱的连接

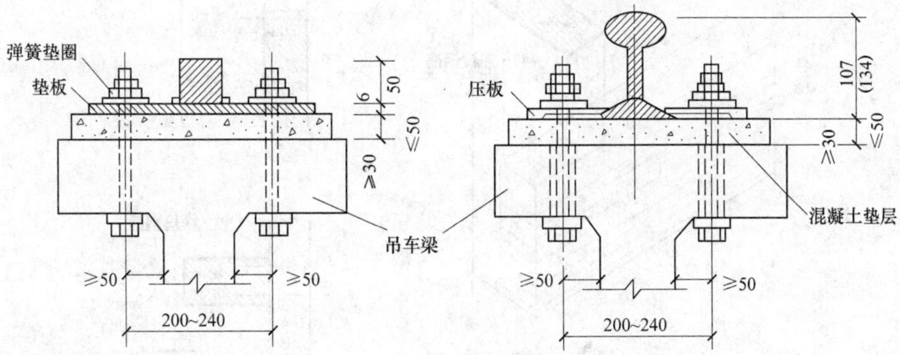

图 12-32　吊车轨道与吊车梁的连接

(二)连系梁

连系梁是厂房纵向柱列的水平连系构件，常设置在窗口上皮，并代替窗过梁。连系梁可增强厂房纵向刚度、传递风荷载到纵向柱列；承受部分墙体重量(当墙高超过 15 m)并传给柱子。连系梁常用预制构件，有全国通用标准图集。截面形式有矩形(用于 240 mm 墙)、L 形(用于 370 mm 墙)。与柱子用焊接或螺栓连接。见图 12-34。

(三)圈梁

圈梁的作用是将墙体同厂房排架柱、抗风柱连在一起，以加强厂房的整体刚度和稳定性。圈梁应按照上密下疏的原则在墙体内每 5 m 左右设一道，一般位于柱顶、屋架端头顶部和吊车梁附近。圈梁施工可现浇也可预制，应与柱子伸出的预埋钢筋连接(见图 12-35)。圈梁、连系梁、过梁应统一考虑，调整好位置。

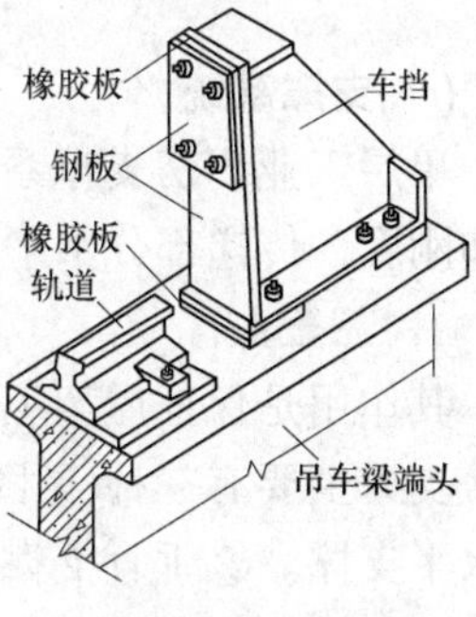

图 12-33　车挡

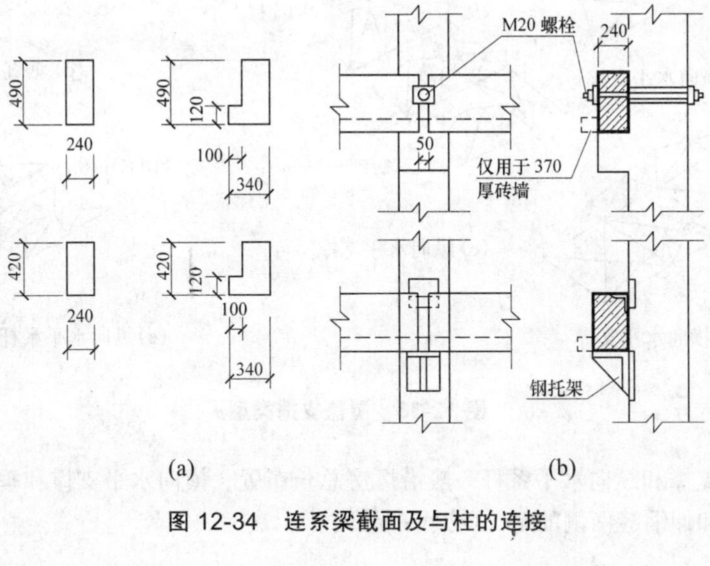

图 12-34　连系梁截面及与柱的连接

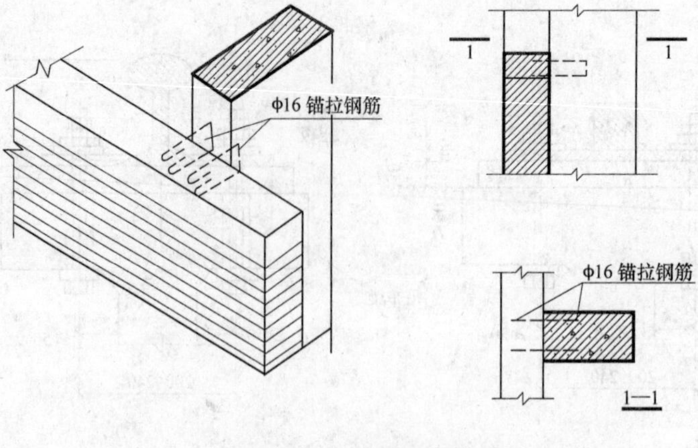

图 12-35　圈梁的连接

三、支撑系统与抗风柱

(一)支撑系统

单层工业厂房支撑系统的作用是保证厂房结构和构件的承载力，提高厂房的整体稳定性和刚度，传递部分水平荷载。主要有屋盖支撑和柱间支撑两部分。

1. 屋盖支撑

其作用是保证屋架上下弦间杆件在受力后的稳定性，并能传递山墙受到的风荷载等。屋盖支撑主要有三种(见图 12-36)：①水平支撑，包括上、下弦横向水平支撑和上、下弦纵向水平支撑。②垂直支撑，有跨中垂直支撑和端部垂直支撑。③纵向水平系杆，有上弦跨中水平系杆和下弦跨中水平系杆。

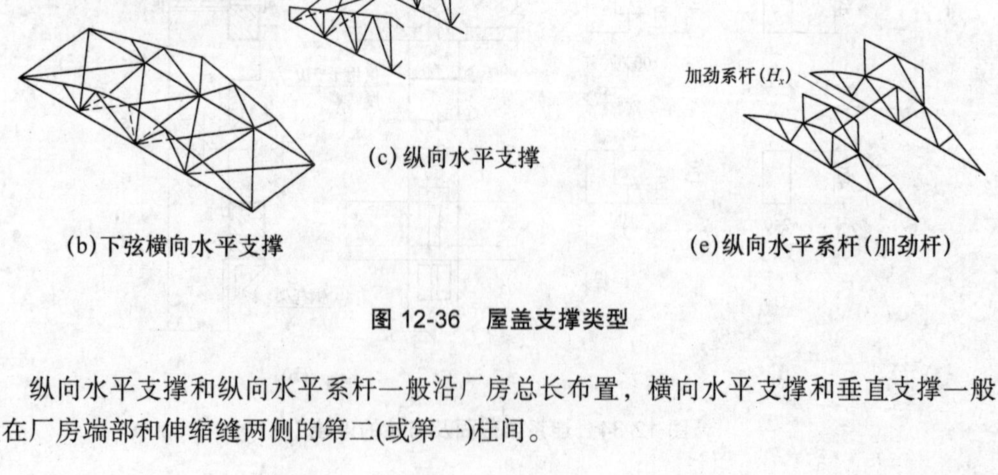

(a) 上弦横向水平支撑

(b) 下弦横向水平支撑

(c) 纵向水平支撑

(d) 垂直支撑

(e) 纵向水平系杆（加劲杆）

图 12-36　屋盖支撑类型

纵向水平支撑和纵向水平系杆一般沿厂房总长布置，横向水平支撑和垂直支撑一般布置在厂房端部和伸缩缝两侧的第二(或第一)柱间。

2. 柱间支撑

柱间支撑一般设在厂房变形缝的区段中部，其作用是承受山墙抗风柱传来的水平荷载及经柱间传递吊车产生的纵向刹车力，以加强纵向柱列的刚度和稳定性。柱间支撑一般采用钢材制成。按吊车梁位置分为上部和下部支撑。支撑形式有交叉式和门架式两种，见图 12-37。

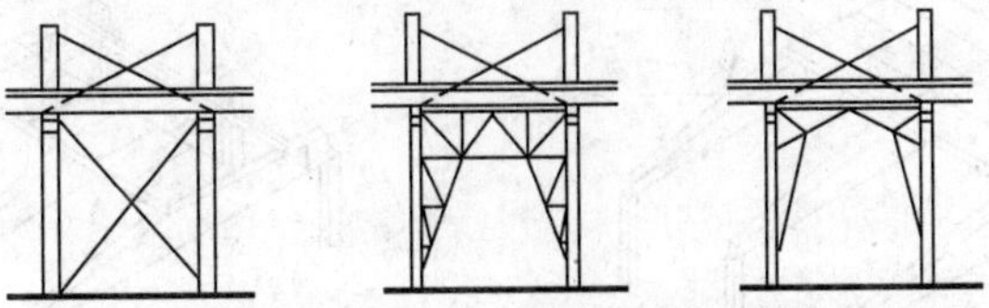

图 12-37　柱间支撑形式

(二)抗风柱

抗风柱承受山墙上的风荷载，一部分风荷载由抗风柱直接传给基础，另一部分风荷载由抗风柱上端通过屋盖系统传到纵向柱列上去。

抗风柱下端插入杯形基础内，上端应通过特制的弹簧板与屋架(屋面梁)作构造连接，见图 12-38。

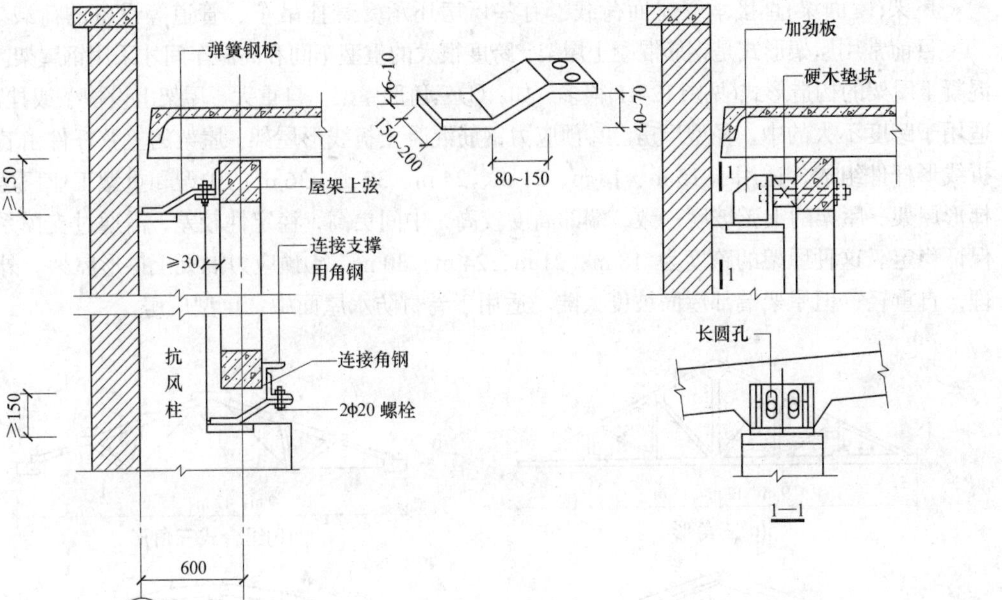

图 12-38　抗风柱的连接

四、屋盖体系

(一)屋盖结构体系

屋盖结构体系起承重和围护作用，包括承重构件和覆盖构件两部分。

屋盖结构形式有两种：①无檩体系(见图 12-39)。是将大型屋面板直接放在屋架(或屋面梁)上，屋架(屋面梁)放在柱子上。结构整体性好，刚度大，可以保证厂房的稳定性，且构件数量少，施工速度快，大中型厂房采用较多。②有檩体系(见图 12-40)。是将各种小型屋面板(或瓦)直接放在檩条上，檩条支承在屋架(或屋面梁)上，屋架(屋面梁)放在柱子上。屋盖轻，结构的整体性较差，适用于中小型工业厂房。

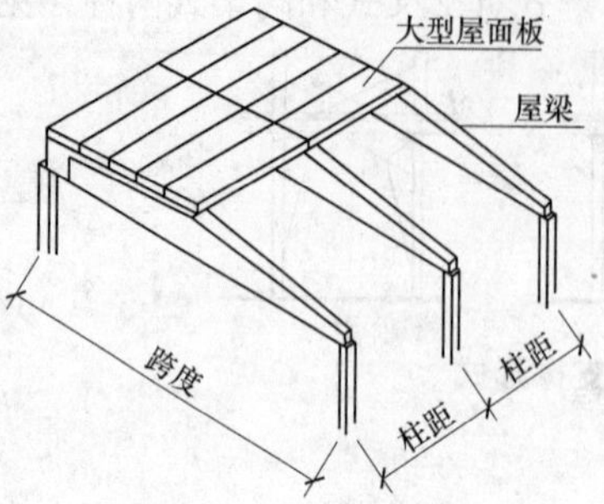

图 12-39　无檩体系屋盖

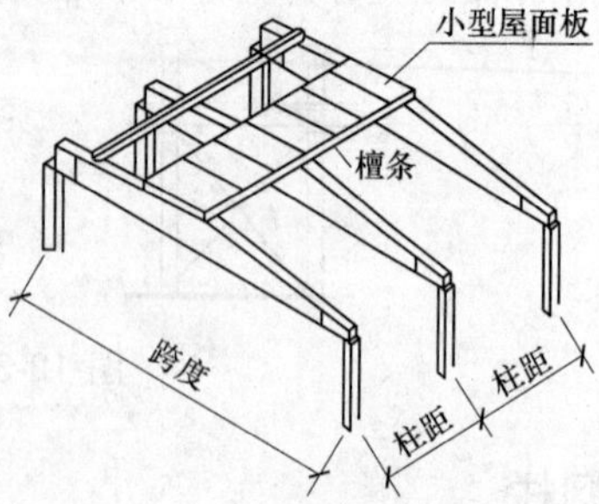

图 12-40　有檩体系屋盖

(二)屋盖承重构件

1. 屋架(屋面梁)

屋架(屋面梁)直接承受屋面荷载，有些厂房还承受悬挂吊车、管道等设备的荷载。

目前常用屋架形式是钢筋混凝土屋架，跨度很大的重型车间和高温车间才采用钢屋架。钢筋混凝土屋架的构造形式(见图 12-41)很多，如：①三角形屋架。自重大、屋架上设檩条或挂瓦板。适用于跨度不大的中、轻型厂房。②预应力钢筋混凝土折线形屋架。屋架的上弦杆件由若干段折线形杆件组成，适用于 15 m、18 m、21 m、24 m、30 m、36 m 的中型和重型工业厂房。③梯形屋架。屋架的上弦坡度一致，端部高度较高，中间更高，稳定性较差，需通过支撑系统来保证稳定。这种屋架的跨度为 18 m、21 m、24 m、30 m。④预应力混凝土拱形屋架。外形合理，自重轻，但屋架端部屋面坡度太陡。适用于卷材防水屋面中、重型厂房。

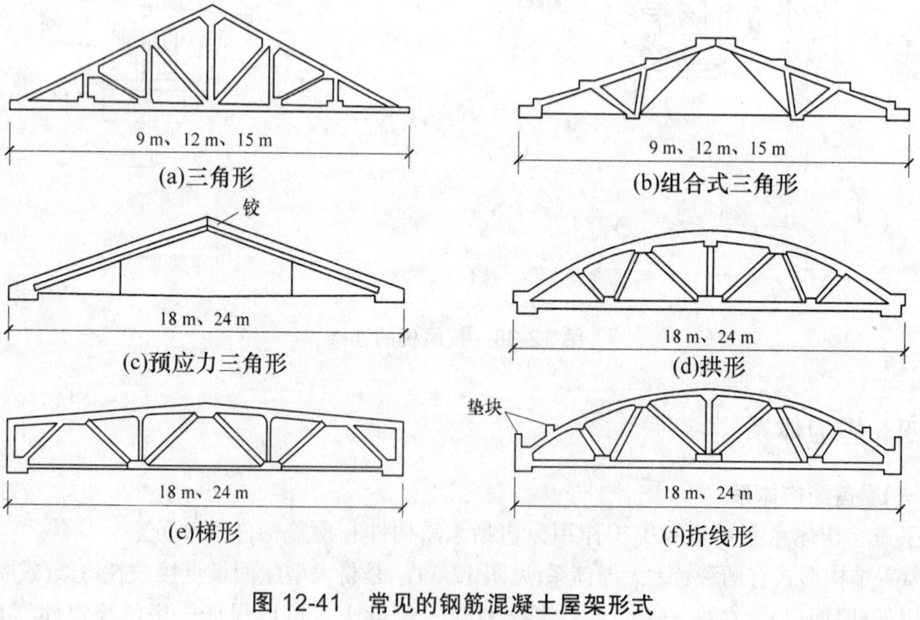

图 12-41　常见的钢筋混凝土屋架形式

屋面梁截面有T形和工字形两种，外形有单坡的和双坡的。其结构简单，制作、安装方便，梁高小，重心低，稳定性好，但自重大，适用于跨度不大、有较大振动荷载或腐蚀性介质的厂房。

2. 屋架与柱子的连接

屋架与柱的连接有焊接和螺栓连接两种。焊接是在屋架或屋面梁端部支承部位的预埋件底部焊上一块垫板，待屋架就位校正后，与柱顶预埋钢板焊接牢固，见图 12-42(a)。螺栓连接是在柱顶伸出预埋螺栓，在屋架(或屋面梁)端部支承部位焊上带有缺口的支承钢板，就位校正后，用螺栓拧紧，见图 12-42(b)。

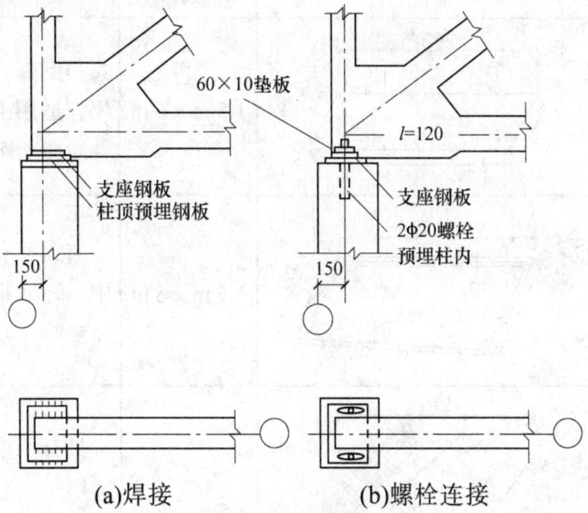

图 12-42 屋架与柱的连接

3. 屋架托架

当厂房全部或局部柱距为 12 m 以上，屋架间距仍保持 6 m 时，需在 12 m 柱距间设置托架来支承中间屋架，通过托架将屋架上的荷载传递给柱子。有预应力钢筋混凝土(见图 12-43)和钢托架两种。

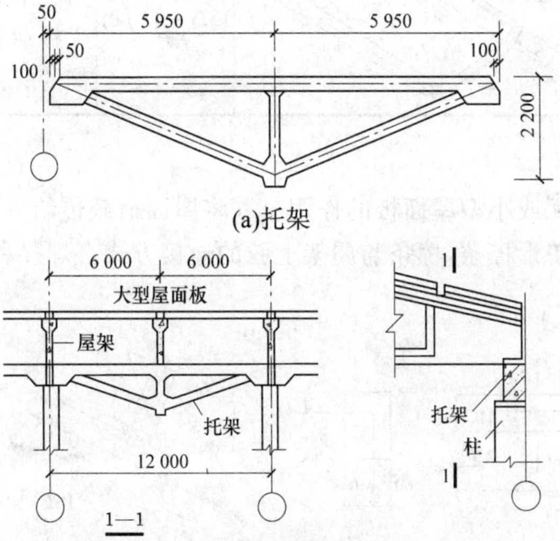

图 12-43 预应力钢筋混凝土托架

(三)覆盖构件

1. 屋面板

屋面板分大型屋面板和小型屋面板。在无檩体系中用得最多的是预应力钢筋混凝土大型屋面板，采用焊接与屋架连接；小型屋面板与檩条通过钢筋钩或插铁固定。屋面板常见类型、尺寸、特点及适用条件见表 12-1。

表 12-1　屋面板类型、尺寸、特点及适用条件

序号	名称	简图	标志尺寸	特点及适用条件
1	大型屋面板	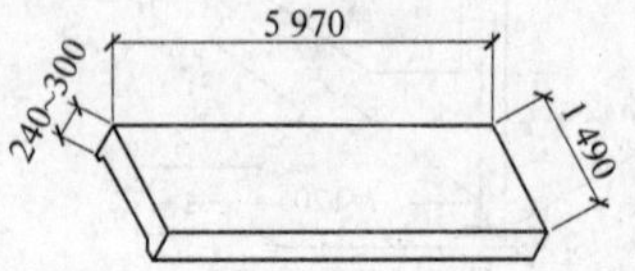	1.5 m × 6 m	与嵌板、檐口板和天沟板配合使用，适用于中、大型和振动较大，并对屋面刚度要求较高的厂房
2	预应力 F 形屋面板	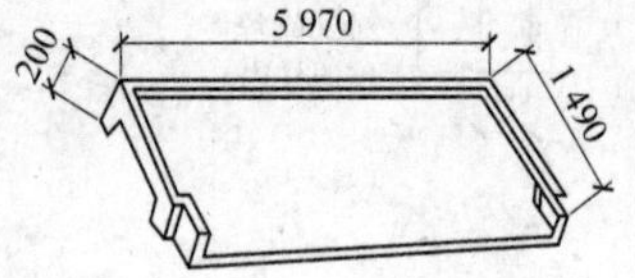	1.5 m × 6 m	与盖瓦和脊瓦配合使用。适用于中、轻型非保温厂房，不适用于对屋面防水要求高的厂房
3	预应力混凝土夹心保温屋面板	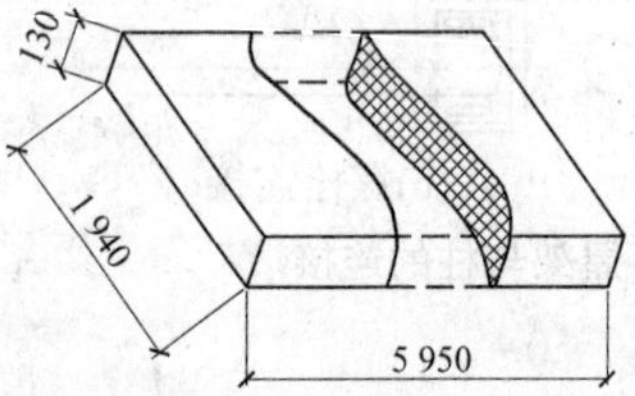	1.5 m × 6 m	具有承重、保温、防水三种作用。适用于一般保温厂房，不适用于气候寒冷、冻融频繁地区和有腐蚀性气体及湿度大的厂房
4	钢筋混凝土槽瓦	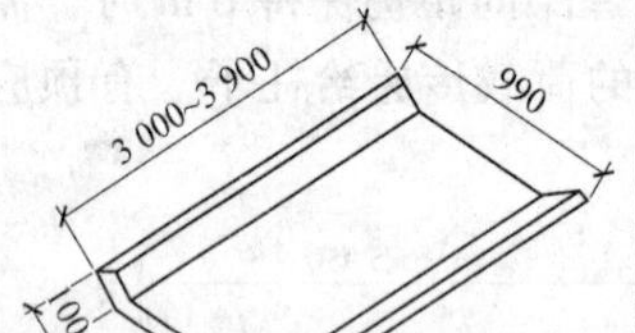	1.0 m × (3.3 ~ 3.9) m	自防水构件，与盖瓦、脊瓦和檩条一起使用。适用于中小型厂房，不适用于有腐蚀气体、有较大振动、对屋面刚度及隔热要求高的厂房

2. 檩条

檩条起着支承槽瓦或小型屋面板的作用，并将屋面荷载传给屋架。常见类型有预应力钢筋混凝土倒 L 形和 T 形檩条。檩条与屋架上弦的连接方式有焊接和螺栓连接，见图 12-44。

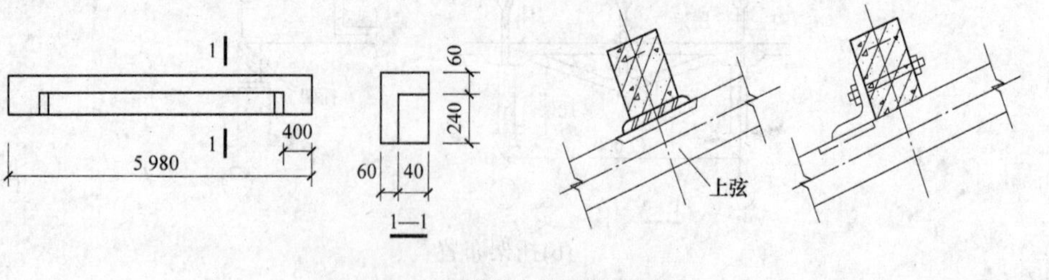

图 12-44　檩条与屋架的连接

第三节　单层工业厂房的围护构造

一、外墙

单层厂房的外墙，按承重情况可分为承重墙、自承重墙及骨架墙等。按构造可分为块材墙、板材墙。

承重墙一般用于中、小型厂房。当厂房跨度小于 15 m，吊车吨位不超过 5 t 时，可做成条形基础和带壁柱的承重砖墙。承重墙和自承重墙的构造类似于民用建筑。

骨架墙是利用厂房的承重结构作骨架，墙体仅起围护作用。与砖结构的承重墙相比，减少了结构面积，便于建筑施工和设备安装，适应高大及有振动的厂房条件，易于实现建筑工业化，适应厂房的改建、扩建等，当前广泛采用。依据使用要求、材料和施工条件，骨架墙有块材墙、板材墙和开敞式外墙等。

(一)块材墙

(1)块材墙的位置。块材墙厂房围护墙与柱的平面关系有两种，第一种是外墙位于柱子之间，能节约用地，提高柱列的刚度，但构造复杂，热工性能差；第二种是设在柱的外侧，具有构造简单、施工方便、热工性能好、便于统一等特点，应用普遍，见图 12-45。

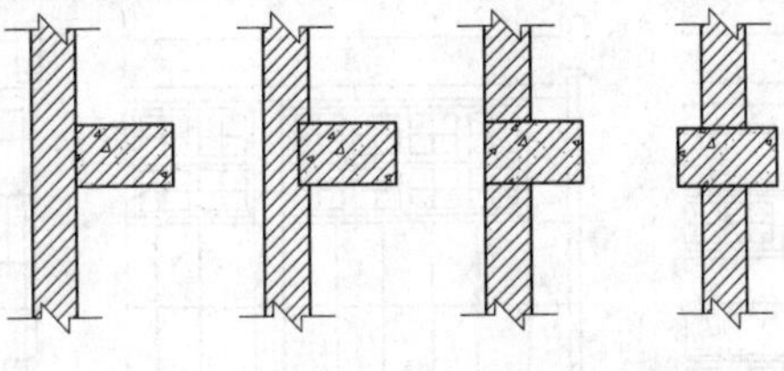

图 12-45　围护墙与柱的平面关系

(2)块材墙的相关构件及连接。块材围护墙一般不设基础，下部墙身支承在基础梁上，上部墙身通过连系梁经牛腿将重量传给柱再传至基础，柱和屋架端部常用钢筋拉结块材墙，由柱、屋架沿高度每隔 500 ~ 600 mm 伸出 2ϕ6 钢筋砌入墙内，见图 12-46。

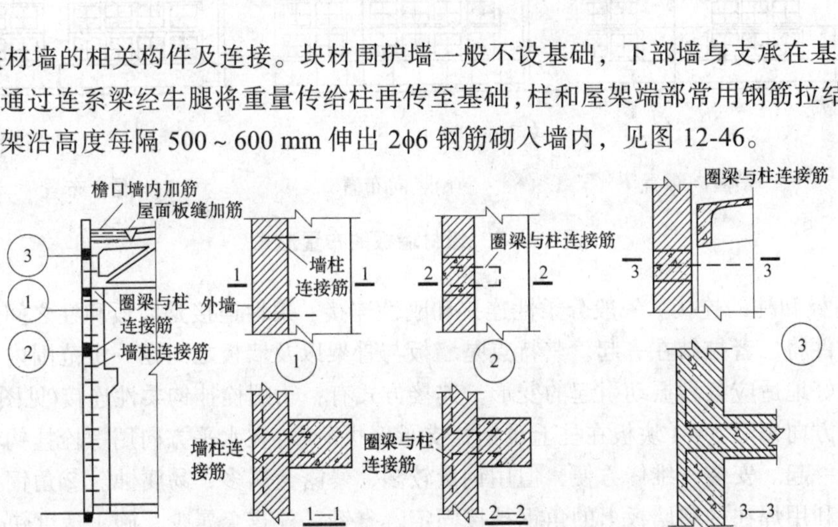

图 12-46　块材墙与柱和屋架端部的连接

(二)板材墙

板材墙采用工厂生产的大型墙板现场装配而成，能减轻劳动强度，充分利用工业废料，节省耕地，提高墙体的抗震性能，可以加快施工速度，利于厂房建筑工业化。目前适宜用的板材有钢筋混凝土板材和波形板材。

1. 钢筋混凝土板材墙

(1)墙板的规格、类型。钢筋混凝土墙板的长度和高度采用扩大模数 3 M 数列。板长有 4 500 mm、6 000 mm、7 500 mm、12 000 mm 等，可适用于常用的 6 m 或 12 m 柱距以及 3 m 整数的跨距。板的高度有 900 mm、1 200 mm、1 500 mm、1 800 mm 等。常用的板厚度为 160 ~ 240 mm，以 20 mm 为模数进级。

根据材料和构造方式，墙板分单一材料墙板和复合墙板。单一材料墙板常见的有钢筋混凝土槽形板、空心板和配筋轻混凝土墙板。复合墙板是指采用承重骨架、外壳及各种轻质夹芯材料所组成的墙板。常用的夹芯材料为膨胀珍珠岩、蛭石、陶粒、泡沫塑料等配制的各种轻混凝土或预制板材。常用的外壳有钢筋混凝土重型外壳和石棉水泥板、塑料板、薄钢板等轻型外壳。

(2)墙板布置。分横向布置、竖向布置和混合布置(见图 12-47)。其中横向布板以柱距为板长，可省去窗过梁和连系梁，板型少，利于加强厂房刚度，接缝处理较容易，故用得最多。混合布置虽增加板型，但立面处理灵活，应用也较多。竖向布置因板长受侧窗高度的限制，板型和构件较多，故应用较少。

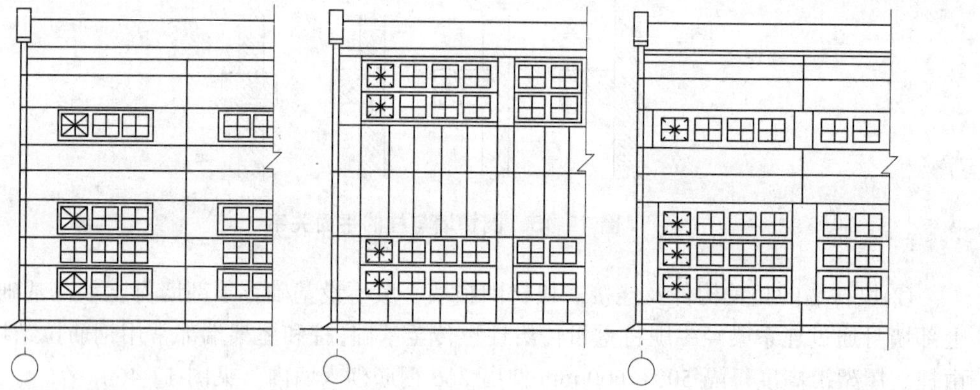

(a)横向布置　　(b)竖向布置　　(c)混合布置

图 12-47　板材墙板的布置形式

(3)墙板和柱的连接。一般分柔性连接和刚性连接。柔性连接是墙板和柱之间通过预埋件和连接件将二者拉结在一起。其特点是墙板与骨架以及墙板之间在一定范围内可相对位移，能较好地适应各种振动引起的变形。连接方式有：①螺栓挂钩柔性连接(见图 12-48)，是在垂直方向每隔 3 ~ 4 块板在柱上设钢托支承墙板荷载，在水平方向用螺栓挂钩将墙板拉结固定在一起。安装、维修方便，但用钢量较多，暴露金属多，易腐蚀。②角钢挂钩柔性连接，是利用焊在柱和墙板上的角钢挂接固定。省钢，外露金属少，施工速度快，因有焊接点安装不便，适应位移稍差。刚性连接就是通过墙板和柱的预埋铁件用型钢焊接固定在一起(见图 12-49)。特点是用钢少，厂房的纵向刚度大，但构件不能相对位移，在基础出现不均匀沉降或有较大振动荷载时，墙板易产生裂缝等现象。

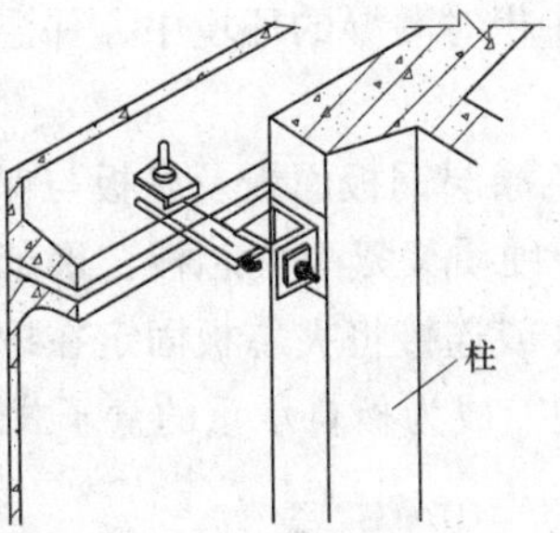

图 12-48　螺栓挂钩柔性连接

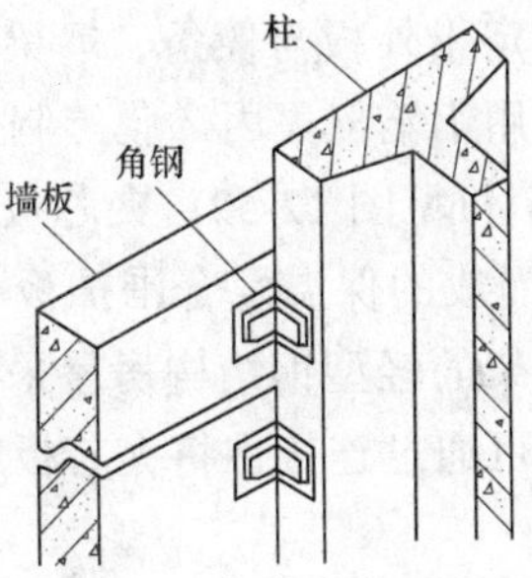

图 12-49　刚性连接

2. 波形板材墙

按材料可分为压型薄钢板、石棉水泥波形板、塑料玻璃钢波形板等，主要用于无保温要求的厂房和仓库等建筑。它们连接构造基本类同，现以压型钢板为例简要说明。压型钢板是用自攻螺丝固定在骨架上的墙梁上，型钢墙梁既可通过预埋件焊接也可用螺栓连接在柱子上，连接构造见图 12-50。

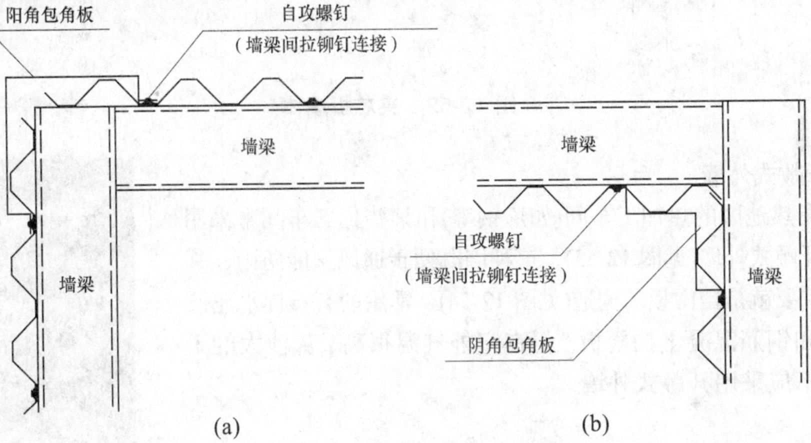

图 12-50　压型钢板连接构造

3. 复合材料钢板(复合保温压型钢板)墙体

(1)组合板墙体。是以檩条及墙梁或专业固定支架作为支撑及固定骨架，骨架外侧设单层压型钢板，骨架内侧设装饰板，内外板之间设保温及隔热层(见图 12-51)。为防止产生冷

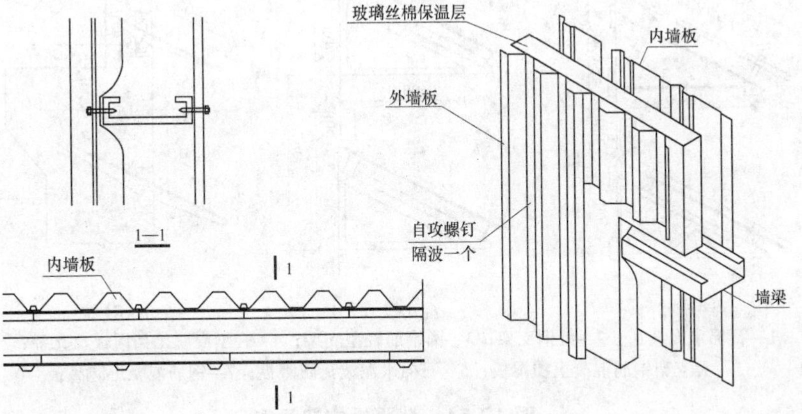

图 12-51　组合板墙体

桥，保温层应固定于外板与檩条、墙梁之间；在相对潮湿的环境中，保温层靠室内一侧宜增设隔汽层，可用铝箔、聚丙烯膜等制作。

(2)夹芯板墙体(见图 12-52)。夹芯板是将彩色涂层钢板面板及底板与保温芯材通过黏结剂(或发泡)复合而成的保温复合围护板材。分为硬质聚氨酯夹芯板、聚苯乙烯夹芯板、岩棉夹芯板。有骨架的轻型钢结构房屋采用紧固件或连接将夹芯板固定在檩条或墙梁上，无骨架的小型房屋可通过连接件将夹芯板组合成型，成为板自承重的盒子式组合房屋。

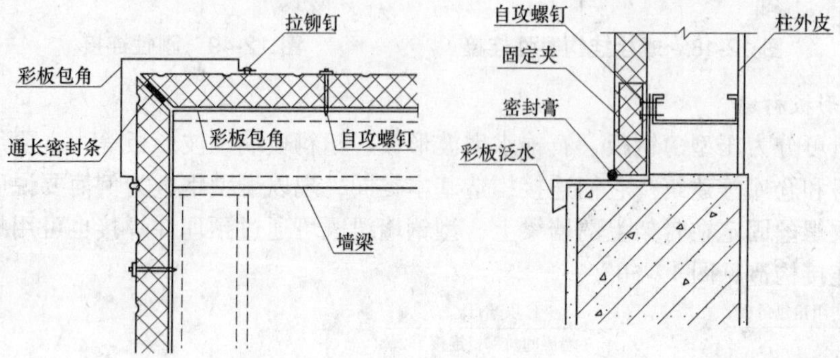

图 12-52　夹芯板墙体

(三)开敞式外墙

南方炎热地区的热加工车间(如炼钢等)和某些化工车间常采用开敞或半开敞式外墙(见图 12-53)，这种墙既便于通风又能防雨，其外墙构造主要就是挡雨板的构造(见图 12-54)，常用的有石棉水泥波瓦挡雨板和钢筋混凝土挡雨板。但在室外气温很高、灰沙大的干热带地区不应采用开敞式外墙。

图 12-53　某厂房开敞式外墙

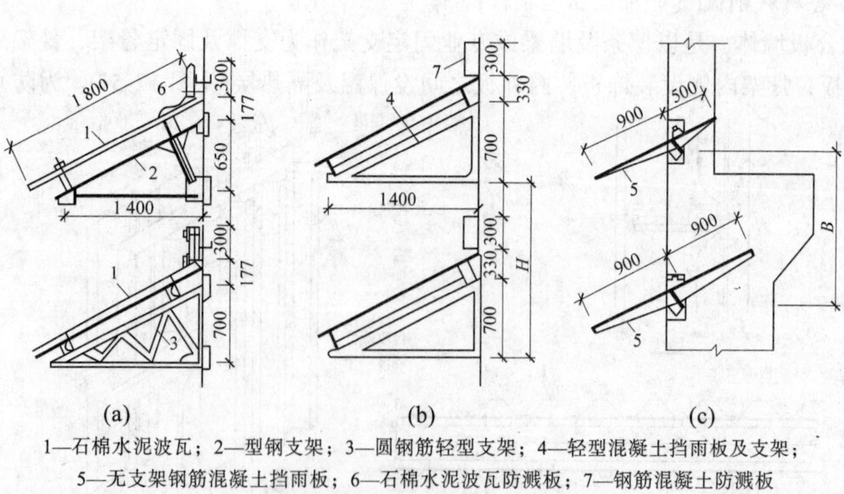

1—石棉水泥波瓦；2—型钢支架；3—圆钢筋轻型支架；4—轻型混凝土挡雨板及支架；
5—无支架钢筋混凝土挡雨板；6—石棉水泥波瓦防溅板；7—钢筋混凝土防溅板

图 12-54　挡雨板构造示例

二、侧窗和大门

(一)侧窗

单层厂房的侧窗除有采光、通风作用外，还会有工艺上的特殊要求，如泄压、保温、隔热、防尘等。侧窗应坚固耐久、开关方便。一般采用单层窗，但在寒冷地区或有特殊要求的车间(恒温、洁净车间等)，可考虑双层窗。

(1)侧窗特点：①侧窗的面积大，一般以吊车梁为界，其上叫高侧窗，其下叫低侧窗。②大面积的侧窗多采用组合式，由基本窗扇、基本窗框、组合窗三部分组成。③侧窗除接近工作面的部分采用平开式外，其余均采用中悬式。

(2)侧窗类型。

侧窗按材料可分为钢窗、木窗、铝合金窗及塑钢窗等。钢侧窗(主要是实腹钢窗)具有坚固耐久、防火、关闭紧密、透光率高等优点，采用较多。工业建筑中每樘窗的面积较大，往往需要几个基本窗组合而成。宽度方向组合时，两个基本窗扇之间加竖梃。高度方向组合时，两个基本窗之间加横挡。横挡与竖梃均需与四周墙体连接。当窗洞高度大于 4.8 m 时，为保证窗有一定的刚度，应增设钢筋混凝土横梁或钢横梁。

侧窗按侧窗的开关方式可分为中悬窗、平开窗、垂直旋转窗、固定窗和百叶窗等。中悬窗：窗扇沿水平轴转动，开启角度可达 80°，可用自重保持平衡，便于开关，有利于泄压，调整转轴位置，使转轴位于窗扇重心以上，当室内空气达到一定的压力时，能自动开启泄压，常用于外墙上部。其构造复杂，开关扇周边的缝隙易漏雨，并不利于保温。平开窗：构造简单，开关方便，通风效果好，并便于组成双层窗。多用于外墙下部，作为通风的进气口。垂直旋转窗：窗扇沿垂直轴转动，并可根据不同的风向调节开启角度，通风效果好，多用于热加工车间的外墙下部，作为进风口。固定窗：构造简单、节省材料，多设在外墙中部，主要用于采光。对有防尘要求的车间，其侧窗也多做成固定窗。百叶窗：主要用于通风，兼顾遮阳、防雨、遮挡视线等。有固定式和活动式两种，常用固定式，叶片通常为 45°和 60°角。在百叶后设钢丝网或窗纱，防鸟、虫进入。在选择厂房外墙的侧窗时，可根据厂房特点将悬窗、平开窗或固定窗等组合在一起使用，见图 12-55。

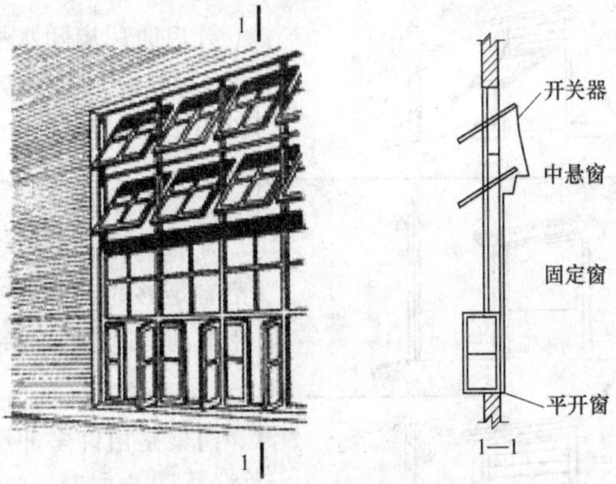

图 12-55　厂房外墙侧窗的组合

侧窗的布置可以是被窗间墙隔开的独立窗或沿厂房纵向连续布置的带形窗。侧窗的洞口尺寸应为 300 mm 的扩大模数。

(二)大门

(1)大门的尺寸与类型。厂房大门主要用于生产运输、人流通行以及紧急疏散。大门的尺寸应根据运输工具的类型、运输货物的外形尺寸及通行方便等因素确定。一般门的尺寸比装满货物的车辆宽出 600 ~ 1 000 mm，高度应高出 400 ~ 600 mm，同时还应符合建筑模数协调标准的规定。

大门的类型有：①按使用材料分为木大门、钢木大门、钢板门、塑钢门等。②按用途分为一般大门、特殊大门。特殊大门有保温门、防火门、冷藏库门、射线防护门、烘干室门、隔声门等。③按开启方式分为平开门、折叠门、推拉门、上翻门、升降门、卷帘门等，见表 12-2。

表 12-2　常见门的类型

序号	名称	形式	特点及适用范围
1	平开门	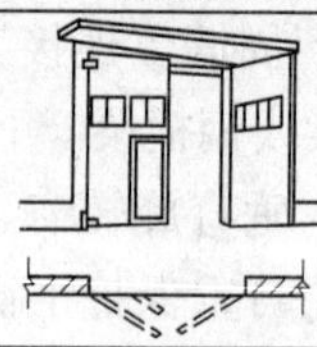	构造简单，开启方便。便于疏散，节省车间使用面积；易产生下垂或扭曲变形。通常向外开启
2	折叠门	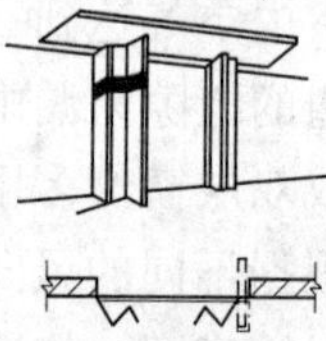	由几个较窄的门扇通过铰链组合而成，开启时通过门扇上下滑轮沿导轨左右移动并折叠在一起，占用空间较少。适用于较大的门洞口
3	推拉门	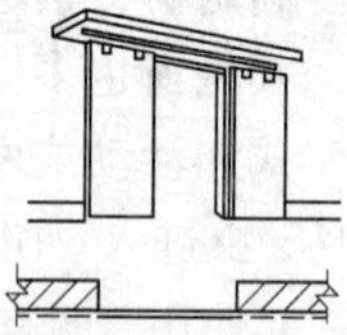	门的开关是通过滑轮沿着导轨向左右推拉实现。构造简单，不易变形，密闭性差。不宜用于密闭要求高的车间
4	上翻门	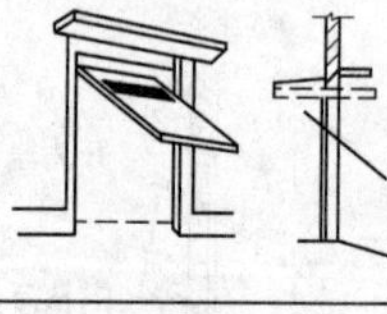	开启时门扇随水平轴沿导轨上翻至门顶过梁下面，不占使用空间，可避免门扇的碰损，多用于车库大门
5	升降门	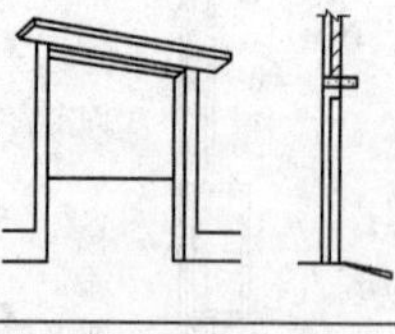	开启时门扇沿导轨向上升，所以门洞上部留有足够的上升高度。不占使用空间，宜采用电动。适用于较高大的大型厂房
6	卷帘门		门扇是由许多冲压成型的金属叶片连接而成的，开启时通过门洞上部的转动轴将叶片卷起。密闭性好，但制作复杂，造价高。手动、电动均可。适用于非频繁开启的高大门洞

(2)厂房大门的特点：①厂房的门扇大于门框，门框一般由钢筋混凝土制成；②厂房大门供货物出入，大门上附有小门供行人出入；③门扇与门框的连接不用合页，而用特制的铰链；④一组门框与门扇一般由骨架和面板组成，很少有单一材料的门。

三、屋面

单层工业厂房的屋面宽，面积大，屋面板大多采用装配式，接缝多，另外还直接受厂房内部的振动、高温、腐蚀性气体、积灰等因素的影响，因此屋面的排水、防水成为工业厂房屋面构造的主要问题。有特殊要求的厂房还要处理好屋面的保温、隔热、防爆、泄压及防腐蚀等问题。

一般来说，屋面的排水和防水是相互补充的。排水组织得好，会减少渗漏，利于防水；而高质量的屋面防水，也有利于屋面排水。因此，要防排结合，统筹考虑，综合处理。

(一)屋面排水

屋面排水坡度可根据防水材料、屋盖构造、屋架形式、地区降雨量等确定。屋面排水方式分为无组织排水、有组织排水两种。

(1)无组织排水(见图 12-56)。是使雨水顺屋坡流向屋檐，然后自由泄落到地面，也称自由落水。无组织排水屋面的檐口须设挑檐。挑檐长度一般不宜小于 500 mm；辅助厂房或天窗的挑檐长度可减小到 300 mm。其特点是在屋面上不设天沟，厂房内部也不需设置雨水管及地下雨水管网，构造简单、施工方便、造价经济。适用于降雨量不大的地区，檐高较低的单跨或多跨厂房的边跨屋面，以及工艺上有特殊要求的厂房。

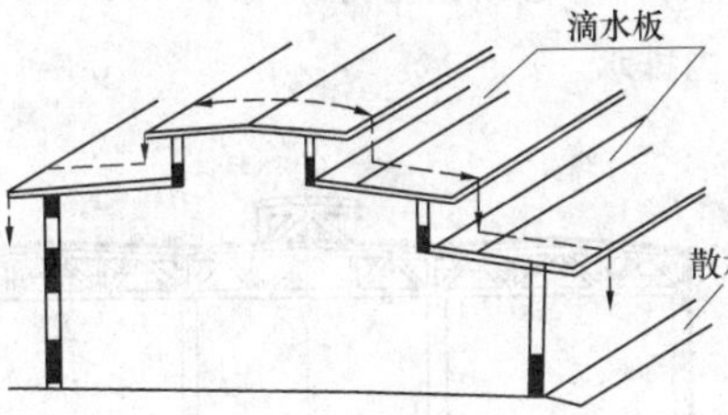

(a)无组织排水

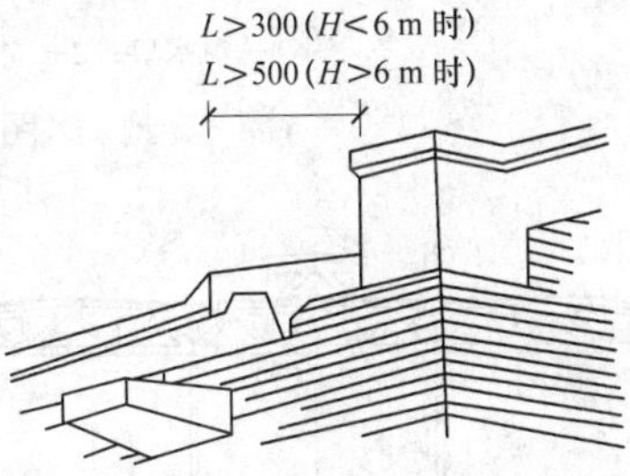

(b)大型屋面板挑檐

图 12-56　无组织排水

(2)有组织排水。是通过屋面上的天沟、雨水斗、雨水管等有组织地将雨水疏导到散水坡、雨水明沟或雨水管网。厂房屋面的有组织排水方式见表 12-3。

表 12-3　厂房屋面的有组织排水方式

排水方式	特点	适用范围
内排水 (见图 12-57)	将屋面汇集的雨水引向中间跨天沟和边墙天沟处，再经雨水斗引入厂房内的雨水竖管及地下雨水管网。其优点是屋面排水组织比较灵活，在严寒多雪地区还可防止屋檐和外部雨水管的破坏，但其构造较为复杂，造价较高，材料消耗量大，在室内还须设雨水地沟，有时还会妨碍工艺设备的布置	多用于多跨厂房

续表 12-3

排水方式	特点	适用范围
内落外排水(见图 12-58)	在多跨厂房内用水平悬吊管将雨水斗连通到外墙的雨水竖管处，经竖管将雨水排入地下雨水管网或明沟内。该方式可避免在厂房内部敷设雨水地沟，利于工艺设备布置，但水平管总的坡降会占据厂房的有效空间	多用于多跨厂房
檐沟外排水(见图 12-59)	即在檐口处设置檐沟板用来汇集雨水，并安装雨水斗连接雨水竖管。此方式可弥补内落水的缺点，又可免去自由落水的局限性，具有构造简单、施工方便的优点	在南方地区采用较多
长天沟外排水(见图 12-60)	是沿厂房纵向做贯通的天沟汇集雨水，并将雨水引至山墙外部的雨水竖管排出。该方式构造简单、施工方便、排水简捷，但由于坡降的原因，天沟的长度受到限制，一般不宜超过 100 m。应在长天沟板端部做溢流口，以防暴雨时因竖向雨水管来不及泄水而发生天沟漫水现象	适用于厂房天沟长度不大时

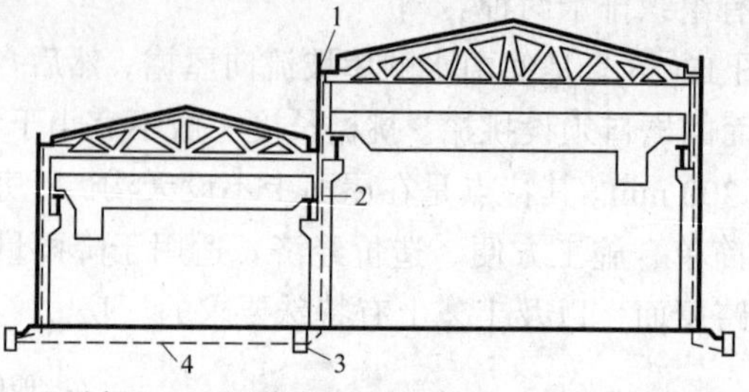

1—雨水口；2—立管；3—检查井；4—地下雨水管沟

图 12-57　内排水

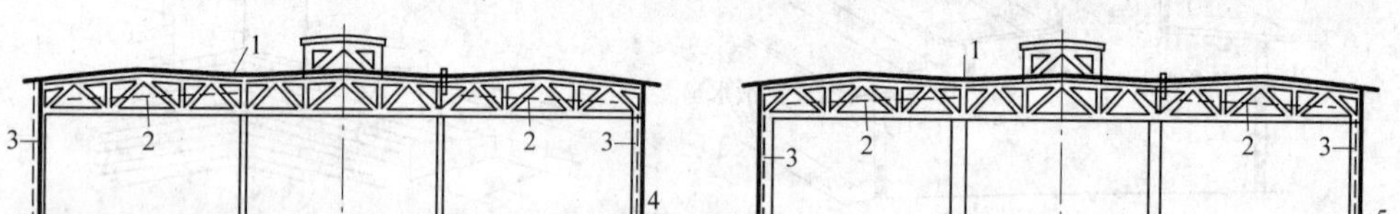

(a)地上出水　　(b)地下出水

1—雨水口；2—悬吊管；3—立管；4—明沟；5—检查井

图 12-58　内落外排水

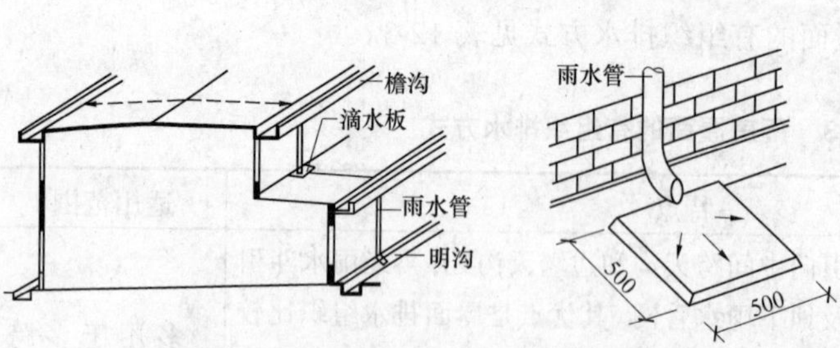

(a)檐沟外排水　　(b)低跨屋面滴水板

图 12-59　檐沟外排水

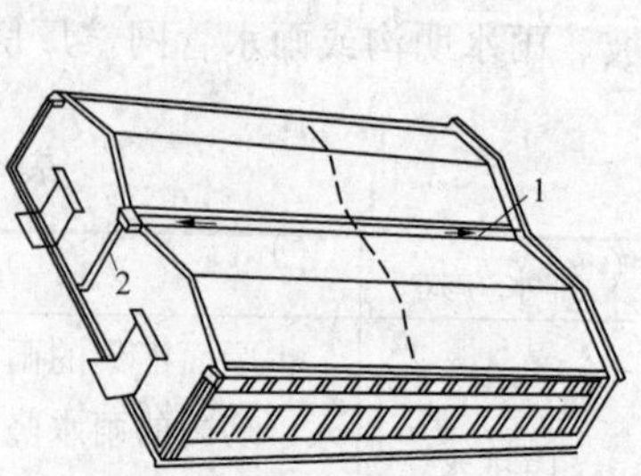

1—天沟；2—雨水管

图 12-60　长天沟外排水

(二)屋面防水

按防水材料和构造分为卷材防水屋面、波形瓦屋面及钢筋混凝土构件自防水屋面。

1. 卷材防水

防水卷材主要有油毡、合成高分子材料、合成橡胶卷材等。

卷材防水屋面的防水构造做法类同于民用建筑。与民用建筑不同的是：厂房屋顶面积大，荷载大，振动大，基层变形可能大，易引起防水层拉裂破坏。应增强屋顶基层的刚度和整体性，减小基层的变形；同时改进卷材在易出现裂缝的横缝处的构造，适应基层的变形。如在大型屋顶板或保温层上做找平层，应先在构件接缝处留分隔缝，缝中用油膏填充，其上铺 300 mm 宽的油毡作缓冲层，然后铺设卷材防水层，见图 12-61。

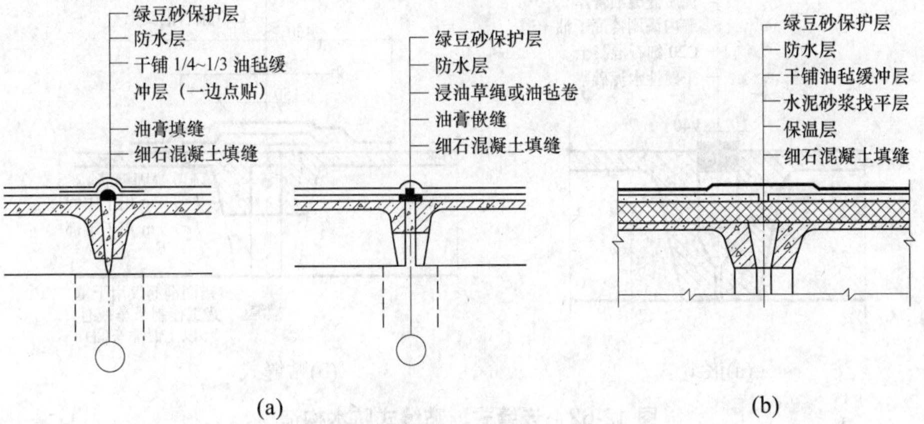

图 12-61 卷材防水屋面

2. 波形瓦防水

波形瓦防水屋面属于有檩体系，波形瓦类型主要有石棉水泥瓦、镀锌铁皮瓦、压型钢板瓦及玻璃钢瓦等。

(1)石棉水泥瓦防水。瓦薄，重量轻，施工简便，但易脆裂，耐久性及保温隔热性能差，多用于仓库和对室内温度状况要求不高的厂房。其规格有大波瓦、中波瓦和小波瓦三种。厂房屋顶多采用大波瓦。

石棉水泥瓦直接铺设在檩条上，檩条材质有木、钢、轻钢、钢筋混凝土等，檩条间距应与石棉瓦的规格相适应。一般一块瓦跨三根檩条，铺设时在横向间搭接为一个半波，且应顺主导风向铺设。上下搭接长度不小于 200 mm。檐口处的出挑长度不宜大于 300 mm。为避免四块瓦在搭接处出现瓦角重叠、瓦面翘起的现象，应将斜对的瓦角割掉或采用错位排瓦方法。

(2)镀锌铁皮瓦防水。屋顶有良好的抗震和防水性能，在抗震区使用优于大型屋顶板，可用于高温厂房的屋顶。镀锌铁皮瓦的连接构造同石棉水泥瓦屋顶。

(3)压型钢板瓦防水。是用 0.6 ~ 1.6 mm 厚的镀锌钢板或冷轧钢板经辊压或冷弯成各种不同形状的多棱形板材。表面一般带有彩色涂层，分单层板、多层复合板、金属夹芯板等。钢板可预压成型，但其长度受运输条件限制不宜过长；亦可制成薄钢板卷，运到施工现场，再用简易压型机压成所需形状。因此，钢板可做成整块无纵向接缝的屋面，接缝少，防水性能好，屋面也可采用较平缓的坡度(2% ~ 5%)。钢板瓦重量轻、防腐、防锈、美观、适应性强、施工速度快。但耗用钢材多，造价高，目前我国应用较少。

3. 构件自防水

构件自防水是利用屋面板本身的密实性和平整度(或者再加涂防水涂料)，大坡度，再配合油膏嵌缝及油毡贴缝或者靠板与板相互搭接来盖缝等措施，以达到防水目的。其施工程序简单，省材料，造价低，但不宜用于振动较大的厂房，多用于南方地区。

按照板缝的构造方式可分为嵌缝式和搭盖式两种基本类型。

(1)嵌缝式。将大型屋面板上部的找平层、防水层取消，直接在大型屋面板的板缝中嵌灌防水油膏(见图 12-62(a))。为改进防水性能，在其上面再粘贴卷材防水层(一布二油或二毡三油)，就构成了贴缝式防水(见图 12-62(b))。

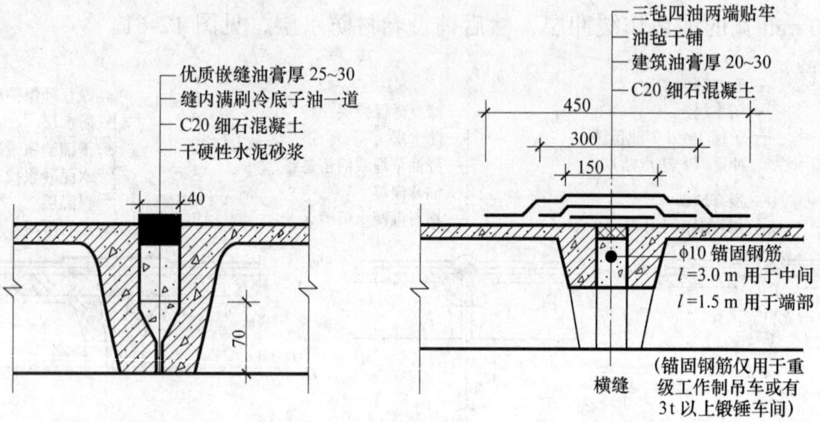

(a)嵌缝式　　　　(b)贴缝式

图 12-62　嵌缝式、贴缝式防水构造

(2)搭盖式。采用 F 形大型屋顶板作防水构件，板纵缝上下搭接，横缝和脊缝用盖瓦覆盖(见图 12-63)。这种构造简便，施工速度快。但板型复杂，盖瓦在振动影响下易滑脱，造成屋顶渗漏。

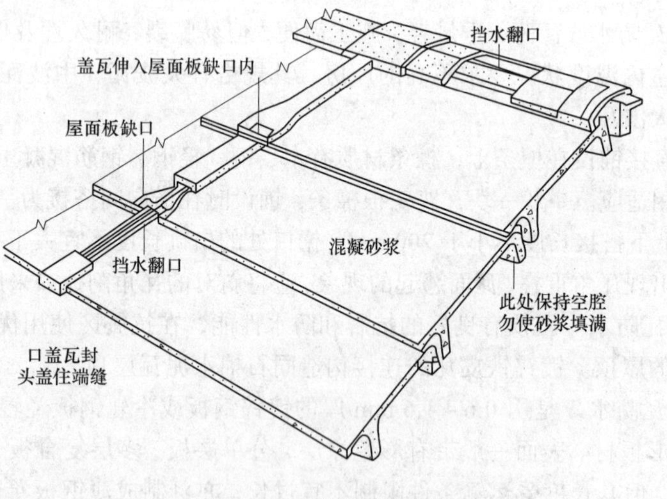

图 12-63　搭盖式防水构造

(三)屋面保温、隔热

厂房屋面保温、隔热，与民用房屋做法类似，但也有要注意的地方。

(1)保温。一般保温只在采暖厂房和空调厂房中设置。保温层大多数设在屋面板上，如民用房屋中平屋顶所述，也有设在屋面板下的情况，还可采用带保温层的夹芯板材。

(2)隔热。除有空调的厂房外，一般只在炎热地区较低矮的厂房才作隔热处理。如厂房屋面高度大于 9 m，可不隔热，主要靠通风解决屋面散热问题；如厂房屋面高度小于或等于 9 m，但大于 6 m，且高度大于跨度的 1/2，不需隔热；若高度小于或等于跨度的 1/2 时可隔热；如厂房屋面高度小于或等于 6 m，则需隔热。厂房屋面隔热原理与构造做法均同民用房屋。

四、天窗

在单层工业厂房中，由于厂房的跨度太大或是多跨时，侧窗不能满足天然采光和通风的要求，此时在厂房的屋顶上设置各种形式的窗，即天窗。

按用途分有采光天窗、通风天窗、采光通风天窗；按其在屋面的位置分有上凸式天窗、下沉式天窗、平天窗；按方向有横向天窗、纵向天窗；按断面形式有矩形天窗、M 形天窗、三角形天窗、锯齿形天窗，见图 12-64。

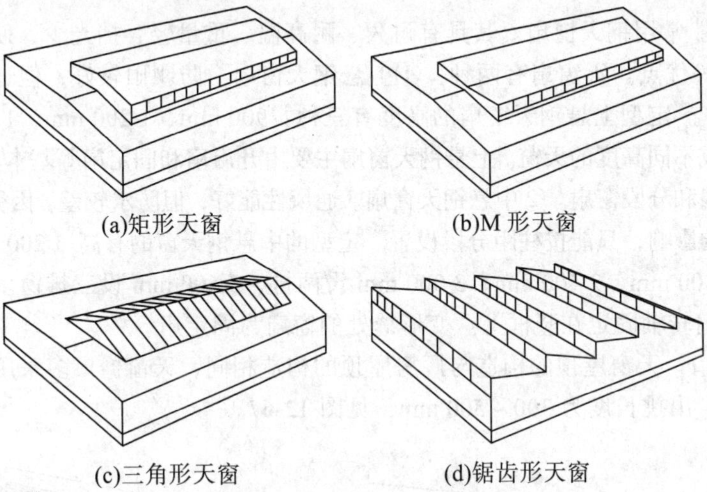

图 12-64　各种天窗示意图

(一)上凸式矩形天窗(简称矩形天窗)

沿厂房的纵向布置，为简化构造和检修的需要，在厂房两端及变形缝两侧的第一个柱间一般不设天窗，每段天窗的端部设上天窗屋顶的检修梯。天窗的两侧根据通风要求可设挡风板。矩形天窗主要由天窗架、天窗扇、天窗檐口、天窗侧板及天窗端壁板等组成，见图 12-65。

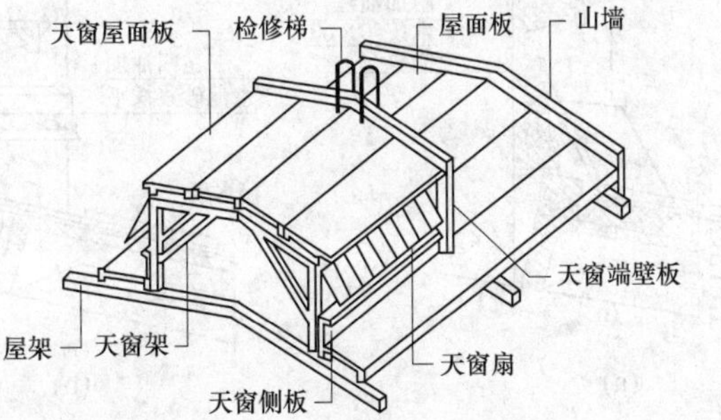

图 12-65　矩形天窗构造组成

(1)天窗架。是天窗的承重构件，它直接支承在屋架上弦节点上，其材料一般与屋架一致。常用的有钢筋混凝土天窗架和钢天窗架两种形式(见图 12-66)。钢天窗架重量轻、制作及吊装均方便，除用于钢屋架外，也可用于钢筋混凝土屋架。

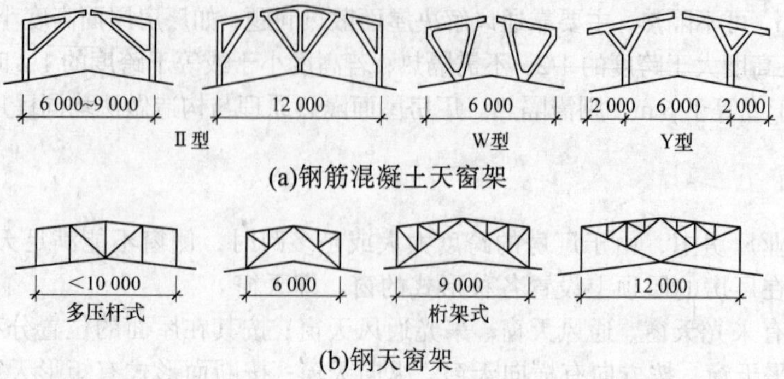

图 12-66　天窗架形式示例

(2)天窗扇。常用钢天窗扇。其具有耐久、耐高温、重量轻、挡光少、使用过程中不变形、关闭紧密等优点。天窗扇有两种：①上悬钢天窗扇。防飘雨较好，但通风较差。最大开启角只有 45°。定型上悬钢天窗扇的高度有三种：900 mm、1 200 mm、1 500 mm。根据需要可以组合成不同高度的天窗。上悬钢天窗扇主要由开启扇和固定扇等基本单元组成，可以布置成通长窗扇和分段窗扇。②中悬钢天窗扇。通风性能好，但防水较差。因受天窗架的阻挡和受转轴位置的影响，只能按柱距分段设置。定型的中悬钢天窗的有高 1 200 mm、1 500 mm 设单排，高 1 800 mm、2 400 mm、3 000 mm 设两排，3 600 mm 设三排窗。每个窗扇间设槽钢竖框，窗扇转轴固定在竖框上。变形缝处的窗扇为固定扇。

(3)天窗檐口。天窗屋顶的构造与厂房屋顶的构造相同，天窗檐口多采用无组织排水的带挑檐屋顶板，出挑长度为 300 ~ 500 mm，见图 12-67。

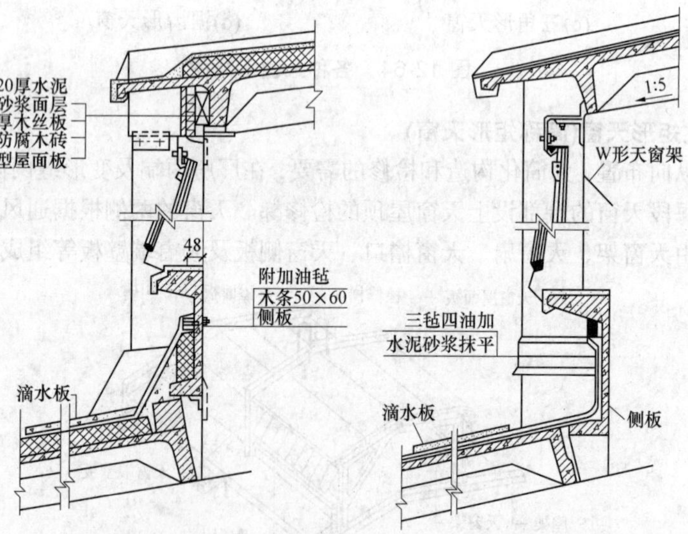

图 12-67　天窗檐口、侧板构造

(4)天窗侧板。在天窗扇下部设置天窗侧板(见图 12-67)，目的是防止雨水溅入车间、防止积雪遮挡天窗扇。侧板的高度主要依据气候条件确定，一般高出屋顶不小于 300 mm。但也不宜太高，过高会增加天窗架的高度。

侧板的形式应与厂房屋顶结构相适应，当屋顶为无檩体系时，天窗侧板多采用与大型屋顶板相同长度的钢筋混凝土槽形板。有檩体系的屋顶常采用石棉水泥波形瓦等轻质小板作天窗侧板。侧板与屋顶板交接处应做好泛水处理。

(5)天窗端壁板。天窗端壁板常用钢筋混凝土端壁板和石棉瓦端壁板两种(见图 12-68)。钢筋混凝土端壁板预制成肋形板，取代天窗架支承屋顶板，并起围护作用。根据天窗的宽度，可由两至三块板拼接而成。天窗端壁板焊接固定在屋架上弦的一侧，屋架上弦的另一侧铺放与天窗相邻的屋顶板。端壁板与屋面板的交接处应做好泛水处理，端壁板内侧可根据需要设置保温层。石棉瓦天窗端壁采用天窗架承重，由轻型波形瓦作围护结构。其结构构件琐碎，施工复杂，主要用在钢天窗架上。

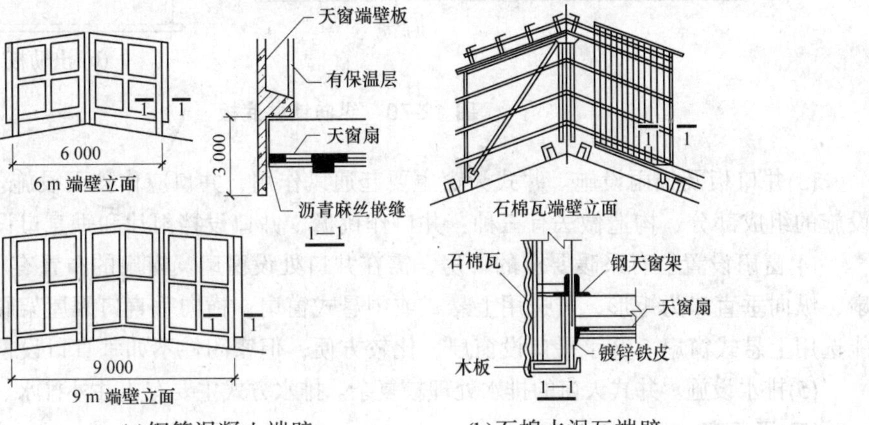

(a)钢筋混凝土端壁　　(b)石棉水泥瓦端壁

图 12-68　天窗端壁构造

(6)天窗屋面。天窗屋面与厂房屋面相同，檐口部分采用无组织排水，把雨水直接排在厂房屋面上。

(二)下沉式天窗

下沉式天窗是在一个柱距内，将一定宽度的屋顶板从屋架上弦下沉到屋架的下弦上，利用上、下屋顶板之间的高度差作采光和通风口。主要形式有井式天窗、纵向下沉式天窗和横向下沉式天窗。下面主要介绍井式天窗构造。

(1)布置形式。有一侧布置、两侧对称布置、两侧错开布置和跨中布置等。前三种可称为边井式天窗，后一种可称为中井式天窗。由基本布置又可排列组合成各种连跨布置形式。

(2)井底板。布置方法有两种：①横向布置(见图 12-69)。井底板平行于屋架布置，为了充分利用屋架上、下弦之间的空间，可采用下卧式檩条、槽形檩条或 L 形檩条来增大垂直口的净高。②纵向布置(见图 12-70)。井底板垂直于屋架布置，由于屋架的腹杆对搁置标准屋面板有影响，井底板应设计成卡口板或出肋板。

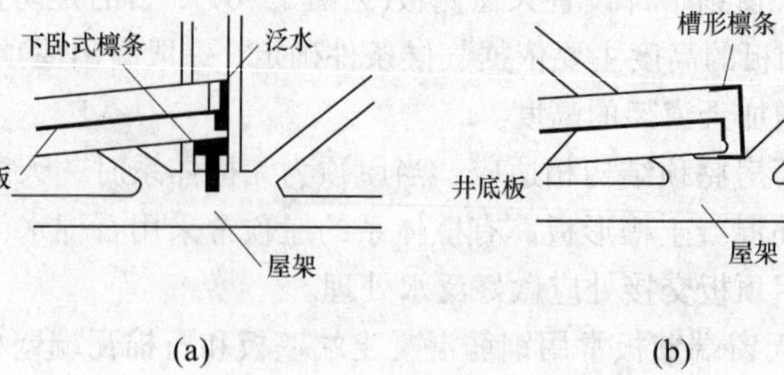

图 12-69　横向铺井底板

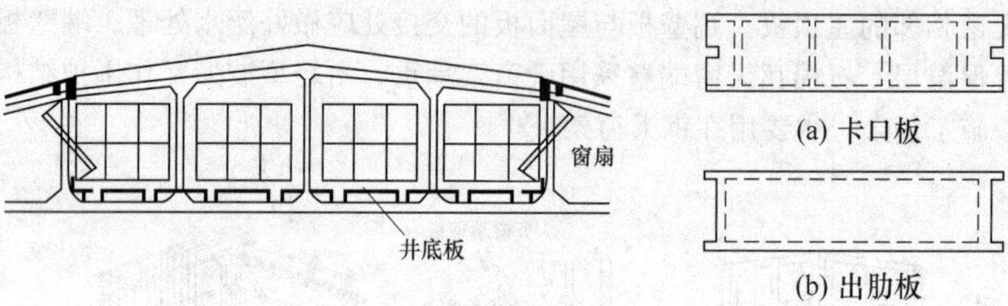

图 12-70　纵向铺井底板

(3)井口板及挡雨设施。井式天窗主要起通风作用，井口应作挡雨设施。井口板是挡雨设施的组成部分，构造做法有三种：井口作挑檐、井口设挡雨片和垂直口设挡雨板。

(4)窗扇设置。有采暖要求的厂房，需在井口处设窗扇。窗扇的布置有：①垂直口设窗扇，纵向垂直口为矩形，可选用上悬式或中悬式窗扇。横向垂直口因屋架腹杆的阻挡，只能选用上悬式窗扇。②水平口设窗扇，比较方便，但密闭性不如垂直口设窗扇。

(5)排水设施。井式天窗的排水处理较复杂。排水方式主要有边井外排水、连跨内排水等。

(三)平天窗

1. 平天窗类型

平天窗的类型有采光罩、采光板、采光带等三种。其共同特点是：采光效率比矩形天窗高 2 ~ 3 倍，布置灵活，采光也较均匀，构造简单，施工方便，但造价高，易积尘。适用于一般冷加工车间。

2. 平天窗的构造(见图 12-71)

(1)井壁。平天窗采光口的边框称为井壁。它的材料主要采用钢筋混凝土，有整浇井壁和预制井壁两种。

(2)玻璃搭接构造。平天窗的透光材料主要采用玻璃，当平天窗采用两块或两块以上玻璃时，玻璃之间必须搭接。其方法有：卡钩不封口搭接、水泥砂浆封口搭接、塑料管封口搭接和油膏或油灰封口搭接等四种。搭接长度应不小于 100 mm。

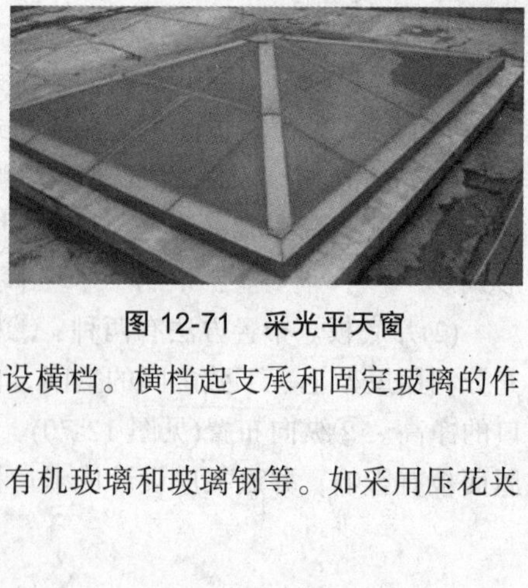

图 12-71　采光平天窗

平天窗玻璃沿厂房纵向为两块或两块以上时，应设横档。横档起支承和固定玻璃的作用，用钢或钢筋混凝土制作。

(3)透光材料及安全措施。透光材料可采用玻璃、有机玻璃和玻璃钢等。如采用压花夹丝玻璃、钢化玻璃较好，因其破碎后，碎片不会坠落伤人；当采用磨砂玻璃、乳白玻璃、压花玻璃、吸热玻璃时，应在其下设金属安全网。

(4)通风措施。平天窗的作用主要是采光，若需兼作自然通风，可用以下方式：①采光板或采光罩的玻璃窗扇可做成能开启和关闭的形式；②带通风百页的采光罩；③组合式通风采光罩，它是在两个采光罩之间设挡风板，两个采光罩之间的垂直口是开敞的，并设有挡雨板；④南方炎热地区，可采用平天窗结合通风屋脊进行通风的方式。

五、地面

工业建筑地面与民用建筑地面构造基本相同。一般由面层、垫层和地基组成。为了满足一些特殊要求还要增设结合层、找平层、防水层、保温层、隔声层等功能层次。现将主要层次分述于下：

(1)面层选择。面层是直接承受各种物理和化学作用的表面层，应根据生产特征、使用要求和影响地面的各种因素来选择地面。

(2)垫层的设置与选择。垫层是承受并传递地面荷载至地基的构造层次，可分为刚性和柔性两类。一般厂房内混凝土垫层按 6 ~ 12 m 距离设置分仓缝，分仓缝有平头缝、企口缝、假缝等。

(3)地基。地面应铺设在均匀密实的基土上，对地基进行适当处理，使地基与垫层有恰当的关系是十分重要的。

(4)细部构造。包括：①变形缝。位置应与建筑物的变形缝一致。同时在地面荷载差异较大和受局部冲击荷载的部分亦应设变形缝。②交接缝。两种不同材料的地面交接处应设交界缝，并根据不同情况采取措施。③地沟。在厂房地面范围内常设有排水沟和通行各种管线的地沟。④坡道。在厂房出入口，为便于各种车辆通行，在门外侧须设坡道。

第四节　单层工业厂房的其他构造

一、金属梯

在厂房中由于使用的需要，常设置各种钢梯，主要有作业平台梯(供工人上下操作平台或跨越生产设备的交通联系构件)、吊车梯(吊车司机上下吊车用)和消防检修梯等。消防检修梯多设置在山墙上，也可设置在纵墙上，它的形式有直梯，也有斜梯。

二、走道板

走道板又称安全走道板，是为维修吊车轨道及检修吊车而设。走道板均沿吊车梁顶面铺设。根据具体情况可单侧或双侧布置走道板。走道板的宽度不宜小于 500 mm。

走道板一般由支架(若利用外侧墙作为支承，可设支架)、走道板及栏杆三部分组成。支架及栏杆均采用钢材，走道板多采用钢筋混凝土板。

三、隔断

(1)金属网隔断。是由金属网及框架组成，金属网可用钢板网或镀锌铁丝网，框架可用普通型钢、钢管柱或冷弯薄壁型钢制作。隔扇之间用螺栓连接或焊接。隔扇与地面的连接可用膨胀螺栓或预埋螺栓。金属网隔断透光好，灵活性大，但用钢量较多。

(2)装配式钢筋混凝土隔断。适用于有火灾危险或湿度较大的车间，它由钢筋混凝土拼板、立柱及上槛组成，立柱与拼板分别用螺栓与地面连接，上槛卡紧拼板，并用螺栓与立柱固定。拼板上部可装玻璃或金属网用以采光和通风。

(3)混合隔断。常采用 240 mm×240 mm 砖柱，柱距 3 m 左右，中间砌 1 m 左右高度的 120 mm 厚砖墙，上部装上玻璃木隔断或金属隔断。

小结

工业建筑是为工业生产需要而建造的各种不同用途的建筑物和构筑物的总称。工业厂房是用于工业生产的建筑物。单层工业厂房分类：①按用途分为主要生产厂房、辅助生产厂房、动力供应厂房、仓贮建筑、运输设备建筑；②按生产状况分为热加工车间、冷加工车间、恒温恒湿车间、洁净车间、其他特种状况的车间；③按层数分为单层工业厂房、多层工业厂房、混合层数厂房。单层工业厂房组成包括：基础、柱子、屋架、吊车梁、连系梁、基础梁、支撑系统。内部的起重运输设备有悬挂吊车、梁式吊车、桥式吊车等。单层厂房定位轴线是确定厂房主要构件的位置及其标志尺寸的基线，同时也是设备定位、安装及厂房施工放线的依据。

单层工业厂房结构构件主要有：①基础与基础梁。基础有杯形基础、薄壳基础、板肋基础，一般为独立基础。基础梁的截面多采用倒梯形，其搁置方式依基础埋深不同而不同，注意防冻措施。②柱。承受屋盖、吊车梁、墙体等传来的荷载，并将这些荷载及自重全部传递给基础。有单肢柱和双肢柱两种。③屋盖结构体系。起着承重和围护的作用。结构形式分有檩体系和无檩体系。屋盖的承重构件包括屋架(屋面梁)、托架。覆盖构件有屋面板、檩条。④吊车梁、连系梁、圈梁。吊车梁有等截面梁(T 形与工字形)、变截面梁(鱼腹式与折线式)。连系梁是厂房纵向柱列的水平连系构件，常设置在窗口上皮，并代替窗过梁。在高度较大或振动较大的单层厂房中应布置圈梁，以加强墙与柱之间的连接，保证墙体的稳定性，并增加厂房的整体刚度。⑤支撑包括屋盖支撑、柱间支撑。

单层工业厂房围护结构要点：①屋面排水方式基本上可分为无组织排水和有组织排水两大类。有组织排水又可分为内落水、内落外排水、檐沟外排水、长天沟外排水等。屋面防水有卷材防水、刚性防水、构件自防水和瓦屋面等几种。卷材防水的原理、做法与民用建筑类似，但在大型屋面板的接缝、檐沟、天沟的形成以及高低跨处泛水等细部构造上又有其特点。刚性防水在单层厂房中采用不多。构件自防水又有嵌缝式、搭盖式两种基本类型。常用瓦屋面有波形石棉瓦屋面和压型钢板两种。②矩形天窗的跨度是屋架(或屋面梁)跨度的 1/3～1/2。天窗架的高度是根据所需天窗扇的排数和每排窗扇的高度来确定的。矩形避风天窗是由矩形天窗及其两侧的挡风板组成的，为了增大通风量，可以不设窗扇。井式天窗由井底板、井口板、挡风侧墙及挡雨设施组成。井式天窗的井底板既可横向布置，也可纵向布置。平天窗的玻璃与井壁之间常采用油膏黏结。可能产生凝结水时，应设排水沟，将凝结水排至屋面。③外墙构造按其材料类别可分为砖墙、砌块墙、板材墙等；按其承重形式则可分为承重墙、自承重墙和框架墙等。承重墙的构造与民用建筑类似。自承重墙应注重墙与柱子的连接关系和拉结构造。板柱连接有刚性和柔性两类。板缝处理的首要任务是防水。轻质板材墙有石棉水泥波瓦墙和压型钢板墙两种。开敞式外墙主要用在南方炎热地区的一些热加工车间。④侧窗根据开启方式的不同可分为中悬窗、平开窗、立转窗和固定窗等类型；侧窗材料主要采用钢材和木材。由于单层厂房的侧窗面积较大，因此一个侧窗往往由几个基本扇拼框组成。⑤大门的宽度与所用运输工具的尺寸密切相关。大门的常用材料有木、钢木、普通型钢和空腹型钢等，常见开启方式有平开、推拉、折叠、升降、上翻、卷帘等。平开门可采用钢筋混凝土门框或砖砌门框。推拉门有上挂式和下滑式两种。⑥地面面层的选择、垫层的设置与选择以及地基都应满足生产的要求。其细部构造有变形缝、交接缝、地沟和坡道等。

单层工业厂房的其他构件：①金属梯根据其作用的不同分为作业平台梯、吊车梯、消防检修梯。②隔断的类型有金属网隔断、装配式钢筋混凝土隔断及混合隔断三种。

复习思考与练习题

一、名词解释

(1)工业建筑；(2)工业厂房；(3)水平支撑；(4)连系梁；(5)天窗；(6)柱网。

二、填空题

(1)单层工业厂房建筑采用的基本柱距是(　　)m。

(2)单层厂房的横向排架由牛腿柱、(　　)和基础组成。

(3)在装配式钢筋混凝土排架结构的单层厂房中，柱子主要有(　　)和(　　)两类。

(4)装配式钢筋混凝土门式刚架的柱与基础的连接通常为(　　)。

(5)装配式钢筋混凝土排架结构单层厂房，由(　　)和(　　)两大部分组成。

(6)为了避免影响开门及满足防潮要求，基础梁顶面标高至少应低于室内地坪标高(　　)mm，比室外地坪至少应高(　　)mm。

(7)单层厂房的高度是指(　　)的高度。

(8)单层厂房的支撑包括(　　)和(　　)。

(9)在单层厂房中，纵向定位轴线在柱身通过处是(　　)标志尺寸端部的位置。

三、问答题

(1)常见的装配式钢筋混凝土横向排架结构单层厂房由哪几个部分组成？各部分由哪些构件组成？它们的主要作用是什么？

(2)基础梁搁置在基础上的方式有哪几种？构造上有什么要求？

(3)厂房的定位轴线的作用什么？什么是横向和纵向定位轴线？两种定位轴线与哪些主要构件有关系？

(4)厂房的中间柱、端部柱以及横向变形缝处柱与横向定位轴线如何联系？

(5)单层厂房屋面构件自防水有什么特点？有哪些类型？板缝如何处理？

(6)简述单层工业厂房侧窗的种类及构造特点。

(7)厂房大门按门扇开启方式有哪几种？各适用于什么情况？

(8)矩形天窗扇有哪几种？有何构造区别？

(9)厂房地面有什么特点和要求？地面由哪些构造层次组成？它们有什么作用？

四、实训练习题

参观某单层工业建筑厂房，要求：①说出该厂房的结构类型、结构组成、柱网布置情况、起重运输设备等。②说出该厂房的主要承重构件的名称、所用材料、作用、类型、布置位置、构造特点等，并画出2~3个构件的构造示意图。③说出该厂房的主要围护构件名称、所用材料、作用、类型、布置位置、构造特点等，并画出2~3个构件的构造示意图。④说出该厂房的防震、防火结构措施。

第三篇　建筑工程施工图识读

第十三章　建筑工程施工图识读概述

【学习目标】

- 了解：建筑工程施工图的设计程序及种类。
- 熟悉：建筑工程施工图的识读步骤和方法。
- 掌握：建筑工程施工图的常用符号。

第一节　建筑工程施工图的设计程序及种类

一、设计程序

(一)设计前的准备工作

为了保证设计质量，设计前应做好以下准备工作。

1. 熟悉设计任务书

设计任务书是设计单位进行设计的依据性文件，一般包括：①建设项目总的要求、用途、规模及一般说明；②建设基地大小、形状、地形，原有建筑及道路现状；③建设项目的面积，房间组成，面积分配及使用要求；④供电、供水、采暖、空调通风、电讯、消防等设备方面的要求；⑤建设项目的投资及单方造价，土建设备及室外工程的投资分配；⑥设计期限及项目建设进度计划要求。

设计人员应认真对照有关定额指标，校核任务书的使用面积和单方造价等内容。在深入调查和分析设计任务书以后，从全面解决使用功能、满足技术要求、节约投资等方面考虑设计。

2. 调查研究、收集必要的设计原始数据

除设计任务书提供的资料外，还可采用调查研究的方法，收集有关的原始数据和必要的设计资料，包括：①建设地区的气象、水文地质资料；②水电等设备管线资料；③基地环境及城市规划要求；④建筑材料供应和结构施工等技术条件；⑤与设计项目有关的定额指标及已建成的同类型建筑的资料；⑥当地传统经验、文化传统、生活习惯及风土人情等。

(二)设计阶段的划分

建筑设计过程按工程的复杂程度、规模大小及审批要求，划分为不同的设计阶段。民用建筑工程一般应分为方案设计、初步设计和施工图设计三个阶段；对于技术要求简单的民用建筑工程，经有关主管部门同意，并且合同中有不做初步设计的约定，可在方案设计审批后直接进入施工图设计。

1. 方案设计

方案设计的主要任务是根据设计任务书的要求和收集到的必要基础资料，结合基地环境，综合考虑技术经济条件和建筑艺术的要求，对建筑总体布置、空间组合进行可能与合理的安排，提出两个或多个设计方案供建设单位选择。

方案设计文件一般包括：①设计说明书(包括各专业设计说明以及投资估算等内容)；②总平面图以及建筑设计图纸(若为城市区域供热或区域煤气调压站，应提供热能动力专业的设计图纸)；③设计委托或设计合同中规定的透视图、鸟瞰图、模型等。

2. 初步设计

初步设计是供主管部门审批而提供的文件，也是施工图设计的依据。在已确定的方案设计的基础上，进一步充实完善，综合成为较理想的方案并绘制成初步设计。

初步设计文件一般包括：①设计说明书(包括设计总说明及各专业设计说明)；②设计图纸(总平面图、平面图、立面图、剖面图、效果图等)；③主要电气设备或材料表(可附在说明书或设计图纸中，也可单独成册)；④工程概算书。

3. 施工图设计

施工图设计提交施工单位进行施工的设计文件，应满足设备材料采购、非标准设备制作和施工的需要，即综合建筑、结构、设备各工种，相互交底、核实核对，深入了解材料供应、施工技术、设备等条件，把满足工程施工的各项具体要求反映在图纸中，做到整套图纸齐全统一，明确无误。

施工图设计文件一般包括：①合同要求所涉及的所有专业的设计文件(包括建筑、结构、建筑电气、给水排水、采暖通风与空气调节、热能动力等专业设计文件，含图纸目录、施工图设计说明、设计图纸、主要设备表及计算书)以及图纸总封面；②合同要求的工程预算书。

二、施工图的种类和编排顺序

(一)施工图的种类

建筑工程施工图按照专业分工的不同，可分为建筑施工图、结构施工图和设备施工图。

(1)建筑施工图。表达建筑的平面形状、内部布置、外部造型、构造做法、装修做法的图样。主要包括首页图与建筑总平面图、平面图、立面图、剖面图和详图等。

(2)结构施工图。表达建筑的结构类型、构件布置、大小及详细做法的图样。主要包括结构设计说明、基础平面图及详图、结构平面图、构件与节点详图。

(3)设备施工图。表达建筑设备(包括建筑电气、给水排水、采暖通风与空气调节、热能动力等)安装做法的图样。主要包括平面布置图、系统图及详图等。

(二)施工图的编排顺序

建筑工程施工图应按专业顺序编排。一般的编排顺序是：首页图(包括图纸目录、施工总说明、汇总表等)与建筑总平面图、建筑施工图、结构施工图、设备施工图(给水排水施工图、采通空调施工图、电气施工图等)。如果是以某专业工种为主体的工程，则应突出该专业的施工图而另外编排。

各专业的施工图，应按图纸内容的主次关系、逻辑关系有序排列。例如，基本图在前，详图在后；总体图在前，局部图在后；主要部分在前，次要部分在后；布置图在前，构件图在后；先施工的图在前，后施工的图在后等。

第二节　建筑工程施工图的有关规定和常用符号

一、定位轴线

定位轴线是确定承重构件平面相互位置的基准线，用细点画线绘制。

定位轴线一般应编号，编号应注写在轴线端部的圆内。圆应用细实线绘制，直径为 8～10 mm。定位轴线圆的圆心，应在定位轴线的延长线上或延长线的折线上。

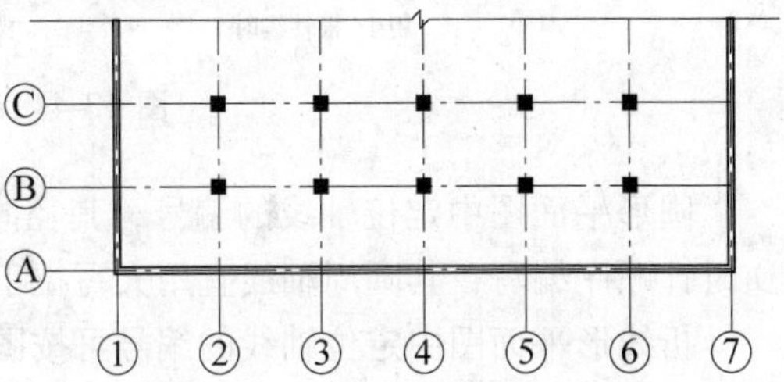

图 13-1　定位轴线的编号顺序

平面图上定位轴线的编号，宜标注在图样的下方与左侧。横向编号应用阿拉伯数字，从左至右顺序编写，竖向编号应用大写拉丁字母，从下至上顺序编写，见图 13-1。

拉丁字母的 I、O、Z 不得用做轴线编号。如字母数量不够使用，可增用双字母或单字母加数字注脚，如 AA，BA，…，YA 或 A_1，B_1，…，Y_1。

组合较复杂的平面图中定位轴线也可采用分区编号，见图 13-2。编号的注写形式应为“分区号—该分区编号”。分区号采用阿拉伯数字或大写拉丁字母表示。

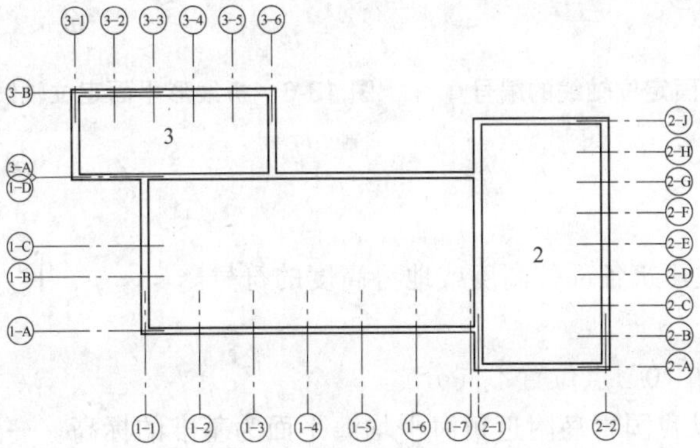

图 13-2　定位轴线的分区编号

附加定位轴线的编号，应以分数形式表示，并应按下列规定编写：

两根轴线间的附加轴线，应以分母表示前一根轴线的编号，分子表示附加轴线的编号，编号宜用阿拉伯数字按顺序编写；1 号轴线或 A 号轴线之前的附加轴线的分母应以 01 或 0A 表示，见图 13-3。

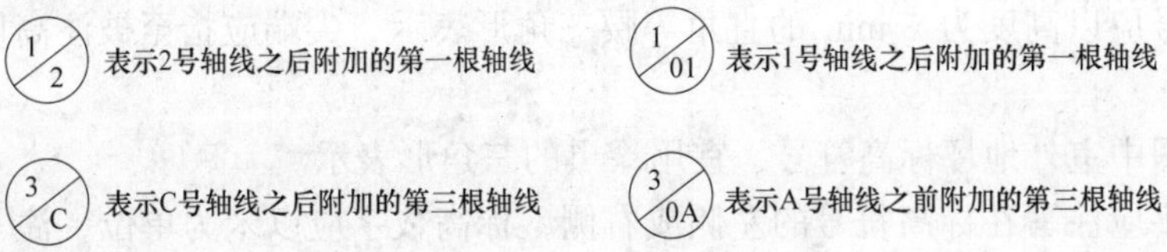

图 13-3　附加轴线的标注

通用详图中的定位轴线，应只画圆，不注写轴线编号。

一个详图适用于几根轴线时，应同时注明各有关轴线的编号，见图 13-4。

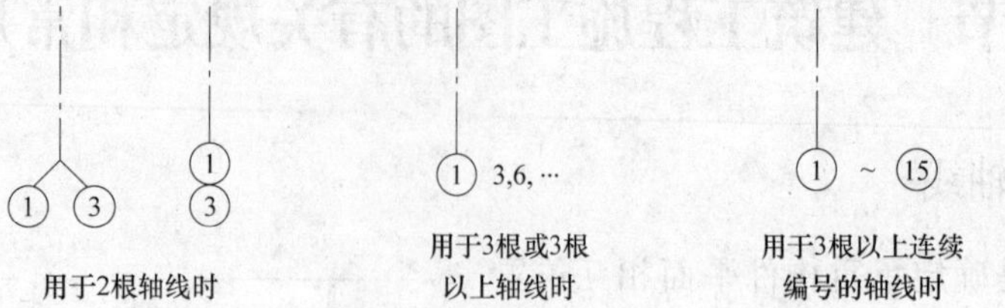

图 13-4　详图的轴线编号

圆形平面图中定位轴线的编号，其径向轴线宜用阿拉伯数字表示，从左下角开始，按逆时针顺序编写；其圆周轴线宜用大写拉丁字母表示，从外向内顺序编写，见图 13-5。

折线形平面图中定位轴线的编号可按图 13-6 的形式编写。

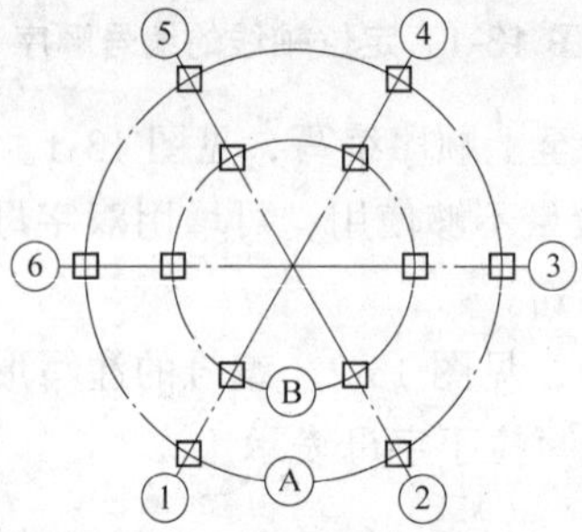

图 13-5　圆形平面定位轴线的编号

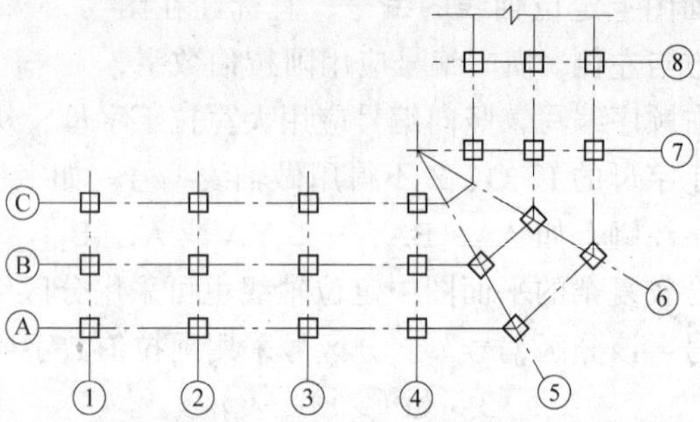

图 13-6　折线形平面定位轴线的编号

二、标高

标高是用以标注建筑各部位高度或地势高度的符号。

(一)标高的分类

根据标注高度的“0”点位置不同分：

(1)绝对标高。以我国青岛附近黄海平均海平面为基准的标高。一般用在总平面图中。

(2)相对标高。根据工程需要而选择基准面的标高。一般用在除总平面图以外的其他图中。建筑工程施工图中常将底层室内作为基准面(±0.000)。

在施工图中，标高根据所标注的位置不同分为：

(1)建筑标高。指建筑楼地面面层施工完毕后的标高，一般用在建筑施工图中。

(2)结构标高。指结构构件表面的标高，一般用在结构施工图中。

(二)标高符号

标高符号应以高度为 3 mm 的直角等腰三角形表示，尖端应指至被注高度的位置。用细实线绘制。

总平面图中室外地坪标高符号，宜用涂黑的三角形表示。

标高数字应注写在标高符号的左侧或右侧，标高数字应以米为单位，注写到小数点以后第三位。在总平面图中，可注写到小数点以后第二位。

零点标高应注写成 ± 0.000，正数标高不注“+”，负数标高应注“–”，标高符号的具体画法如图 13-7 所示。

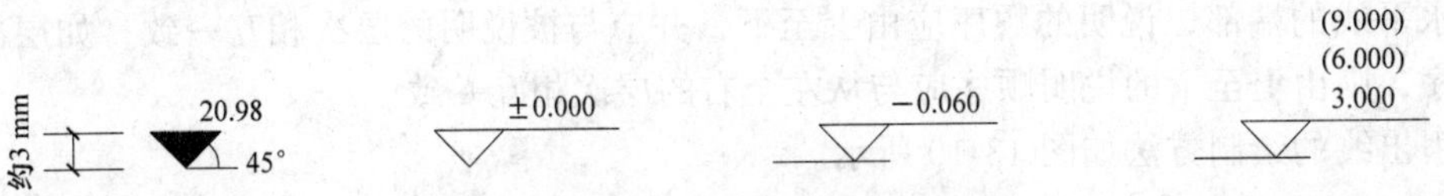

(a)总平面图中室外地坪标高符号　(b)平面图中的标高符号　(c)立面图及剖面图中的标高符号　(d)同一位置标注多个标高数字

图 13-7　标高符号的具体表示方法

三、索引符号与详图符号

(一)索引符号

图样中的某一局部或构件，如需另见详图，应以索引符号索引。索引符号是由直径为 10 mm 的圆和水平直径组成，圆及水平直径均应以细实线绘制。

索引符号如用于索引剖视详图，应在被剖切的部位绘制剖切位置线，并以引出线引出索引符号，引出线所在的一侧应为投射方向。索引符号编写规定见图 13-8。

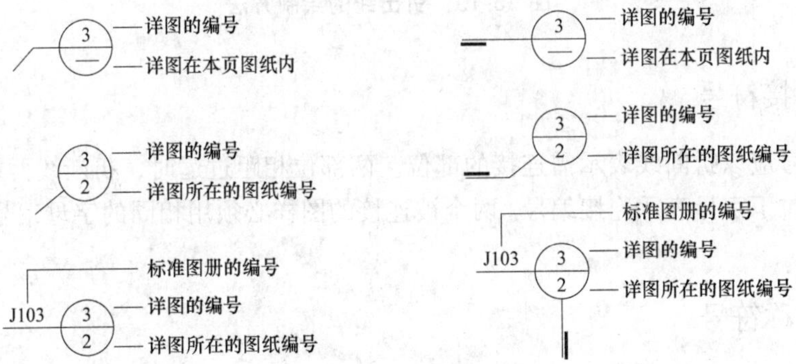

图 13-8　索引符号及用于索引剖视详图时的编写规定

(二)详图符号

详图的位置和编号应以详图符号表示。详图符号的圆应以粗实线绘制，直径为 14 mm。详图符号编写规定见图 13-9。

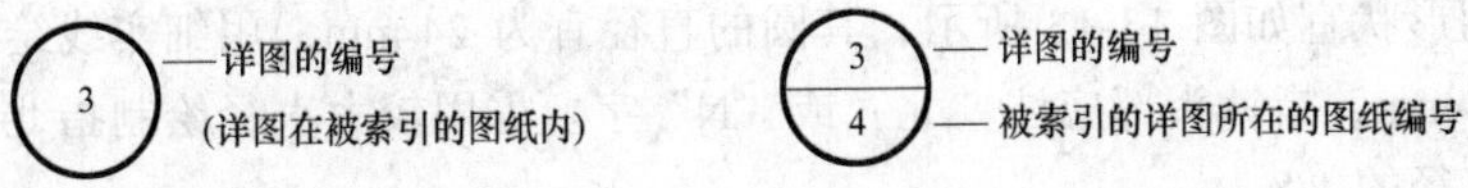

图 13-9　详图符号

四、引出线

引出线应以细实线绘制，宜采用水平方向的直线，与水平方向成 30°、45°、60°、90°的直线，或经上述角度再折为水平线。文字说明宜注写在水平线的上方，也可注写在水平线的端部。

同时引出几个相同部分的引出线，宜互相平行，也可画成集中于一点的放射线。

多层构造共用引出线，应通过被引出的各层。文字说明宜注写在水平线的上方，或注写在水平线的端部，说明的顺序应由上至下，并应与被说明的层次相互一致；如层次为横向排序，则由上至下的说明顺序应与从左至右的层次相互一致。

引出线的绘制方法如图 13-10 所示。

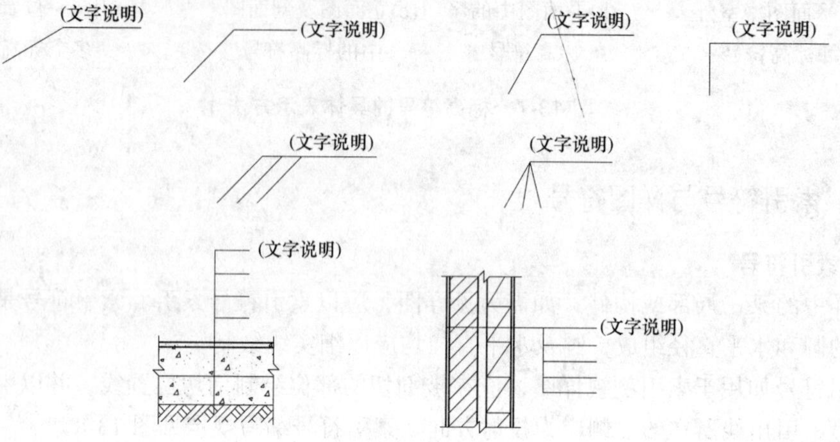

图 13-10　引出线的绘制方法

五、连接符号

连接符号应以折断线表示需连接的部位。两部位相距过远时，折断线两端靠图样一侧应标注大写拉丁字母表示连接编号。两个被连接的图样必须用相同的字母编号，如图 13-11 所示。

六、对称符号

对称符号由对称线和两端的两对平行线组成。对称线用细点画线绘制；平行线用细实线绘制，其长度宜为 6 ~ 10 mm，每对线的间距宜为 2 ~ 3 mm；对称线垂直平分于两对平行线，两端超出平行线宜为 2 ~ 3 mm，见图 13-12。

七、指北针与风向频率玫瑰图

(一)指北针

指北针的形状宜如图 13-13 所示，其圆的直径宜为 24 mm，用细实线绘制；指针尾部的宽度宜为 3 mm，指针头部应注“北”或“N”字。需用较大直径绘制指北针时，指针尾部宽度宜为直径的 1/8。

(二)风向频率玫瑰图

风向频率玫瑰图是根据某一地区多年平均统计的各个风向的百分数值，以细实线绘制，描在用 8 个或 16 个罗盘方位所表示的图上，然后将各相邻方向的端点用直线连接起来。绘制出的图形因似玫瑰花朵而得名，简称“风玫瑰”。如图 13-14 所示，风向是指从外面吹向地区中心，图中线段最长者即为当地主导风向(实线表示的是全年风向，虚线表示的是夏季风向)。风向玫瑰图可直观地表示年、季、月等的风向，为城市规划、建筑设计和气候研究提供依据。

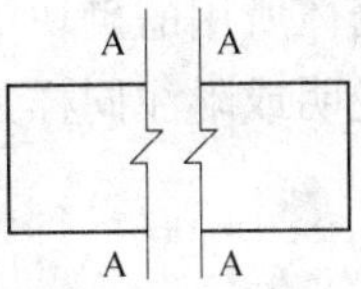

图 13-11 连接符号

图 13-12 对称符号

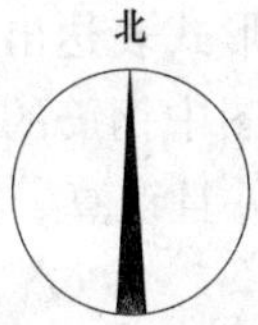

图 13-13 指北针

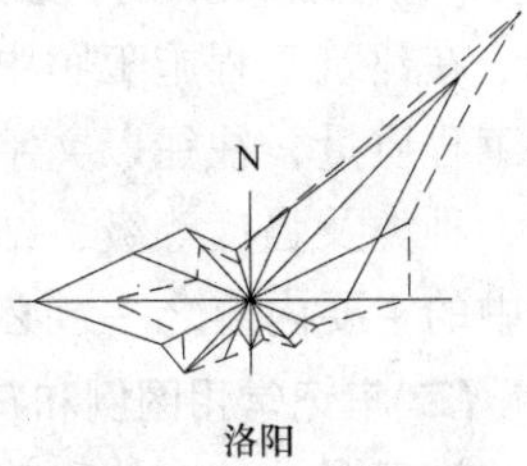

图 13-14 风向频率玫瑰图

八、坐标

坐标分为建筑坐标和测量坐标两种，一般用于建筑总平面图中标定各建筑物之间的相对位置及与图外其他建筑物或参照物的相对位置关系。以细实线绘制。测量坐标代号宜用“*X*、*Y*”(*X*轴方向指向北，*Y*轴指向东)表示；建筑坐标代号宜用“*A*、*B*”表示，如图 13-15 所示。坐标值为负数时，应注“–”号，为正数时；“+”号可省略。

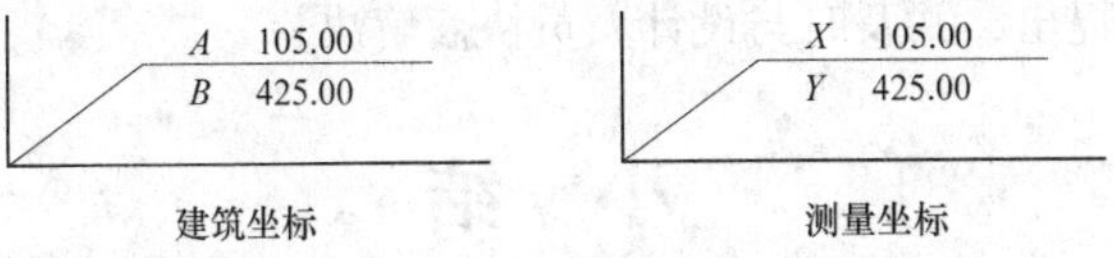

图 13-15 坐标

表示建筑物、构筑物位置的坐标，宜注其三个角的坐标，如建筑物、构筑物与坐标轴线平行，可注其对角坐标。较小的建筑物、构筑物也可用相对尺寸定位。

第三节 建筑工程施工图的识读方法和步骤

一、识读方法和步骤

施工图的绘制是对前述各章节知识综合应用的结果，因此要想顺利识读施工图纸的内容，必须熟练掌握前述各章节的专业知识，再使用正确的识读方法，经过反复识读图纸训练才行。

一套施工图，简单的有几张，复杂的有几十张，甚至几百张。一般的识读方法和步骤如下：

整套图纸，先看说明书、首页图，再看建筑施工图、结构施工图和设备施工图；每一张图纸，先看图标、文字，后看图样。

识读建筑施工图时，先识读总平面图和平面图，然后结合立面图和剖面图识读，最后识读详图；识读结构施工图时，先应识读结构平面布置图，然后识读构件图，最后识读构件详图或断面图。

二、识读图时的注意事项

(一)仔细识读设计说明或附注

在建筑工程施工图中，一些无法直接用图形表示的内容，而又直接关系到工程的做法及工程质量，往往以文字要求的形式表达出来。例如，建筑施工图中墙体所用的砌块的大小、种类及强度等级，结构施工图中钢筋的种类、锚固长度等，这些说明或附注同样是图纸中的主要内容之一，必须看懂并且认真、正确地理解。

(二)牢记常用图例和符号

施工图中的图例和符号是工程界的通用语言，识读人员务必牢记，才能顺利地识读图纸，避免识读过程中出现“语言”障碍。

(三)注意尺寸及其单位

图纸中的图形或图例的尺寸单位有米(m)和毫米(mm)两种，除标高和总平面图中的尺寸以米为单位外，其余的尺寸均以毫米为单位，且对于以毫米为单位的尺寸在图纸中尺寸数字的后面一律不加注单位。

(四)不得随意变更或修改图纸

在识读施工图的过程中，若发现图纸设计不全甚至是错误，应及时准确地作记录，但不得随意变更设计，或轻易加以修改，尤其是对有疑问的地方或内容可以保留意见。在适当的时间向有关人员提出，并及时与设计人员协商解决。

小 结

本章主要介绍了建筑工程施工图的设计程序及种类、建筑工程施工图的识读步骤和方法、建筑工程施工图的常用符号等。

为了保证设计质量，设计前应熟悉设计任务书，调查研究、收集必要的设计原始数据。民用建筑工程的建筑设计按工程的复杂程度、规模大小及审批要求，一般应分为方案设计、初步设计和施工图设计三个阶段。施工图设计文件一般包括合同要求所涉及的所有专业的设计文件、图纸总封面及合同要求的工程预算书。

建筑工程施工图可分为建筑施工图、结构施工图和设备施工图，一般的编排顺序是：首页图与建筑总平面图、建筑施工图、结构施工图、设备施工图。

建筑工程施工图的常用符号有定位轴线、标高符号、索引符号、详图符号、引出线、连接符号、对称符号、指北针与风向频率玫瑰图、坐标等。

通过学习，学生应在了解建筑工程施工图的设计程序及种类的基础上，熟悉建筑工程施工图的识读步骤和方法，掌握建筑工程施工图的常用符号等。

复习思考与练习题

一、名词解释

(1)建筑施工图；(2)定位轴线；(3)相对标高；(4)风向频率玫瑰图。

二、填空题

(1)民用建筑工程一般应分为(　　　)、(　　　)和(　　　)三个阶段。

(2)建筑工程施工图按照专业分工的不同，可分为(　　)、(　　)和(　　)。

(3)建筑工程施工图应按(　　　　)编排。

(4)平面图上定位轴线的编号，横向编号应用(　　　　)，从左至右顺序编写，竖向编号应用大写拉丁字母，从(　　　　)至(　　　　)顺序编写。

(5)建筑工程施工图中常将(　　　　)作为基准面(±0.000)。

(6)连接符号应以(　　　　)表示需连接的部位。

(7)指北针头部应注写(　　　　)字。

(8)识读时，先识读(　　　　)，后识读(　　　　)。

(9)建筑施工图中标高和总平面图中的尺寸以(　　　)为单位，其余的尺寸以(　　　　)为单位。

三、问答题

(1)为了保证设计质量，设计前应做好哪些准备工作？

(2)施工图设计文件一般包括哪些内容？

(3)建筑工程施工图的一般编排顺序是什么？

(4)试述附加定位轴线的编号规定。

(5)列举房屋建筑制图的绘制应依据的国家标准。

(6)试述建筑工程施工图的识读方法。

四、选择题

(1)拉丁字母的(　　　)不得用做轴线编号。

A.O　　　B.Q　　　C.Z　　　D.I

(2)定位轴线编号应注写在轴线端部的圆内。圆应用细实线绘制，直径为(　　　)mm。

A. 6～8　　　B.8～10　　　C. 10～12　　　D. 12～14

(3)下列用于平面图中的标高符号是(　　　)。

A.　　　B.　　　C.　　　D.

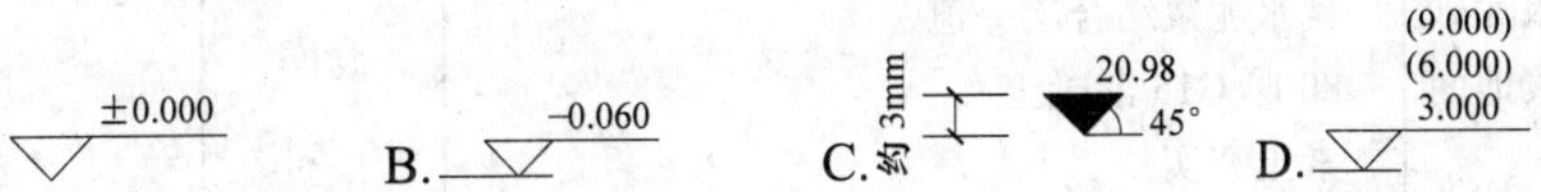

(4)索引符号中 $\frac{3}{4}$，详图编号为(　　　　)。

A.3　　　B.4　　　C.3/4　　　D.4/3

(5)详图符号的圆应用(　　　　)绘制。

A.直径为 12 mm 的圆并用粗实线　　　B.直径为 14 mm 的圆并用粗实线

C.直径为 14 mm 的圆并用中粗实线　　　D.直径为 14 mm 的圆并用细实线

第十四章　建筑施工图的识读

【学习目标】

- 了解：建筑施工图的形成方法。
- 熟悉：建筑施工图的识读内容。
- 掌握：建筑施工图的图示方法和识读方法。

第一节　首页图与建筑总平面图

一、首页图

首页图放在全套施工图的首页，一般包括图纸目录、建筑设计说明、工程做法、门窗表等。

(1)图纸目录的作用是组织和编排图纸，以便识读人员根据编号和页数进行查阅，如图 14-1 所示。

(2)设计说明是对施工图的必要补充，主要对施工图中未能表达清楚的内容作详细的说明。通常包括工程概况、设计依据、施工要求及注意事项等内容。如图 14-1 所示。

(3)工程(构造)做法是对建筑各部分构造做法加以详细说明，可以采用表格的形式(见表 14-1)。若采用标准图集中的做法，应注明标准图集的代号、做法编号。

表 14-1　建筑构造做法(部分)

类型	编号	名称	构造做法	使用范围	说明
一、地面做法	1.1 …	水泥砂浆地面	20 厚 1∶2 水泥砂浆抹面压光 素水泥浆结合层一道 80 厚 C15 混凝土 素土夯实	仓库	
二、楼面做法	… 2.2 …	陶瓷锦砖地面	8 ~ 10 厚地砖铺实拍平，水泥浆擦缝 25 厚 1∶4 干硬性水泥砂浆，面上撒素水泥 素水泥浆结合层一道 钢筋混凝土楼板	所有	600×600 防滑砖(楼梯、卫生间采用 300×300)
三、内墙面做法	… 3.3 …	混合砂浆墙面	15 厚 1∶1∶6 水泥石灰砂浆 5 厚 1∶0.5∶3 水泥石灰砂浆 腻子满刮，砂纸磨平 刷内墙涂料两遍	卫生间除外的所有内墙面	

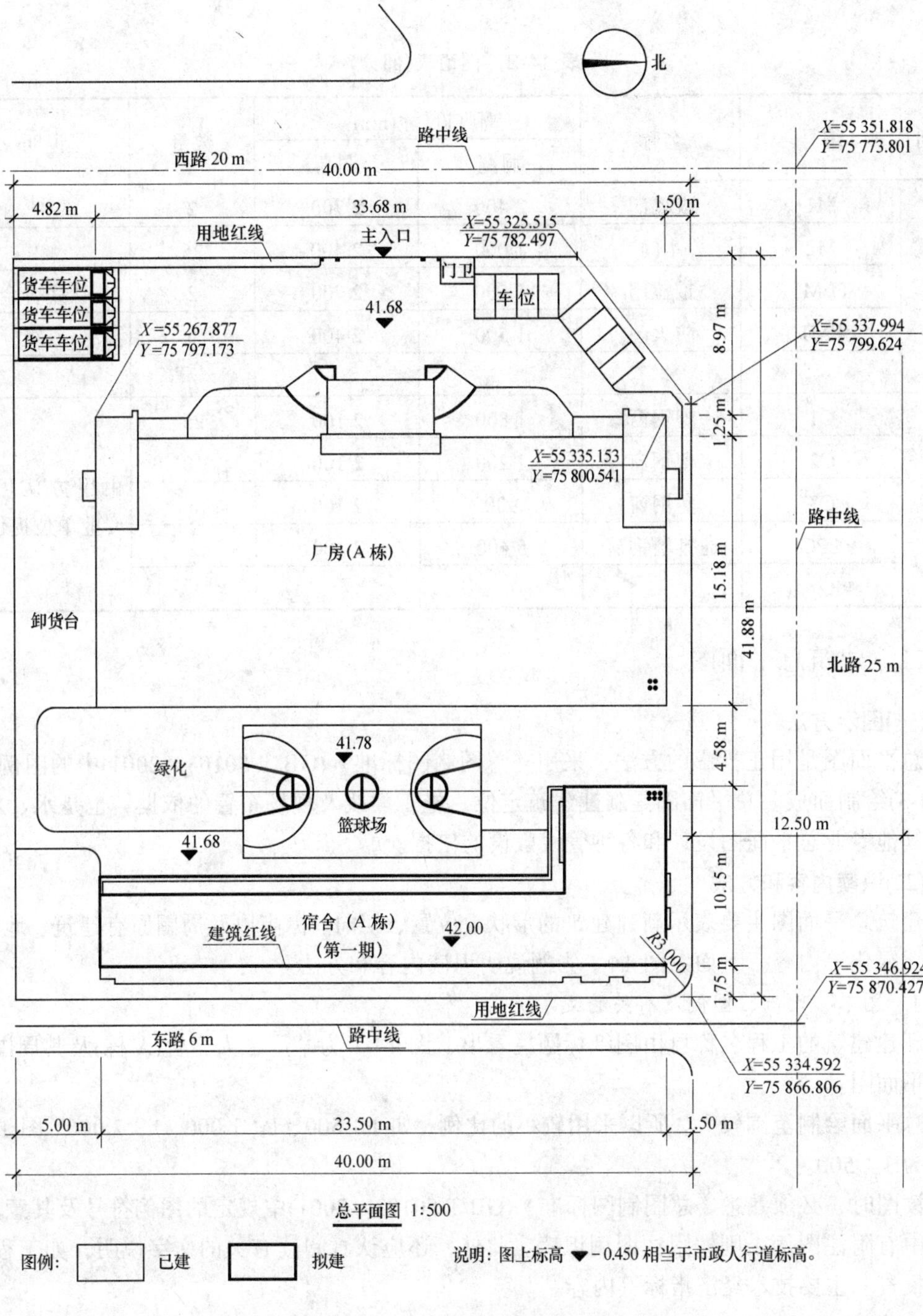

图 14-1　某厂工人宿舍及其周围环境总平面图

(4)门窗表是对建筑所有不同类型的门窗统计后列成的表格，以备施工及预算的需要。门窗表中应反映门窗的编号、类型(名称)、尺寸、数量等。表 14-2 为某建筑门窗表示例(部分)。

表 14-2　门窗表(部分)

类别	编号	名称	洞口尺寸(mm)		数量	说明
			洞宽	洞高		
门	M1	玻璃门	2 400	2 700	2	
	M2	木门	1 000	2 400	25	
	TLM1	推拉门	1 500	2 700	2	钛镁合金
	FM1	防火门	1 500	2 400	6	乙级
	…					
窗	C1	塑钢窗	1 800	2 100	25	由甲方认可的专业单位提供
	C2	塑钢窗	1 200	2 100	10	
	C3	塑钢窗	900	2 100	6	
	TPC	通排塑钢窗	5 400	2 100	2	
	…					

二、建筑总平面图

(一)图示方法

总平面图是用正投影的方法，采用《总图制图标准》(GB/T 50103—2001)中的图例(见表 14-3)绘制而成。总平面图是新建建筑定位、施工放线及现场布置的依据，也是水、电、暖等其他专业总平面图设计和各种管线敷设的依据。

(二)识读内容和方法

建筑总平面图主要表示新建建筑的形状、位置、朝向、标高以及周围原有建筑、地形、道路、绿化等内容。下面以图 14-1 为例说明识读内容和方法。

1. 图名、比例、图例及有关的文字说明

新建建筑的工程名称可由图纸标题栏看出，图 14-1 为某厂工人宿舍(A 栋)及其周围环境总平面图。

总平面绘制范围较大，所以采用较小的比例，如 1∶500、1∶1 000、1∶2 000。图 14-1 比例为 1∶500。

读图时，必须熟悉《总图制图标准》(GB/T 50103—2001)中规定的图例符号及其意义。若图中有附注图例，则按附注图例识读。此外，还应认真阅读有关的文字说明，如工程规模、投资、主要技术经济指标等内容。

2. 新建建筑的位置和朝向

新建建筑的位置可由平面尺寸或坐标确定。图 14-1 新建宿舍(A 栋)的位置可由图中测量坐标点按平面尺寸定位。首先由东北角的坐标点(X=55 334.592、Y=75 866.806)向西 1.75 m、向南 1.50 m 定出新建宿舍的东北角点，再由图中尺寸定出其他角点，从而确定建筑的位置。

表 14-3　总平面图常用图例

名 称	图 例	说 明
新建建筑物	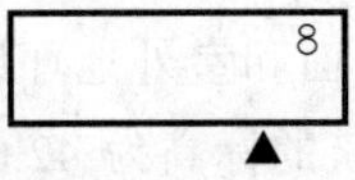	建筑物外形用粗实线表示，可以不画出入口。 需要时，可用▲表示出入口。 可在图形内右上角用点数或数字表示层数。
原有建筑物	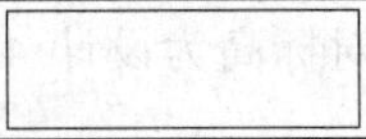	用细实线表示
计划扩建的预留地或建筑物		用中虚线表示
拆除的建筑物	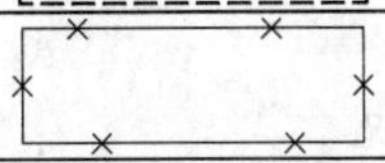	用细实线表示
敞棚或敞廊	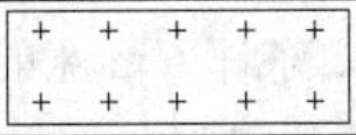	
围墙及大门	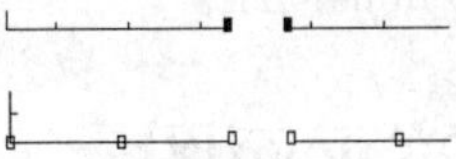	上图为实体性质的围墙(砖石、混凝土等) 下图为通透性质的围墙(篱笆、栏杆等) 仅表示围墙时不画大门
坐标	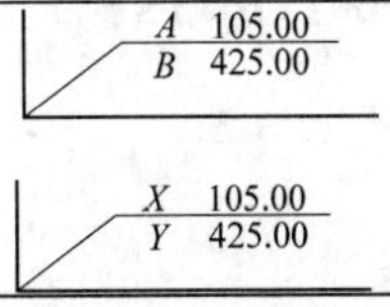	上图表示测量坐标 下图表示建筑坐标
护坡	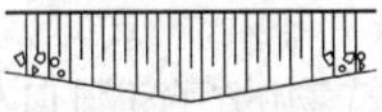	边坡较长时，可在一端或两端局部表示
原有道路	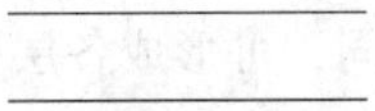	
计划扩建的道路	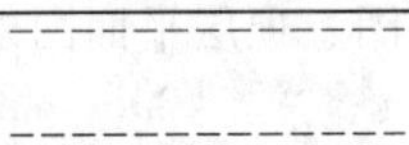	
新建的道路	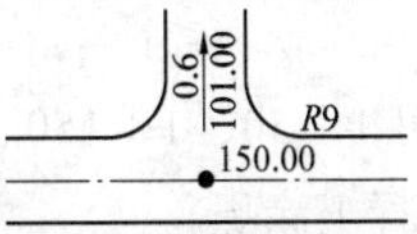	“*R*9”表示道路转弯半径为 9 m “150.00”为路面中心控制点标高 “0.6”表示 0.6%的纵向坡度 “101.00”表示边坡点间距离
铺砌场地	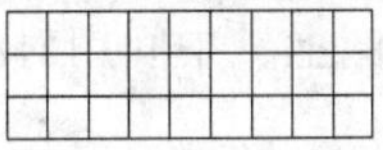	
绿化针叶树	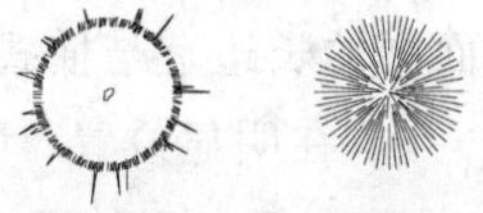	左为常绿针叶树 右为落叶针叶树
绿化乔木	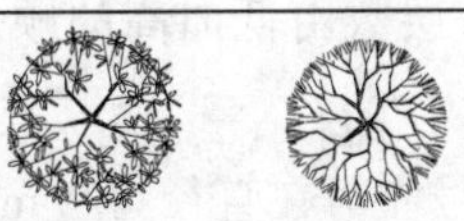	左为落叶阔叶乔木 右为常绿阔叶乔木
草坪	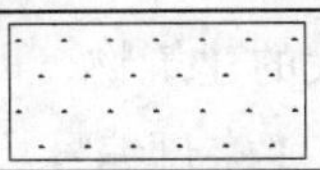	
绿篱		
植草砖铺地	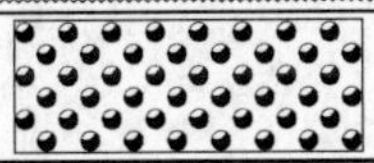	

新建建筑的朝向可由指北针或风向玫瑰频率图确定。图 14-1 中新建宿舍(A 栋)的朝向是坐东朝西。

3. 新建建筑的标高和层数

新建建筑的标高可从图中看出，并由室内地面和室外地坪设计标高可知室内外高差及±0.000 与绝对标高的关系。图 14-1 中新建建筑的标高为 42.00 m，即底层室内地面标高±0.000 相当于绝对标高 42.00 m。室外地坪绝对标高为设计 41.68 m，可知室内外高差为 0.32 m。

新建建筑的层数通常用圆点标注在建筑的右上角。图 14-1 中新建宿舍(A 栋)的层数为六层。

4. 新建建筑四周的道路、绿化等周围环境情况

图 14-1 中新建宿舍(A 栋)北邻 25 m 宽的北路，东邻 6 m 宽的东路，西邻篮球场及绿化带。建筑红线与用地红线之间留有 3.00 m、3.50 m 的间距。

第二节　建筑平面图

一、图示方法

(一)形成方法

建筑平面图是用一个假想的水平剖切面在建筑物的门窗洞口处水平剖切向下正投影形成的图样，简称平面图。按照水平剖切的位置不同，可形成各层平面图。在屋面以上俯视形成的水平投影图称为屋顶平面图。除底层平面图、顶层平面图外，其余各中间层若完全相同，可统称为标准层平面图。

(二)图样表示方法

建筑平面图常用的比例为 1∶100，也可采用 1∶50、1∶150、1∶200、1∶300。比例为 1∶100 的平面图，材料图例可简化(如钢筋混凝土涂黑)。

若平面图对称，可将两层平面图合绘在一个图上，中间用对称符号分开并在对称轴线处画对称符号，图下方在左右两边分别注写图名。

平面图的方向宜与总平面图方向一致。平面图的长边宜与横式幅面图纸的长边一致。指北针应绘制在建筑物±0.00 标高的平面图上，并放在明显位置，所指的方向应与总图一致。在同一张图纸上绘制各层平面图时，宜按层数由低向高的顺序从左至右或从下至上布置。

建筑平面图应注写房间的名称或编号。编号注写在直径为 6 mm 并用细实线绘制的圆圈内，并在同张图纸上列出房间名称表。平面较大的建筑物，可分区绘制平面图，但每张平面图均应绘制组合示意图。各区应分别用大写拉丁字母编号。

在平面图中常采用图例表示房屋的构造及配件，《建筑制图标准》(GB/T 50104—2001)规定的各种常用构造及配件图例见表 14-4。

表 14-4　建筑构造及配件常用图例

名 称	图 例	说 明
墙体		应加注文字或填充图例表示墙体材料，在项目设计图纸说明中列材料图例表给予说明
隔断		包括板条抹灰、木质、石膏板、金属材料等隔断
栏杆		
楼梯	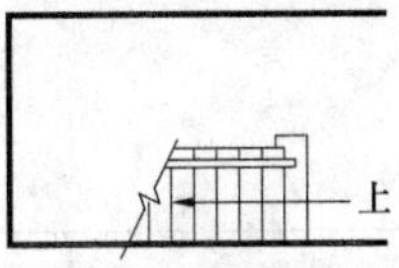	上图为底层楼梯平面 中图为中间层楼梯平面 下图为顶层楼梯平面 楼梯及栏杆扶手的形式和梯段踏步数应按实际情况绘制
	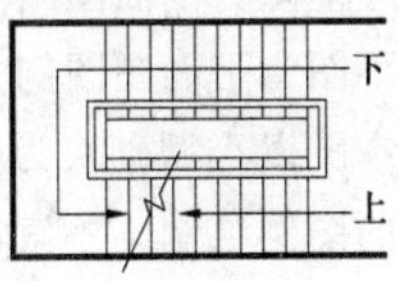	
	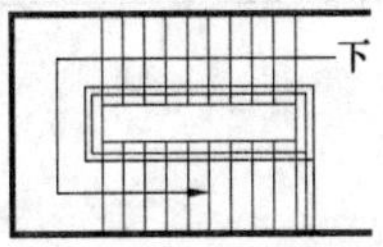	
坡道	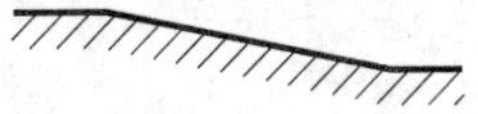	长坡道
	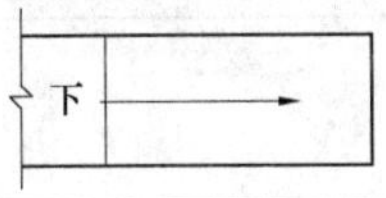	
	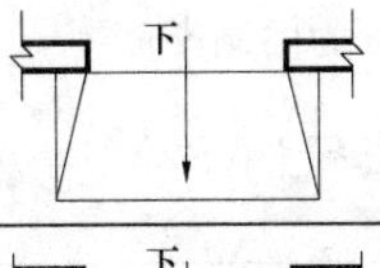	门口坡道
	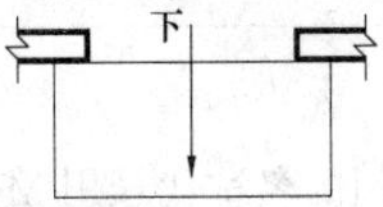	
平面高差	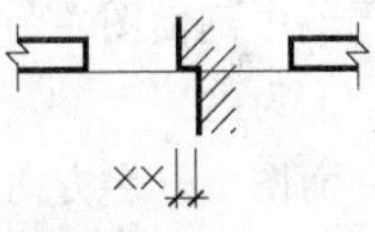	适用于高差小于 100 的两个地面或楼面相接处
检查孔	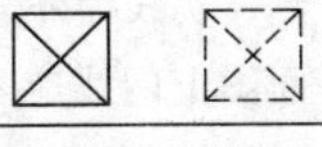	左图为可见检查孔，右图为不可见检查孔
孔洞	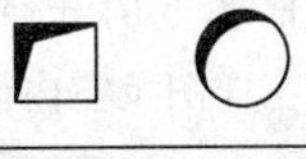	阴影部分可用涂色代替
墙预留洞	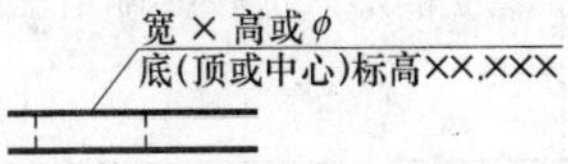	以洞中心或洞边定位 宜以涂色区别墙体和洞边位置

续表 14-4

名 称	图 例	说 明
烟道	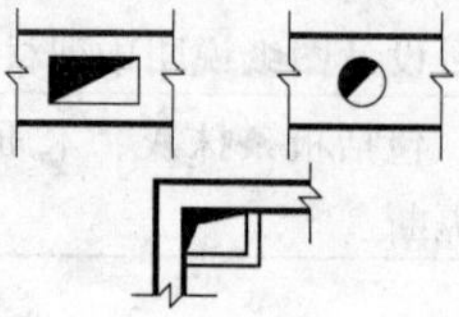	阴影部分可涂色代替 烟道与墙体为同一材料，其相接处墙身线应断开
通风道	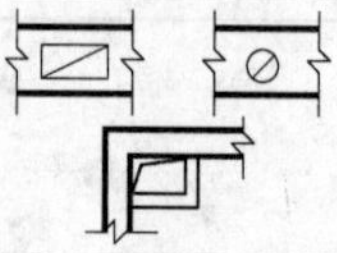	
新建的墙和窗	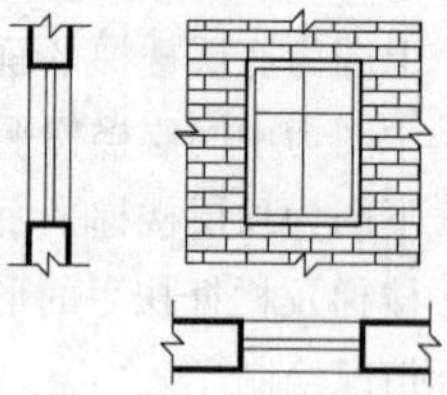	左上图为剖面图图例，右上图为立面图图例 下图为平面图图例 本图以小型砌块为图例，绘图时应按所用材料的图例绘制，不宜以图例绘制的，可在墙面上以文字或代号注明
在原有墙或楼板上新开的洞	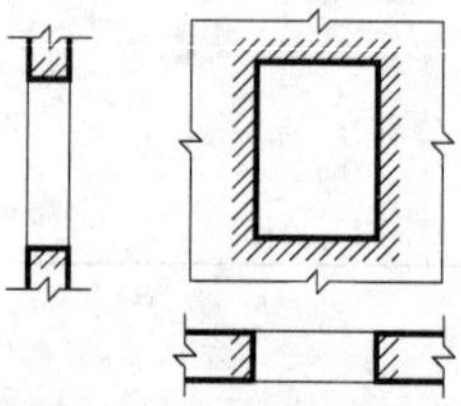	
空门洞	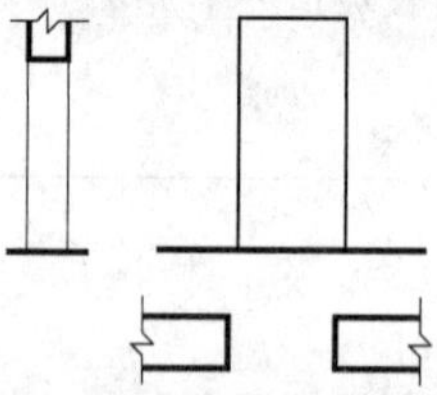 $h=$	h 为门洞高度
单扇门(包括平开或单面弹簧)	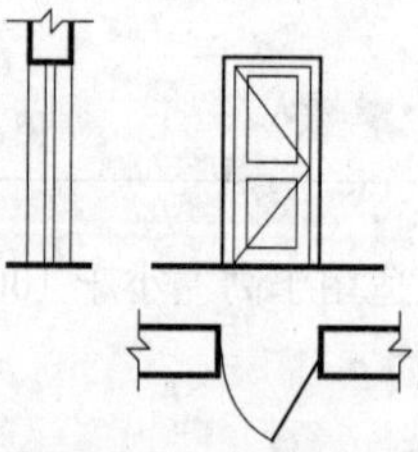	门的名称代号用 M 表示 图例中剖面图左为外、右为内，平面图下为外、上为内 立面图上开启方向线交角的一侧为安装合页的一侧，实线为外开，虚线为内开 平面图上门线应 90°或 45°开启，门线宜绘出 立面图上的开启线在一般设计图中可不表示，在详图及室内设计图上应表示 立面形式应按实际情况绘制
双扇门(包括平开或单面弹簧)	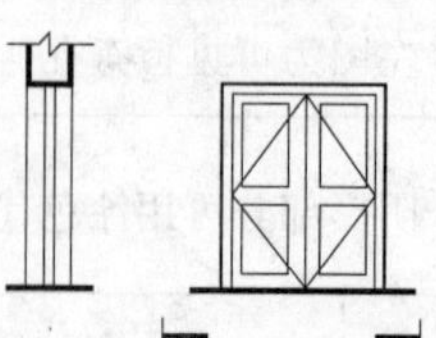	

续表 14-4

<table>
<tr><th>名 称</th><th>图 例</th><th>说 明</th></tr>
<tr><td>对开折叠门</td><td>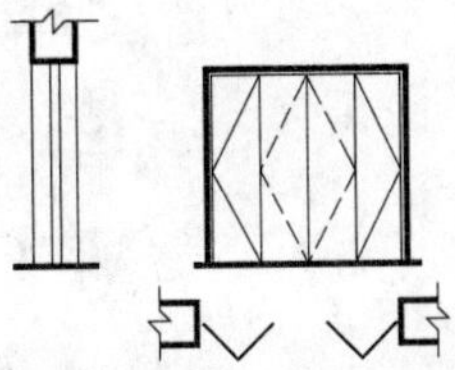</td><td rowspan="6">门的名称代号用 M 表示
图例中剖面图左为外、右为内，平面图下为外、上为内
立面形式应按实际情况绘制</td></tr>
<tr><td>推拉门</td><td>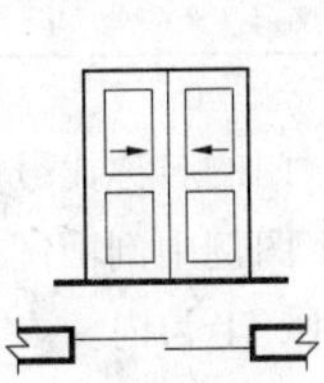</td></tr>
<tr><td>墙外单扇推拉门</td><td>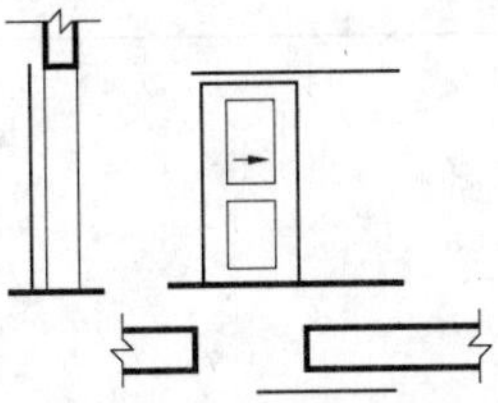</td></tr>
<tr><td>墙外双扇推拉门</td><td>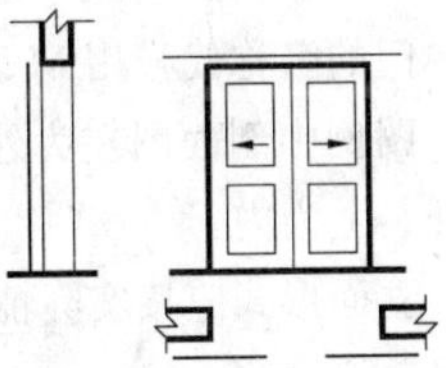</td></tr>
<tr><td>单扇双面弹簧门</td><td>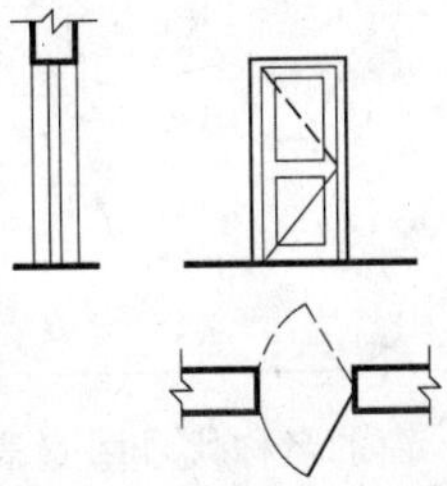</td></tr>
<tr><td>双扇双面弹簧门</td><td>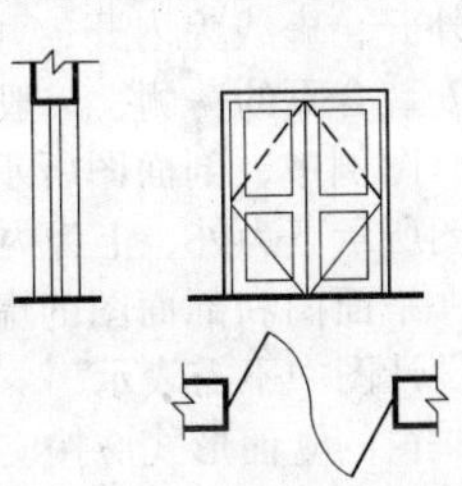</td></tr>
</table>

续表 14-4

名称	图例	说明
转门	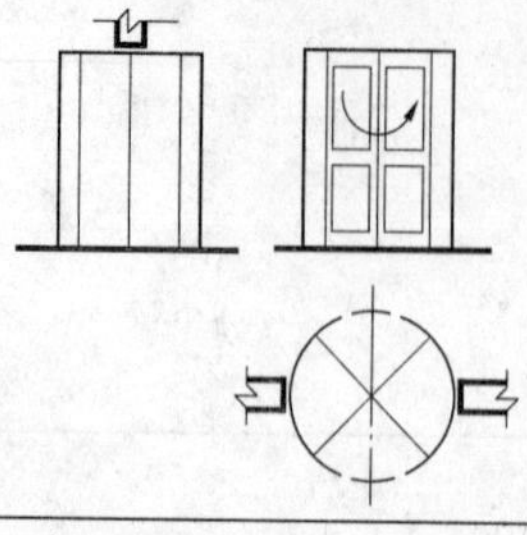	
自动门	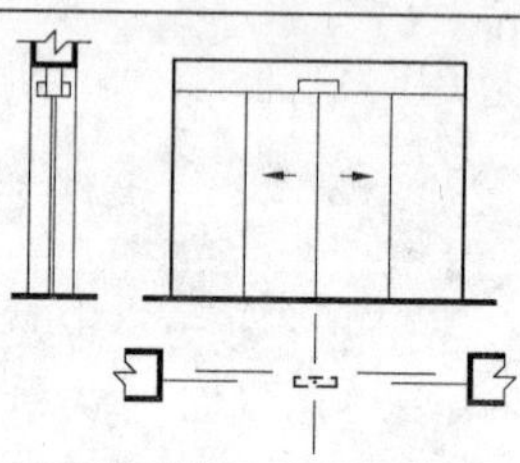	门的名称代号用 M 表示 图例中剖面图左为外、右为内，平面图下为外、上为内 立面形式应按实际情况绘制
折叠上翻门	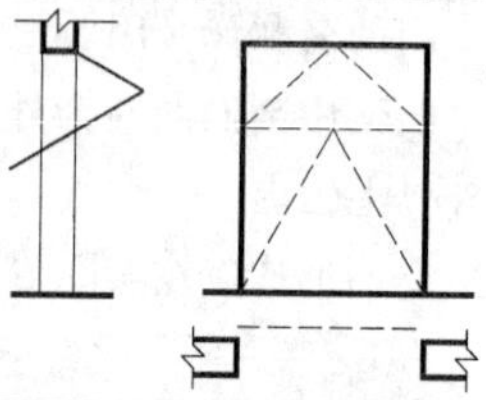	
竖向卷帘门	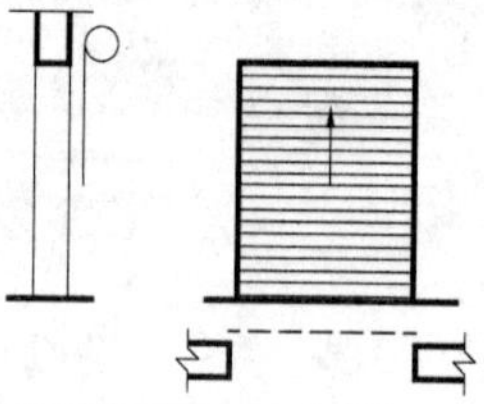	门的名称代号用 M 表示 图例中剖面图左为外、右为内，平面图下为外、上为内 立面形式应按实际情况绘制
单层固定窗	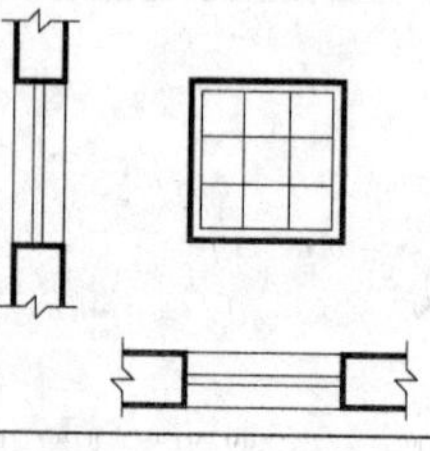	
单层外开上悬窗	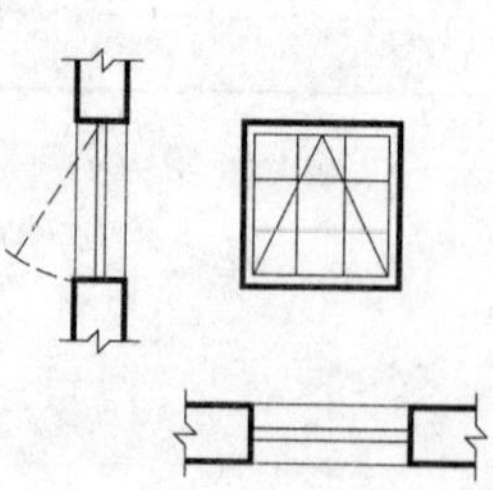	窗的名称代号用 C 表示 立面图中的斜线表示窗的开启方向，实线为外开，虚线为内开；开启方向线交角的一侧为安装合页的一侧，一般设计图中可不表示 图例中，剖面图所示左为外、右为内，平面图所示下为外、上为内 平面图和剖面图的虚线仅说明开关方式，在设计图中不需表示 窗的立面形式应按实际情况绘制

续表 14-4

名称	图例	说明
单层中悬窗	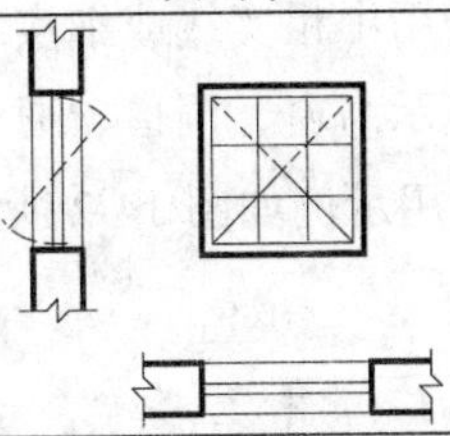	窗的名称代号用 C 表示 立面图中的斜线表示窗的开启方向，实线为外开，虚线为内开；开启方向线交角的一侧为安装合页的一侧，一般设计图中可不表示 图例中，剖面图所示左为外、右为内，平面图所示下为外、上为内 平面图和剖面图的虚线仅说明开关方式，在设计图中不需表示 窗的立面形式应按实际情况绘制
单层内开下悬窗	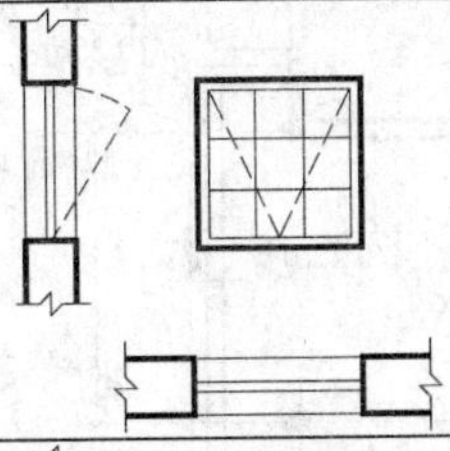	
单层外开平开窗	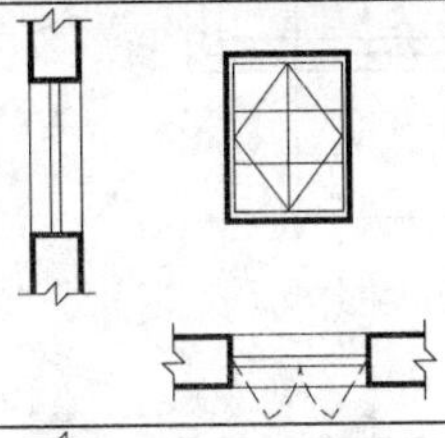	窗的立面形式应按实际情况绘制
单层内开平开窗	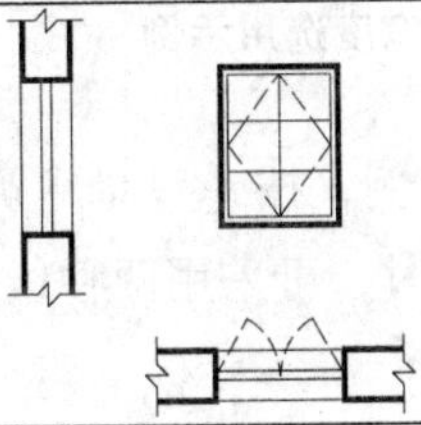	
双层内外开平开窗	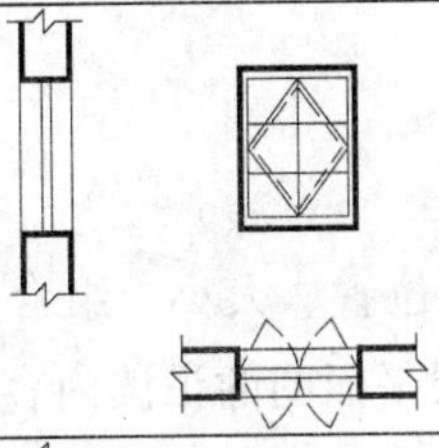	
推拉窗	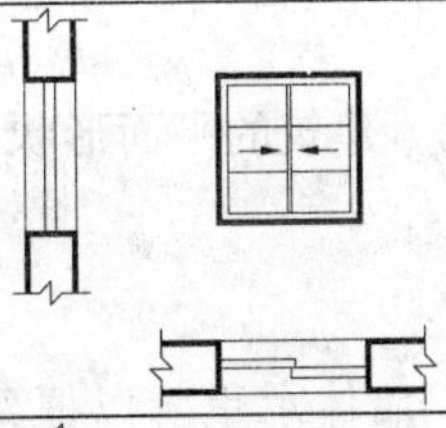	窗的名称代号用 C 表示 图例中，剖面图所示左为外、右为内，平面图所示下为外、上为内 窗的立面形式应按实际情况绘制
高窗	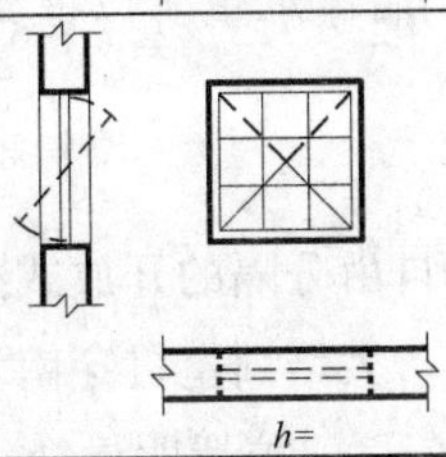 $h=$	h 为窗底距本层楼地面的高度

(三)图线表示方法

建筑平面图中被剖切到的墙、柱等主要建筑构造的轮廓线用粗实线绘制，未被剖切到的部分如楼梯、散水、室外台阶、门的开启线等用中粗实线或细实线绘制，尺寸线、折断线、引出线、标高等用细实线绘制。图内如需表示高窗、洞口、通气孔、槽、地沟及起重机等不可见部分，则应以虚线绘制。图线宽度选用示例如图 14-2 所示。

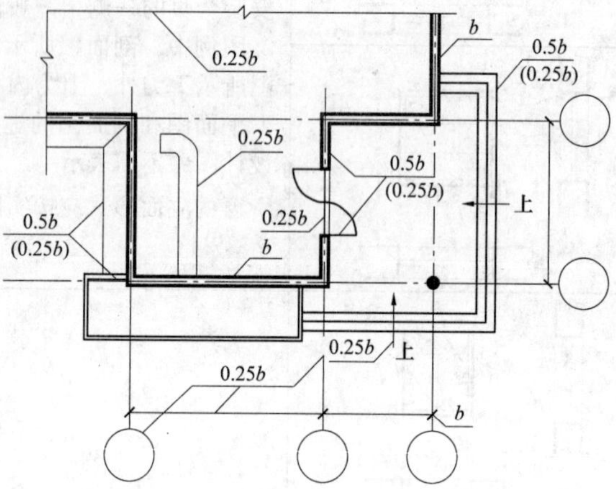

图 14-2　平面图图线宽度选用示例

图线的宽度 b，应根据图样的复杂程度和比例，按《房屋建筑制图统一标准》(GB/T 50001—2001)中的规定选用。绘制较简单的图样时，可采用两种线宽的线宽组，其线宽比宜为 b：0.25b。

二、识读内容和方法

(一)底层平面图

底层平面图主要反映房屋的平面形状，房间位置、大小，组合关系，建筑构造以及必要的尺寸、标高等。下面以图 14-3 为例说明底层平面图的识读内容和方法。

1. 图名、比例、形状、朝向

图 14-3 为底层平面图，绘制比例为 1：100。建筑的平面形状为长方形。由指北针可看出建筑为坐北朝南。

2. 结构形式与定位轴线

本建筑主要为框架结构，部分(⑧、⑩轴线)墙体承重。以框架柱中心确定定位轴线位置。

3. 平面布置

建筑底层南向设有入口、门厅、办公室及可自由分隔的开放式办公区，北向设有展示厅、财务收款室、财务经理室、机房财务档案室，大培训室贯穿南北布置于建筑西部，楼梯与茶水间、卫生间等公共使用部分布置在紧邻门厅、位置明显处。

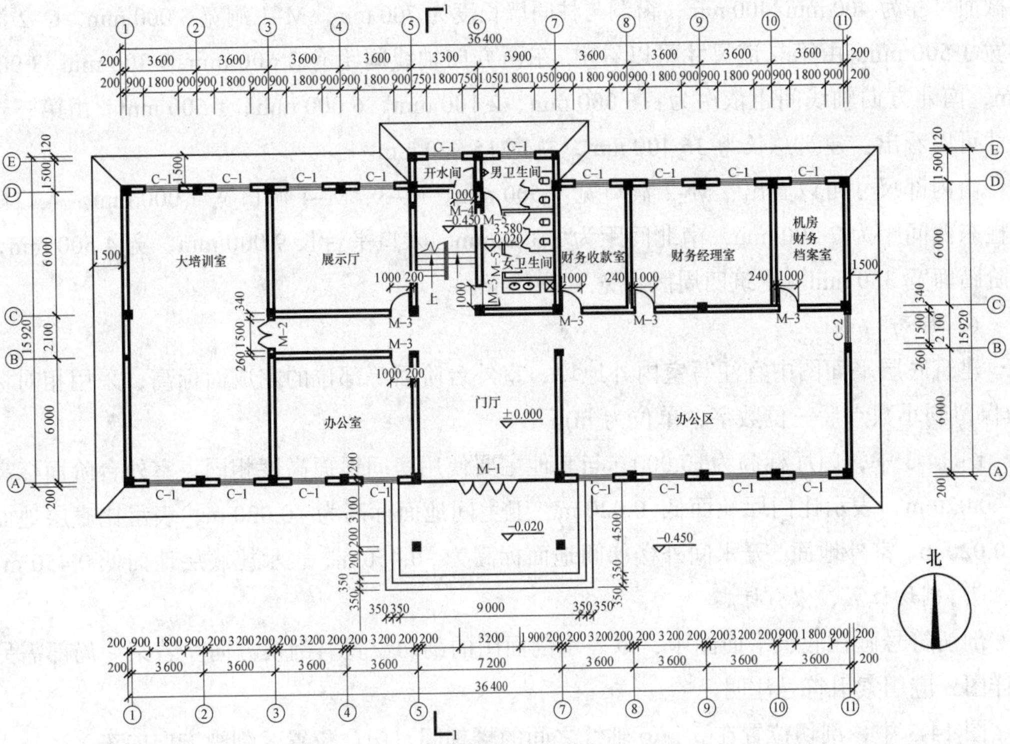

底层平面图 1:100

图 14-3 某办公楼底层平面图

4. 门窗位置及编号

建筑平面图中门的代号用 M 表示，窗的代号用 C 表示。不同类型的门窗加编号予以区分。每种类型的门窗应与门窗表对应。

图 14-3 中，南北外墙开窗的类型均为 C–1，东外墙开窗的类型为 C–2，均为推拉窗。共有 5 种不同类型的门：门厅大门 M–1 为四扇平开门，M–2 为双扇平开门，M–3、M–4、M–5 均为单扇平开门。

5. 尺寸标注

建筑平面图中标注的尺寸分为外部尺寸和内部尺寸。

外部尺寸一般分为三道，从内到外依次为：

第一道尺寸(细部尺寸)，表示建筑外墙门窗洞口及洞间墙的尺寸。

第二道尺寸(定位尺寸)，表示建筑定位轴线之间的距离。

第三道尺寸(总尺寸)，表示建筑的外轮廓总尺寸。

内部尺寸一般按需要标注出室内净尺寸、门窗洞尺寸、墙厚及固定设备(卫生间、工作台、搁板等)的大小与位置。

图 14-3 中，由外部第一道尺寸可以看出：C–1 洞口宽 1 800 mm，与轴线间距为 900 mm，柱截面尺寸为 400 mm×400 mm，窗洞与柱间墙长度为 700 mm。M–1 洞宽 3 000 mm，C–2 洞口宽 1 500 mm。由第二道尺寸可以看出：东西方向轴线间距有 3 600 mm、3 300 mm、3 900 mm，南北方向轴线间距依次为：6 000 mm、2 100 mm、6 000 mm、1 500 mm。由第三道尺寸可以看出：建筑总长为 36 400 mm，总宽 15 920 mm。

由内部尺寸可以看出：M–2 洞口宽 1 500 mm，M–3、M–4 洞口宽 1 000 mm。入口雨篷柱东西间距为 7 200 mm，南北间距为 3 300 mm。入口平台长 9 000 mm，宽 4 500 mm，台阶踏面宽 350 mm。建筑四周散水宽 1 500 mm。

6. 标高

建筑底层平面图中宜注写室内外地坪、室外台阶面等部位的完成面标高，采用相对标高(保留到小数点后三位数字，单位为 m)。

图 14-3 中，门厅标高为±0.000，与其他主要使用房间地面高度相同。室外台阶面标高为– 0.020 m，表示比门厅地面低 0.020 m。卫生间地面标高为– 0.020 m，表示比底层地面低 0.020 m。室外地面、开水间外楼梯间地面标高为– 0.450 m，表示比底层地面低 0.450 m。

7. 剖切位置、索引标志

剖切符号画在底层平面图中，以表示剖面图的剖切位置、剖视方向。若某一局部需另见详图，应用索引符号注明。

图 14-3 中，剖切位置在⑤、⑥轴线之间的楼梯间、门厅位置，剖视方向向东。

8. 设备布置情况

底层平面图中应表示出建筑物内设备的位置、形式及尺寸。

图 14-3 中盥洗空间布置有洗手池、拖布池，卫生间布置有蹲便器、小便器。

(二)其他层平面图

其他层平面图包括中间层(标准层)平面图及顶层平面图。已在底层平面图中表示过的内容(如散水、室外台阶、指北针、剖切符号等)不再在中间层平面图及顶层平面图中重复绘制。二层平面图需绘制雨篷及排水坡度。中间层平面图、顶层平面图与底层平面图中楼梯图例也不同(见表 14-4)。

某办公楼二层平面图如图 14-4 所示。平面布置、房间布局与底层不同，门窗位置及编号也与底层部分不同，楼面标高为 3.600 m，卫生间地面标高为 3.580 m。

(三)屋顶平面图

屋顶平面图主要表示屋顶的形状、女儿墙、水箱、通风道、变形缝、屋面楼梯等位置，重点表示屋面排水分区、排水方向、排水坡度、雨水管位置及材料等。由于屋顶平面图反映内容较少，可采用 1∶200 的比例。某办公楼屋顶平面图如图 14-5 所示。

由图 14-5 可看出：该建筑楼梯间通向屋面，屋面为平屋顶，排水方式为由屋脊处的分水线向南北进行有组织外排水，横坡排水坡度为 2%，天沟纵坡排水坡度为 1%。共设 ϕ100PVC 落水管 4 根，间距约 22 m。

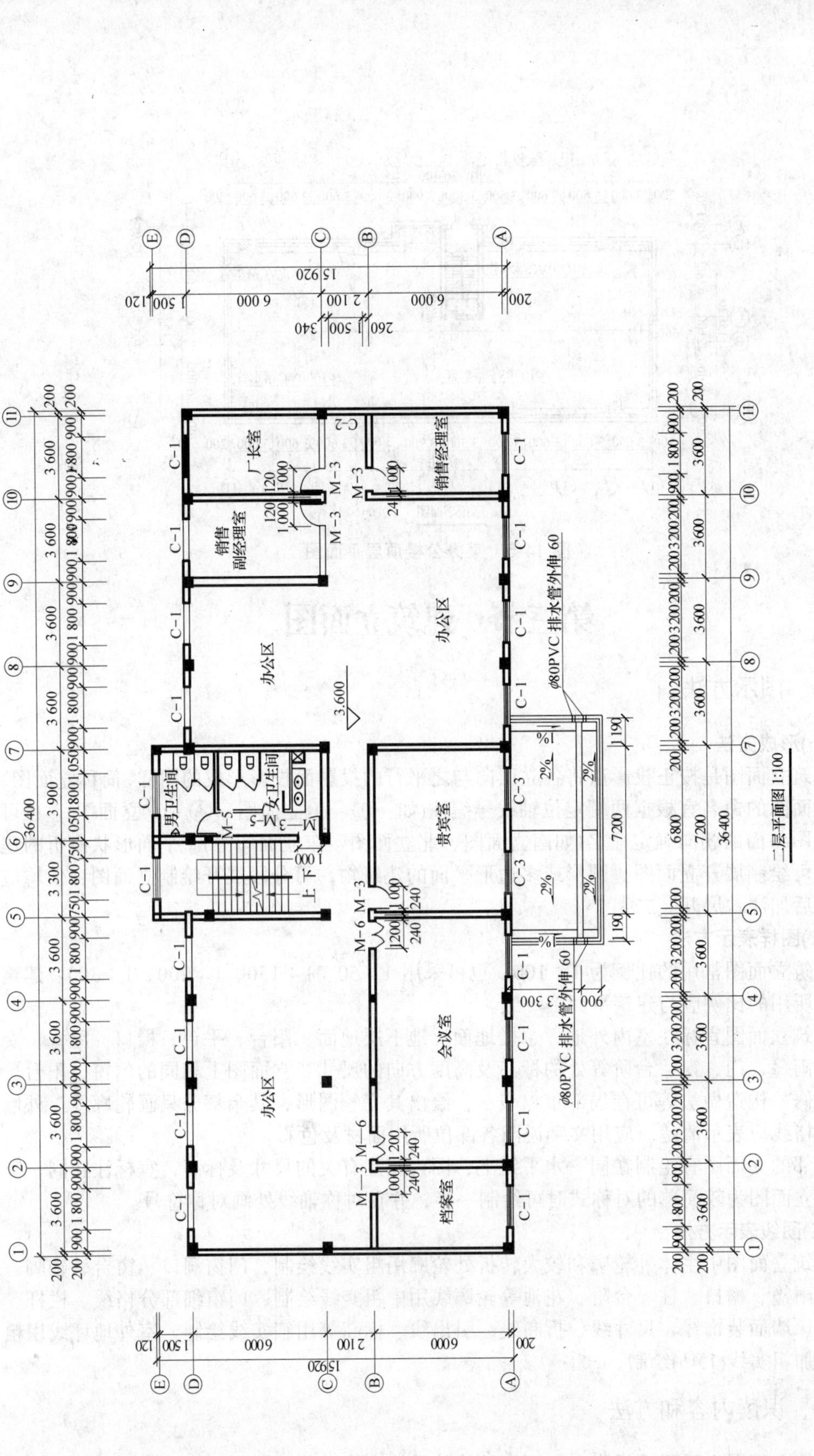

图 14-4 某办公楼二层平面图

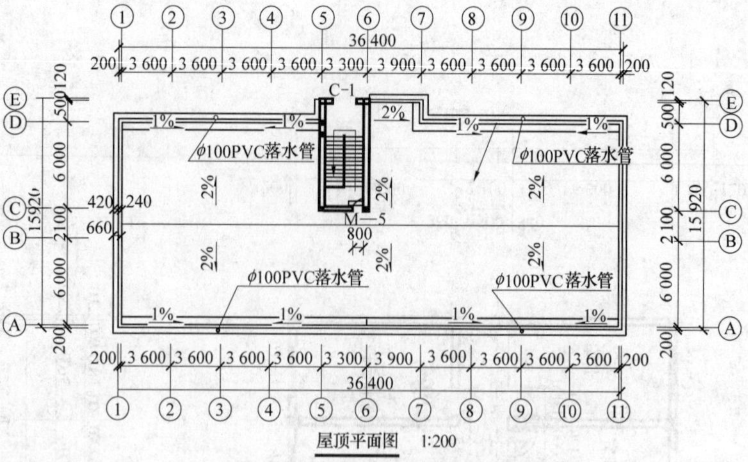

图 14-5 某办公楼顶层平面图

第三节 建筑立面图

一、图示方法

(一)形成方法

建筑立面图是按正投影法将各立面向与之平行的投影面投影形成的图样，简称立面图。

立面图的命名宜根据两端定位轴线号编注(如：①～⑩立面图、Ⓐ～Ⓕ立面图)，也可按平面图各面的朝向确定命名(如南立面图、北立面图、东立面图等)。平面形状曲折的建筑物，可绘制展开立面图。圆形或多边形平面的建筑物，可分段展开绘制立面图，但均应在图名后加注“展开”二字。

(二)图样表示方法

建筑立面图常用的比例为 1∶100，也可采用 1∶50、1∶150、1∶200、1∶300。建筑立面图所用的比例应与建筑平面图一致。

建筑立面图宜标注室内外地坪、楼地面、地下层地面、阳台、平台、檐口、屋脊、女儿墙、雨篷、门、窗、台阶等处的标高及高度方向的尺寸。立面图上相同的门窗、阳台、外檐装修、构造做法等可在局部重点表示，绘出其完整图形，其余部分只画轮廓线。外墙表面分格线应表示清楚。应用文字说明各部位所用面材及色彩。

相邻的立面图宜绘制在同一水平线上，图内相互有关的尺寸及标高，宜标注在同一竖线上。立面图为较简单的对称式时可绘制一半，并在对称轴线处画对称符号。

(三)图线表示方法

建筑立面图中主体外轮廓和较大转折处轮廓用粗实线绘制，门窗洞口、窗台、勒脚、阳台、雨篷、檐口、柱、台阶、花池等轮廓线用中粗实线绘制，门窗细部分格线、栏杆、雨水管、墙面装饰线、尺寸线、折断线、引出线、标高等用细实线绘制。室外地坪线用粗实线或加粗实线(1.4*b*)绘制。

二、识读内容和方法

建筑立面图主要反映投影方向可见的建筑外轮廓线和墙面线脚、构配件、墙面做法及必要的尺寸和标高等。下面以图 14-6 为例说明立面图的识读内容和方法。

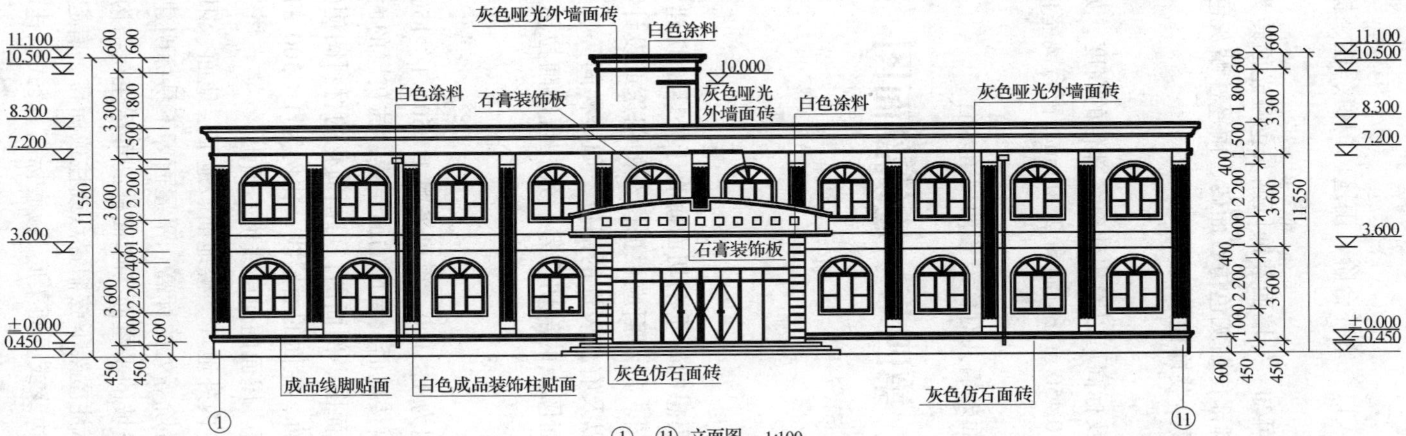

①~⑪ 立面图 1:100

图 14-6 某办公楼立面图

(一)图名、比例

图 14-6 为①～⑪轴线立面图，即建筑的南立面图，绘制比例为 1∶100。

(二)外貌

图 14-6 反映出了建筑入口、室外台阶、雨篷、门窗、柱、檐口等部位的造型特征。

(三)立面装饰装修

由图 14-6 中文字标注可知：外墙面装饰以贴灰色哑光面砖为主，底层与二层之间、檐口等部位刷白色涂料，勒脚部位贴灰色仿石面砖，雨篷柱贴灰色仿石面砖，雨篷立面贴石膏装饰板，柱面采用白色成品装饰柱贴面。

(四)高度

从图 14-6 左侧的尺寸及标高可以看出建筑各部位的高度，如建筑总高度为 11.550 m，层高 3.600 m，室内外高差 0.450 m，窗洞高 2.200 m，窗台离室内地面高 1.000 m 等。

(五)落水管的设置

由图 14-6 可见，此立面外墙共对称设置两根落水管。

第四节　建筑剖面图

一、图示方法

(一)形成方法

建筑剖面图是用一个假想的铅垂剖切面垂直于外墙剖切建筑，向某一方向进行正投影形成的图样，简称剖面图。剖切面应根据图纸的用途或设计深度，在底层平面图上选择能反映全貌、构造特征以及有代表性的部位，如楼梯间等，并应尽量通过门窗洞口。剖面图的命名应与底层平面图上的剖切符号一致，可用阿拉伯数字、罗马数字或拉丁字母编号。

(二)图样表示方法

建筑剖面图常用的比例为 1∶100，也可采用 1∶50、1∶150、1∶200、1∶300。比例为 1∶50 的剖面图，宜画出楼地面、屋面的面层线，抹灰层的面层线应根据需要而定；比例为 1∶100～1∶200 的平面图、剖面图，可画简化的材料图例(如砌体墙涂红、钢筋混凝土涂黑等)，但宜画出楼地面、屋面的面层线；比例为 1∶300 的平面图、剖面图，可不画材料图例，剖面图的楼地面、屋面的面层线可不画出。

建筑剖面图，宜标注室内外地坪、楼地面、地下层地面、阳台、平台、檐口、屋脊、女儿墙、雨篷、门、窗、台阶等处的标高。平屋面等不易标明建筑标高的部位可标注结构标高，并予以说明。结构找坡的平屋面，屋面标高可标注在结构板面最低点，并注明找坡坡度。有屋架的屋面，应标注屋架下弦搁置点或柱顶标高。有起重机的厂房剖面图应标注轨顶标高、屋架下弦杆件下边缘或屋面梁底、板底标高。梁式悬挂起重机宜标出轨距尺寸(以 m 计)。

(三)图线表示方法

建筑剖面图中被剖切到的墙、梁、楼地层、屋面、楼梯、散水、基础等主要构造的轮廓线用粗实线绘制，被剖切到的楼地面、屋面的面层线及未被剖切到的可见部分如楼梯、室外台阶、女儿墙、门窗洞口等轮廓线用中粗实线绘制，踢脚线、材料图例、尺寸线、折断线、引出线、标高等用细实线绘制，室内外地坪线用粗实线或加粗实线(1.4*b*)绘制。

剖面图图线宽度选用示例如图 14-7 所示。

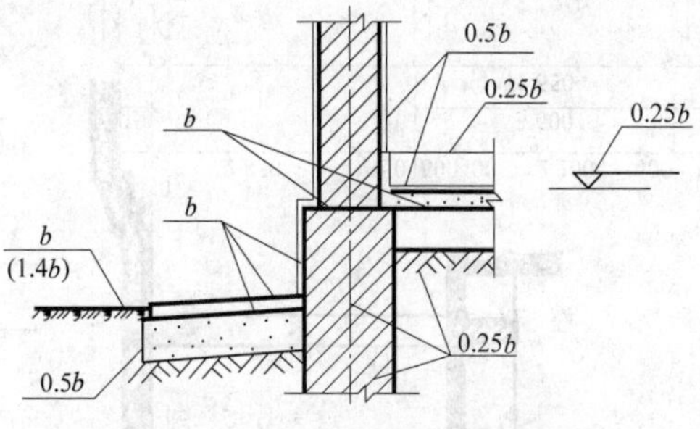

图 14-7 剖面图图线宽度选用示例

二、识读内容和方法

建筑剖面图主要反映建筑内部的结构形式、楼层分层、建筑构造、构配件以及必要的尺寸、标高等。下面以图 14-8 为例说明剖面图的识读内容和方法。

(一)图名、比例

本图为 1—1 剖面图，绘制比例为 1∶50。由底层平面图(见图 14-3)查阅可知，剖切符号在⑤、⑥轴线之间的楼梯间、门厅位置，剖视方向向东。

(二)定位轴线

在剖面图中，被剖切到的墙、柱均应绘制与平面图相一致的定位轴线，并标注轴线编号及轴线间尺寸。本剖面图从轴线Ⓔ ~ Ⓐ均绘制出来。

(三)被剖切到的部位与可见部分

将剖面图与底层平面图对照，可知 1—1 剖面依次剖切到散水、Ⓔ轴线墙体、开水间楼地层、Ⓓ轴线墙体、楼梯平台及梯段、楼梯间地层、Ⓒ轴线 ~ Ⓐ轴线楼地层、Ⓐ轴线门厅大门旁隔墙、室外台阶及雨篷等。

本剖面图 14-8 中，楼地层、屋顶、楼梯、墙体、门窗、雨篷、室外台阶、女儿墙等构造组成部分均被剖切到，楼梯一半被剖切到，一半未被剖切到，为可见部分，Ⓒ ~ Ⓑ轴线间的窗为可见部分。

(四)图例

若剖面图绘制出断面材料图例(《房屋建筑制图统一标准》(GB/T 50001—2001)规定的常见材料图例见表 14-5)可了解剖面图中各部分选用的材料及构造做法，具体做法见设计说明或标准图集。

从图中的图例可了解到：楼梯、楼板、屋面板梁均采用钢筋混凝土，墙体采用砌块砌筑。地面为灰土垫层上做细石混凝土，屋面板上做多孔材料保温层、卷材防水层及预制板架空隔热层等。

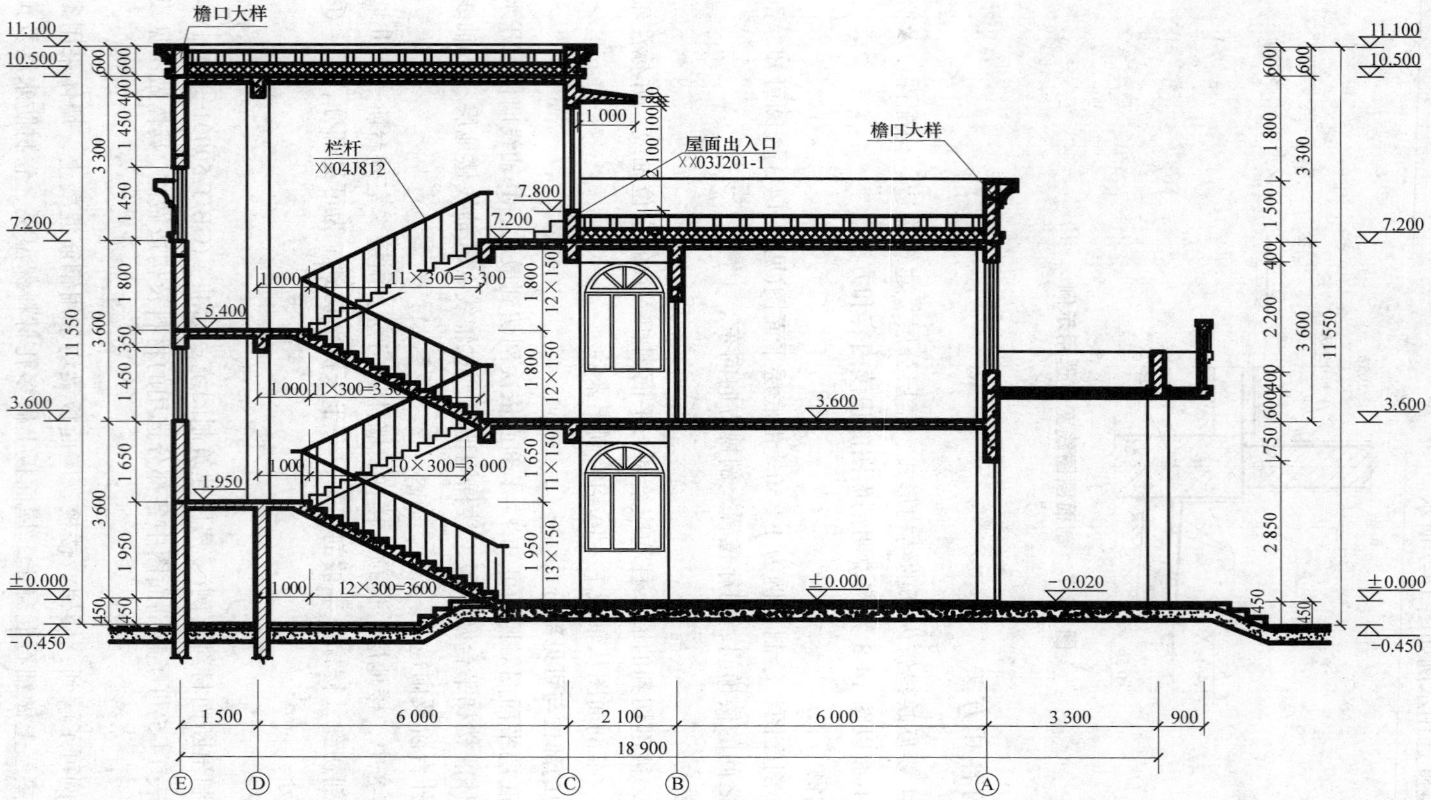

1—1 剖面图 1:50

图 14-8　某办公楼剖面图

表 14-5　常用建筑材料图例

名称	图例	说明
自然土壤		包括各种自然土壤
夯实土壤	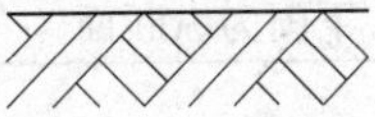	
砂、灰土	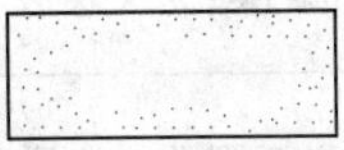	靠近轮廓线绘较密的点
砂砾土、碎砖三合土	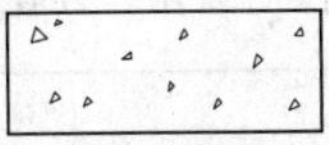	
石材	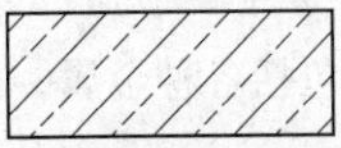	
毛石	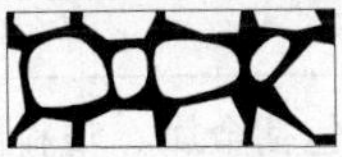	
普通砖	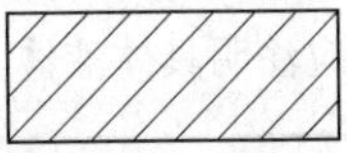	包括实心砖、多孔砖、砌块等砌体
耐火砖	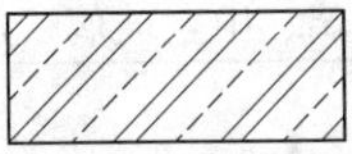	包括耐酸砖等砌体
空心砖	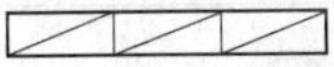	指非承重砖砌体
饰面砖	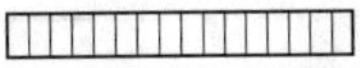	包括铺地砖、马赛克、陶瓷锦砖、人造大理石等
矿渣、焦渣	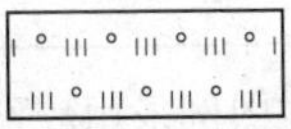	包括与水泥、石灰等混合而成的材料
纤维材料	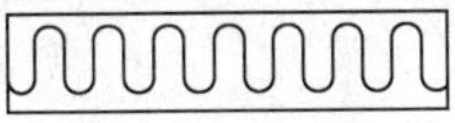	包括矿棉、岩棉、玻璃棉、麻丝、木丝板、纤维板等
混凝土	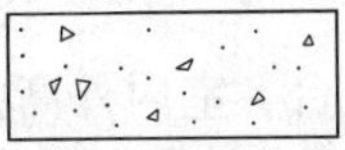	本图例只能承重的混凝土及钢筋混凝土 包括各种强度等级、骨料、添加剂的混凝土
钢筋混凝土	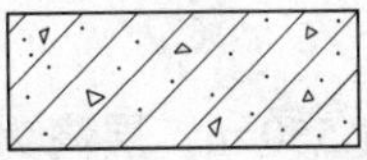	在剖面图上画出钢筋时，不画图例线 断面图形小，不易画出图例线时，可涂黑
多孔材料	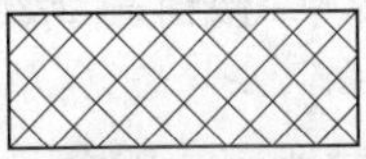	包括水泥珍珠岩、沥青珍珠岩、泡沫混凝土、非承重加气混凝土、软木、蛭石制品等
泡沫塑料板料	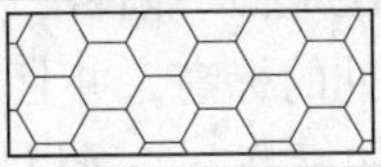	包括聚苯乙烯、聚乙烯、聚氨酯等多孔聚合物类材料

续表 14-5

名 称	图 例	说 明
木材	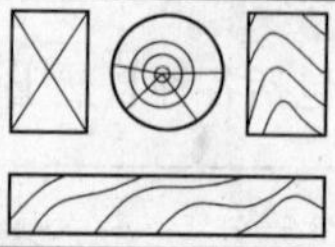	上图为横断面，上左图为垫木、木砖或木龙骨 下图为纵断面
胶合板	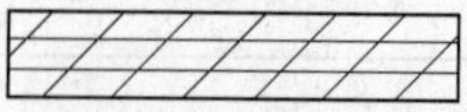	应注明为×层胶合板
石膏板	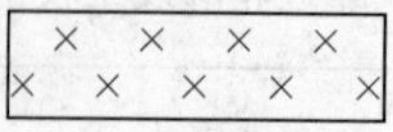	包括圆孔、方孔石膏板和防水石膏板等
金属	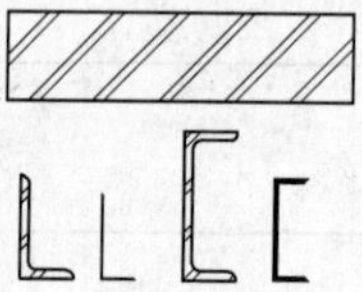	包括各种金属，图形小时可涂黑
网状材料		包括金属、塑料网状材料，应注明名称
液体	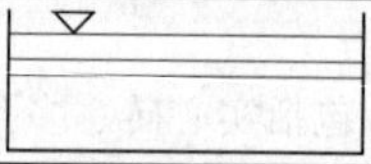	应注明具体液体名称
玻璃	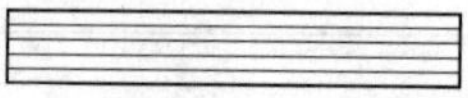	包括平板玻璃、磨砂玻璃、夹丝玻璃、钢化玻璃、中空玻璃、加层玻璃、镀膜玻璃等
橡胶		
塑料	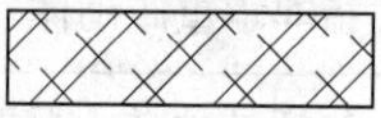	包括各种软、硬塑料和有机玻璃等
防水材料	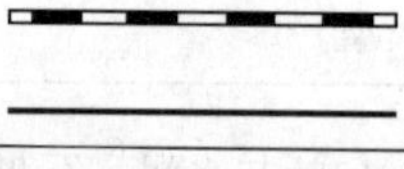	构造层次多或比例大时，采用上面的图例
粉刷	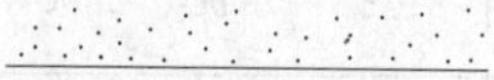	本图例采用较稀的点

注：图例中斜线、短斜线、交叉线等一律为45°。

(五)尺寸标注

剖面图在竖向应标注细部高度(门窗洞口、窗台、室内外高差等)、层间高度及建筑总高三道尺寸，在水平方向应标注剖切到的轴线间距及建筑总宽度(或轴线间总宽)。室内还应标注楼梯、门窗以及内部设施的定位尺寸。

从图中的尺寸标注可了解到：建筑总高为 11.550 m，层高为 3.600 m，室内外高差为 0.450 m，楼梯间窗高 1.450 m，门厅门高 2.850 m，二楼窗高 2.200 m，窗台高 2.200 m 等。

(六)标高

剖面图中宜标注室内外地坪、楼地面、地下层地面、阳台、平台、檐口、屋脊、女儿墙、雨篷、门、窗、楼梯休息平台、室外台阶等处的标高，并且应与尺寸标注的尺度相一致。平屋面等不易标明建筑标高的部位可标注结构标高，并予以说明。

从图中的标高可了解到：室内底层标高为±0.000，底层开水间地面及室外地面标高为 – 0.450 m，二楼楼面标高为 3.600 m，房间部分屋面标高为 7.200 m，楼梯间上部的屋面标高为 10.500 m，檐口标高为 11.100 m，楼梯休息平台处标高分别为 1.950 m、5.400 m，雨篷处地面标高为– 0.020 m。

(七)文字说明与索引标注

剖面图中的构造层次及做法可用引出线引出并注写文字说明。对于无法在剖面图中标注的构造做法，应用索引符号引出注明详图所在图纸或图集中的位置。

从图 14-8 中的索引标注可了解到：檐口大样图见同套图纸的建筑施工图第 8 页(此处略)，详图编号分别为①、②，屋面出入口详图见图集 × ×03J201—1 第 51 页(略)，详图编号为③。

第五节　建筑详图

一、概述

(一)形成方法

由于建筑平面图、立面图、剖面图反映的内容多、范围大、比例小，所以对建筑的细部构造难以表达清楚。建筑详图是用较大的比例，按正投影方法，将建筑细部构造、构配件做法(形状、尺寸、材料等)详细地表达出来，以满足施工的需要。建筑详图简称详图，也称大样图。建筑详图是对建筑平面图、立面图、剖面图的深化和补充，是建筑构配件制作和编制预算的依据。

(二)详图设计标准化

为推进建筑设计标准化，我国先后编制了一系列的国家建筑设计标准图集，如中国建筑标准设计研究院编制的《屋面节能建筑构造》(06J 204)、《建筑隔声与吸声构造》(08J 931)，部分省市地区也编制了一些建筑设计标准图集，如河南省建筑设计研究院编制的《河南省建筑标准设计图集》(05YJ1)、四川省建筑标准设计办公室编制的《四川省建筑标准设计图集》(川 07J01)等。目前，在实际工程中，建筑详图设计大部分参考标准图集，只需在细部构造位置绘制索引符号，注明所用图集的名称、代号或页码即可查阅。若部分构造做法特殊，可在图纸中绘制详图予以表达。

(三)图示方法

详图的比例视细部的构造复杂程度而定，以能表达详尽清楚、尺寸标注齐全为目的，常选用比例为 1∶20、1∶10、1∶5、1∶2、1∶1，详图数量的选择，与建筑的复杂程度和平、立、剖面图的内容及比例有关。

详图的图示方法有局部平面图、局部立面图、局部剖面图。详图可分为节点构造详图和构配件详图两类。节点构造详图是表达建筑某一局部(如墙体、楼梯、楼板、阳台、雨篷、檐口、窗台、散水等)构造做法的图样。构配件详图是表达构配件(如栏杆、扶手、花格等)构造做法的图样。

二、楼梯详图

楼梯由楼梯段(简称梯段)、休息平台、栏杆与扶手等组成。由于楼梯的构造比较复杂，因而常画出楼梯详图来反映楼梯的布置类型、结构形式以及踏步、栏杆扶手防滑条等的细部构造、尺寸和装修做法。楼梯详图是楼梯放样、施工的依据。

楼梯详图一般由楼梯平面图、楼梯剖面图和楼梯踏步、栏杆、扶手等详图组成，并尽可能画在同一张图纸内。平、剖面图比例要一致，以便对照阅读。

(一)楼梯平面图

1. 图示方法

楼梯平面图是用假想的水平面将楼梯间水平剖切得到投影图，实际为建筑平面图中楼梯间的放大图样。一般每一层楼都要画楼梯平面图，但三层以上的建筑，若中间各层的楼梯位置及其梯段数、踏步数和大小都相同，通常只画出底层、中间层和顶层三个平面图。三个平面图画在同一张图纸内，并互相对齐，以便于阅读。

楼梯平面图的剖切位置，是在该层上行的第一梯段(休息平台下)的楼梯间任一位置处。各层被剖切到的梯段，均在平面图中用 45°折断线表示。在每一梯段处画有一长箭头，并注写“上”或“下”字，也可在其后注明步级数，表明从该层楼(地)面上行或下行多少步级可达到上(或下)一层的楼(地)面。各层平面图中应标出该楼梯间的轴线。在底层平面图应标注楼梯剖面图的剖切符号，表示剖切位置和剖视方向。图 14-9 为某办公楼楼梯平面图。

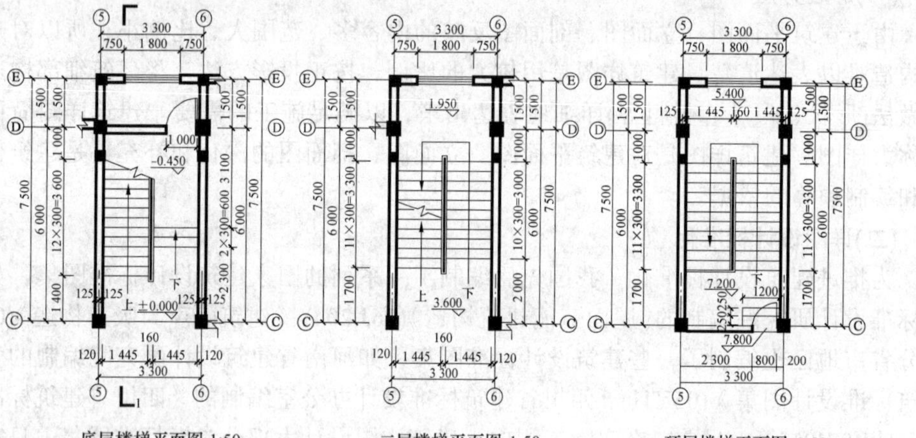

底层楼梯平面图 1:50　　二层楼梯平面图 1:50　　顶层楼梯平面图 1:50

图 14-9　某办公楼楼梯平面图

2. 识读内容和方法

楼梯平面图主要反映楼梯的布置类型、结构形式以及踏步的尺寸等。下面以图 14-9 为例说明楼梯平面图的识读内容和方法。

1)楼梯间的位置

楼梯平面图中应用定位轴线标注出楼梯间的位置。

从图中定位轴线编号可以看出：该楼梯位于⑤ ~ ⑥与Ⓒ ~ Ⓔ轴线之间。

2)楼梯间的尺寸

楼梯平面图中的尺寸一般有楼梯间的开间尺寸、进深尺寸、平台深度尺寸、梯段与梯井宽度尺寸、梯段的踏面数 × 踏面宽=梯段长度的三者合并尺寸，以及楼梯栏杆扶手的位置尺寸。

以图 14-9 中底层楼梯平面图为例，从图中尺寸标注可以看出：楼梯间开间为 3 300 mm，进深为 7 500 mm，梯段宽为 1 445 mm，梯井宽为 160 mm。图中注明了楼梯剖面图的剖切符号“1—1”，左边为被剖切的梯段，剖视方向向东。图中注有“上”、“下”字箭头表示上行、下行的方向及位置。图中上行梯段尺寸标注“12×300=3 600”表示该梯段有 12 个踏面(13 个踏步)，每个踏面宽 300 mm，梯段长 3 600 mm。

3)楼梯间的标高

楼梯平面图应标注楼梯间楼地面和休息平台面标高。

以图 14-9 中二层楼梯平面图为例，从图中可以看出：二层楼面标高为 3.600 m，底层与二层之间休息平台面标高为 1.950 m。

4)楼梯间的门窗

图 14-9 中楼梯间休息平台处开设窗，宽度均为 1 800 mm，底层和三层楼梯平面图中开设门通向开水间和屋面，宽度分别为 1 000 mm 和 800 mm。

(二)楼梯剖面图

1. 图示方法

楼梯剖面图是用假想的铅垂面通过各层的一个梯段和门窗洞将楼梯剖开，向另一未剖到的梯段方向投影得到投影图。在多层房屋中，若中间各层的楼梯构造相同，则剖面图可只画出底层、中间层和顶层剖面，中间用折断线分开。

2. 识读内容和方法

楼梯剖面图主要反映楼梯踏步、平台、栏杆的构造及其相互连接方式。下面以图 14-10 为例说明楼梯剖面图的识读内容和方法。

1)楼梯的结构形式

从图 14-10 中梯段板可以看出：该楼梯每层有两个梯段，为双跑式楼梯。从梯段形式可知，该楼梯为板式楼梯。

2)楼梯的标高及尺寸

楼梯剖面图中应注明地面、平台面、楼面等的标高和梯段的标高及尺寸，且应与楼梯平面图对应一致。梯段在高度尺寸中标注的是步级数，而不是平面图中的踏面数(两者相差为 1)。从图 14-10 中楼梯部分的尺寸可知：每个踏步高均为 150 mm，宽均为 300 mm。梯段长与高因踏步数量不同而不等，如第一梯段的高度尺寸为 13 × 150 mm=1 950 mm，表示该梯段为 13 级，高 1 950 mm。第一梯段的长度尺寸为 12 × 300 mm=3 600 mm，表示该梯段踏面数为 13，长 3 600 mm。

3)细部构造及材料

剖面图中应表达梯段、平台、梁等被剖切断面的材料图例，且应注明栏杆、扶手的做法。

从图 14-10 中梯段板可以看出：该楼梯的梯段、平台、梁材料均为现浇钢筋混凝土。栏杆的做法参照标准图集。

(三)楼梯节点详图

1. 图示方法

楼梯节点详图目前一般参考标准图集，需在图中标注索引符号，注明标准图集代号及节点详图所在页码及编号。图 14-11 中栏杆的做法参照标准图集 × ×04J812 第 8 页第 1 个详图。

若采用特殊形式，则需用比例较大的详图仔细表达其形状、大小、材料及具体做法。

2. 识读内容和方法

楼梯节点详图主要表达楼梯栏杆、踏步、扶手的做法。下面以图 14-11 为例说明楼梯节点详图的识读内容和方法。

由图 14-11 中踏步详图可以看出：梯段板(踏步)结构层材料采用现浇钢筋混凝土。梯段板厚度为 100 mm，踏步高 160 mm，宽 280 mm。踏步面层材料采用水泥砂浆，在踏步阳角处做成突缘，突缘外挑 20 mm。

从踏步详图索引出的详图④为防滑条详图。防滑条材料为金刚砂，宽度为 30 mm，设置在距突缘 40 mm 处。

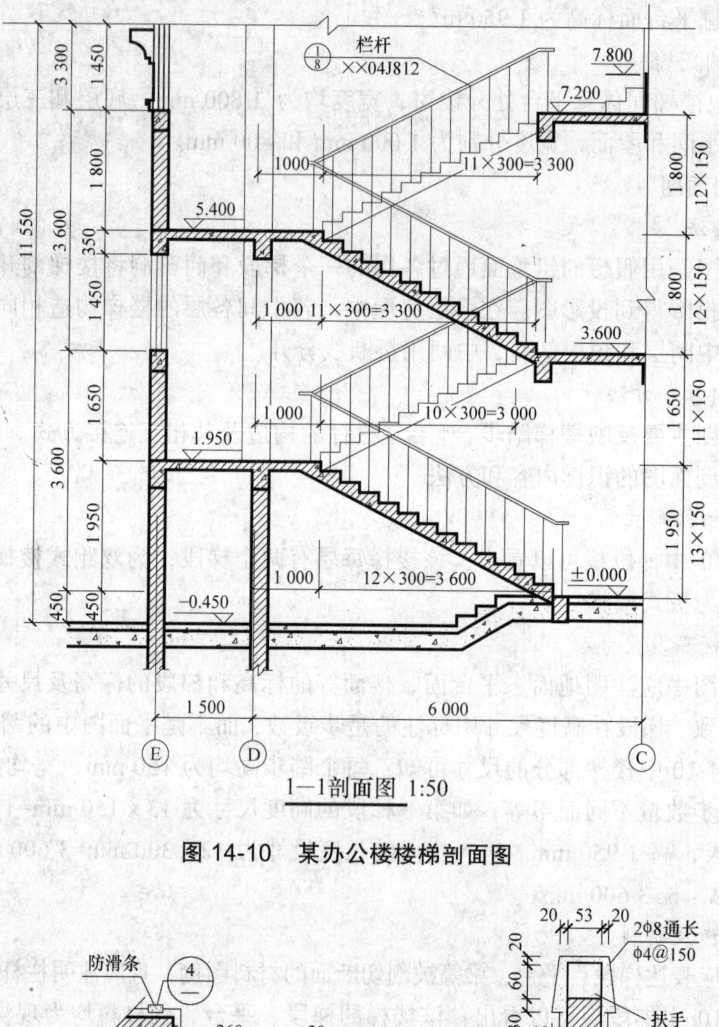

1—1剖面图 1:50

图 14-10　某办公楼楼梯剖面图

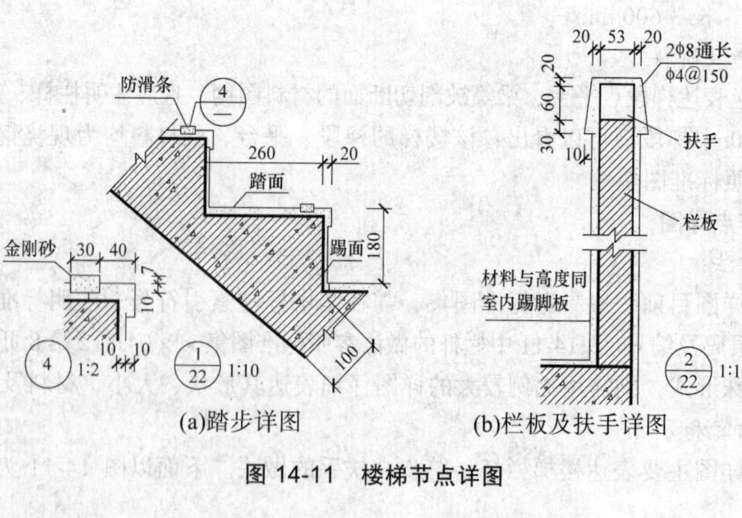

(a)踏步详图　　(b)栏板及扶手详图

图 14-11　楼梯节点详图

由栏板详图可以看出：栏板为砖砌，厚度为 53 mm(一皮砖)，两侧水泥砂浆抹灰。扶手宽 53 mm，高 60 mm，采用钢筋混凝土，内配 2ϕ8 通长钢筋，拉结筋采用ϕ4@150。扶手两侧及顶部用水泥砂浆抹灰，抹灰厚度如图 14-11 所示。

小　结

本章主要介绍了建筑施工图中的首页图与建筑总平面图、建筑平面图、建筑立面图、建筑剖面图及建筑详图的图示方法、识读内容及方法。

首页图放在全套施工图的首页，一般包括图纸目录、建筑设计说明、工程做法、门窗表等。总平面图表示新建建筑的形状、位置、朝向、标高以及周围原有建筑、地形、道路、绿化等内容。总平面图是新建建筑定位、施工放线及现场布置的依据，也是水、电、暖等其他专业总平面图设计和各种管线敷设的依据。

建筑平面图主要反映房屋的平面形状，房间位置、大小，组合关系，建筑构造以及必要的尺寸、标高等。按照水平剖切的位置不同，分为底层平面图、标准层平面图、顶层平面图、屋顶平面图等。

建筑立面图主要反映投影方向可见的建筑外轮廓线和墙面线脚、构配件、墙面做法及必要的尺寸和标高等。

建筑剖面图主要反映建筑内部的结构形式、楼层分层、建筑构造、构配件以及必要的尺寸、标高等。

建筑详图是用较大的比例将建筑细部构造、构配件做法(形状、尺寸、材料等)详细地表达出来，以满足施工的需要。建筑详图是对建筑平面图、立面图、剖面图的深化和补充，是建筑构配件制作和编制预算的依据。

通过学习，学生应在了解建筑施工图形成方法的基础上，熟悉建筑施工图的识读内容，掌握建筑施工图的图示方法和识读方法。还要熟记各种常用图例。

复习思考与练习题

一、名词解释

(1)建筑剖面图；(2)节点构造详图。

二、填空题

(1)首页图放在全套施工图的首页，一般包括(　　　)、(　　　)、(　　　)、(　　　)等。

(2)总平面图是用正投影的方法绘制，采用(　　　　　　　　)中的图例。

(3)除总平面图外，其他建筑施工图中采用相对标高，数字保留到小数点后(　　　)位，单位为(　　　)。

(4)建筑平面图中，散水在(　　　　)图中识读，雨篷在(　　　　)图中识读，雨水管的布置在(　　　　)图中识读。

(5)建筑详图可分为(　　　　)和(　　　　)两类。

(6)新建建筑的层数通常用(　　　　)标注在建筑的右上角。

(7)剖面图在竖向应由内到外标注(　　　　)、(　　　　)及建筑总高三道尺寸。

三、问答题

(1)如何标注建筑平面图中的外部尺寸？

(2)由建筑剖面图中可识读哪些建筑构造组成部分(十种以上)的标高？

四、选择题

(1)建筑总平面图常用的比例有(　　　　　)。

A. 1∶100　　B. 1∶200　　C. 1∶500　　D. 1∶1 000

(2)新建建筑的朝向可由(　　　　)确定。

A. 风向玫瑰频率图　　B. 雨篷位置　　C. 指北针　　D. 建筑入口方向

(3)建筑平面图中被剖切到的墙、柱等主要建筑构造的轮廓线用(　　　　)绘制。

A. 细实线　　B. 中粗实线　　C. 粗实线　　D. 加粗实线

(4)建筑平面图中剖切符号应画在(　　　　)中。

A. 底层平面图　　B. 标准层平面图　　C. 顶层平面图　　D. 屋顶平面图

(5)在底层平面图中可识读的内容有(　　　　)。

A. 雨篷　　B.踏步高　　C. 散水　　D. 雨水管

(6)建筑外墙面采用的装修材料可由(　　　　)图中识读。

A. 建筑总平面　　B.建筑平面　　C. 建筑立面　　D. 建筑剖面

(7)建筑剖面图中被剖切到的墙、梁、楼地层等主要构造的轮廓线用(　　　　)绘制，被剖切到的楼地面、屋面的面层线及未被剖切到的女儿墙、门窗洞口等轮廓线用(　　　　)绘制，踢脚线、材料图例、尺寸线等用(　　　　)绘制。

A. 细实线、中粗实线、粗实线　　B. 中粗实线、细实线、粗实线

C. 粗实线、中粗实线、细实线　　D. 中粗实线、粗实线、细实线

五、实训练习题

(1)识读以下图例，将其名称写在其下的(　　　　)内。

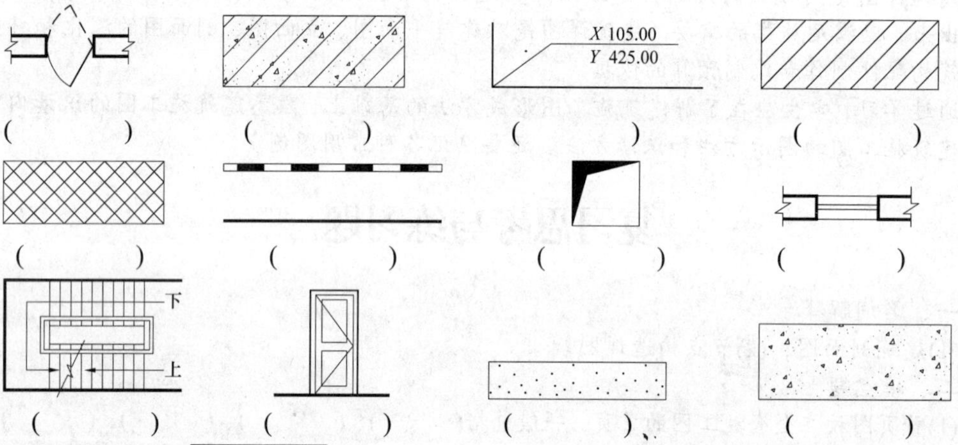

在总平面图中，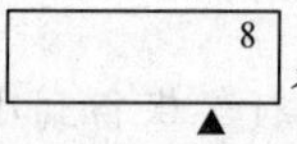

表示(　　　　)，其右上角的“8”表示(　　　　)

(2)识读第十七章中的建筑施工图。

第十五章　结构施工图的识读

【学习目标】

- 了解：结构施工图的形成、用途、内容。
- 熟悉：钢筋混凝土结构的基本知识，混凝土结构施工图平法表示特点。
- 掌握：各种结构施工图的图示内容、特点及识读方法。

第一节　概　述

结构施工图与建筑施工图一样，是施工放线、挖基槽、支模板、绑扎钢筋、设置预埋件、浇注混凝土、安装预制构件、计算工程量、编制预算和施工进度计划等的重要依据。

一、结构施工图的主要内容

结构施工图通常包括下列内容：①结构设计说明；②结构平面图；③构件详图。

二、钢筋混凝土结构知识简介

(一)钢筋混凝土构件

(1)钢筋混凝土构件由混凝土和钢筋两种材料组合而成。

(2)混凝土的抗压强度高，而抗拉强度却比抗压强度比低得多，仅为抗压强度的1/10～1/20。混凝土的强度等级分为C15、C20、C25、C30、C35、C40、C45、C50、C55、C60、C65、C70、C75、C80十四个等级，数字越大表示抗压强度越高。

(3)钢筋具有良好的抗拉强度，且与混凝土有良好的黏结力，其热膨胀系数与混凝土接近。在混凝土中配置一定数量的钢筋，使之与混凝土结合成一整体(即钢筋混凝土)，两者协同作用，共同承担外力。

(4)钢筋混凝土构件按施工方式有：①预制构件：在预制构件加工厂或在工地预制完成后吊装就位；②现浇构件：在工地现场就位直接浇筑；③预应力钢筋混凝土构件。

(二)钢筋的分类和作用

按钢筋在构件中的作用和受力情况可分为如下几种：

(1)受力筋：承受拉、压等应力的钢筋，是构件中的主要受力钢筋。

(2)箍筋：是构件中承受剪力和扭力的钢筋，并用以固定纵向受力钢筋位置，一般用于梁和柱。

(3)架立筋：一般用于梁内，固定箍筋位置，并与受力筋一起构成钢筋骨架。

(4)分布筋：一般在板类构件中与受力筋垂直布置，用以固定受力钢筋位置，使整体均匀受力。

(5)构造筋：是为满足构造要求和施工安装需要配置的钢筋，如吊环、腰筋等。

(三)钢筋的保护层和弯钩

为了防止钢筋锈蚀，提高耐火性以及加强钢筋与混凝土的黏结力，钢筋外边缘到构件表面应有一定厚度的混凝土，该混凝土层即为保护层。梁、柱的保护层最小厚度为 25 mm，板和墙的保护层厚度为 10 ~ 15 mm。

为了增强钢筋在混凝土构件中的锚固能力，可以使用带有人字纹或螺纹的受力筋。如果受力筋为光圆钢筋，则在钢筋的两端要做成弯钩的形状。弯钩的形式一般有半圆弯钩、直弯钩。

(四)钢筋的标注和表示方法

(1)对于不同等级、不同直径、不同形状的钢筋应给予不同的编号和标注。

图 15-1 中，2Φ18 表示钢筋根数(2 根)、钢筋类别(HRB335)、钢筋直径(18 mm)；Φ6@150 表示钢筋类别(HPB235)、钢筋直径(6 mm)、相邻钢筋的中心间距(150 mm)。

(2)一般钢筋的规定画法见表 15-1。

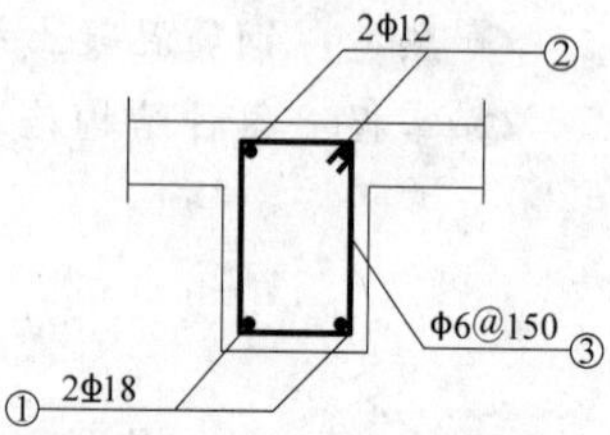

图 15-1 钢筋的标注形式

表 15-1 一般钢筋的表示方法

序号	名 称	图 例	说 明
1	钢筋横断面		
2	无弯钩的钢筋端部		下图表示长、短钢筋投影重叠时，短钢筋的端部用 45°斜画线表示
3	带半圆形弯钩的钢筋端部		
4	带直钩的钢筋端部		
5	带丝扣的钢筋端部		
6	无弯钩的钢筋搭接		
7	带半圆弯钩的钢筋搭接	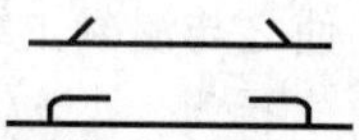	
8	带直钩的钢筋搭接		
9	花篮螺丝钢筋接头	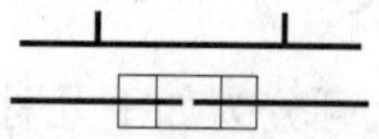	
10	机械连接的钢筋接头		用文字说明机械连接的方式(或冷挤压或锥螺纹等)

三、常用构件代号

在结构施工图中，构件种类繁多，布置复杂，为了便于阅读和绘制，常采用代号表示构件的名称。常用构件的代号见表 15-2。

表 15-2　常用构件代号

序号	名称	代号	序号	名称	代号	序号	名称	代号
1	板	B	19	圈梁	QL	37	承台	CT
2	屋面板	WB	20	过梁	GL	38	设备基础	SJ
3	空心板	KB	21	连系梁	LL	39	桩	ZH
4	槽形板	CB	22	基础梁	JL	40	挡土墙	DQ
5	折板	ZB	23	楼梯梁	TL	41	地沟	DG
6	密肋板	MB	24	框架梁	KL	42	柱间支撑	ZC
7	楼梯板	TB	25	框支梁	KZL	43	垂直支撑	CC
8	盖板或沟盖板	GB	26	屋面框架梁	WKL	44	水平支撑	SC
9	挡雨板或檐口板	YB	27	檩条	LT	45	梯	T
10	吊车安全走道板	DB	28	屋架	WJ	46	雨篷	YP
11	墙板	QB	29	托架	TJ	47	阳台	YT
12	天沟板	TGB	30	天窗架	CJ	48	梁垫	LD
13	梁	L	31	框架	KJ	49	预埋件	M-
14	屋面梁	WL	32	刚架	GJ	50	天窗端壁	TD
15	吊车梁	DL	33	支架	ZJ	51	钢筋网	W
16	单轨吊车梁	DDL	34	柱	Z	52	钢筋骨架	G
17	轨道连接	DGL	35	框架柱	KZ	53	基础	J
18	车挡	CD	36	构造柱	GZ	54	暗柱	AZ

注： 1．预制钢筋混凝土构件、现浇钢筋混凝土构件、钢构件和木构件，一般可直接采用本表中的构件代号。在绘图中，当需要区别上述构件的材料种类时，可在构件代号前加注材料代号，并在图纸中加以说明。

2．预应力钢筋混凝土构件的代号，应在构件代号前加注“Y–”，如 Y–DL 表示预应力钢筋混凝土吊车梁。

第二节　基础平面图和基础详图

基础图是表示建筑物地面以下基础部分的平面布置和详细构造的图样，包括基础平面布置图与基础详图。它们是施工放线、开挖基坑、砌筑或浇筑基础的依据。

一、基础平面图

假想用一个水平面沿建筑物室内地面以下剖切，移去建筑物上部和基坑回填土后，向下投影所作的水平剖面图称为基础平面图(见图 15-2)。

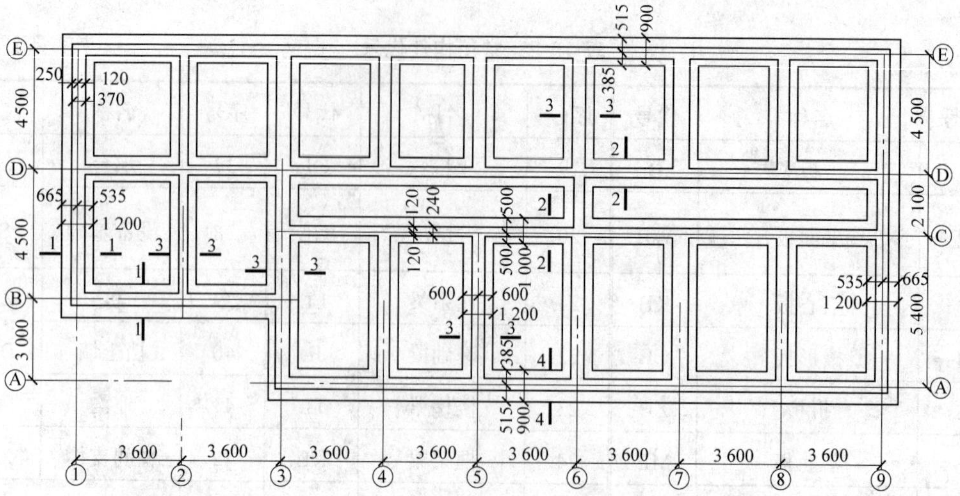

图 15-2　基础平面图示例

(一)图示内容和特点

基础平面图主要表示基础的平面位置、基础与墙和柱的定位轴线的关系、基础底部的宽度、基础上预留的孔洞、管沟等。

(1)图名和比例。基础平面图中的比例应与建筑平面图相同，常用比例为 1∶150、1∶200。

(2)轴线及编号。基础平面图中的定位轴线、编号及轴线之间的尺寸应与建筑平面图的标注相一致。

(3)只画出基础墙(或柱)及基础底面的轮廓线，其他细部轮廓线均省略不画。每一条基础最外边的两条中实线是基础底面的轮廓线，而最里边两条粗实线是基础与上部墙体(或柱)交接处的轮廓线。

(4)通常用虚线表示地沟或孔洞的位置，并注明大小及洞底的标高。

(5)当基础底部埋深不一样而基础底面标高不一致时，基底应做成阶梯形的踏步基础，不能做成斜坡形的。

(6)在需要画出断面图(基础详图)来反映基础的详细情况的位置时，应画出剖切符号，并应注明编号，以便识读图时按编号查阅基础详图。

(7)基础平面图的外部尺寸一般只注两道，即开间、进深等各轴线间的尺寸和首尾轴线间的总尺寸。

(二)识读方法

(1)了解图名和比例。

(2)了解基础与定位轴线的平面位置、相互关系以及轴线间的尺寸。

(3)了解基础墙(或柱)、基础梁等的平面布置、形状、尺寸、型号等内容。

(4)了解基础断面图的剖切位置及编号。

(5)看文字说明，了解基础用料、施工注意事项等内容。

注意读图时应与其他相关图纸配合使用，特别是底层平面图和楼梯详图，因为基础平面图中的某些尺寸、平面形状、构造等内容已在这些图中表明了。

如图 17-15 所示，是某住宅楼的基础平面图，比例是 1∶100。其他识读内容见图中说明。

二、基础详图

基础详图主要表明基础各部分的构造和详细尺寸，通常用垂直剖面图表示。

条形基础的详图一般用剖面图表达(见图 15-3)。对于比较复杂的独立基础，有时还要增加平面图才能表示清楚(见图 17-16)。

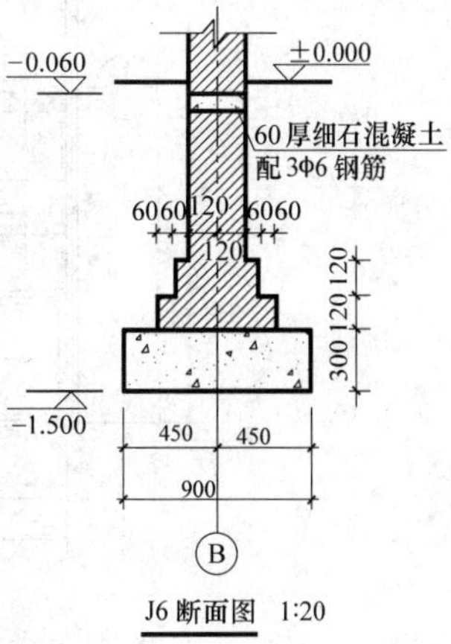

图 15-3　条形基础详图示例

(一)图示内容和特点

(1)基础详图尽可能与基础平面图画在同一张图纸上。

(2)图名和比例。比例一般采用 1∶20、1∶25、1∶30 等较大比例绘制。

(2)轴线及编号。若详图为通用图，轴线圆圈内可不编号。

(3)基础断面形状、材料、配筋、基础梁、防潮层、基础垫层等。

(4)基础的详细尺寸及室内外地面标高。

(5)施工说明：有关构造做法、施工技术要求等。

(二)识读方法

(1)根据基础平面图中的详图剖切符号或基础代号，查阅基础详图。

(2)了解基础断面形状、材料及配筋等。

(3)了解基础断面的详细尺寸和室内外地面的标高等。

(4)了解基础防潮层的设置、位置及材料要求。

(5)了解基础梁的尺寸及配筋等内容。

(6)看文字说明，了解有关构造要求和注意事项等。

如图 17-16 所示为某住宅楼的柱下独立基础详图，比例为 1∶100，具体识图内容和方法见图中说明。

第三节　结构平面图和钢筋混凝土构件详图

一、结构平面图

结构平面图是表示建筑物各承重构件(如梁、板、柱等)平面布置、构造、配筋(现浇楼板)及构件之间的结构关系的图样(见图 15-4)。它是施工时布置和安放各层承重构件的依据。

结构平面图一般分为楼面结构平面图和屋面结构平面图。

(一)楼面结构平面图

楼面结构平面图是假想将建筑物沿楼板面(只有结构层，没有面层)水平剖开后向下作正投影所得的水平剖面图。对于承重构件布置相同的楼层，可只画一个结构平面图，即为标准层结构平面图。

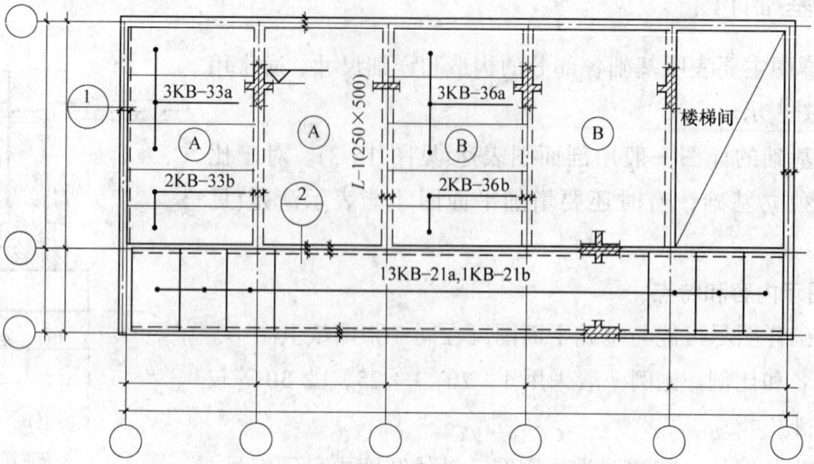

图 15-4 结构平面图

1. 图示内容和特点

(1)图名、比例。常用比例为 1∶100。与建筑平面图一致。

(2)定位轴线及编号。标注两道尺寸，即轴线间尺寸和建筑的总长、总宽。同建筑平面图。

(3)梁、柱的平面布置、截面尺寸、代号或编号；预制板的数量、代号和编号；现浇板的位置、配筋情况、厚度、标号及编号；墙体的厚度、构造柱的位置和编号。

被剖切到或可见的构件轮廓线一般用中实线表示，被楼板挡住的墙、柱轮廓线用中虚线(或细虚线)表示，预制楼板的平面布置情况一般用细实线表示，梁用粗单点长画线(或细虚线)表示，钢筋用粗实线表示。

楼梯间的结构布置，一般在结构平面图中不表示，只用双对角线表示，其具体内容另见详图。

当有很多构件部分或结构单元相同时，可只绘出一部分，其他相同部分仅标注分类符号即可，分类符号一般用阿拉伯数字、大写的拉丁字母或汉字甲、乙等表示。

(4)有关剖切符号和详图索引符号。凡墙、板、圈梁等构造不同时，均应标注不同的剖切符号和编号，依编号查阅节点详图。

(5)构件统计表、钢筋统计表、文字说明等。

2. 识读方法

认真阅读图纸，基本按以下顺序了解图纸内容。

(1)了解图名和比例。

(2)了解定位轴线的布置和轴线间的尺寸。

(3)了解梁的平面布置、编号和截面尺寸等情况。

(4)了解结构层中楼板的平面位置和组合情况。预制构件的代号、编号的识读方法举例说明如下：

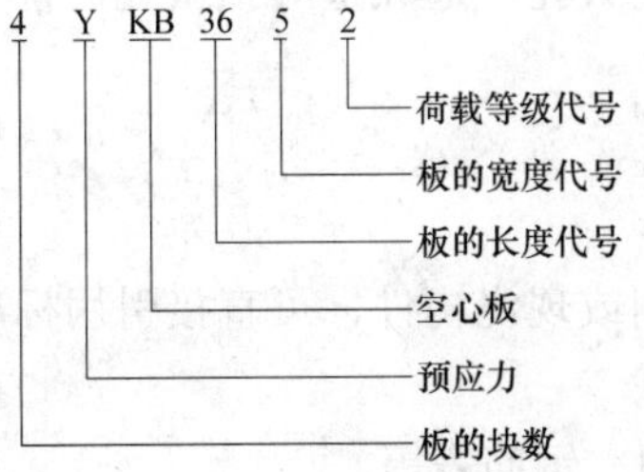

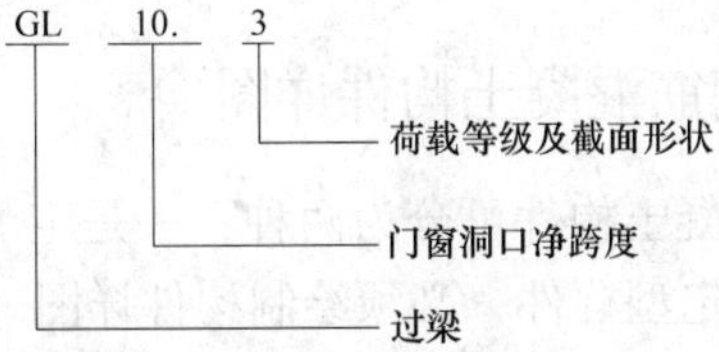

(5)了解现浇板的厚度、标高及支承在墙上的长度。

(6)了解现浇板中钢筋的布置情况。如图 15-5 所示，在图中各类钢筋一般只画一根示意，其他钢筋可从节点详图中查阅。配置双层钢筋时钢筋的弯钩向下、向右表示顶层钢筋；钢筋的弯钩向上、向左表示底层钢筋(见图 15-6)。

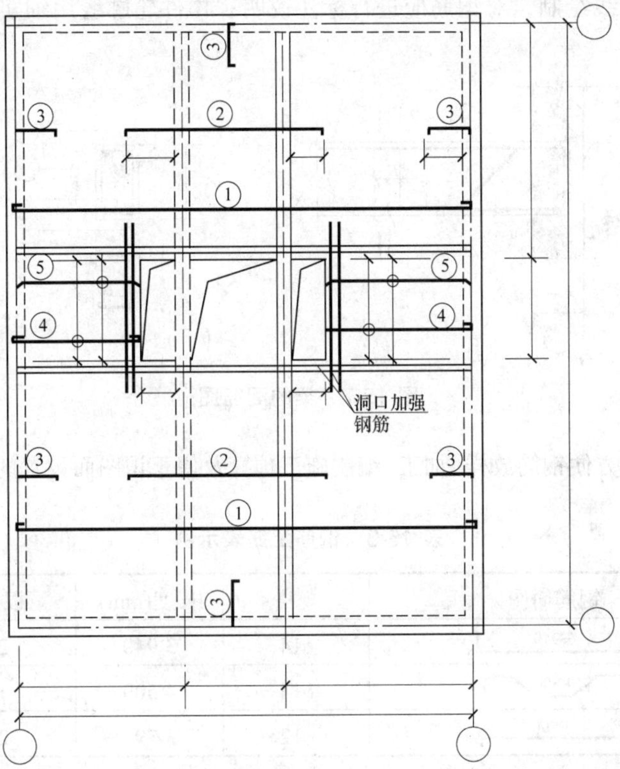

图 15-5　现浇板钢筋布置图示例

读图 17-24 及图中的识图说明，可以了解图示内容及识读方法。

(7)了解各节点详图的剖切位置。

(8)了解梁、板高低变化等情况。

(9)了解文字说明部分内容。

(二)屋面结构平面图

屋面结构平面图是表示屋面承重构件平面布置的图样。

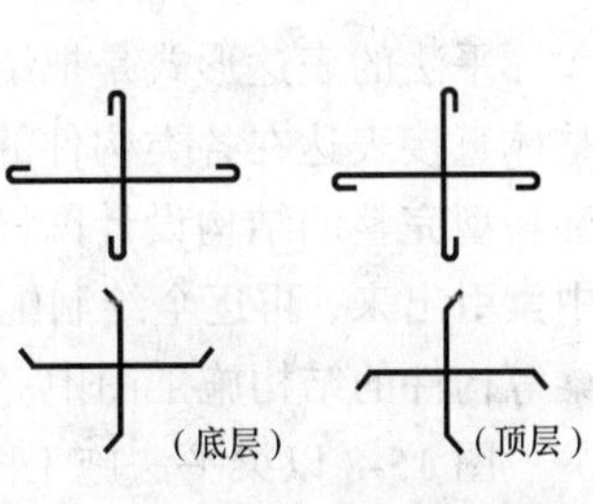

图 15-6　配置双层钢筋的表示

它与楼面结构平面图基本相同，所不同的是要将上人孔、通风道等预留孔洞位置表示出来(见图 17-26)。

二、钢筋混凝土构件详图

钢筋混凝土构件可分为两种：一是定型的预制或现浇构件，可直接引用标准图或通用图；二是非定型构件，必须绘制构件详图。

钢筋混凝土构件详图一般包括模板图、配筋图、钢筋表等。

(1)模板图主要表示构件的外部形状、尺寸和预埋件代号和位置。若构件形状简单，可与配筋图画在一起。

(2)配筋图用来表示构件内部的钢筋配置、规格、形状、数量等，是构件详图的主要部分，一般用立面图和断面图表示(见图 15-7)。图中钢筋用粗实线(立面图中)和黑圆点(断面图中)画出，箍筋用中实线绘制，对钢筋应进行标注说明；构件轮廓线用细实线表示，图内不画材料图例。

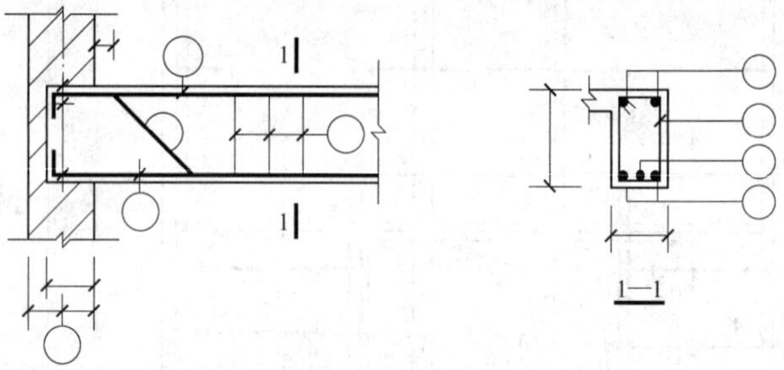

图 15-7　梁的配筋图

(3)钢筋表是为方便钢筋放样、加工、编制施工预算及便于识图而设置的，其样式见表 15-3。

表 15-3　钢筋配筋表示例

编号	钢筋简图	规格	长度(mm)	根数	重量(kg)
①	3 940	ϕ14	3 940	2	11
②	4 500	ϕ14	4 500	1	5
③	3 790	ϕ12	3 790	2	9

三、混凝土结构施工图平法表达形式的识读

平法的表达形式是把结构构件的尺寸和配筋等，按照平面整体的表示方法的制图规则，整体直接表达在各类构件的结构平面布置图上，并与标准构造详图结合使用，从而构成一套新型完整的结构设计图样。与传统表示方式相比，平法改变了那种将构件从结构平面图中索引出来，再逐个绘制配筋详图的烦琐方法。适用于各种现浇混凝土结构的柱、剪力墙、梁等构件的结构施工图中。

图 15-8 以梁平法施工图中一个构件为例，说明其注写的表达式的含义。图中注写内容包括集中标注和原位标注两部分，集中标注表达了梁的通用数值，原位标注表达梁的特殊

数值。施工时，原位标注取值优先。

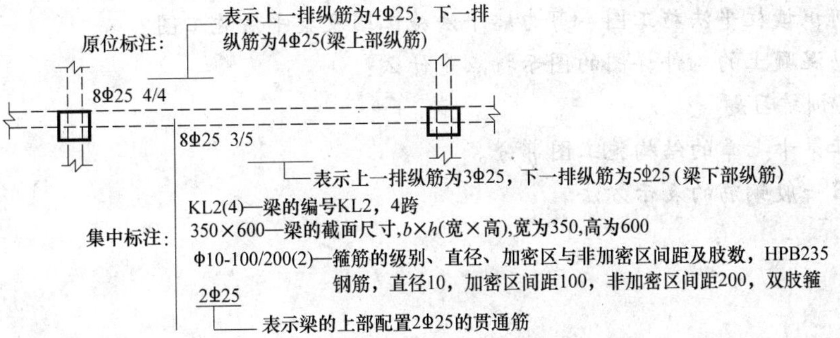

图 15-8　平法表达式含义说明示例

图 17-20、图 17-21、图 17-22 分别为柱平法、剪力墙平法及梁平法施工图。看图中识图说明可了解各图中的表达内容和识读方法。

小　结

本章主要介绍了钢筋混凝土结构的基本知识，结构施工图的形成、用途、内容及各种结构施工图的图示内容、特点及识读方法等。

结构施工图通常包括：①结构设计说明；②结构平面图；③构件详图。它是施工放线、挖基槽、支模板、绑扎钢筋、设置预埋件、浇筑混凝土、安装预制构件、计算工程量、编制预算和施工进度计划等的重要依据。

结构平面图又包括基础平面图、楼层结构平面图和屋面结构平面图。构件详图包括梁、板、基础等构件详图。重点掌握各图的图示内容、特点及识读方法。

还要了解平法设计基本规定及平法表达式的符号含义，能识读柱平法施工图、剪力墙平法施工图及梁平法施工图。

复习思考与练习题

一、名词解释

(1)结构平面图；(2)构件详图；(3)基础图。

二、填空题

(1)结构施工图通常包括下列内容：(　　　)；(　　　)；(　　　)。

(2)按钢筋在构件中的作用和受力情况可分为如下几种：(　　　)、(　　　)、(　　　)、(　　　)、(　　　)。

(3)写出下列常用代号所表示的构件名称：B(　　　)、KB(　　　)、TB(　　　)、QL(　　　)、KL(　　　)、KZ(　　　)。

三、问答题

(1)楼层结构平面图的图示内容和特点是什么？

(2)楼层结构平面图和屋面结构平面图的图示内容有什么不同？

(3)如何识读基础平面图、基础详图?

(4)如何识读柱平法施工图、剪力墙平法施工图及梁平法施工图?

(5)钢筋混凝土的构件详图的图示特点是什么?

四、实训练习题

(1)识读第十七章的结构施工图部分。

(2)画出一般钢筋的表示方法。

第十六章　室内设备施工图的识读

【学习目标】

- 了解：室内设备施工图的组成和特点。
- 熟悉：室内设备施工图的图示方法。
- 掌握：室内给水排水、采暖、电气及燃气施工图的识读内容和方法。

第一节　概　述

一、施工图的种类和主要用途

建筑设备是保障一幢房屋能够正常使用的必备条件，也是房屋的重要组成部分。整套的设备工程主要包括：给排水设备、采暖设备、电气设备、燃气设备等。建筑设备施工图所表达的内容就是这些设备的安装与制作。

建筑设备施工图一般由基本图和详图两部分组成。基本图包括管线平面图、系统图、原理图和设计说明，并有室内和室外之分。详图包括各局部或部分的加工和施工安装的详细尺寸及要求。本章侧重于建筑室内设备施工图的基本图识读。

二、图示特点

建筑设备作为房屋的重要组成部分，其施工图主要有以下特点：

(1)各设备系统一般采用不完全反映实物原形的统一图例符号表示。识图前，应充分熟悉各种建筑设备的常用图例符号。

(2)各设备系统都有自己的走向，识图时，应按一定顺序去读，易于掌握。如给水系统识读顺序为：引入管—水表井—干管—立管—支管—用水设备；电气系统识读顺序为：进户线—配电盘—干线—分配电板—支线—用电设备。

(3)各设备系统常常是纵横交错敷设的，在平面图上识读较难，一般要与立体感较强的轴测投影图对照阅读，易于读懂。

(4)各设备系统的施工安装、管线敷设需要与土建施工相互配合，看图时，应注意不同设备系统的特点及其对土建施工的不同要求(如埋件、管沟、留洞等)，注意查阅相关的土建图样，掌握各工种图样间的相互关系。

第二节　室内给水排水施工图

建筑给排水系统施工图是指房屋内部的卫生设备或生产用水装置的施工图，主要反映用水器具的安装位置及其管道布置情况，一般给排水系统分为室内和室外两部分。室内给水排水施工图主要包括施工设计说明、平面图、系统图及详图。

在给排水系统的施工图中，一般都采用规定的图形符号来表示，表 16-1 列出了一些常用的图例符号。

表 16-1　给排水施工图常用图例

序号	名　称	图　例	序号	名　称	图　例
1	生活给水管	——J——	11	污水池	
2	废水管	——F——	12	清扫口	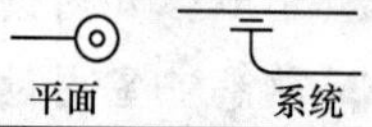
3	污水管	——W——	13	圆形地漏	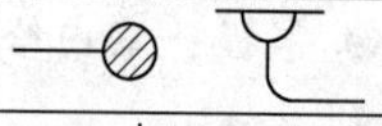
4	立式洗脸盆		14	放水龙头	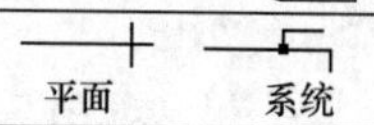
5	浴盆	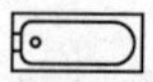	15	水泵	
6	盥洗槽	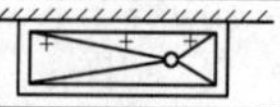	16	水表	
7	壁挂式小便器		17	水表井	
8	蹲式大便器	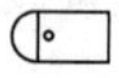	18	阀门井 检查井	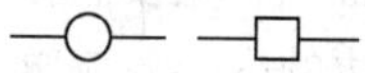
9	坐式大便器	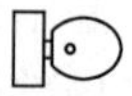	19	浮球阀	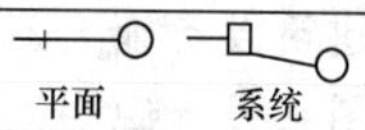
10	小便槽		20	立管检查口	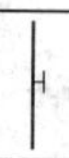

一、给水排水平面图

主要表示房屋内部给水排水设备的配置和管道的布置情况，见图 17-31 和图 17-32。

(一)图示内容和特点

图示内容有：①各用水设备的类型、平面位置及安装方式；②各管线(干管、立管、支管)的平面位置、管径尺寸及编号；③各零部件的平面位置及数量；④给水引入管和污水排出管的平面位置、编号以及与室外给排水管网的联系。

图示特点：一般把室内给水、排水管道用不同的线型表示画在同一张图上，当管道较为复杂时，也可分别画出给水和排水管道的平面图。

(1)数量。给排水平面图的数量原则上同楼层数。对于管道等的平面布置相同的楼层，可画一个标准层平面图，但在图中须注明各楼层的层次和标高。给排水平面图一般有底层平面图和标准层平面图等。

(2)比例。一般采用与建筑平面图相同的比例，常用 1：100，也可采用 1：50、1：150、1：200 等。

(3)建筑平面图画法。给排水平面图上的建筑轮廓线应与建筑施工图一致，均采用细实线绘制。一般只抄绘房屋的墙、柱、门窗洞、楼梯等主要构配件(不画建筑材料图例)，房屋的细部、门窗代号等均可省略。

底层图中的室内管道需与户外管道相连，须单独画出完整的建筑平面图。其他各个楼层只须画出布置有给排水设备和管道的局部平面图，相邻房间可用折断线断开。

(4)用水设备。房屋卫生器具中的洗脸盆、大便器、小便器等都是工业产品，只须表示它们的类型和位置，按规定用图例画出；对盥洗台、便槽等土建设施，其详图由建筑设计人员绘制，在给排水平面图中只须用细实线画出其主要轮廓。

(5)管道布置。是室内管网平面图的主要内容。

给水管通常以单线条粗实线表示水平管道(包括引入管和水平横管)，并标注管径。以小圆圈表示立管，底层平面图中应画出给水引入管，并对其进行系统编号，一般给水管以每一引入管作为一个系统。

排水管道一般用单线条粗虚线表示。以小圆圈表示排水立管。底层平面图中应画出室外第一个检查井、排出管、横干管、立管、支管及卫生器具、排水泄水口。按系统对各种管道分别予以标志和编号。排水管以第一个检查井承接的每一排出管为一系统。

(6)图例及文字说明。为使施工人员便于阅读图纸，无论是否采用标准图例，最好都能附上各种管道及卫生设备的图例，并对施工要求和有关材料等用文字加以说明。

(二)识读方法

在识读图时，应掌握以下内容和方法：

(1)查明卫生器具、用水设备和升压设备的类型、数量、安装位置、定位尺寸。

(2)弄清给水引入管和污水排出管的平面位置、走向、定位尺寸、与室外给排水管网的连接形式、管径及坡度等。

(3)查明给排水干管、立管、支管的平面位置与走向、管径尺寸及立管编号。

(4)消防给水管道要查明消火栓的布置、口径大小及消防箱的形式与位置。

(5)在给水管道上设置水表时，必须查明水表的型号、安装位置以及水表前后阀门的设置情况。

(6)对于室内排水管道，还要查明清通设备的布置情况，清扫口和检查口的型号和位置。

二、给水排水系统图

给排水系统图是给排水系统轴测图的简称，主要表示给排水管道的空间布置和连接情况，见图 17-33 和图 17-34。

(一)图示内容和特点

给排水系统图一般采用正面斜等测投影法绘制，能直观地表示出给排水管的空间布置情况，可清晰地标注出管道的空间走向、尺寸和位置，用水设备及其型号、位置。其立体感强，易于识别。

1. 给水系统图

(1)给水系统图与给水平面图采用相同的比例，如果配水设备较为密集和复杂，也可将轴测图比例放大绘制，反之，可将比例缩小。

(2)按平面图上的编号，分别绘制管道图。

(3)轴向选择，通常将房屋的高度方向作为 OZ 轴，房屋的横向作为 OX 轴，房屋的纵向作为 OY 轴。

(4)系统图中水平方向的长度尺寸可直接在平面图中量取，高度方向的尺寸可根据建筑物的层高和卫生器具的安装高度确定。

(5)在给水系统图中，管道用粗实线表示。

(6)在给水系统图中出现管道交叉时，要判别可见性，将后面的管道线断开。为了使系统图表达清楚，当各层管网布置相同时，可只画一个有代表性楼层的所有管道，而其他楼层的管道可以省略不画。

(7)给水系统图中应标注下列尺寸：①分段标注管道的管径，要标注公称管径，如DN40，表示公称管径为40 mm。②底层地面与各层楼面采用与建筑图相一致的相对标高。对于给水管道，通常标注引入管、各分支横管及水平管段、阀门及水表、卫生器具的放水龙头及连接支管等部位的标高。所注标高数字是指该给水段的中心高程。

2. 排水系统图

(1)室内排水系统图仍选用正面斜等测，其图示方法与给水系统图基本一致。

(2)排水系统图中的管道用粗线表示，一般不必画出管道的接头形式。

(3)排水系统图只须绘制管路及存水弯，卫生器具及用水设备可不必画出。

(4)排水横管上的坡度因画图比例小可忽略，按水平管道画出，立管与排出管之间用弧形弯管连接，为画图方便，可画成直角弯管。

(5)排水系统图中的尺寸标注：①对各种不同类型的卫生器具的存水弯及连接管，均须分别注出其公称管径。同一排水横支管上的各个相同类型卫生器具的连接管只须注出一个管径即可。不同管径的横支管、立管、排出管均须逐段分别标注。②排水横管都应向立管方向具有一定坡度，坡度可标注在该管段相应管径的后面，也可在坡度数字的下边画箭头以示坡向。③系统图中，一般不注排水横管标高，只标出排出管起点内底的标高，以及各层楼地面及屋面、立管上的通气帽及检查口的标高。

(二)识读方法

识读系统图时，给水系统按照树状由干到枝的顺序，排水系统按照由枝到干的顺序逐层分析，也就是按照水流方向读图，再与平面图紧密结合，就可以清楚地了解到各层的给排水情况。在识读系统图时，应注意掌握以下几点：

(1)查明给水管道系统的具体走向，干管的布置方式，管径尺寸及其变化情况，阀门的设置，引入管、干管及各支管的标高。

(2)查明排水管道的具体走向，管路分支情况，管径尺寸与横管坡度，管道各部分标高，存水弯的形式，清通设备的设置情况，弯头及三通的选用等。识读排水管道系统图时，一般按卫生器具或排水设备的存水弯、器具排水管、横支管、立管、排出管的顺序进行。

(3)系统图上对各楼层标高都有注明，识读时可据此分清管路是属于哪一层的。

识读给水系统图时，首先与一层给水平面图配合，从房屋引入管开始，沿水流方向，经干管、支管到用水设备。

识读排水系统图时，可由上而下，自排水设备开始沿污水流向，经支管、立管、干管到排出管。

第三节　室内采暖施工图

供暖系统施工图分为室内和室外两部分。室内部分主要包括供暖系统平面图、轴测图、详图以及施工说明。一般常用的图例符号见表16-2。

表 16-2 采暖系统施工图常用图例

序号	名称	图例	序号	名称	图例
1	热水给水管	——RJ—— 或 ————	15	集气罐	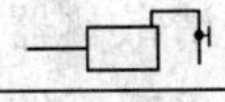
2	热水回水管	——RH—— 或 - - - - - - -	16	柱式散热器	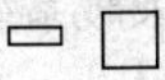
3	蒸汽管	——Z——	17	活接头	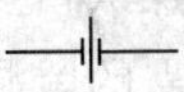
4	凝结水管	——N——	18	法兰	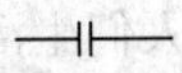
5	管道固定支架	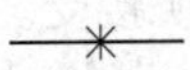	19	法兰堵	
6	补偿器	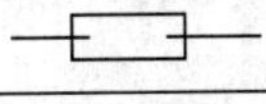	20	丝堵	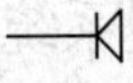 或 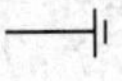
7	套管补偿器	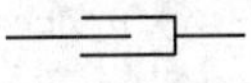	21	水泵	
8	矩形补偿器	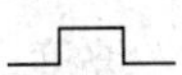	22	散热器及手动放气阀	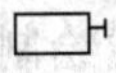
9	闸阀		23	泄水阀	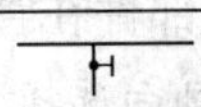
10	球阀		24	自动排气阀	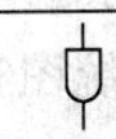
11	止回阀	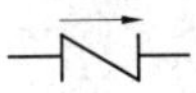	25	除污器(过滤器)	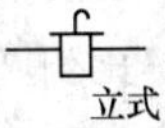 立式 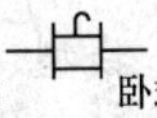 卧式
12	截止阀、阀门(通用)	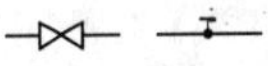	26	疏水阀	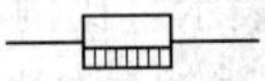
13	膨胀管	——P_z——	27	温度计	 或 
14	绝热管	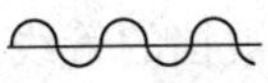	28	压力表	 

一、采暖平面图

采暖平面图是表示采暖管道及设备布置的图纸，见图 17-36 和图 17-37。

(一)图示内容和特点

(1)建筑物轮廓应与建筑图一致。在该图中只要求用细实线把建筑物与采暖有关的墙、门窗、平台、柱、楼梯等部分画出来。平面图的数量，原则上应分层绘制，管道系统布置相同的楼层平面可绘制一个平面图。

(2)散热器的位置(一般用小长方形表示)及安装方式(明装、半暗装或暗装)，按规定标注规格及数量。

(3)干管、立管(平面图上为小圆圈)和支管的水平布置，同时注明干管管径和立管编号。

(4)用细虚线画出采暖地沟、过门地沟的位置。

(5)应标注房屋平面图的轴线编号、轴线间尺寸，标注室外地面的整平标高和各层地面标高，采暖入口的定位尺寸，应为管中心至所邻墙面或轴线的距离。

(二)识读方法

①查清采暖管道系统的干管、立管、支管的平面位置、走向、立管编号和管道安装方式。②查清散热器平面位置、规格、数量及安装方式。③了解采暖干管上的阀门、固定支架以及与采暖系统有关的设备(如膨胀水箱、集气罐、疏水器等平面位置、规格、型号等)。④了解热媒入口及入口地沟情况，热媒来源、流向及与室外热网的连接。⑤了解管道及设备安装所需的留洞、预埋件、管沟等方面与土建施工的关系和要求。

随着人们生活水平的提高，对供暖方式的选择也越来越受到关注，地热供暖(见图 16-1)由于具有环保、卫生、使用寿命长等优点逐渐被人们所接受。

二、采暖系统图

(一)图示内容和特点

采暖系统图是根据各层采暖平面中管道及设备的平面位置和竖向标高，用正面斜轴测投影以单线绘制而成的图样。该图标注有管径、标高、坡度、立管编号、系统编号以及各种设备、部件在管道系统中的位置，见图 17-38。

1. 轴向选择

采暖系统图宜用正面斜轴测投影法绘制。*OX* 轴处于水平，*OZ* 轴竖直，*OY* 轴与水平成 45°或 30°。三根轴向变形系数均为 1。

2. 线型、比例

采暖系统图宜用单线条绘制，采暖管道用粗实线，回水管道用粗虚线，设备及部件均用图例表示。比例与相应的平面图一致。

3. 管道系统

(1)管道系统的编号与底层平面图中的系统索引符号的编号一致。

(2)采暖系统宜按管道系统分别绘制，以避免过多的管道重叠和交叉。

(3)当空间交叉管道在图中相交时，在相交处将被挡的管线断开。系统图中的重叠、密集处可断开引出绘制。相应的断开处宜用相同的小写拉丁字母注明。

4. 尺寸标注

(1)管径。管道系统中所有管段均需标注管径，当连续几段的管径都相同时，可仅注其两端管段的管径。

(2)标高。系统图中采用相对标高，底层室内地面为 ± 0.000，除注明管道及设备的标高外，尚需标注室内、外地面，各层楼面的标高。

(3)坡度。凡水平干管均需注出其坡度。

(二)识读方法

与平面图对照，沿供热干管走向顺序读图，可以看出供暖系统的空间相互关系。在识读供暖施工图时，首先应分清供热干管和回水干管，并判断出管线的排布方法是上行式、下行式、单立式和双立式中的哪种形式；然后查清各散热器的位置、数量以及其他元件(如阀门等)的位置、型号；最后按供热管网的走向顺次读图。

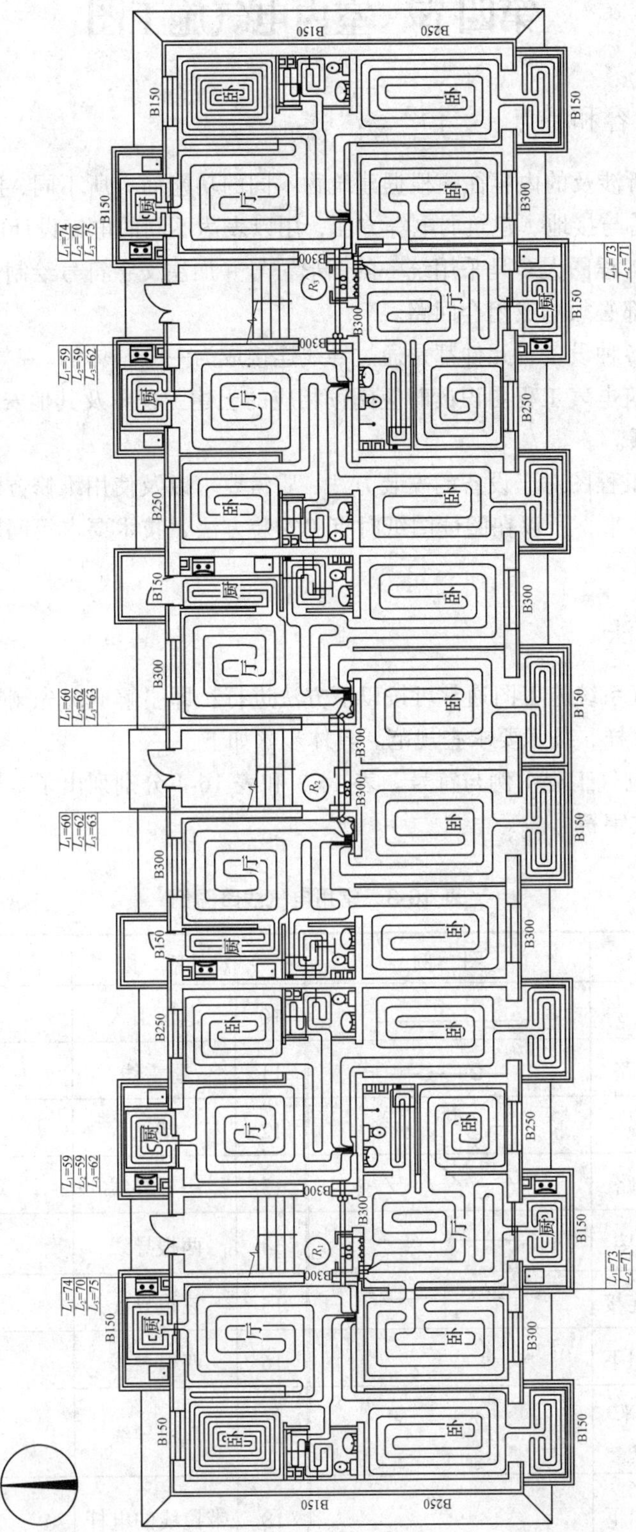

图 16-1　地热供暖管网平面布置图示例

第四节　室内电气施工图

一、图示内容和特点

电气施工图所涉及的内容往往根据建筑物不同的功能而有所不同，主要有建筑供配电、动力与照明、防雷与接地、建筑弱电等方面，用以表达不同的电气设计内容。

(1)建筑电气工程图大多是采用统一的图形符号并加注文字符号绘制而成的。

(2)电气线路都必须构成闭合回路。

(3)线路中的各种设备、元件都是通过导线连接成为一个整体的。

(4)在进行建筑电气工程图识读时应阅读相应的土建工程图及其他安装工程图，以了解相互间的配合关系。

(5)建筑电气工程图对于设备的安装方法、质量要求以及使用维修方面的技术要求等往往不能完全反映出来，所以在阅读图纸时有关安装方法、技术要求等问题，要参照相关图集和规范。

二、识读方法

识读建筑电气系统施工图通常可按以下方法进行：即了解概况先浏览，重点内容反复看；安装方法找大样，技术要求查规范。具体步骤如下：

(1)熟悉各种电气工程图例与符号。表 16-3 和表 16-4 分别列出了常用电气线路图例和一些常用的电气文字符号。

表 16-3　常用电气线路图例

序号	名　称	图　例	序号	名　称	图　例
1	线路一般符号		10	电源引入	
2	电杆架空线路		11	避雷线	
3	移动式电缆		12	接地	
4	接地接零线路	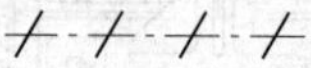	13	一根导线	
5	导线相交连接		14	两根导线	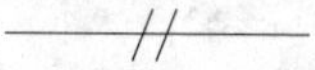
6	导线相交不连接	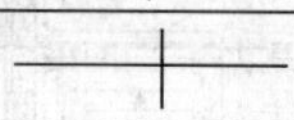	15	三根导线	
7	导线引上和引下	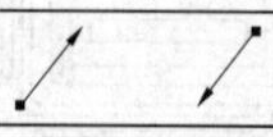	16	四根导线	
8	导线由上引来或由下引来	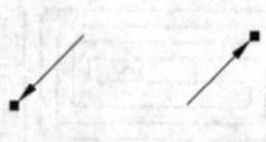	17	几根导线	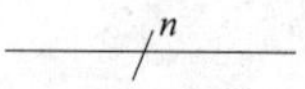
9	导线引上并引下		18	带拉线的电杆	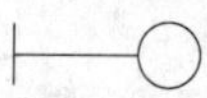

表 16-4　常用的电气文字符号

名称	符号	说明
电　源	m ~ fu	交流电，m 为相数，f 为频率，u 为电压
相　序	A	第一相，涂黄色
	B	第二相，涂绿色
	C	第三相，涂红色
	N	中性线，涂白色或黑色
用电设备	$\frac{a}{b}$ 或 $\frac{a\|c}{b\|d}$	a—设计编号；b—容量；c—电流；A；d—标高，m
电力或照明配电设备	$a\frac{b}{c}$	a—编号；b—型号；c—容量，kW
开关及熔断器	$a\frac{b}{c/d}$ 或 a–b–c/I	a—编号；b—型号；c—电流；d—线规格；I—熔断电流
变压器	a/b–c	a—一次电压；b—二次电压；c—额定电压
配电线路	a(b × c)d–c	a—导线型号；b—根数；c—线截面；d—敷设方式和穿管直径；e—敷设部位
灯具	$a-b\frac{c\times d}{e}f$	a—灯具数；b—型号；c—每盏灯泡数；d—灯泡容量，W；e—安装高度；f—安装方式
引入线	$a\frac{b-c}{d(e\times f)-g}$	a—设备编号；b—型号；c—容量；d—导线牌号；e—根数；f—导线截面；g—敷设方式
线路敷设	M，A	明敷设，暗敷设
明敷设	CP	瓷瓶或瓷柱敷设
	CJ	瓷夹板或瓷卡敷设
	CB	木槽板敷设
暗敷设	C	穿焊接管
	DC	穿电线管
	VC	穿硬塑料管
线路敷设部位	L	沿梁下、屋架下敷设
	Z	沿柱敷设
	Q	沿墙面敷设
	P	沿顶棚面敷设
	D	沿地板敷设
常用照明灯	T	圆筒形罩灯
	W	碗罩灯
	P	玻璃平盘罩灯
	S	搪瓷伞罩灯

续表 16-4

名称	符号	说明
灯具安装方式	G	吊杆灯
	L	链吊灯
	X	自在器吊线灯
	B	壁灯
	D	吸顶灯
导线型号	BV	铜芯塑料线
	BVR	铜芯塑料软线
	BX	铜芯橡胶线
	BXR	铜芯橡胶软线
	BXH	铜芯橡胶花线
	BXG	铜芯穿管橡胶线
	BLV	铝芯塑料线
	BLX	铝芯橡胶线
	BLXG	铝芯穿管橡胶线
	BXS	双芯橡胶线

(2)了解建筑物的土建概况，结合土建施工图识读电气系统施工图。

(3)按照设计说明—电气外线总平面图—配电系统图—各层电气平面图—施工详图的顺序，先对工程有一个总体概念，再对照着系统图，对每个部分、每个局部进行细致的理解，深刻地领会设计意图和安装要求。

(4)按照各种电气分项工程(照明、动力、电热、微电、防雷等)进行分类，仔细阅读电气平面图，弄清各电气设备的位置、配电方式及线路走向，安装的位置、高度，导线的敷设方式、穿管管径及导线的规格等。

图 17-40 为某住宅楼配电系统图，通过识读系统图可以了解以下内容：

(1)整个变、配电系统的连接方式，从主干线至各分支回路分几级控制，有多少个分支回路。

(2)主要变电设备、配电设备的名称、型号、规格及数量。

(3)主干线路的敷设方式、型号、规格。

图 17-43、图 17-44 分别为某住宅楼一层电气平面图和三至五层电气平面图。通过电气平面图的识读，可以了解以下内容：

(1)了解建筑物的平面布置、轴线分布、尺寸以及图样比例。

(2)了解各种变、配电设备的编号、名称，各种用电设备的名称、型号以及它们在平面图上的位置。

(3)弄清楚各种配电线路的起点和终点、敷设方式、型号、规格、根数，以及在建筑物中的走向、平面和垂直位置。

第五节　室内燃气施工图

一、图示内容和特点

随着城市燃气管网的建设，燃气安装已成为现在住宅楼建设的重要组成部分。燃气管网的分布近似于给水管网，但由于城市燃气是易燃易爆的混合气体，所以对于燃气设备、管道等的设计、加工与敷设都有严格要求，必须注意防腐、防漏气的处理，同时还应加强维护和管理工作。

设计图样有结合建筑图的各层燃气管道平面布置图，还有与平面图相对应的轴测图及管道安装节点详图和燃气设备安装标准图。燃气用具图例见表 16-5，室内燃气管路图例见表 16-6。

表 16-5　燃气用具图例

序号	名称	图例	序号	名称	图例
1	燃气表		4	热水器	
2	单眼灶		5	燃气炉	
3	双眼灶	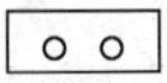	6	烘烤箱	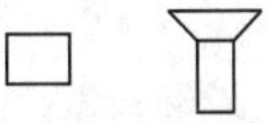

表 16-6　室内燃气管路图例

序号	名称	图例	序号	名称	图例
1	焊接管	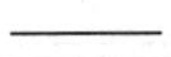	4	旋塞	
2	铸铁管		5	火嘴	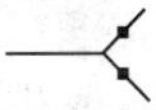
3	橡胶管		6	管堵	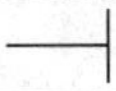

二、识读方法

看燃气图应沿图名—目录—设计说明—设计图样的顺序识读。将管道与建筑结合起来看，先看一层平面图，再看上层平面图，分清干、立、支管和燃气用具的布置的位置。在看懂平面图后，再看轴测图，依进户管—立管—横支管—燃气表—支管—燃气用具顺序看，将平面图与轴测图对应识读，弄清各管段的走向、管径、分支标高处、燃气用具安装标高等。

图 16-2 为某住宅楼室内燃气管道系统剖面图。从图中可以看出：燃气管道由用户引入管从室外进入，通过立管进入到各楼层，再由干管、用户支管送入厨房。图 16-3 为某单户的燃气管道平面图与系统图，图 16-3(a)表明了燃气系统平面布置的相关尺寸和要求等；在图 16-3(b)中表示出了该系统的空间布置，管道及设备的尺寸、型号、标高及安装要求等。

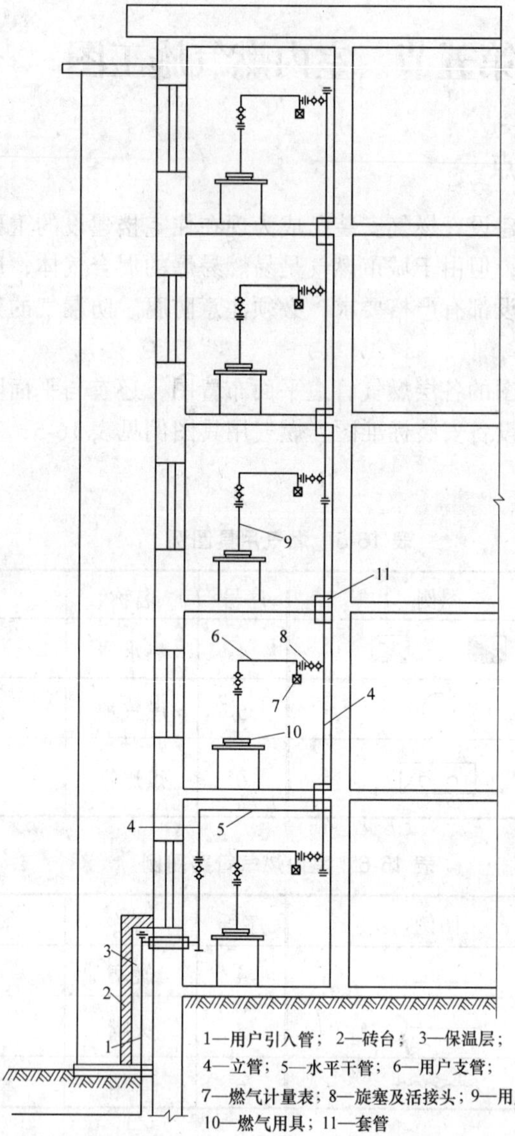

图 16-2　某住宅楼室内燃气管道系统剖面图

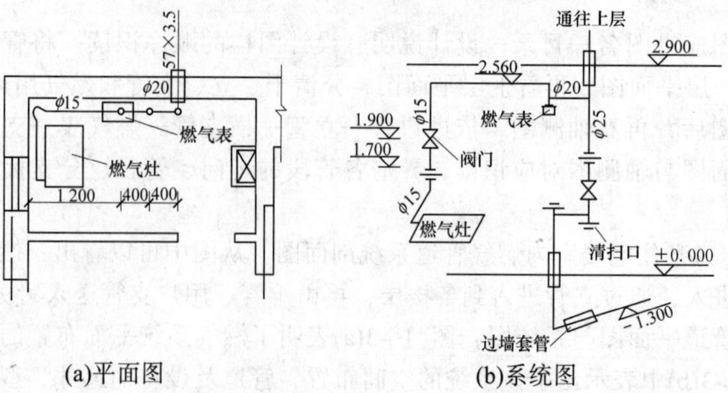

(a)平面图　　(b)系统图

图 16-3　单户燃气管道平面图与系统图

小　结

本章主要介绍了室内设备施工图的图示特点、识读内容和方法。着重掌握室内给排水、采暖、电气、燃气施工图的识读要点，熟识相关的图例和符号，能结合土建施工图进行工程图纸的整体识读。

复习思考与练习题

一、填空题

(1)整套的设备工程主要包括(　　)、(　　)、(　　)、(　　)等。

(2)建筑设备施工图一般由(　　)和(　　)两部分组成。

(3)室内给水排水施工图主要包括(　　)、(　　)、(　　)及(　　)。

(4)给排水系统图是(　　)图的简称，主要表示给排水管道的(　　)和(　　)。

(5)采暖平面图是表示(　　)及(　　)的图纸。

(6)采暖系统图是根据各层采暖平面中管道及设备的(　　)和(　　)，用(　　)投影以单线绘制而成的图样。

二、问答题

(1)建筑设备施工图的组成与特点有哪些？

(2)室内给水排水施工图所包含的内容有哪些？

(3)给水排水系统轴测图的特点是什么？

(4)室内给水排水施工图的识读要点是什么？

(5)熟悉室内给水排水施工图的常用图例。

(6)室内采暖施工图的识读要点是什么？

(7)熟悉室内采暖施工图的常用图例。

(8)简述室内电气施工图的组成和识读步骤。

(9)熟悉室内电气施工图的常用图例和符号。

(10)试比较室内燃气施工图与给水施工图的异同。

三、实训练习题

按照正确识读方法和步骤识读图 17-30～图 17-45。

第十七章　建筑工程施工图实例

为了加强识图训练，本章介绍了某五层住宅楼的建筑工程施工图实例。由于一套完整的施工图数量较多，而教材篇幅有限，本实例在尽量保证整套图纸整体框架不变的前提下，某些楼层的形式和结构虽有不同，但是具有相同的识读方法的图纸作了部分删减，并在每张图纸中加了说明，便于取得更好的识读效果。对整套图纸的处理情况说明如下。

一、建筑专业施工图

(1)建筑装饰构造表省略，涉及的建筑装饰构造已在相对应的图中表达清楚。

(2)平面图中给出了一、四、五层和屋面排水平面图，省略了二、三层平面图。

(3)楼梯部分给出了楼梯一、三大样图，省略了楼梯二、四大样图。

(4)门、窗的展开图和表省略。

(5)节点详图给出了建筑专业施工图 09 图中详图索引的节点详图，其他的省略。

二、结构专业施工图

(1)钢筋混凝土柱下独立基础给出了 1 和 2 的结构图，3、4、5 的省略。

(2)梁平法施工图中给出了 3.250 梁平法施工图，省略了 6.550 梁平法施工图。

(3)板配筋图中给出了二层和顶层板配筋图，省略了三、四、五层板配筋图。

(4)楼梯配筋图中给出了楼梯 1 配筋图，省略了楼梯 2、3、4 配筋图。

三、设备专业施工图

(1)给排水施工图省略了二层给排水平面施工图。

(2)采暖施工图省略了二、三层采暖平面施工图。

四、电气专业施工图

由于电气专业施工图较少，只省略了二层电气平面图施工图。

通过本章的学习，会大大提高学生的综合能力。

建筑施工图设计总说明

一、设计依据:

《建筑抗震设计规范》(GB 50011—2001)

《住宅设计规范》(GB 50096—1999)2003年版

《建筑设计防火规范》(GBJ 50016—2006)

《居住建筑节能设计标准(节能65%)》(DB 2101J01—2006)

《公共建筑节能设计标准》(GB 50189—2005)

《公共建筑节能设计标准实施细则》(DB 2010J02－2006)

《建筑地面设计规范》(GB 5037－96)

《屋面工程技术规范》(GB 50207－94)

《建筑采光设计标准》(GB/T 50033—2001)

《建筑玻璃应用技术规程》(JGJ 113－97)

《塑料门窗安装及验收规程》(JGJ 103－96)

二、工程名称:某住宅楼。

三、工程设计概况:

1. 本工程具体位置见地形图。
2. 本工程耐火等级为二级，要求全部采用非燃烧体材料，耐火极限满足规范要求。
3. 本建筑抗震设防烈度 7 度。
4. 建筑物使用年限：50年。
5. 设计层数：一、二层网点，以上三层为住宅。
6. 设计标高：设一层网点地面标高为 0.000，相当于绝对标高57.75 m。

四、各部构造:

1. 基础:为钢筋混凝土独立柱基础。
2. 沿建筑物四周做一圈800mm宽散水，按剖面图索引详图施工。
3. 沿建筑物砖砌体做水平防潮层一道，抹20 mm厚1:2水泥砂浆（内掺5%防水剂，按水泥用量），其顶标高为－0.060m。
4. 外门台阶及一层楼梯地面下部基础加深至地面以下1.30m，加深部分夯填混砂。
5. 楼梯踏步的阳角在抹灰时预埋114圆钢，每150 mm φ16拉结筋 L=200 mm。

五、砌体工程:

1. 内墙：网点内墙均为180 mm厚非承重空心砖墙，住宅内墙均为240 mm厚承重空心砖墙。
2. 隔墙：厨房、卫生间隔墙为 90 mm厚非承重空心砖墙。
3. 外墙：网点外墙由外至内依次为120 mm厚非承重空心砖墙。

六、防水工程:

1. 屋面防水：依据《屋面工程技术规范》(GB 50207—94)

屋面防水等级为二级。防水材料选用合成高分子防水卷材≥1.2厚，屋面防水要求如下:

(1)屋面工程防水必须由防水专业队伍施工。

(2)屋面工程施工中，应按施工工序、层次进行检验，合格后方可进行下道工序的作业。

(3)屋面工程所采用的防水、保温隔热材料应有材料质量证明文件，并经指定的质量检验部门认证，确保其质量符合技术要求。

(4)本工程屋面防水材料详见“构造表”，具体构造及施工详见生产厂家说明书并由生产厂家负责提供有关技术要求及保护措施。

(5)屋面檐口、凸出部位及其他阴阳转角等重点防水部位均附加卷材一道。

(6)其他技术要求详见《屋面施工技术规范》。

2. 厨房、卫生间地面防水采用聚氨酯防水涂膜，厚度不小于1.2 mm。
3. 窗上口及出挑部分须做滴水。

七、保温工程:

1. 屋面保温：坡屋面采用挤塑聚苯乙烯保温板（XPS板，容重≤32 kg/m³)100厚，导热系数≤0.030 W/(m.K)。平屋面采用阻燃聚苯乙烯保温板（容重为≥20 kg/m³)100厚，导热系数≤0.042 W/(m·K)。
2. 外墙保温：依据《居住建筑节能设计标准》(DB 2101 J01—2006) 对外墙采用内夹80 mm厚挤塑聚苯板(XPS板)保温，要求导热系数≤0.030 W/(m.K)，容重≤35 kg/m³。
3. 楼梯间隔墙保温：采用内贴岩棉板60厚，容重≥80 kg/m³，施工详见03J122页50~56。
4. 一~三层楼梯间外墙面、采暖阳台外墙面、底层阳台底板保温:采用外挂挤塑聚苯板60厚(XPS, 28~35 kg/m³),导热系数≤0.030W/(m·K)。施工见辽2006SJ121页1~12。

八、工程配合:

1. 所有砖墙留洞、预埋件应对照有关专业图纸配合施工，预留孔洞应在管线安装完毕后，用1:2水泥砂浆塞实抹平。
2. 给排水、电气、通信、暖通专业管井及其他楼面孔洞，在管线安装完毕后，应用混凝土塞抹平。
3. 凡遇消火栓箱、配电箱等穿透墙体时，要求在其背面加设钢丝网抹灰20厚，钢丝网尺寸每边比箱体大150 mm。
4. 所有管道穿过墙体时，需采用岩棉将其周围的空隙填实，密封。
5. 建筑内管道井应在每层楼板处采用不低于楼板耐火极限的不燃烧体或防火封堵材料封堵。

九、门窗:

1. 二次装修房间的门由装修设计确定，本设计仅提供洞口尺寸要求。
2. 门窗框的截面尺寸及强度由厂家负责。

十、主要经济技术指标:

一层占地面积:612.53m²

网点建筑面积:1 225.05m²(包括外侧楼梯间面积)

住宅建筑面积:1 617.3m²(包括三层外侧楼梯面积)

(其中三层侧楼梯间面积:52.02m²)

总建筑面积:2 842.36m²

其中阳台面积:153.36m²

图纸目录

序号	图别	图号	图纸名称
1	建施	01	建筑设计总说明　图纸目录
2	建施	02	一层平面图
3	建施	03	四层平面图
4	建施	04	五层平面图
5	建施	05	屋面排水平面图
6	建施	06	⑬-①轴立面图
7	建施	07	①-⑬轴立面图
8	建施	08	Ⓐ-Ⓔ轴立面图 Ⓐ-Ⓔ轴立面图
9	建施	09	1—1剖面图　2—2剖面图
10	建施	10	楼梯-1大样图
11	建施	11	楼梯-3大样图
12	建施	12	阳台大样图
13	建施	13	节点详图

某建筑设计院		
某住宅楼	建筑施工图设计总说明	建施 01

图 17-1

识图说明：1. 表明了建筑物的平面形状及房间的内部布局，如网点等。

2. 表明了建筑物的结构形式为框架结构。指北针表明建筑物的朝向。

3. 表明了建筑物的三道尺寸，门、窗编号，剖面图的位置和室内外标高，如本层室外标高 -0.450，室内标高 -0.300 等。

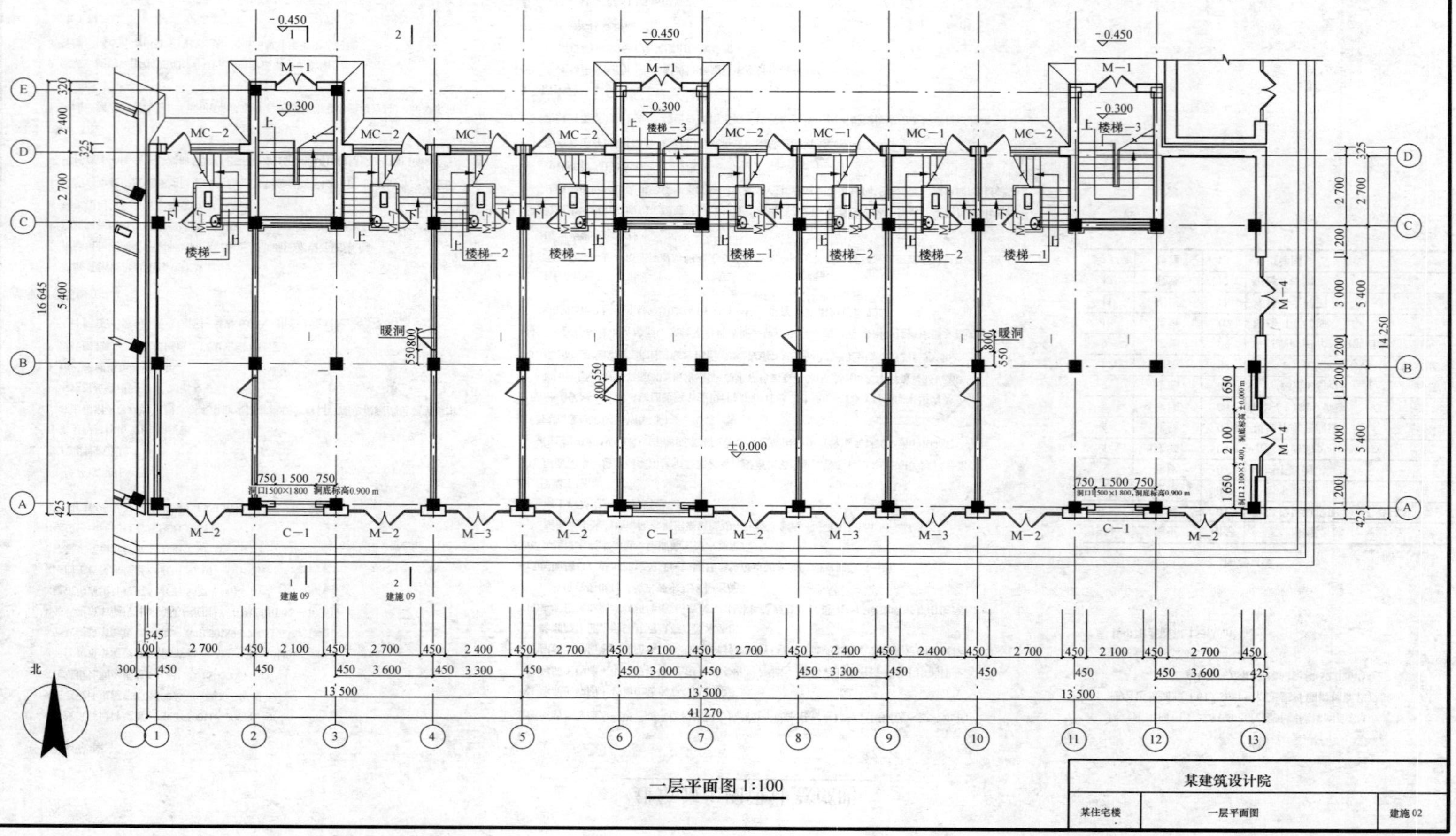

图 17-2

识图说明:

1. 表明了建筑内房间的内部布局，其中有厨房，卧室，卫生间设有坐便器等。
2. 表明了楼梯的平面图。
3. 表明了建筑物的三道尺寸，门、窗编号，本层地面标高为9.400等。

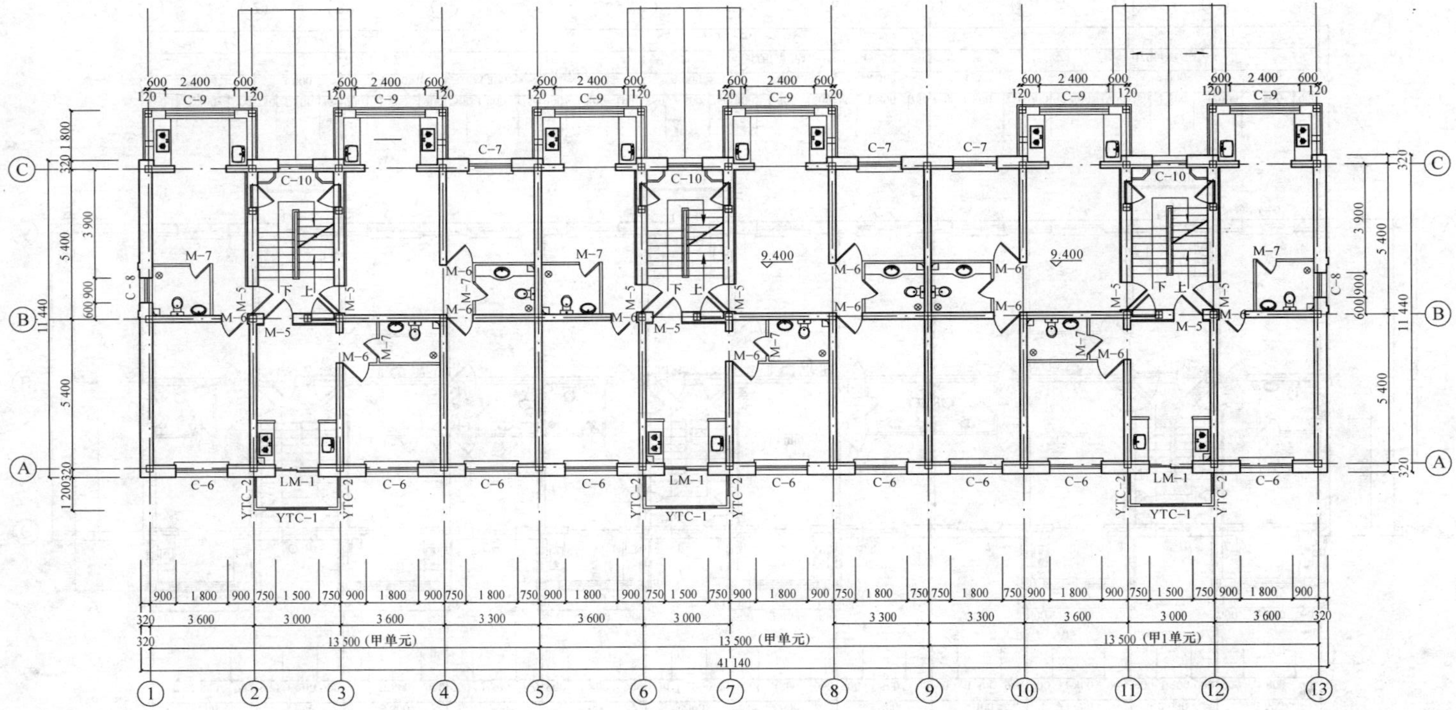

四层平面图　1:100

某建筑设计院		
某住宅楼	四层平面图	建施 03

图 17-3

识图说明： 表明了本层建筑物内房间的内部布局，其中有厨房、卧室、卫生间设有坐便器等。阅读方法同前。

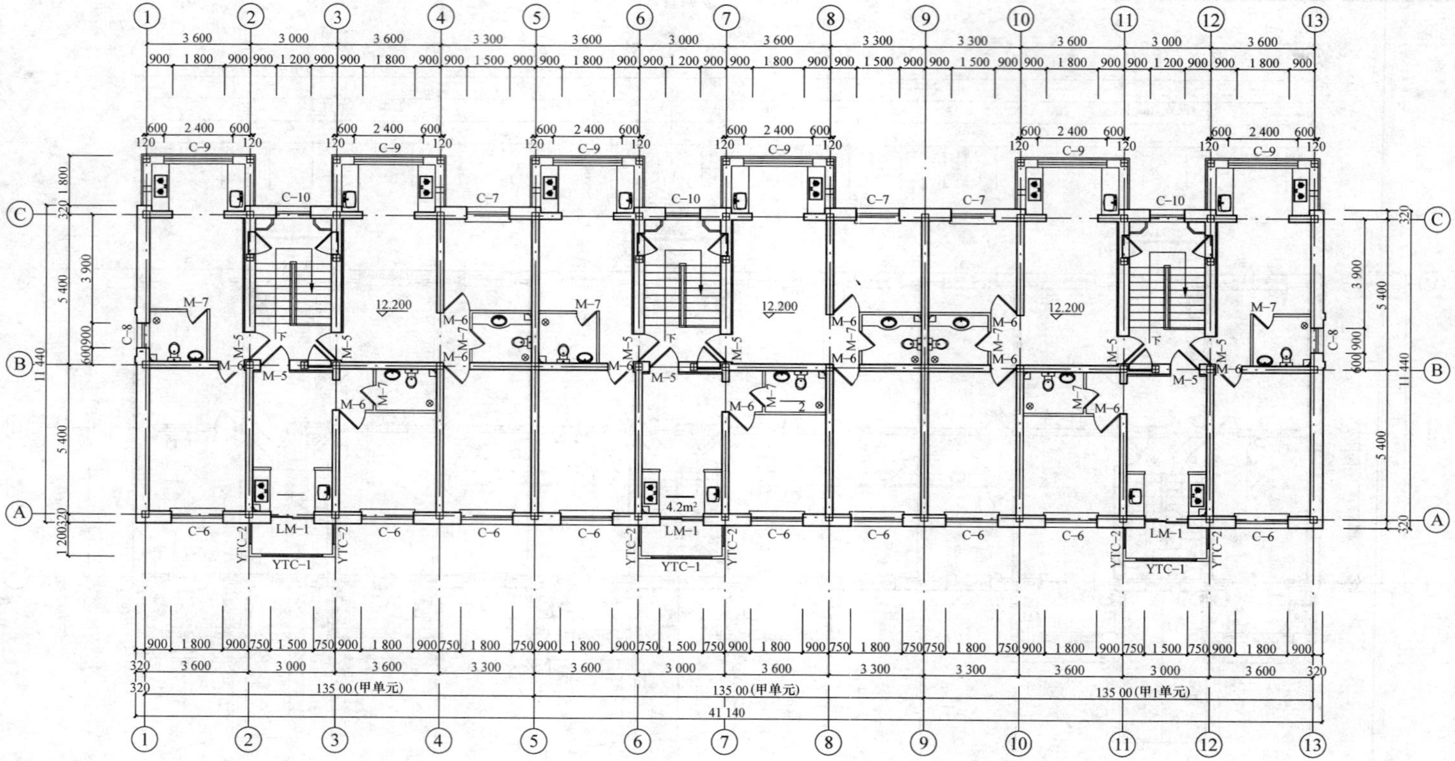

五层平面图　　1:100

某建筑设计院		
某住宅楼	五层平面图	建施 04

图 17-4

识图说明： 表明了建筑物的屋面排水的平面形式,屋面构造及排水情况等。

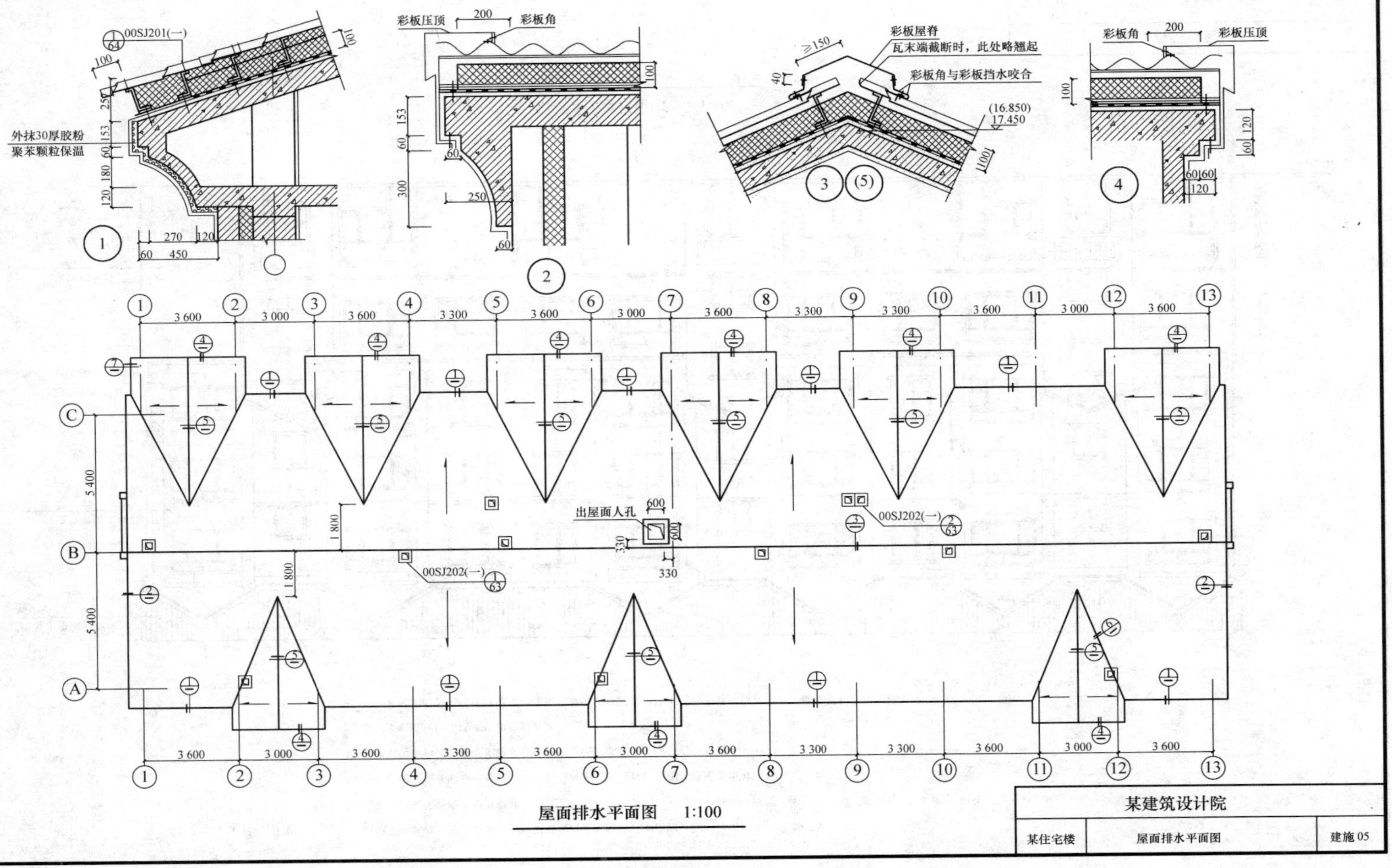

图 17-5

识图说明:

1. 表明了建筑物外形上南北方向可以看到的全部内容，如门窗、阳台、电梯间、雨水管等。
2. 表明了建筑物外形高度方向的三道尺寸，即建筑物总高、分层高度和细部高度。本建筑物的总高度为17.90 m，室内外高差为450 mm。
3. 表明了建筑物各部分的标高，便于查找高度上的位置，表明了首尾轴线号。
4. 表明了建筑物外墙各部位建筑装修材料做法，如白色外墙仿石涂料。
5. 表明了建筑物门窗的式样和开启方式。
6. 本图未标注出卫生间排风道及厨房排风道位置，其具体位置及尺寸详见屋面排水平面图及标准层大样图。

⑬－① 轴立面图 1:100

某建筑设计院		
某住宅楼	⑬－①轴立面图	建施 06

图 17-6

识图说明：1. 读图方法见建施06。
2. 本图未标注出卫生间排风道及厨房排风道位置，其具体位置及尺寸详见屋面排水平面图及标准层大样图。

①-⑬轴立面图 1:100

某建筑设计院		
某住宅楼	①-⑬轴立面图	建施07

图 17-7

识图说明：

1. 表明了建筑物外形上东西方向可以看到的全部内容，如门窗、阳台、散水、檐口等。
2. 表明了建筑物外墙各部位建筑装修材料做法，如白色外墙仿石涂料。
3. 表明了首尾轴线号。

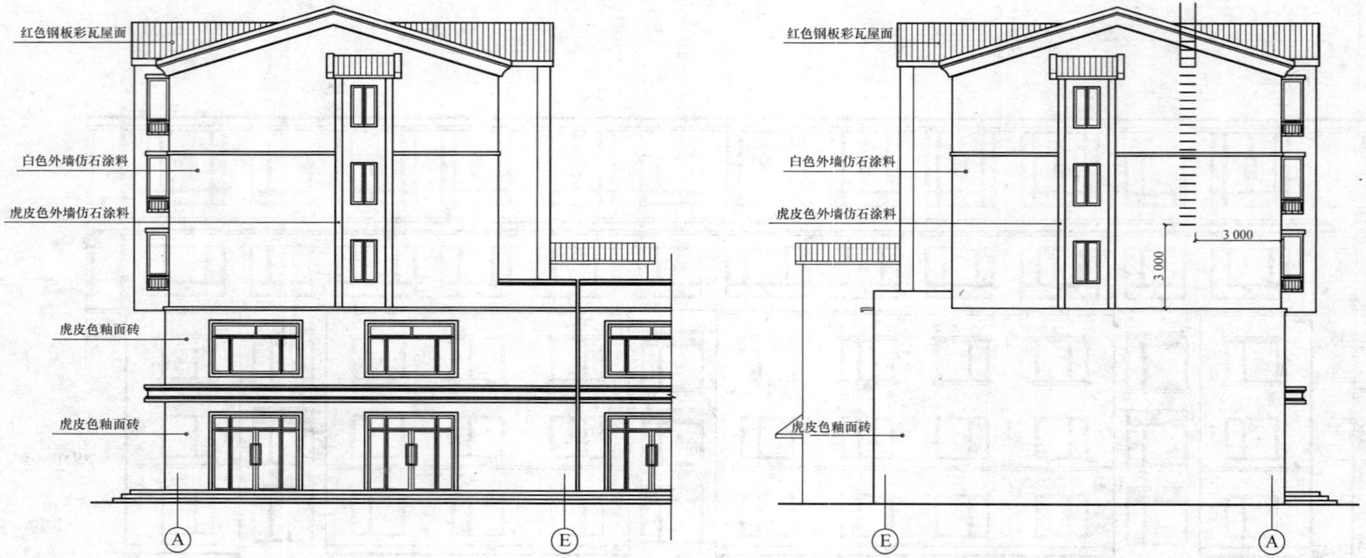

Ⓐ–Ⓔ 轴立面图　1:100

Ⓔ–Ⓐ 轴立面图　1:100

某建筑设计院		
某住宅楼	Ⓐ–Ⓔ轴立面图　Ⓔ–Ⓐ轴立面图	建施 08

图 17-8

识图说明:

1. 表明了建筑物被剖到部位内部的上下分层及屋顶的形式。反映了梁、板、柱、墙、楼梯之间的关系。本建筑为五层，斜屋顶。
2. 表明了建筑物高度方向的尺寸和标高。
3. 对不易表达的地方，图中用了详图索引符号如 $\frac{1}{9}$。

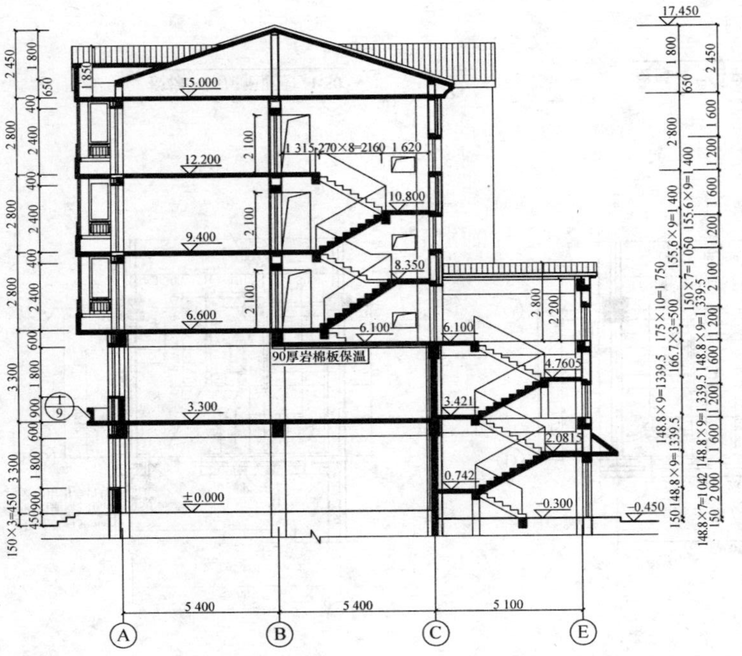

1—1剖面图　　1:100

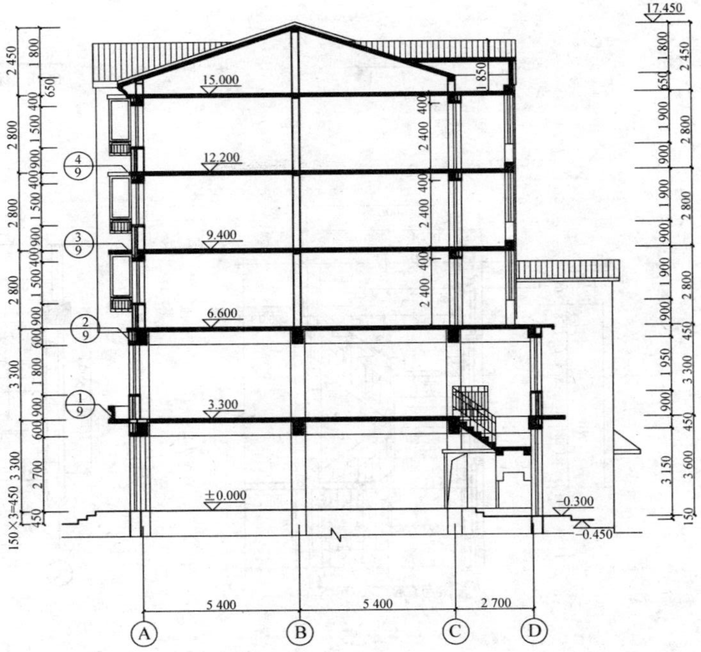

2—2剖面图　　1:100

某建筑设计院			
某住宅楼	1—1剖面图	2—2剖面图	建施 09

图 17-9

识图说明：　1. 表明了建筑物内楼梯-1的平面形式、剖面形式、楼梯间的尺寸及平台标高，梯段长和楼梯踏步的数量。

2. 楼梯防滑条见辽2005J402页22节点27，楼梯预埋件见辽2005J402页26节点5、6。

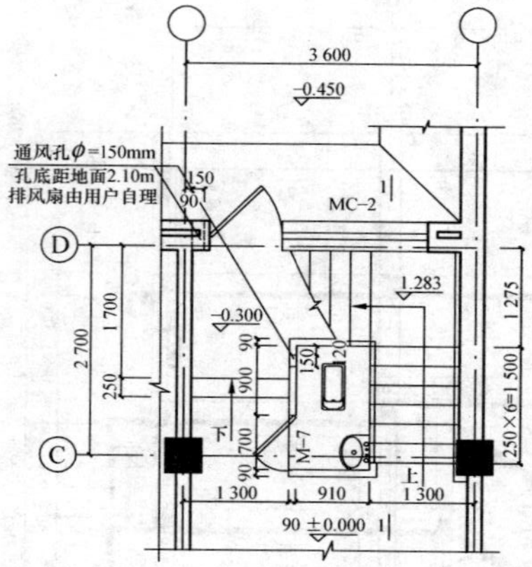

楼梯-1一层平面图　1:50

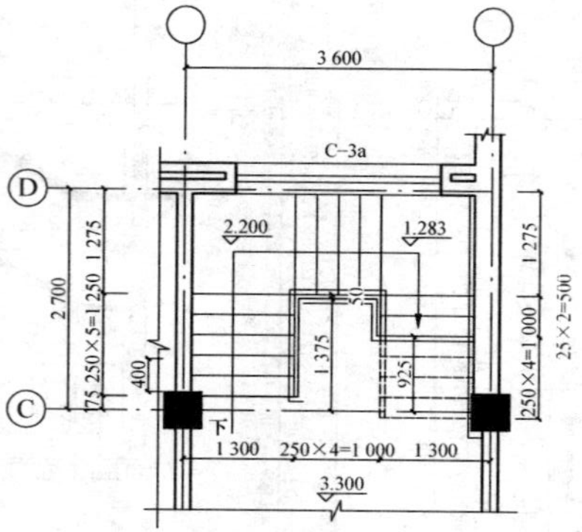

楼梯-1二层平面图　1:50

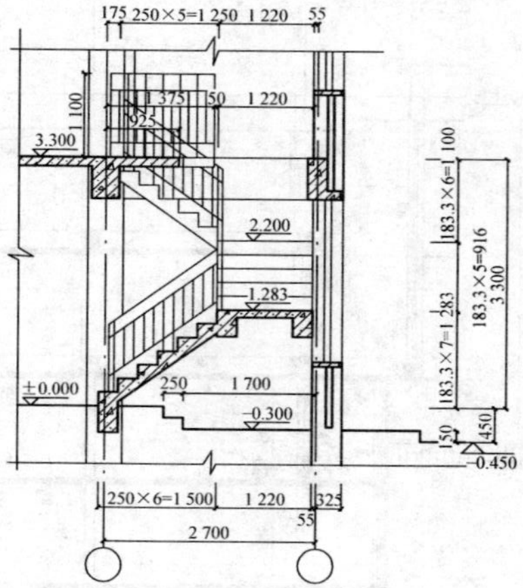

1—1

某建筑设计院		
某住宅楼	楼梯-1大样图	建施 10

图 17-10

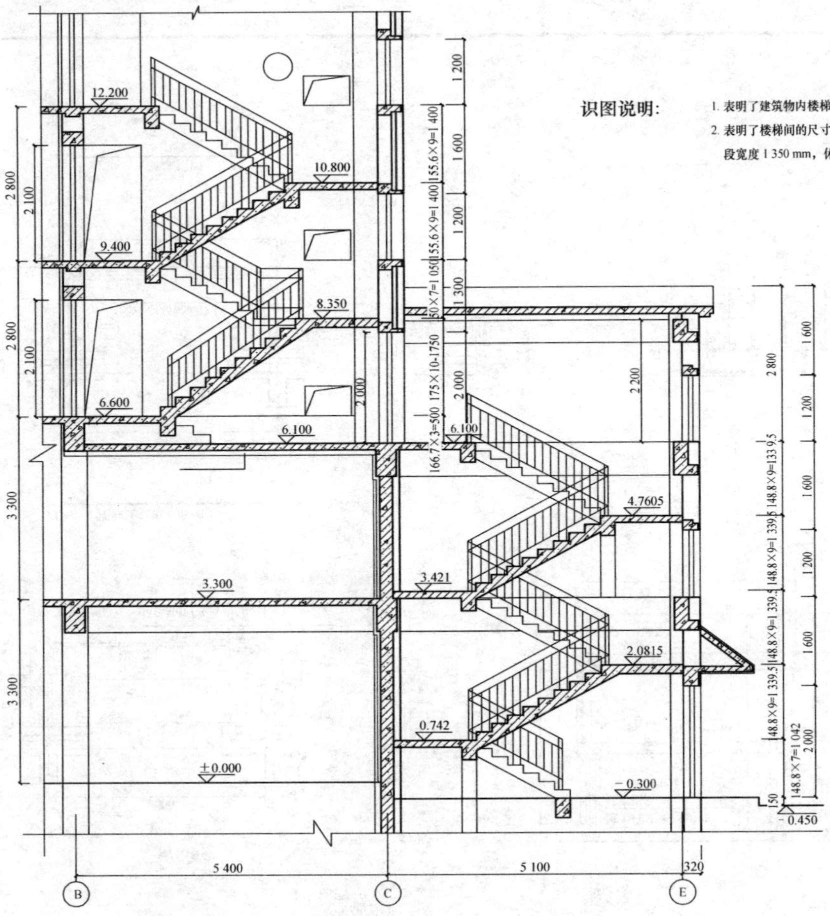

A—A

识图说明：

1. 表明了建筑物内楼梯 - 3 的形式，从图可以看出楼梯 - 3 为双跑式楼梯。

2. 表明了楼梯间的尺寸和平台标高。楼梯 - 3 的楼梯间的开间为 3 000 mm，进深 5 100 mm，梯段宽度 1 350 mm，休息平台的标高为 - 0.300，2.081 5，4.760 5，6.100，8.350 0，10.800。

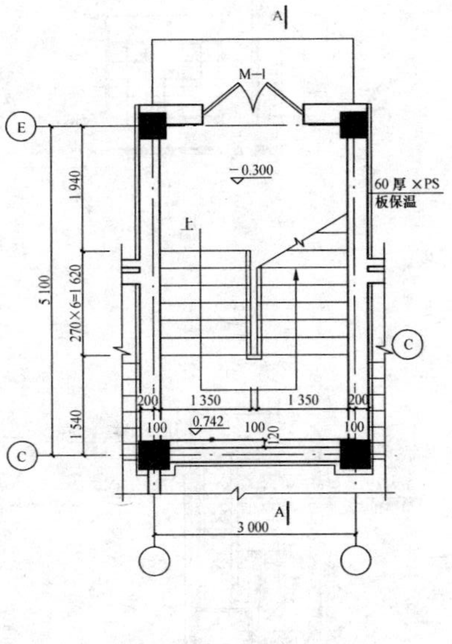

楼梯 - 3 一层平面图　1:50

某建筑设计院		
某住宅楼	楼梯 - 3 大样图	建施 11

图 17-11

识图说明： 1. 表明了阳台的基本平面形式和尺寸，剖面的结构形式等。

2. 表明了阳台采用现浇钢筋混凝土栏板。

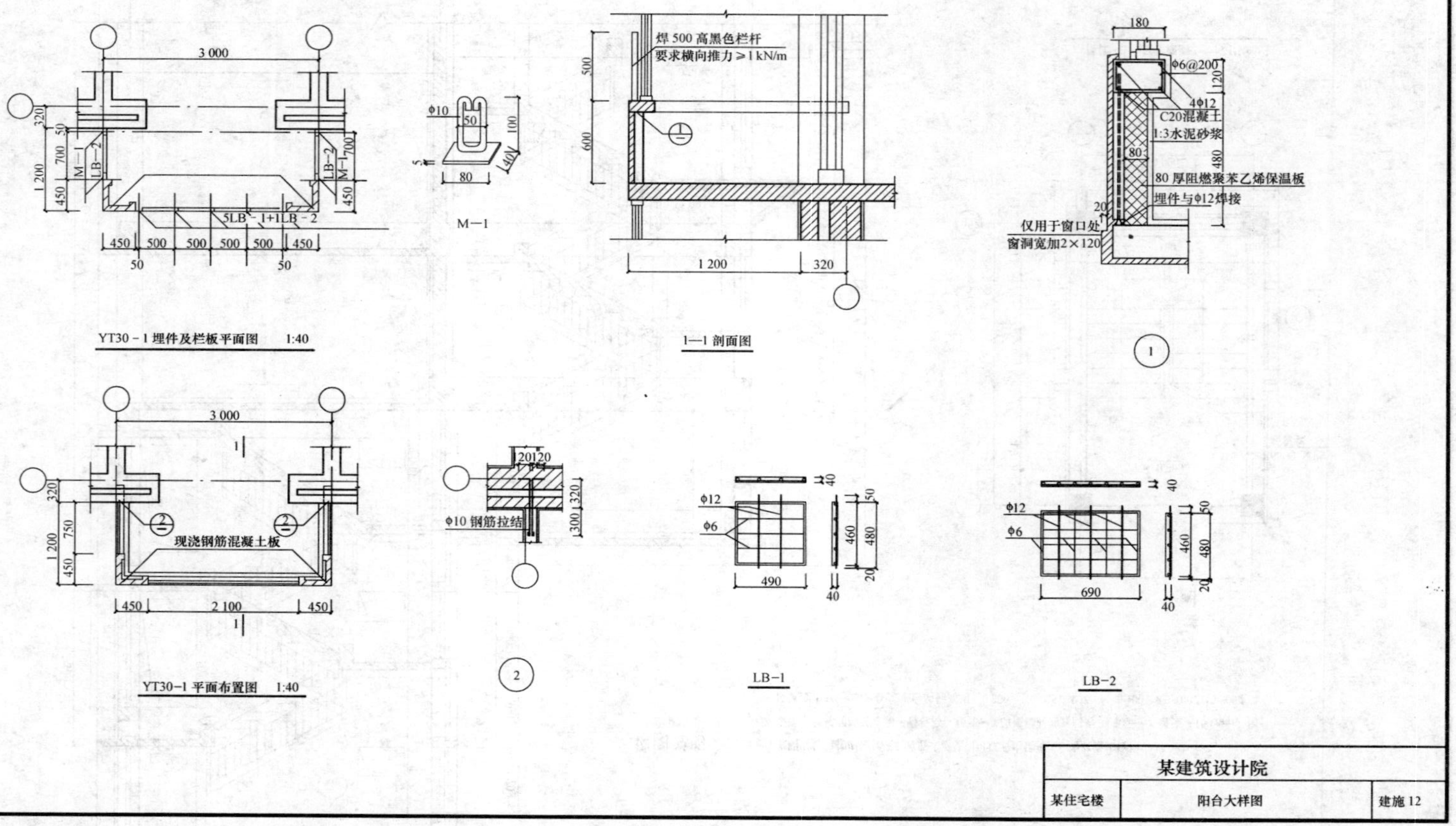

图 17-12

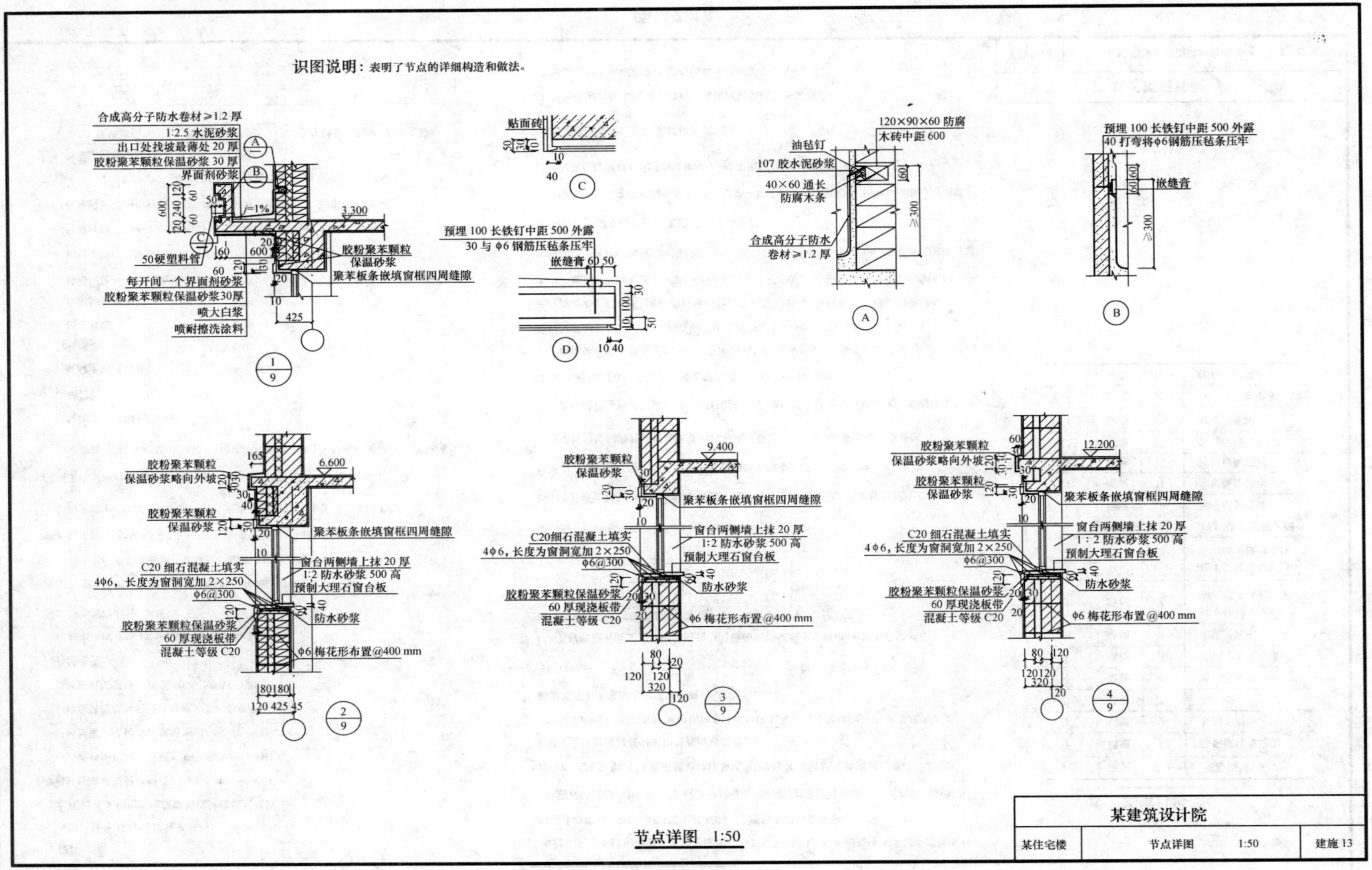

识图说明：表明了节点的详细构造和做法。
合成高分子防水卷材≥1.2 厚
1:2.5 水泥砂浆
出口处找坡最薄处 20 厚
胶粉聚苯颗粒保温砂浆 30 厚
界面剂砂浆
i=1%
3.300
50硬塑料管
每开间一个界面剂砂浆
胶粉聚苯颗粒保温砂浆30厚
喷大白浆
喷耐擦洗涂料
胶粉聚苯颗粒
保温砂浆
聚苯板条嵌填窗框四周缝隙
425
1
9
贴面砖
C
预埋 100 长铁钉中距 500 外露
30 与 φ6 钢筋压毡条压牢
嵌缝膏 60 50
D
10 40
油毡钉
107 胶水泥砂浆
40×60 通长
防腐木条
合成高分子防水
卷材≥1.2 厚
120×90×60 防腐
木砖中距 600
≥300
A
预埋 100 长铁钉中距 500 外露
40 打弯将φ6钢筋压毡条压牢
嵌缝膏
B
6.600
胶粉聚苯颗粒
保温砂浆略向外坡
胶粉聚苯颗粒
保温砂浆
聚苯板条嵌填窗框四周缝隙
C20 细石混凝土填实
4φ6，长度为窗洞宽加 2×250
φ6@300
窗台两侧墙上抹 20 厚
1:2 防水砂浆 500 高
预制大理石窗台板
防水砂浆
胶粉聚苯颗粒保温砂浆
60 厚现浇板带
混凝土等级 C20
φ6 梅花形布置@400 mm
2
9
9.400
C20细石混凝土填实
4φ6，长度为窗洞宽加 2×250
3
9
12.200
4
9
某建筑设计院
某住宅楼
节点详图
1:50
建施 13
节点详图 1:50

图 17-13

结构施工图设计总说明

一、设计依据：

1. 设计任务书：详见建施总说明。

2. 现行国家和地方建筑结构设计规范及规程。

(1)《建筑结构荷载规范》(GB 50009—2001)

(2)《砌体结构设计规范》(GB 50003—2001)

(3)《混凝土结构设计规范》(GB 50010—2002)

(4)《建筑地基基础设计规范》(GB 50007—2002)

(5)《建筑抗震设计规范》(GB 50011—2001)

二、自然条件：

1. 基本风压 0.55 kN/m²，地面粗糙度为C类。

2. 基本雪压 0.50 kN/m²。

三、工程地质概况按工程地质剖面所揭示的地层情况自上而下为：

1. 杂填土：主要由砖块、炉灰渣、黏性土组成，层厚1.0～2.1 m。

2. 粉质黏土：层厚1.3～2.3 m。　地基土承载力标准值 f_{ak}=165 kPa。

3. 粉质黏土：层厚2.1～2.9 m。　地基土承载力标准值 f_{ak}=120 kPa。

四、本工程室内外高差0.450 m，±0.000相当于绝对标高57.750 m。

五、使用荷载：屋面活载取0.5 kN/m²，居室、楼面活载取2.0 kN/m²，楼梯活载取2.0 kN/m²，

二层楼面活载取3.5 kN/m²

六、使用材料：

1. 混凝土强度等级：

基础垫层：　C10

独立基础：　C25

框架梁、板、柱：　C30

砖混现浇板、柱、楼梯：　C20

2. 钢材：HPB235级钢筋强度设计值 f_y=210 N/mm，HRB335级钢筋强度设计值 f_y=300 N/mm，HRB400级钢筋强度设计值 f_y=360 N/mm。

3. 框架填充墙砌体材料：0.000以下：承重空心砖砌体 采用MU10承重空心砖。

0.000以上：空心砖砌体 采用非承重大孔空心砖。

4. 砖混部分砌体材料：

墙体部位	承重空心砖等级	水泥砂浆等级 混合砂浆等级
三层	MU10	M10
四层	MU10	M7.5
五层以上	MU10	M5

七、本设计混凝土结构施工图表示方法按03G101—1执行，其平面整体表示法制图规则和构造详图按03G101—1及辽2002G801执行，现将本设计条件表示如下。

1. 抗震设防烈度为7(0.10 g)度，抗震设防分类为丙类，地震分组为第一组，场地类别为Ⅲ类，设计特征周期为0.45 s，地基基础设计等级为丙级，本设计抗震等级为二级。

2. 框架梁柱纵筋接长时采用等强度对接焊。

3. 混凝土的结构环境类别：室内地面 0.000 m以上为室内正常环境为一类，基础为2b类，露天环境中的混凝土构件为2b类。

八、注意事项：

1. 本工程现浇混凝土构件中纵向受力的钢筋保护层最小厚度(mm)按下表要求：

环境类别		板、墙、壳		梁		柱	
		≤C20	C25~C45	≤C20	C25~C45	≤C20	C25~C45
·		20	15	30	25	30	30
二	a	—	20	—	30	—	30
	b	—	25	—	35	—	35
三		—	30	—	40	—	40

梁、柱中箍筋和构造钢筋的保护层厚度不应小于15 mm。

2. 板内下部受力钢筋深入支座锚固长度（除图纸中注明者外）均应伸至梁中心线，且不小于5*d*(*d*为钢筋直径），板内分布钢筋均按 ф6@150设置。

4. 圈梁转角处和内外交接处配筋形式和构造按辽2002G801图集相关节点处理。

5. 砖墙中的构造柱必须先砌墙后浇柱混凝土，柱与墙连接处砌成马牙槎，并沿墙高每隔500 mm设2ф6拉结钢筋，每边深入墙内不小于1 000 mm。

6. 当砌体填充墙长度大于5 m时，墙顶部应与梁或板拉结，参考节点详图一。筋砌体与柱应设置拉接辽2002G802伸入墙内的长度取墙长的1/5及700 mm的较大值；后砌墙高度大于4 m时，应在洞口标高处设置高度120 mm宽度等于墙厚的钢筋混凝土ф10，箍筋在洞口处主筋 4ф6@150 在墙上 ф6@200，主筋应与相应标高处的柱上预埋件焊接予埋件钢板宽60×高120×厚6，当洞口过梁高度大于120 mm时，除圈梁主筋拉通外，洞口处过梁及配筋按过梁施工。

7. 各种设备管道穿楼板需要的孔洞应预留。其孔洞宽度或直径小于300 mm时，得切断板受力筋绕过洞口不大于300 mm时，按图纸在孔洞边设置加强筋。

11. 悬挑梁支模时，悬挑端起拱为*L*/200。

14. 所有挑梁，板上的砌体填充墙应从顶层至底层逐层砌筑。

15. 现浇挑檐、雨罩等外露结构的伸缩缝间距不大于12 m。

图纸目录

序号	图别	图号	图 纸 名 称
1	结施	1	结构设计总说明
2	结施	2	基础平面图
3	结施	3	ZJ−1,2
4	结施	4	基础剖面图
5	结施	5	基础连系梁布置图
6	结施	6	地沟平面图
7	结施	7	柱平法施工图 剪力墙平法施工图
8	结施	8	柱平法施工图 剪力墙平法施工图
9	结施	9	3.250梁平法施工图
10	结施	10	梁平法施工图
11	结施	11	二层板配筋图
12	结施	12	顶层板配筋图
13	结施	13	坡屋面板配筋图
14	结施	14	坡屋剖面图
15	结施	15	三、五层圈梁布置图
16	结施	16	楼梯1配筋图

某建筑设计院		
某住宅楼	结构施工图设计总说明	结施 01

图 17-14

识图说明：1. 表明了建筑物的基础为钢筋混凝土柱下独立基础，标明了各个构件的代号和编号，例如 ZJ-1表示柱下独立基础 1 有 6 个。
2. 表明了建筑物纵横定位轴线间的距离，如Ⓐ—Ⓑ轴之间距离为 500 mm，②—③轴之间距离为 3 000 mm。
3. 断面涂黑的地方表明了是柱的断面，柱的四周方形细实线表示的是独立基础，并表示了详细的长和宽。

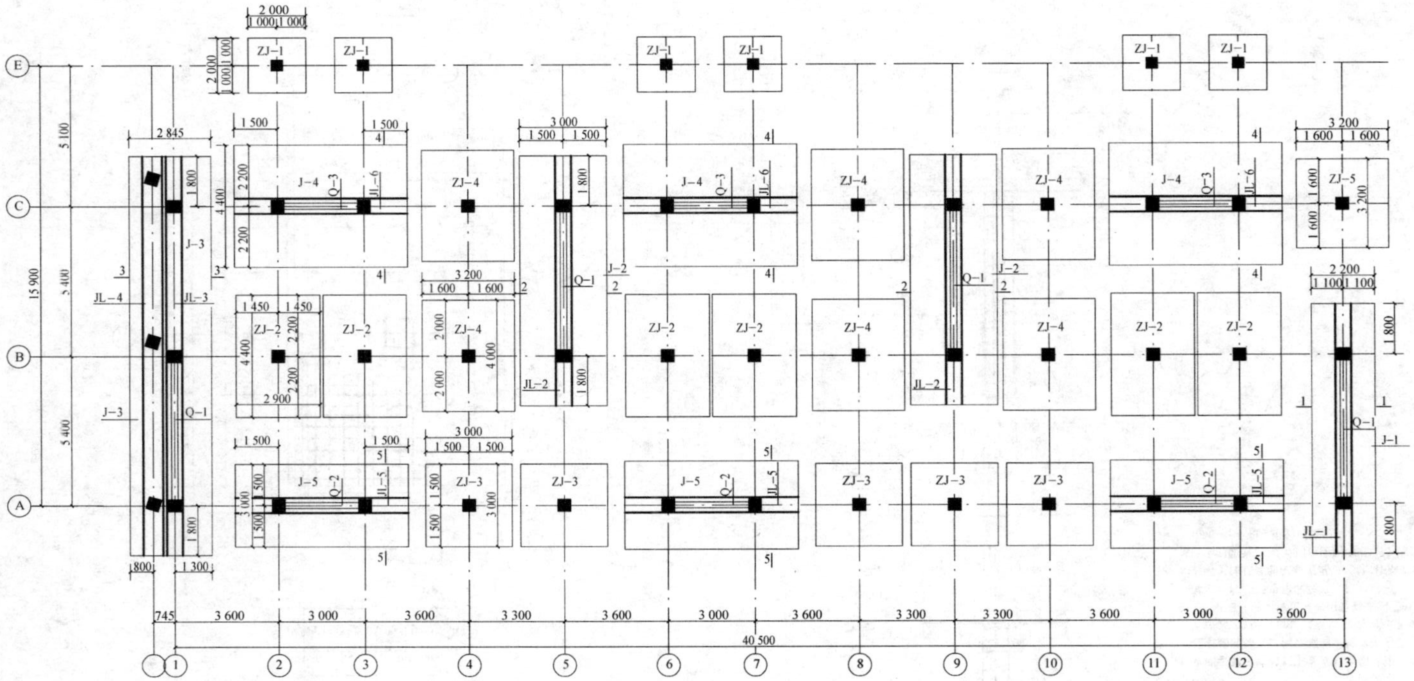

基础平面图　1:100

某建筑设计院		
某住宅楼	基础平面图	结施 02

图 17-15

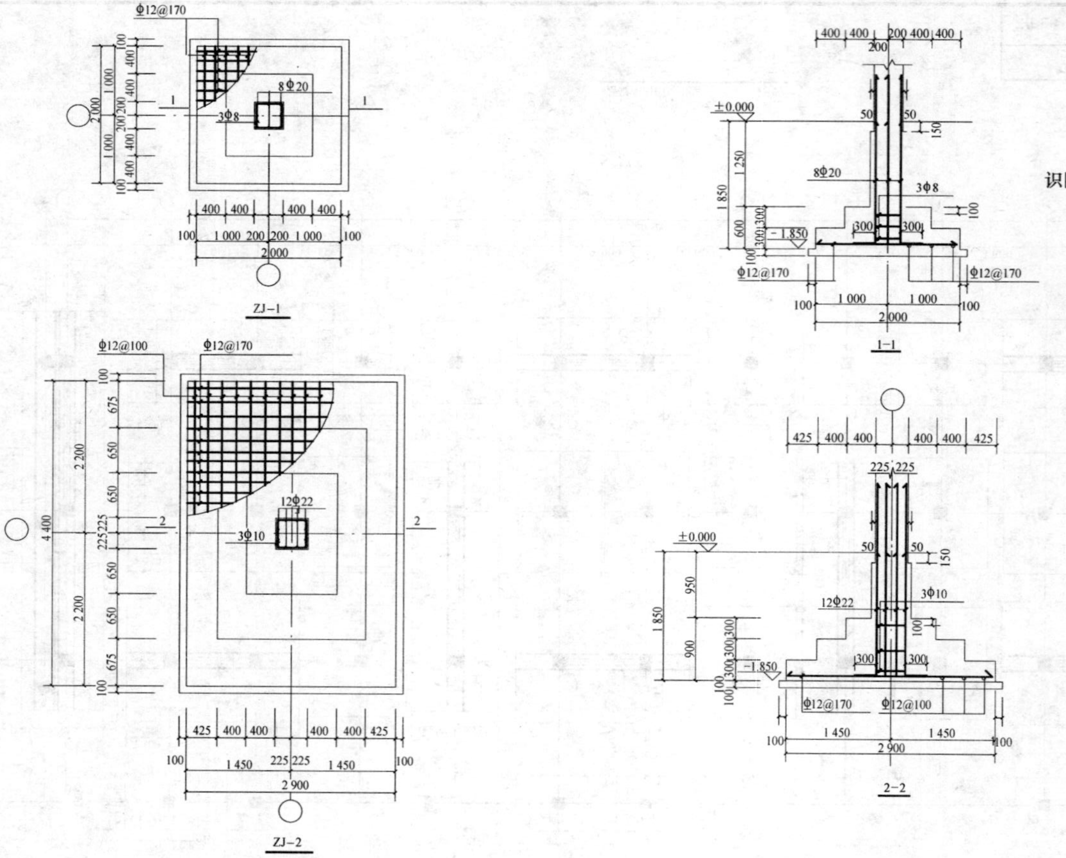

识图说明：

1. 表明了建筑物的柱下独立基础的结构形式和尺寸，柱基础的标高。例如基础 1 的 *b* 边为 2 000 mm，*h* 边为 2 000 mm。其基础标高为-1.850。
2. ZJ—1三条细实线由外向内分别表示了砂垫层、柱基础、柱的外边轮廓线。
3. 表明了柱基础的配筋情况，例如柱基础的底部配筋为间距为 170 mm，使用 HPB235 级直径为 12 mm 沿 *b* 和 *h* 边的网格形式。

某建筑设计院			
某住宅楼	ZJ−1，2	1:100	结施 03

图 17-16

识图说明：1. 本图表明了建筑物基础为钢筋混凝土柱下独立基础剖面形式、尺寸和标高。
2. 表明了建筑物基础的配筋情况，具体表达的剖切位置见结施 02。

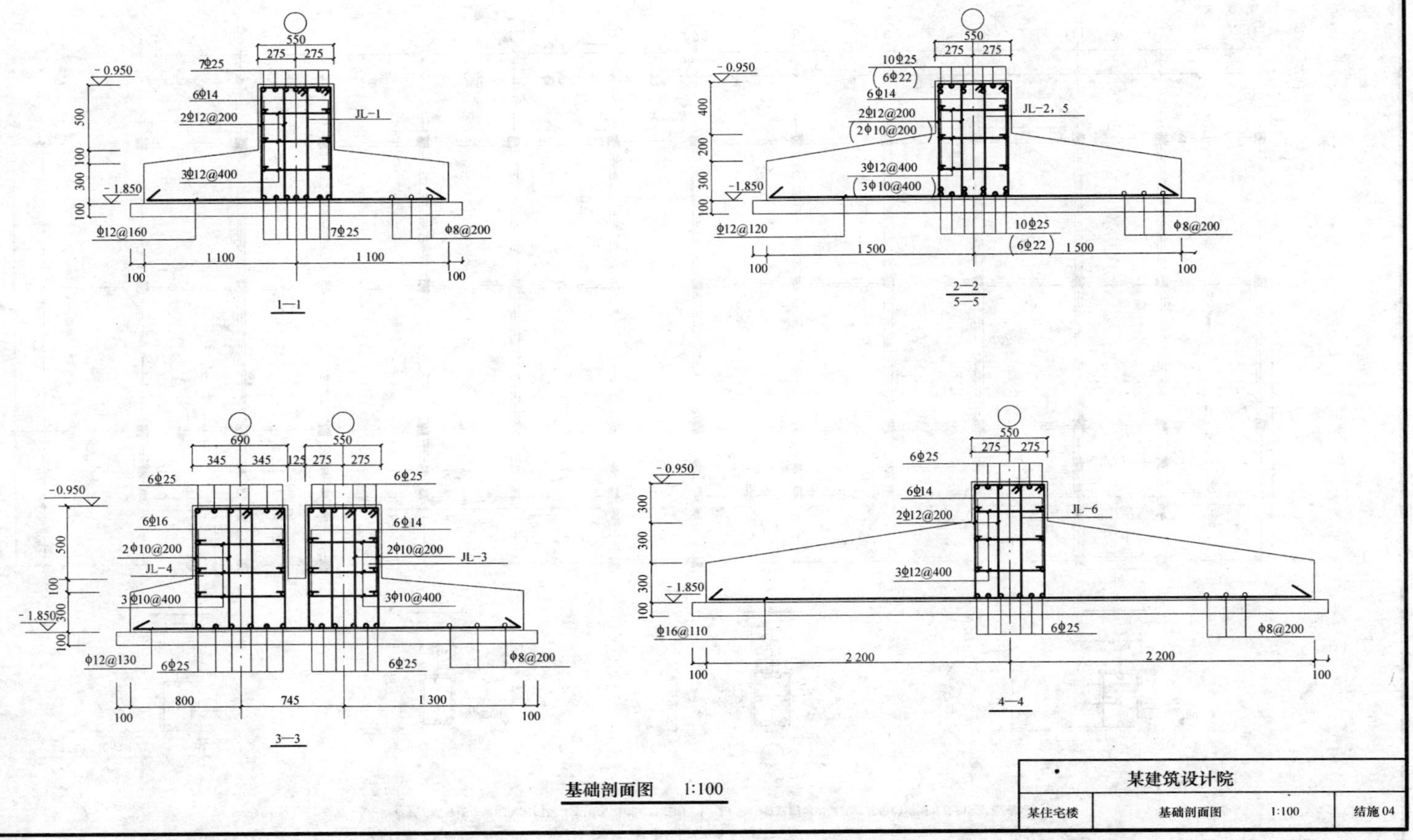

图 17-17

识图说明：

1. 本图表明了基础连系梁的平面布置、剖面形式、尺寸大小以及梁顶标高。
2. 本图表明了基础连系梁的配筋情况。本图的剖面图只表明了1、2、3、4位置的剖面形式，其他的读图方法相同，故省略。

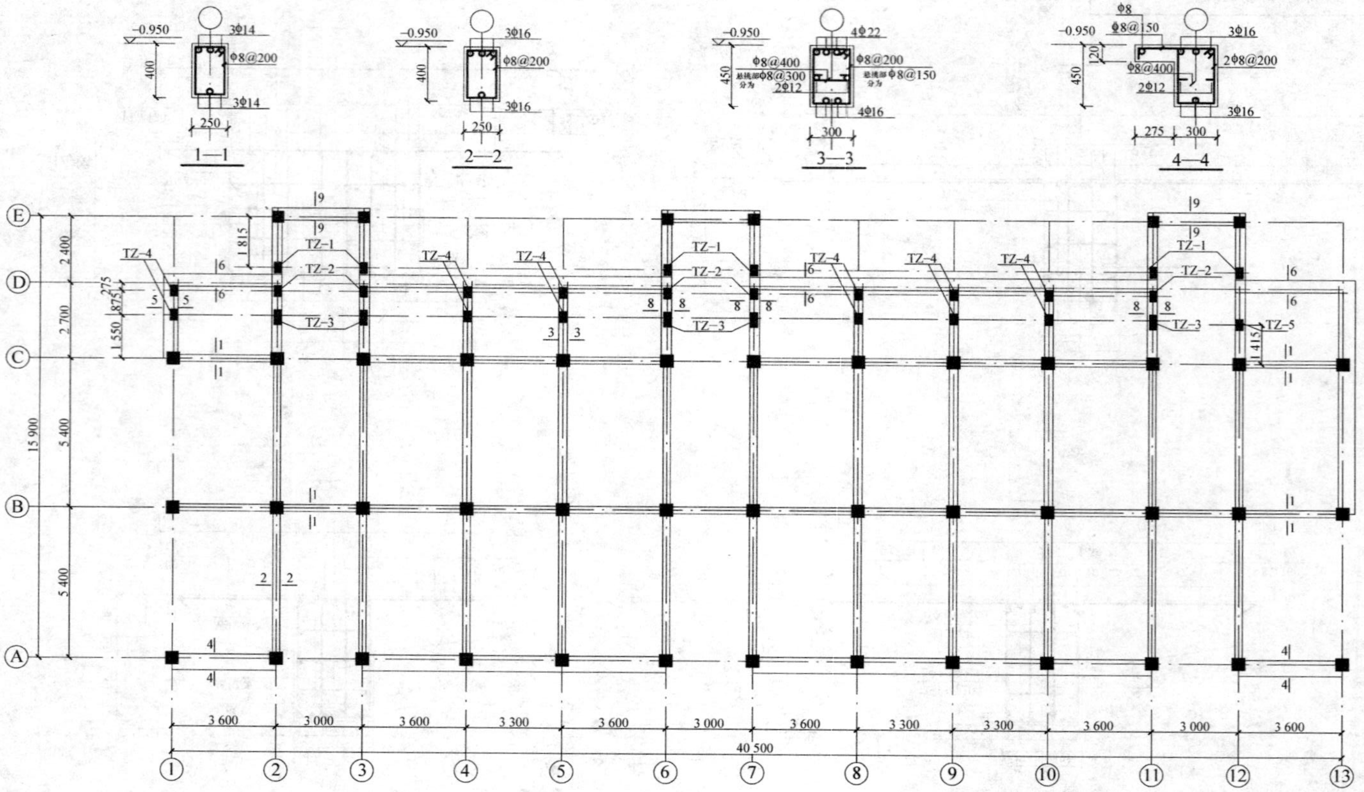

基础连系梁布置图 1:100

某建筑设计院		
某住宅楼	基础连系梁布置图	结施 05

图 17-18

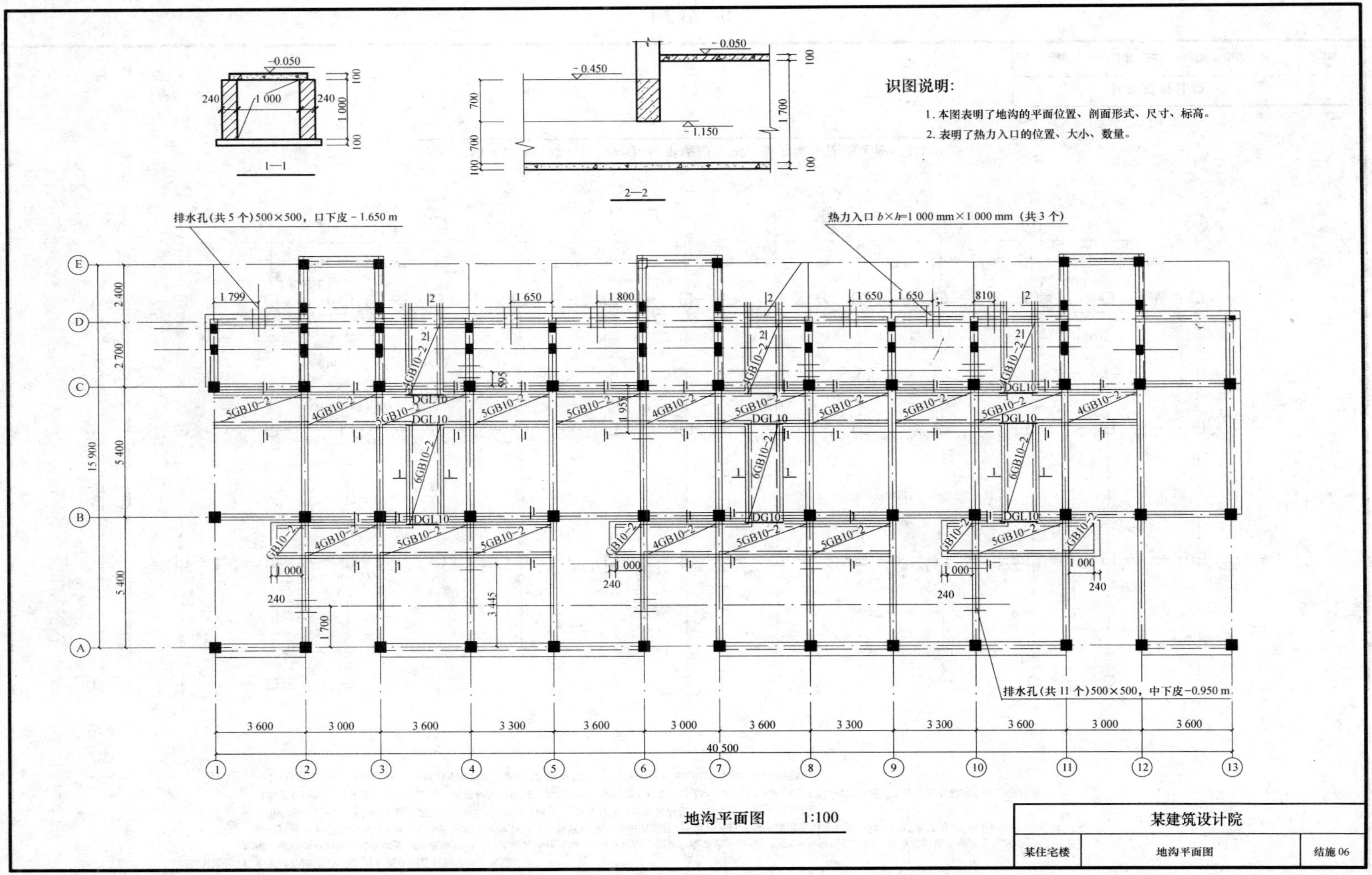
识图说明:
1. 本图表明了地沟的平面位置、剖面形式、尺寸、标高。
2. 表明了热力入口的位置、大小、数量。
1—1
2—2
-0.050
-0.450
-1.150
排水孔(共5个)500×500，口下皮-1.650 m
热力入口 b×h=1 000 mm×1 000 mm（共3个）
排水孔(共11个)500×500，中下皮-0.950 m.
5GB10-2
4GB10-2
6GB10-2
DGL10
40 500
15 900
地沟平面图 1:100
某建筑设计院
某住宅楼
地沟平面图
结施 06

图 17-19

识图说明：1. 本图结合结施 08，采用列表法标注柱和墙体的配筋。

2. 图中所有类型的柱、墙体的配筋、截面尺寸、位置标高均在结施 08 表中列出。例如，配筋表中最后一行所示为框架柱 KZ1，其所在位置为标高 - 1.250 ~ - 8.750 m，截面尺寸为 b 边 400 mm，h 边 400 mm；角筋为 4 根 HRB335 级直径为 20 mm 的钢筋；b 边和 h 边一侧中部钢筋均为 1 根 HRB335 级直径为 20 mm 的钢筋；箍筋采用图中所示的类型 2 的箍筋，间距为 100 mm，使用 HRB235 级直径为 8 mm 的钢筋。

3. 表明了不同墙体的位置、编号、厚度、标高和配筋情况。例如 Q1 所示为墙 1，墙后为 220 mm，位于标高 - 0.950 ~ - 6.500 m，垂直分布筋和水平分布筋均为 HRB335 级直径12 mm、间距为 200 mm 的钢筋；墙体拉结筋为 HRB235 级直径 6 mm、间距为 400 mm 的钢筋。

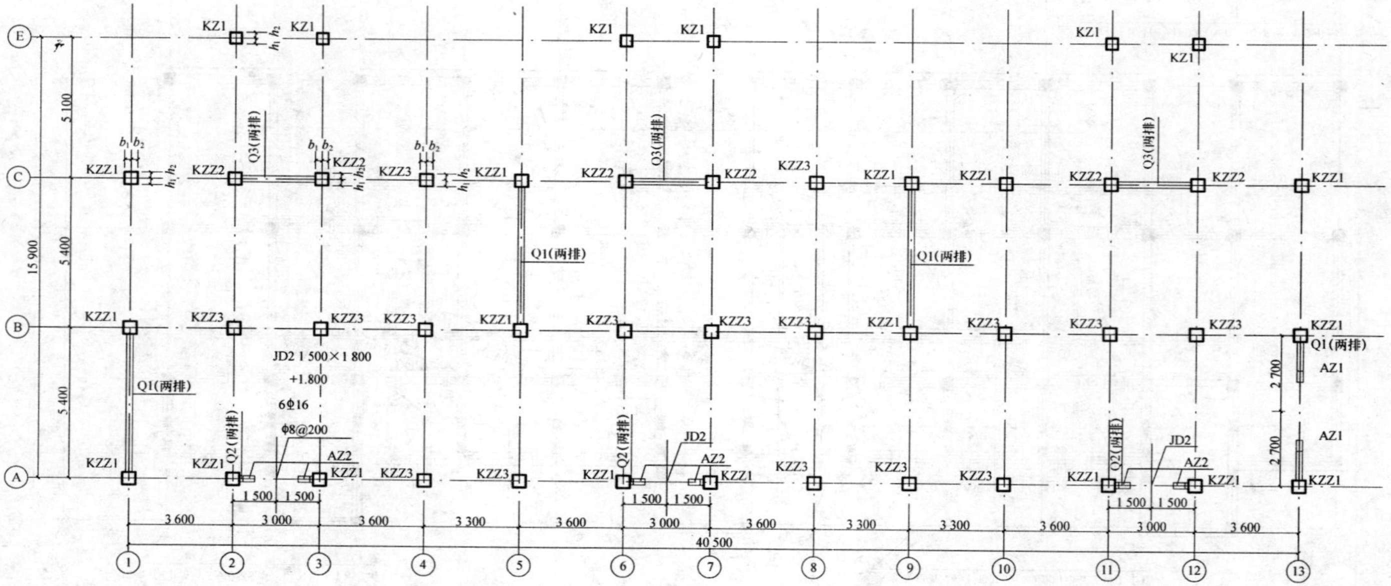

（－1.250 m，－0.950~6.550m）柱平法施工图，剪力墙平法施工图　1:100

某建筑设计院			
某住宅楼	柱平法施工图	剪力墙平法施工图	结施 07

图 17-20

识图说明：　　全部结合结施 07 识读。

柱表

柱号	标高	b×h（圆柱直径D）	b_1	b_2	h_1	h_2	全部纵筋	角筋	b边一侧中部筋	h边一侧中部筋	箍筋类型号	箍筋
KZZ1	-0.950~-6.550	450×450	225	225	225	225	12Φ22	4Φ22	2Φ22	2Φ22	1(4×4)	Φ10@100
KZZ2	-0.950~-8.750	450×450	225	225	225	225	12Φ22	4Φ22	2Φ22	2Φ22	1(4×4)	Φ10@100
KZZ3	-0.950~-6.550	450×450	225	225	225	225	12Φ22	4Φ22	2Φ22	2Φ22	1(4×4)	Φ10@100/200
KZ1	-1.250~-8.750	400×400	200	200	200	200	8Φ20	4Φ20	1Φ20	1Φ20	2(3×3)	Φ8@100

剪力墙身表

编号	标高	墙厚	水平分布筋	垂直分布筋	拉筋
Q1(两排)	-0.950~-6.550	220	Φ12@200	Φ12@200	Φ6@400
Q2(两排)	-0.950~-6.550	220	Φ12@200	Φ12@200	Φ6@400
Q3(两排)	-0.950~-6.050	220	Φ12@200	Φ12@200	Φ6@400

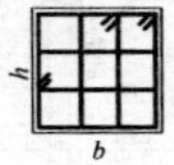

箍筋类型 1.(m×n)

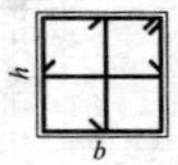

箍筋类型 2.(m×n)

剪力墙柱表

截面	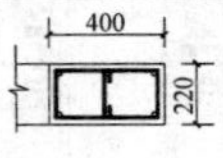	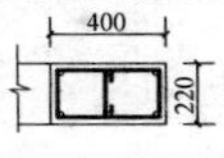
编号	AZ1	AZ2
标高	-0.950~-6.550	-0.950~-6.550
纵筋	6Φ18	6Φ18
箍筋	Φ8@200(2)	Φ8@200(2)

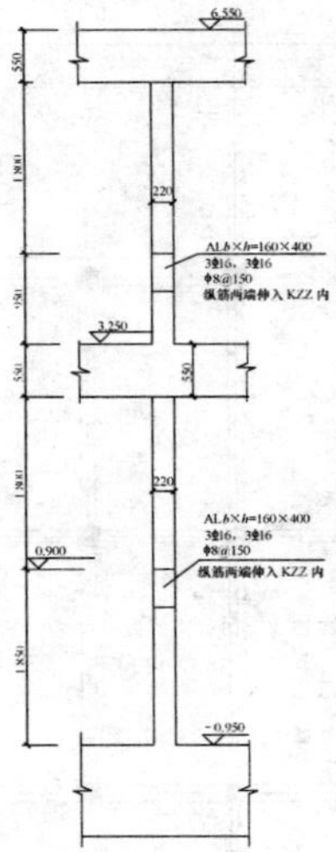

A 轴剪力墙暗梁示意图　1:100

柱平法施工图　剪刀墙平法施工图　1:100

某建筑设计院			
某住宅楼	柱平法施工图	剪力墙平法施工图	结施 08

图 17-21

识图说明： 本图采用梁的集中标注方法表示梁的配筋情况。

1. 平面图表示梁的配筋，例如 KL2(3)300×600φ8@100/200(2)3φ20；G4φ12，表示框架梁二共有 3 跨，截面尺寸为 300 mm×600 mm，通长筋为 3 根为 HRB335 级直径 20 mm 的钢筋，箍筋为 HRB235 级直径 8 mm 的钢筋，加密区间距为 100 mm，非加密区间距为 200 mm，构造筋为 4 根 HRB335 级直径 12 mm 的钢筋。
2. 具体结合结施 10 识读。

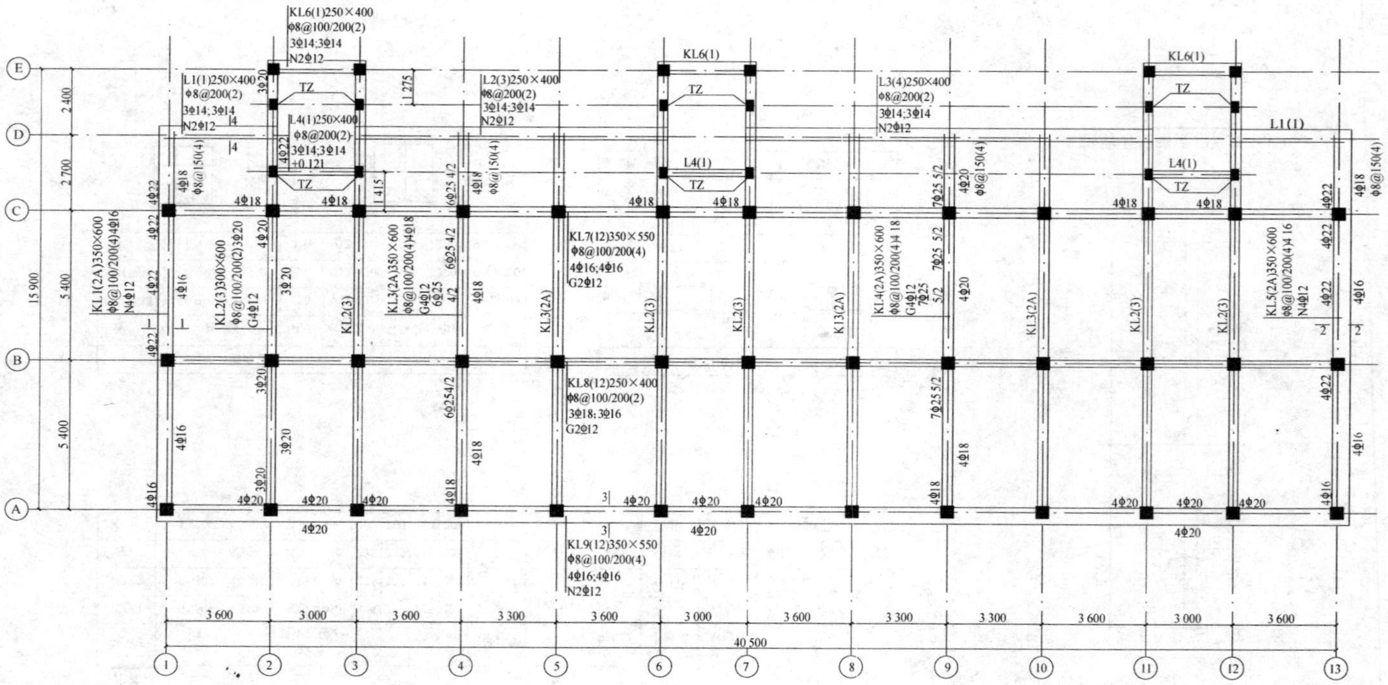

3.250 m 梁平法施工图　1:100

某建筑设计院		
某住宅楼	3.250 m 梁平法施工图	结施 09

图 17-22

识图说明：1. 本剖面图表明了梁的截面的尺寸、梁与剪力墙和板之间的位置关系。
2. 本剖面图表明了梁的配筋情况。
3. 具体剖切位置见结施 09。

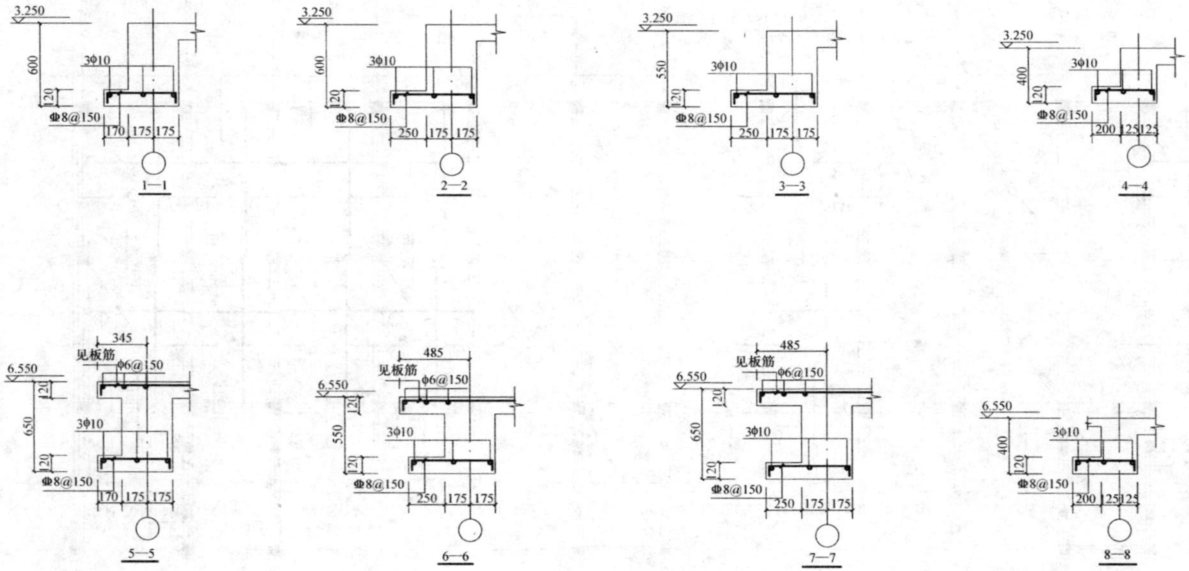

梁平法施工图　1:100

某建筑设计院			
某住宅楼	梁平法施工图	1:100	结施 10

图 17-23

识图说明： 1. 本图表明了二层每块现浇板的具体配筋情况，即现浇板上钢筋的形状、弯钩做法、尺寸、钢筋等级和数量等。例如⑥Φ@200 表明了钢筋等级为 HPB400, 直径为 8 mm，间距为 200 mm，长为 2 000 mm 的钢筋。

2. 本图表明了还设有负弯矩筋，例如③Φ@170。

3. 本图板内分布筋为ϕ6@15 悬挑板-1，2 厚为 130 mm，其余板厚为 120 mm。

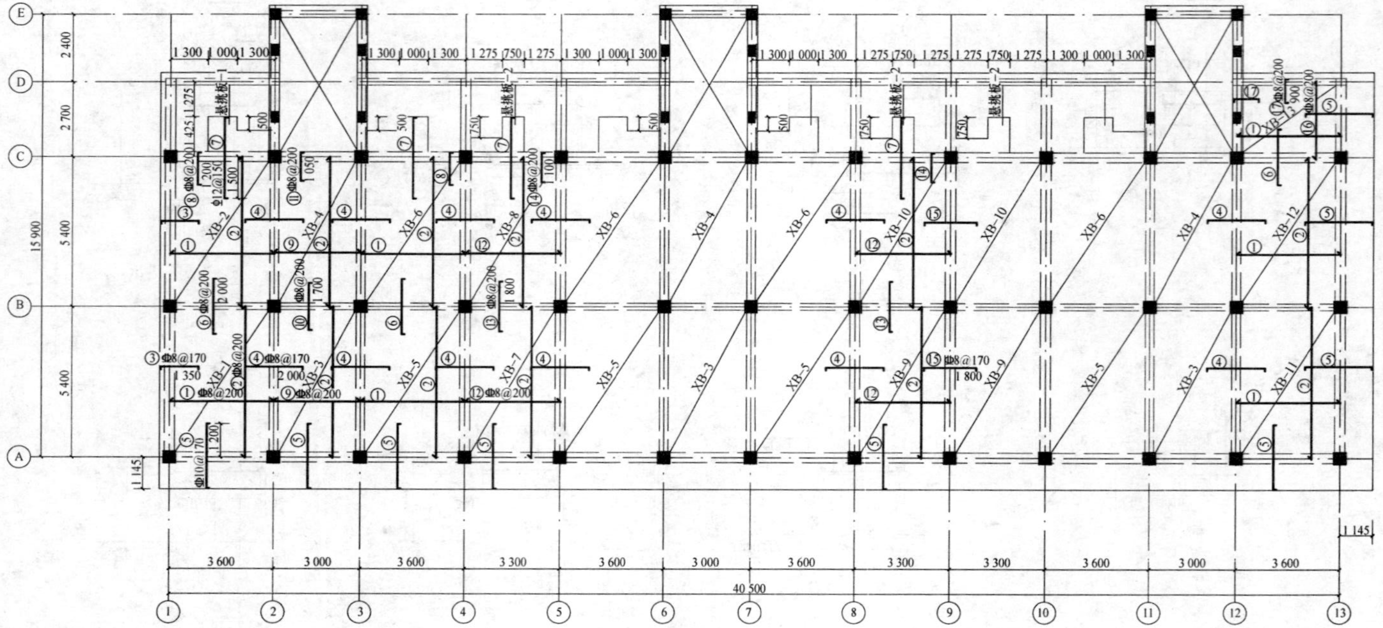

二层板配筋图　1:100

结构标高为 2.250m

某建筑设计院		
某住宅楼	二层板配筋图	结施 11

图 17-24

识图说明：

1. 识读方法同前。
2. 板中分布筋为 φ6@150。
3. 板厚均为120 mm。连续板支座负筋伸入各跨板内距离相等。
4. TL-1,2;XL-1,2采用C20混凝土,HPB235(φ),HRB335(Φ)。其他见结构总说明。

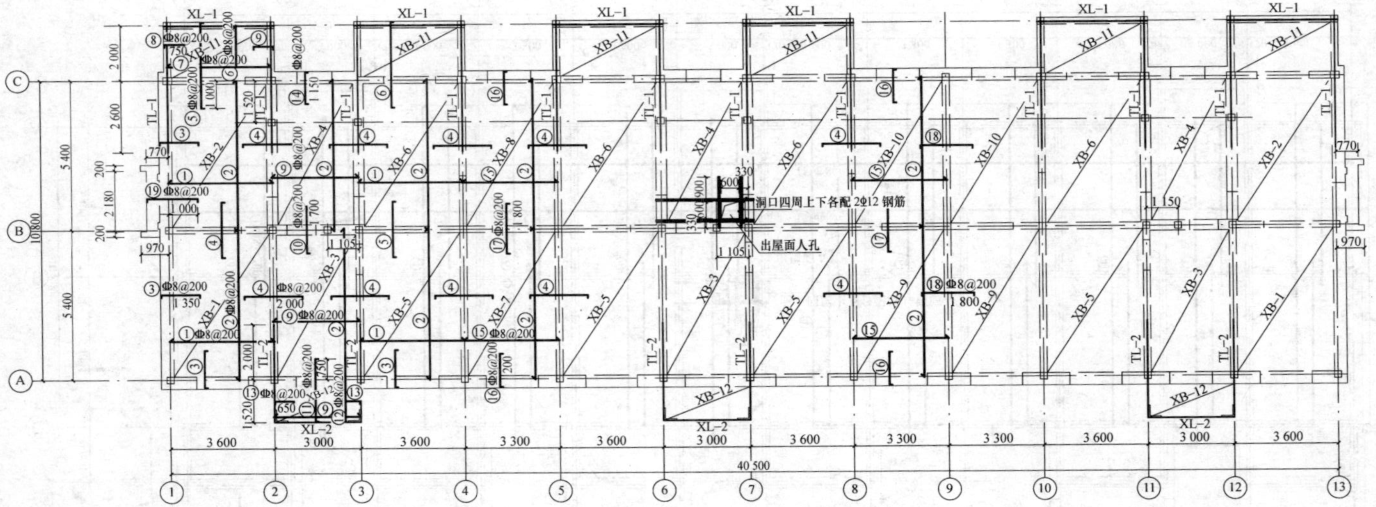

顶层板配筋图　　1:100

结构标高为14.950 m

某建筑设计院		
某住宅楼	顶层板配筋图	结施12

图 17-25

识图说明：

1. 本图结合结施15表明了坡屋面板筋情况。

2. 板中分布筋为φ6@150。连续板支座负筋伸入各跨板内距离相等。

3. 板厚均为120 mm。底筋相同的相邻板跨施工时其底筋可以连通。其他见结构总说明。

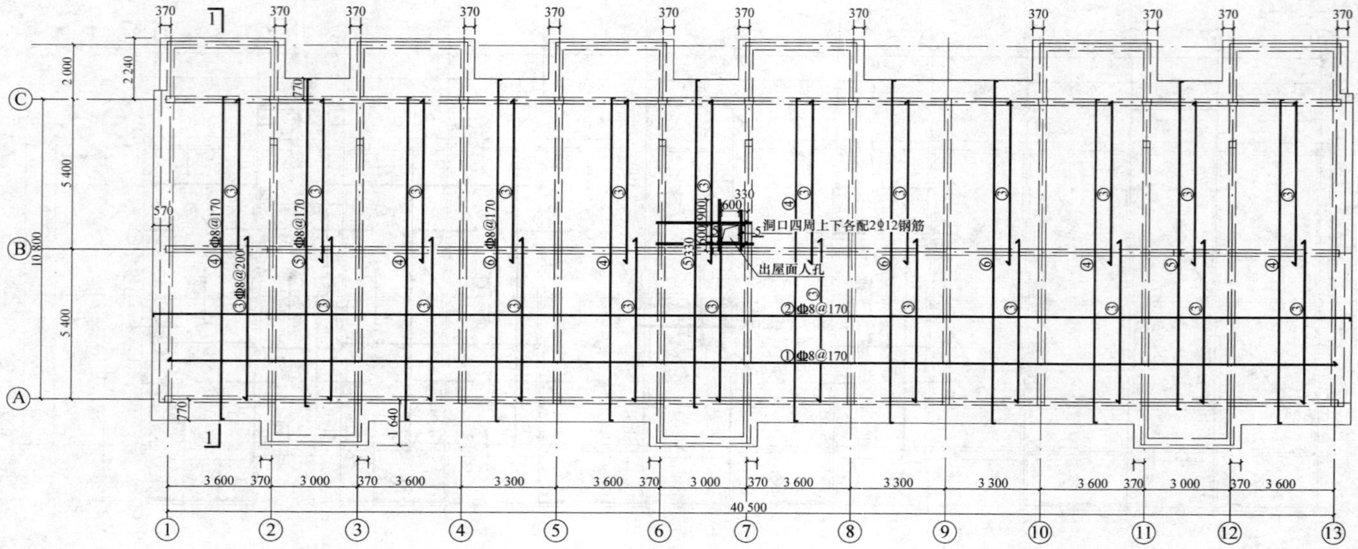

坡屋面板配筋图　1:100

某建筑设计院		
某住宅楼	坡屋面板配筋图	结施13

图 17-26

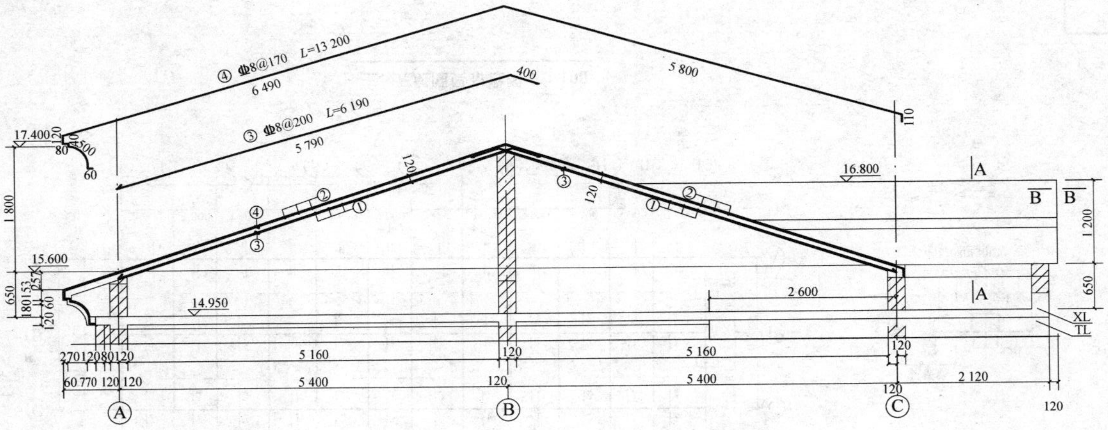

1—1

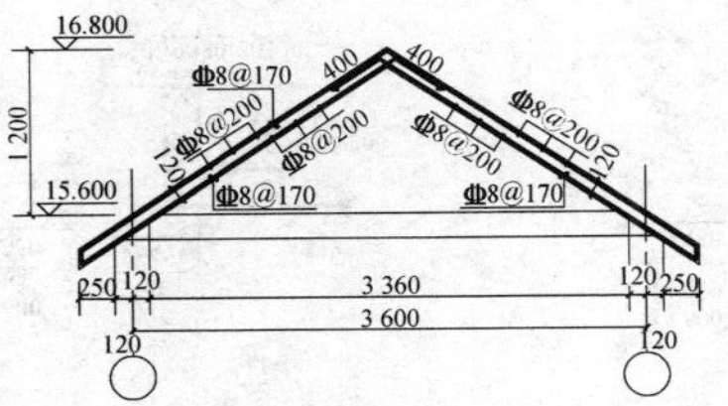

A—A

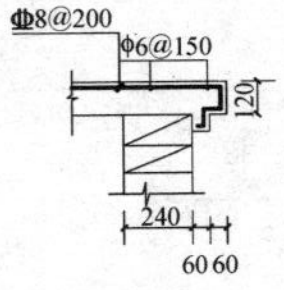

B—B

识图说明:

结合结施15表明坡面屋顶的配筋情况。

某建筑设计院			
某住宅楼	坡屋剖面图 1:100		结施14

坡屋剖面图 1:100

图 17-27

识图说明:

1. 本图表明了圈梁的布置以及配筋情况。
2. 圈梁采用C20混凝土，HPB235(Φ)、HRB335(Φ)级钢筋。
3. 圈梁转角及丁字交接处配筋增强及搭接锚固见辽2002G801页17,18。
4. 过梁采用C20混凝土，HPB235(Φ)、HRB335(Φ)、HRB400(Φ)级钢筋。

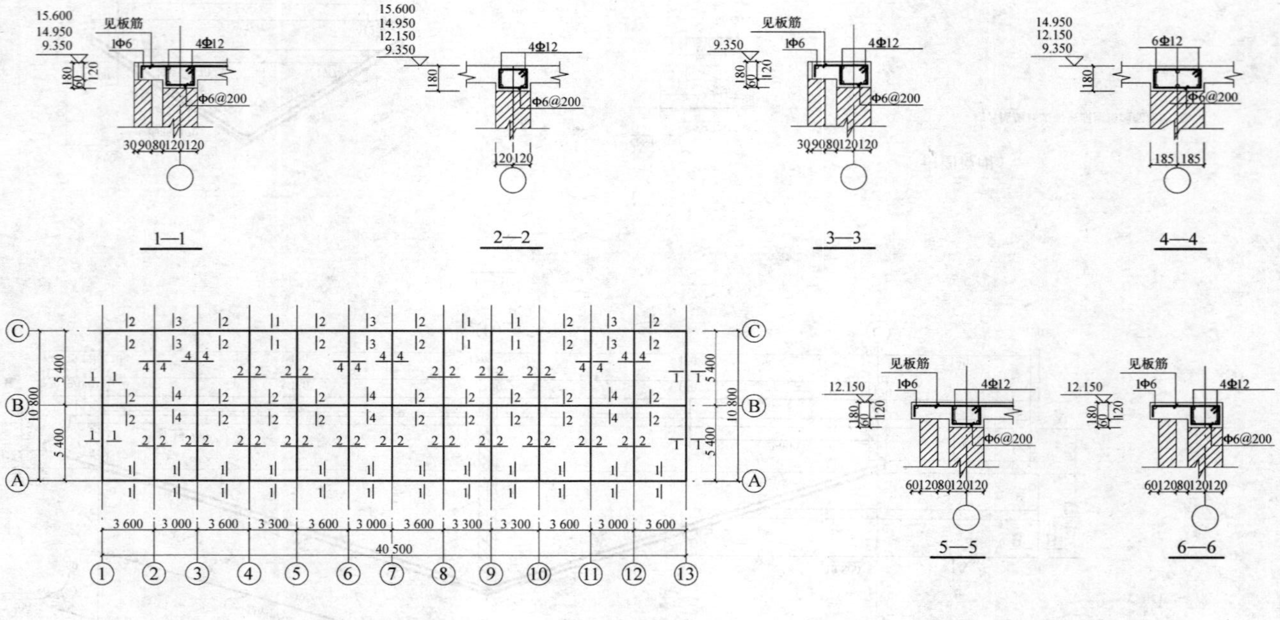

三、五层圈梁布置图 1:100

某建筑设计院		
某住宅楼	三、五层圈梁布置图	结施15

图 17-28

识图说明:

1. 本图表明了楼梯1的平面、剖面形式，尺寸结构构造，与柱的位置关系以及钢筋的具体配筋情况。
2. 现浇钢筋混凝土楼梯采用C20混凝土，HPB235(Φ),HRB335(Φ),HRB400(Φ)级钢筋。
3. 分布筋采用Φ6@200，TB-1,为100 mm厚;TB-2,3为140 mm厚;XB-1,2为100 mm厚。M1、M2见辽2002G303（一）页17。

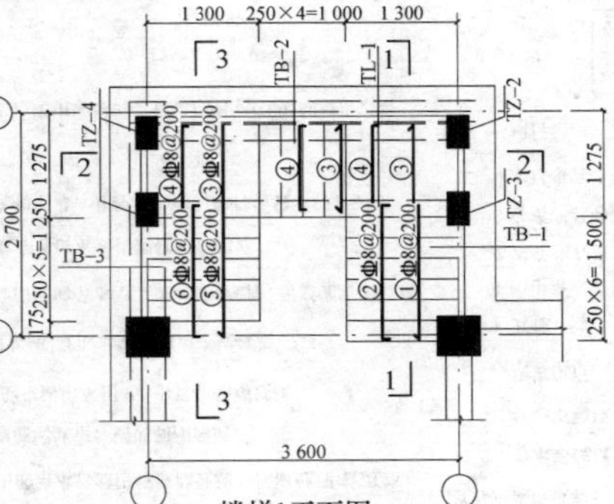

楼梯1平面图

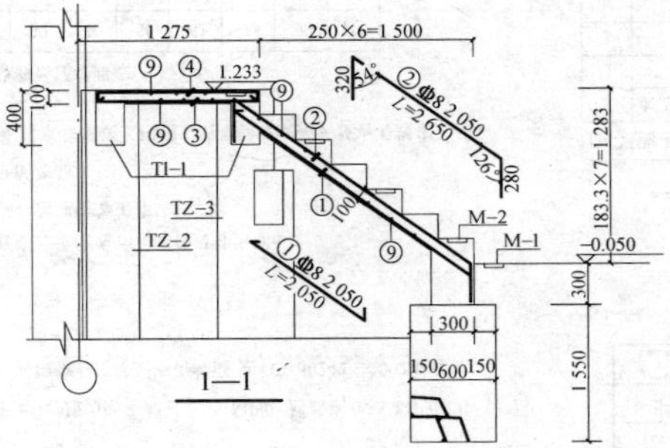

1—1

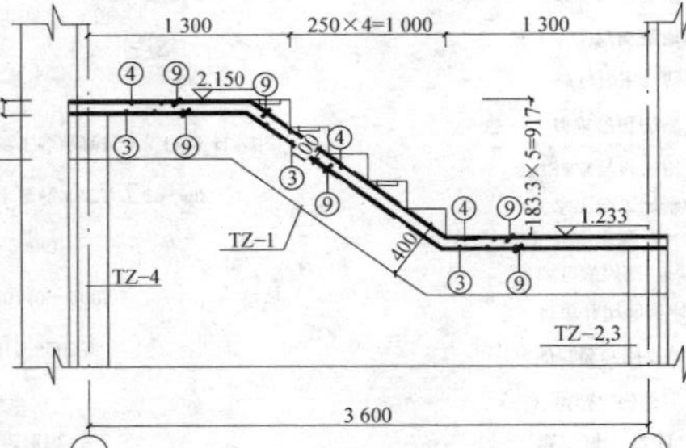

2—2

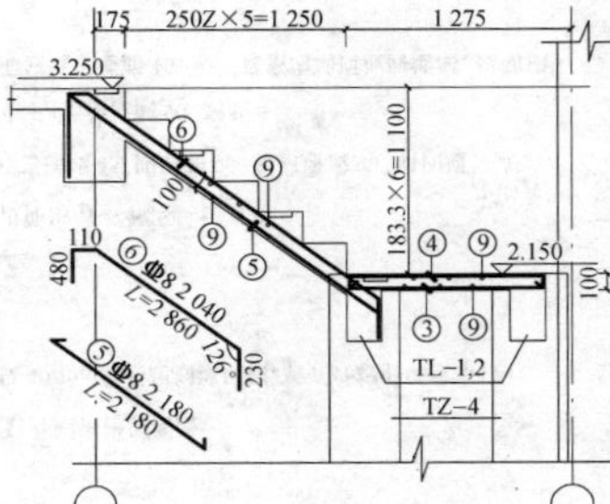

3—3

某建筑设计院		
某住宅楼	楼梯1配筋图	结施16

图 17-29

给排水施工图设计说明

一 工程概况：

本工程为某住宅楼，使用性质为多层住宅建筑，总层数为五层。其中一、二层为网点，三至五层为住宅建筑。

二 设计依据：

1 《建筑给水排水设计规范》(GB 50015—2003)。

2 《建筑灭火器配置设计规范》(GB 50140—2005)。

3 《建筑设计防火规范》(GB 50016—2006)。

4 《建筑排水硬聚氯乙烯管道工程技术规程》(CJJ/T 29—98)。

5 《建筑给水硬聚氯乙烯管道设计与施工验收规程》(CECS 41:92)。

三 设计范围：

本单体建筑室内生活给水、排水系统。

四 设计内容：

（一）生活给水系统：

1 水源：由小区自建给水泵站集中加压供给。

2 生活给水的配管方式为下行上给枝状管网。每户实行一户一表，水表出户。本设计中水表设在楼梯间管道井内。管道井内的给水管需进行保温处理。保温处理：管道外包40 mm离心超细玻璃棉，管壳外缠玻璃丝布，刷调和漆两道。

3 给水管材采用压力等级为 1.25 MPa 的生活给水用 PP-R管，热熔连接。

4 给水阀门的选择：DN≤50采用铜质截阀，DN>50采用对夹式蝶阀。

5 本工程所有给水器件均采用有产品合格证的节水型卫生器具、配件，新型优质阀门及水龙头。一楼网点卫生间水表采用数字远传水表传到物业管理处。

6 生活给水管道在交付使用前必须冲洗和消毒，并经有关部门取样检验。符合国家《生活饮用水标准》方可使用。

7 给水管路应按规定的坡向、坡度施工，图中未尽的支管也应有 i=0.003的坡度，坡向泄水方向。

（二）建筑灭火器配置：

本单体内配置有磷酸铵盐干粉灭火器。按A类火灾，轻危险级设计，单瓶为MF/ABC1，具体位置见图纸，共计32具。

（三）保温、防腐：

明设镀锌钢管刷银粉漆两遍，明设焊接钢管刷樟丹两遍后外刷银粉漆两遍。

管道井内的给水管需进行保温处理。保温处理：管道外包 40 mm离心超细玻璃棉，管壳外缠玻璃丝布，刷调和漆两道。

（四）排水系统：

1 本工程室内排水出户，经化粪池处理后排入市政管网。

2 排水管材采用 UPVC优质排水塑料管，黏结。每层中设伸缩节一个。

3 排水管道的横管与横管，横管与立管的连接应采用 45°三通或45°四通和 90°斜三通或 90°斜四通，立管与排出管的连接应采用两个45°弯头或弯曲半径不小于4倍管径的 90°弯头。

4 本工程所选地漏水封深度均应≥50 mm，地漏篦子顶面应低于地面 10 mm，且室内地面坡向地漏，以防积水。地漏及清扫口采用铜制。

5 排水伸顶通气管在顶部设伞型通气帽，排气管口高出屋面 700 mm，且管径比立管大一号。

6 暗装及埋地排水管路，在隐蔽前必须做灌水试验，注水高度不低于底层地面高度，排水主立管和水平干管应做通球试验。

（五）试压试验：

1 给水系统试压以 0.6 MPa，在试验压力下稳压 1 h，压力降不超过 0.05 MPa，然后在 0.35 MPa压力状态下稳压 2 h，压力降不得超过 0.03 MPa，同时检查各连接处不得渗漏，见 GB 50242—2002中有关规定执行。

（六）其他：

1 图中给水管道标高指管中心，排水管标高指管底，单位为 m，其他尺寸为 mm。

2 本专业人员应密切配合土建专业做好预留孔洞、预埋件等工作。

3 各类产品必须为符合国家制造标准并有合格证的产品。

4 未尽事宜，按国标 GB50242—2002《建筑给水排水与采暖工程施工质量验收规范》及有关规定执行。

塑料管外径与公称直径对照表

塑料管外径 De(mm)	20	25	32	40	50	63	75	90	110
公称直径 DN(mm)	15	20	25	32	40	50	70	80	100

标准图纸目录

序号	图　号	图　号
1	辽2002S302	建筑给水塑料管、铝塑管管道安装
2	辽2002S303	建筑排水塑料管管道安装
2	辽94S101	给水工程安装(一)
3	辽94S101	给水工程安装(二)
4	辽94S101	给水工程安装(三)
5	辽94S201	排水工程安装
6	辽94S301	卫生设备安装

图　例

图　例	名　称	图　例	名　称
	给水管		坐式大便器
	排水管		蹲式大便器
	清扫口		通气帽
	检查口		地　漏
	阀　门		水龙头
	洗手盆		水　表

设计图纸目录

序号	图别	图号	名　称
1	水施	01	给排水施工图设计说明
2		02	一层给排水平面图
3		03	三至五层给排水平面图
4		04	给水系统图
5		05	排水系统图

某建筑设计院		
某住宅楼	给排水施工图设计说明	水施01

图 17-30

识图说明:

1. 本图为一层给排水平面图，主要表明了给水立管的位置、支管的位置、排水立管的位置、支管的位置、排出管的位置及标高、排水支管的布置及管道的直径等。
2. 本页灭火器型号均为MF/ABC1X2，共计8处，16具。

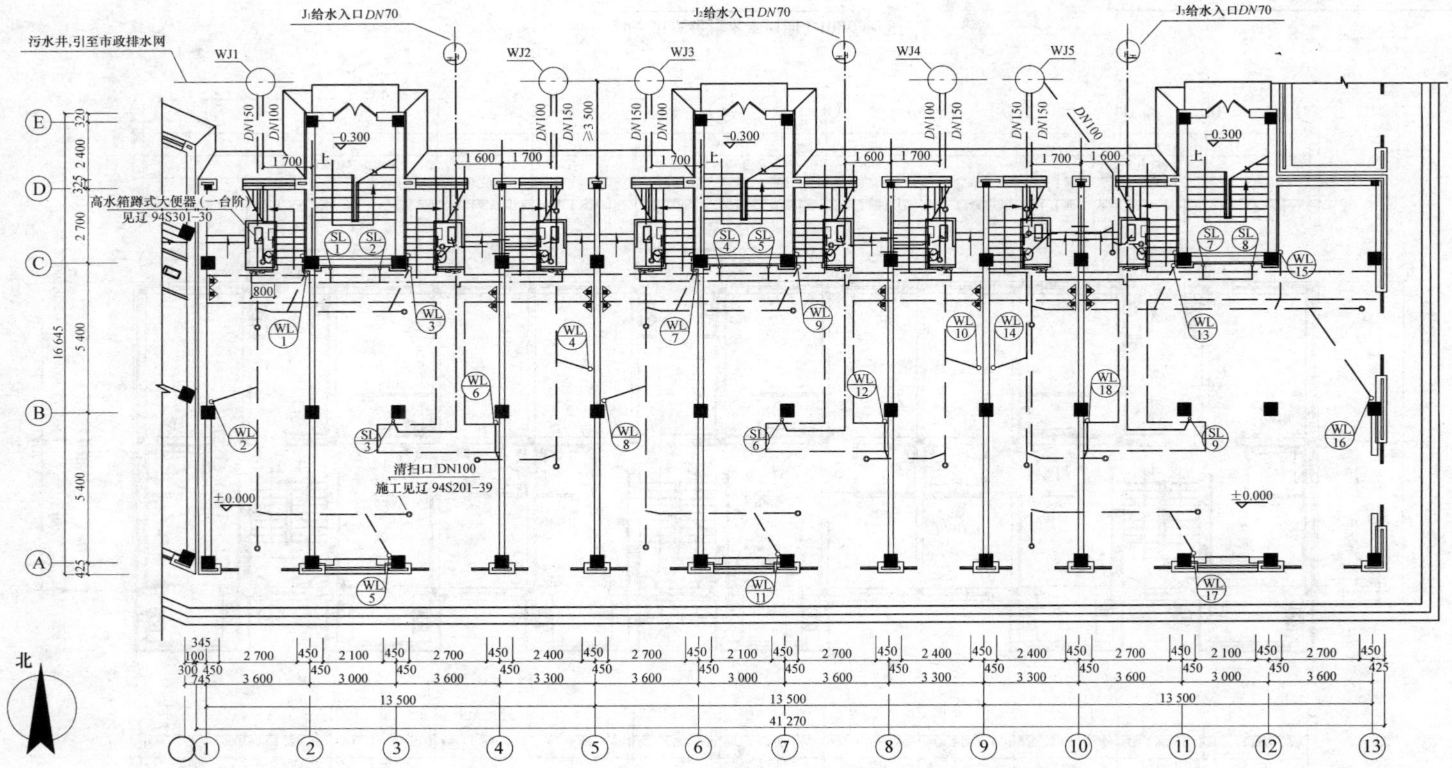

一层给排水平面图　1:100

某建筑设计院		
某住宅楼	一层给排水平面图	水施02

图 17-31

识图说明： 本图为四、五层给排水平面图，主要表明了给水与排水立管的位置及管道的直径等。

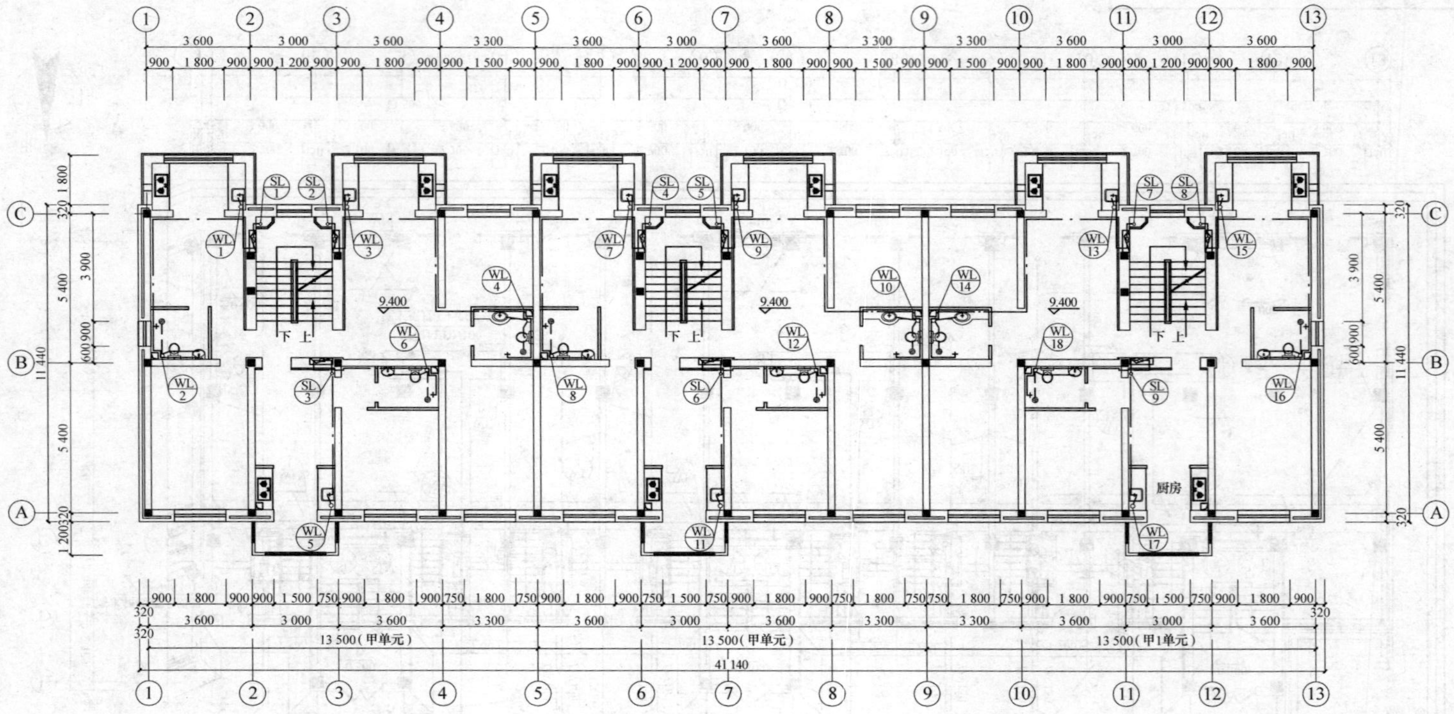

四、五层给排水平面图 1:100

某建筑设计院		
某住宅楼	四、五层给排水平面图	水施 03

图 17-32

识图说明：

1. 本图表明了给水管的引入位置、管径及标高等。本页系统图中所标注的管径均指管内径。

2. 各分户管径、分户阀门、分户水表及连接各种卫生器具的管径均为 *DN*15。禁用铸铁螺旋升降式水嘴及铸铁截止阀，分户阀门应选新式铜质截止阀。

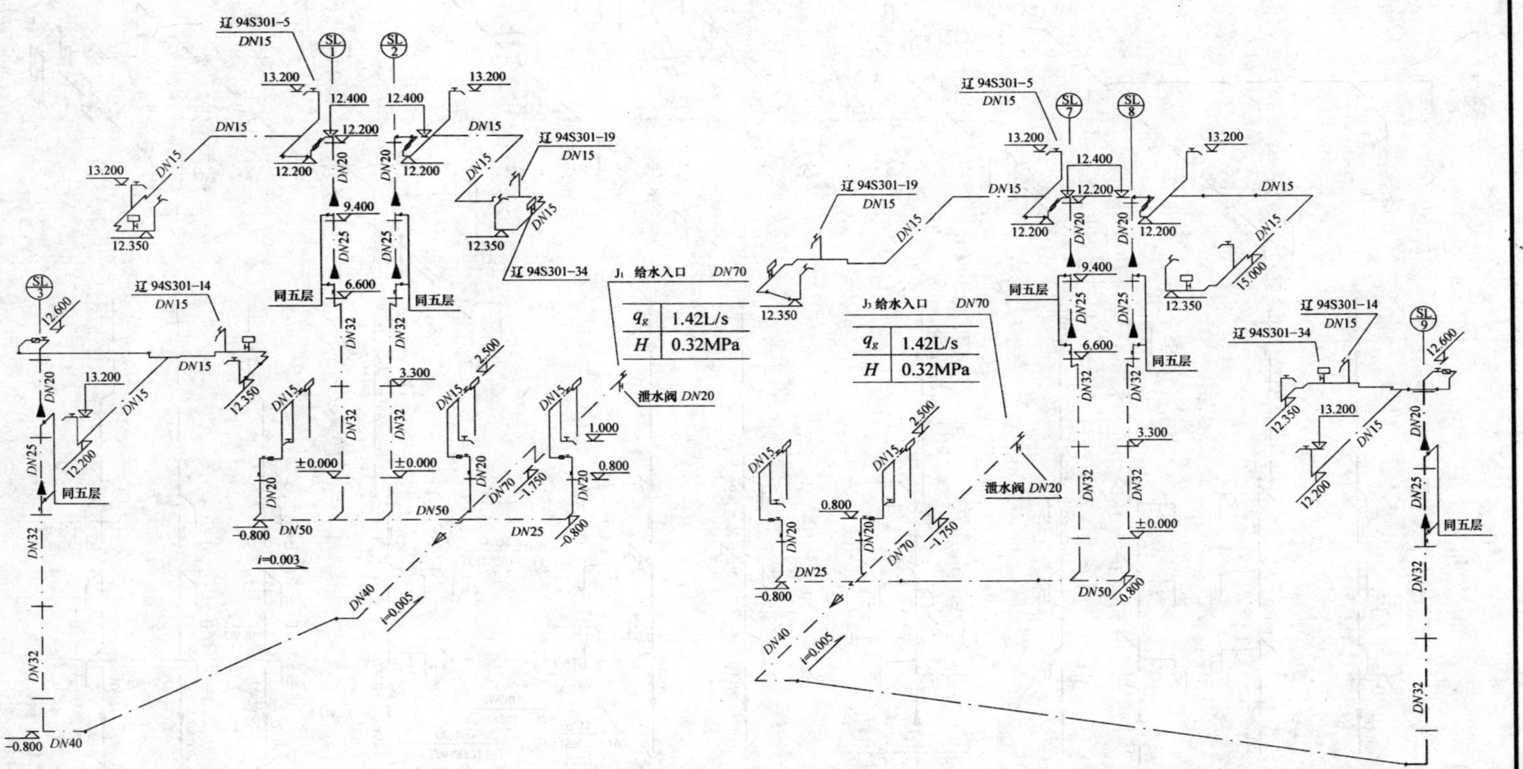

给水系统图 1:100

某建筑设计院		
某住宅楼	给水系统图	水施 04

图 17-33

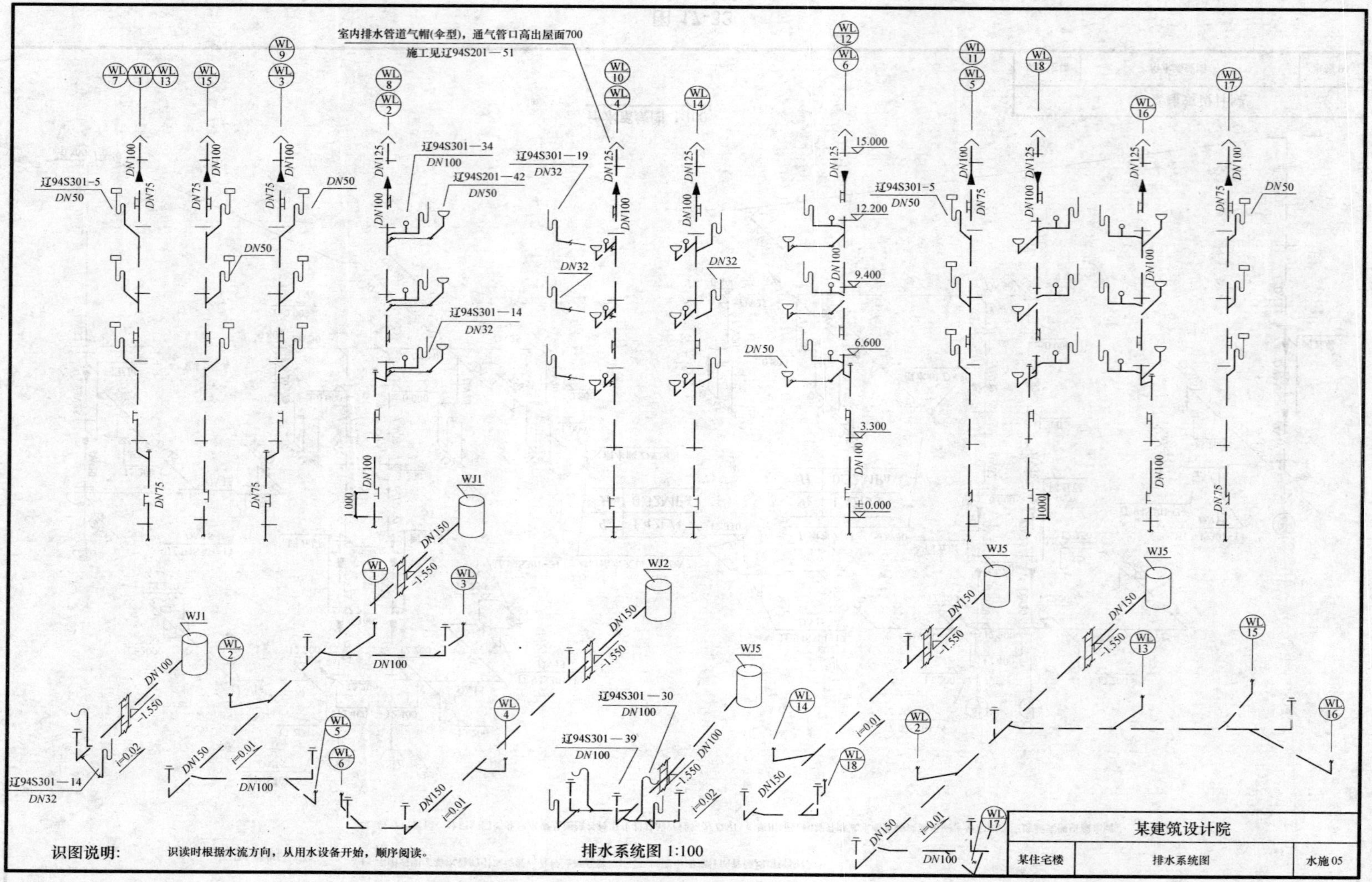

室内排水管道气帽(伞型)，通气管口高出屋面700
施工见辽94S201—51
辽94S301-5
DN50
辽94S301—34
DN100
辽94S201—42
DN50
辽94S301—19
DN32
辽94S301—14
DN32
辽94S301—30
DN100
辽94S301—39
DN100
15.000
12.200
9.400
6.600
3.300
±0.000
-1.550
i=0.01
i=0.02
WJ1
WJ2
WJ5
识图说明:
识读时根据水流方向，从用水设备开始，顺序阅读。
排水系统图 1:100
某建筑设计院
某住宅楼
排水系统图
水施 05

图 17-34

采暖施工图设计说明

一、工程概况：

本工程为某住宅楼，使用性质为多层住宅建筑，总层数为五层。其中一、二层为网点，三至五层为住宅建筑。

二、设计依据：

1.《采暖通风与空气调节设计规范》(GB50019—2003)

2.《民用建筑节能设计标准住宅采暖居住建筑部分》(JGJ26—95)

3.《居住建筑节能设计标准》(DB2101J01—2006)

4.《住宅设计规范》(GB50096—1999) (2003年版)

5.《住宅建筑规范》(GB50368—2005)

三、设计范围：

本单体建筑室内采暖系统。

四、设计内容：

1、冬季室外采暖温度-19°C，冬季室外平均风速 V=3.1 m/s，最大冻土深度-1.48 m，室内采暖计算温度:卧室、客厅:18°C，厨房为 16°C，卫生间(带洗浴)为 25°C。

2、本采暖设计为机械循环热水采暖(连续进行)，热源来自小区的锅炉房集中供给。热媒采用95~70°C热水，采暖热力入口处应设水力平衡阀、热计量装置等，具体见辽2002T901—14。

3、采暖系统(每单元)采用下供下回双管异程式，每单元的供回水干管分别设在楼梯间的管道井内。室内的采暖系统采用水平单管跨越式系统。在供水管接跨越管处设三通温控阀，根据各房间的不同使用情况分别调整各房间的供热量和温度。

4、管材:采暖干管及立管采用焊接钢管。DN≤32 mm 丝扣连接，DN>32 mm焊接。户内管采用耐高温交联聚丙烯材料(PP-R)或根据甲方要求确定,压力等级为2.00 MPa。每户采用分户控制表箱控制,表箱内设热表、锁闭调节阀、平衡阀、过滤器等。

5、散热器选用TZ 2-5-5(8)(灰铸铁二柱、内腔无砂型)，散热量为 q=130 W/片，长 80mm，宽 132mm，同侧进出口中心距 500 mm，具体施工见辽 2004T902—29。

6、采暖系统中的阀门:DN<50 mm为球阀，DN≥50 mm时为对夹式蝶阀，所有阀门的安装应设置在便于操作与维修的部位。

7、管道穿墙或楼板应设钢制套管。安装在楼板的套管，其顶部应高出装饰地面 20 mm，底部与楼板底面相平；安装在墙壁内的套管，其两端应与饰面相平；在卫生间的套管，其顶部应高出装饰地面 50 mm，套管填料采用石棉绳或油麻。详见辽标 2002T901。

采暖管道引入管穿地下室外墙或基础时，应采取防水措施，设防水套管。具体施工见辽2002T901—62。

8.散热器、明设管道及支架等刷防锈漆两遍，散热器表面应刷非金属性涂料。地沟内及不采暖房间、楼梯间管井的管道刷防锈漆两遍后，用 30 mm厚矿棉(或离心玻璃棉、橡塑制品)进行保温，外缠塑料布、玻璃丝布一层。

9.试压:

(1) 散热器组装试压：散热器组装完毕后应做水压试验，试验压力为 0.6 MPa，试压时间为3 min，压力不降且不渗不漏为合格。

(2)系统水压试验:采暖系统安装完毕后，应做水压试验，试验压力为 0.5 MPa，1 h内压力降不大于 0.05 MPa，然后降至 0.23 MPa，稳压 2 h,压力降不大于 0.03 MPa,同时各连接处不渗、不漏。

10.冲洗:系统试压合格后，应对系统进行反复冲洗直至排出水中不含泥沙、铁屑等杂质，且水色不浑浊方为合格。

11.系统冲洗完毕后，然后充水加热，进行试运行和初调整，以各房间温度满足设计要求为合格。

12.一层网点的卫生间均设YSF-5014 排气扇，Q=100 m³/ h,带止回阀，风管直径，150x150 单层百叶风口，中心标高 2 000 mm, N=25 W,中心标高 2 000 mm,其余同。

13.图纸中所标注平面尺寸单位为mm，管道标高指管中心，单位为m。

14.施工中本专业人员必须与有关人员配合好预留、预埋等工作。

15.未尽事宜，按国标 GB 50242—2002《建筑给水排水与采暖工程施工质量验收规范》及有关规定执行。

图　例

图　例	名　称	图　例	名　称
	采暖送水管		固定支架
	采暖回水管		阀　门
	散热器		手动放风阀
	调节锁闭阀		自动排风阀

标准图纸目录

序号	图　号	图　号
1	辽2004T902	采暖设备安装图
2	辽2002T901	采暖管道设计安装图
3	辽2003T903	室内外采暖地沟管道安装图
4	辽2003T904	采暖设备及管道保温图

标准图纸目录

序号	图别	图号	名　称
1	暖　施	01	采暖施工图设计说明
2	暖　施	02	一层采暖平面图
3	暖　施	03	四至五层采暖平面图
4	暖　施	04	采暖系统图

某建筑设计院		
某住宅楼	采暖施工图设计说明	暖施 01

图 17-35

识图说明： 本图为一层采暖平面图，主要表明了采暖的立管、支管、散热器的布置以及供水总管和采暖干管的平面布置。

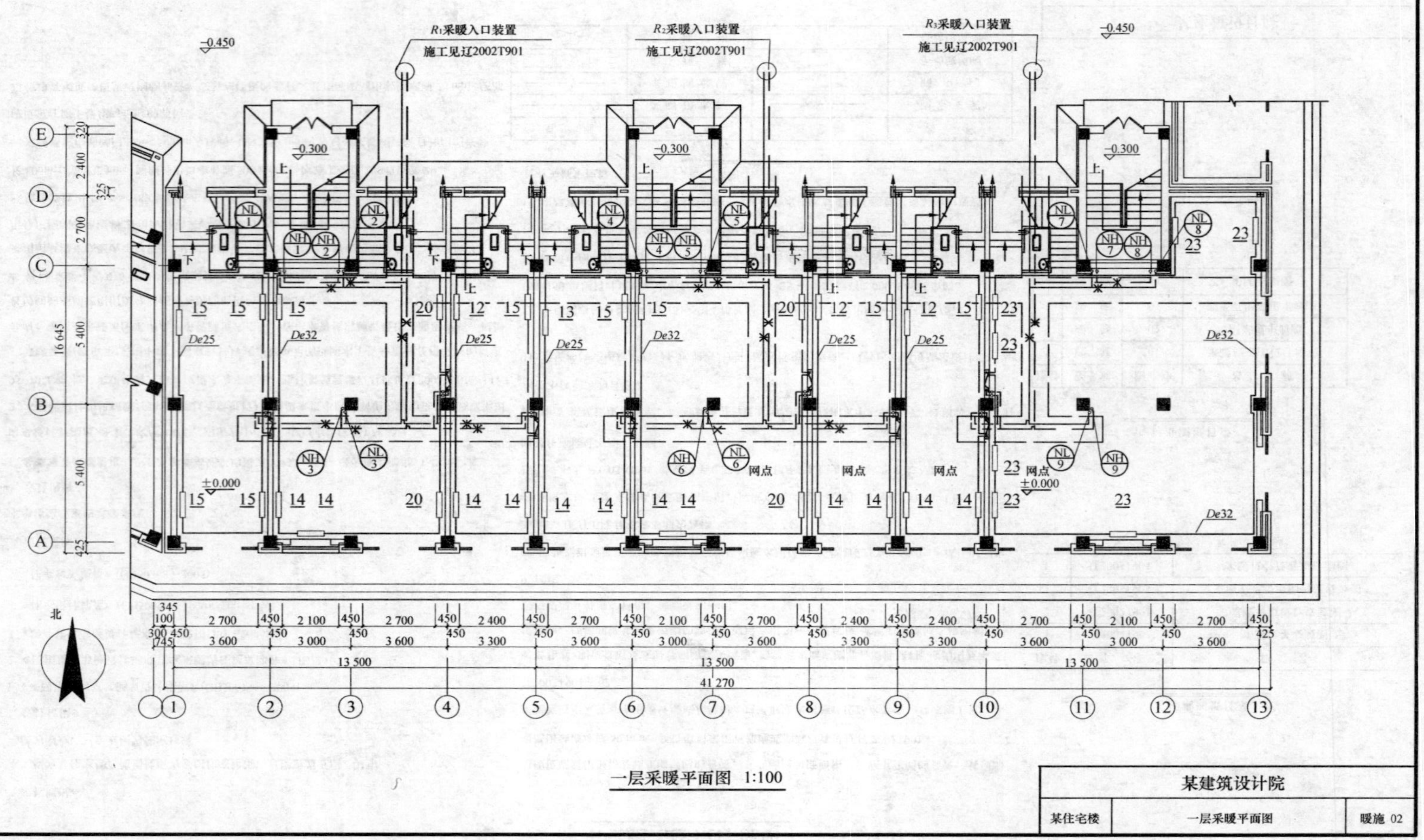

图 17-36

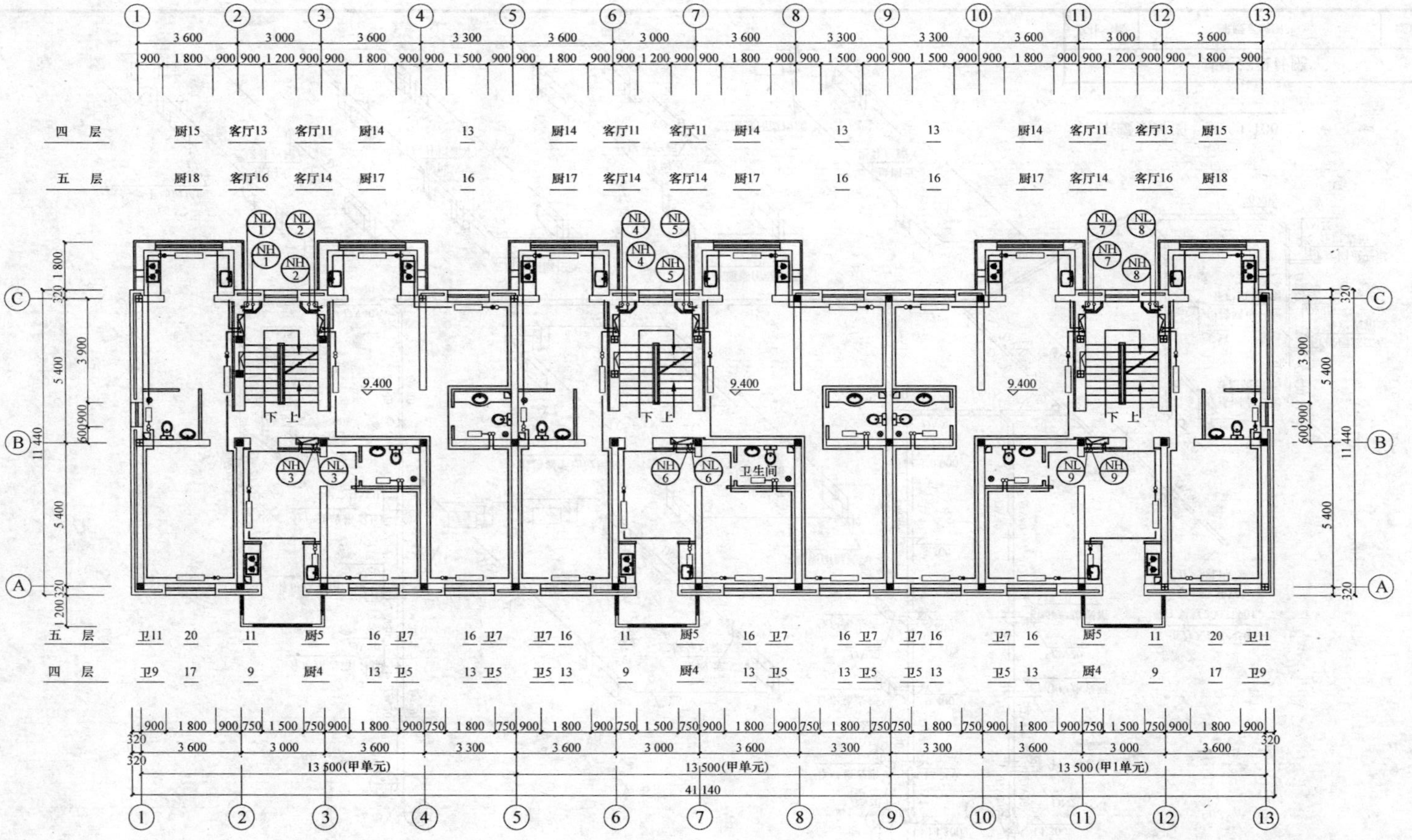

四、五层采暖平面图 1:100

某建筑设计院		
某住宅楼	四、五层采暖平面图	暖施 03

图 17-37

识图说明：

1. 本系统图表明了整个供暖系统的组成及设备、管道、附件等的空间布置关系。
2. 表明了立管编号、各管段的直径、标高、坡度、散热器的型号与数量等。

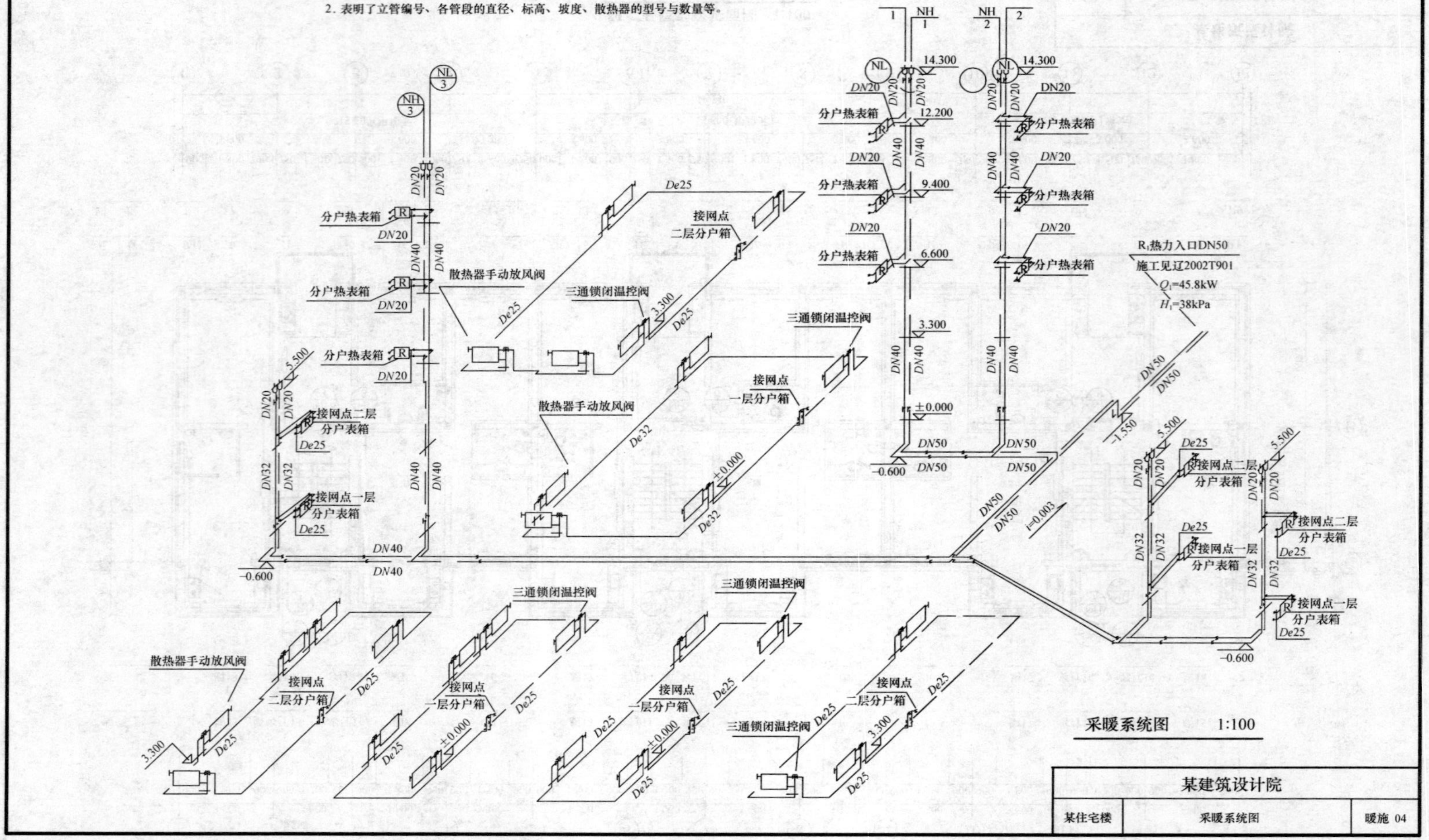

图 17-38

电气施工图设计说明

设计说明(弱电部分)

一、电话,宽带系统图

1. 每户设一~二部电话宽带出线盒，墙上暗设，底边距地0.5 m。

2. 进户线及主干线采用钢管暗设，其他由分线箱引出，分线路用PVC阻燃塑料管。

3. 所用导线除干线采用HYA电话电缆外(详见系统标注)。其余分支线均为RVC-2X0.3导线，穿PVC20管。

4. 电话及宽带为管网设计,安装施工由专业施工队安装。

二、有线电视系统

1. 本工程全部采用有线电视系统，每户设一~二个接收终端盒，墙上暗装，底边距地0.5 m。

2. 进户线采用镀锌钢管暗设，其他部分线路采用PVC阻燃塑料管暗敷设。

3. 电缆全部采用SYKV-75系列同轴电缆，进户线为SYKV-75-12,干线为SYKV-75-9，分支线为SYKV-75-5-1。

三、防盗门对讲系统

1. 各单元门处分别设置防盗对讲门控制系统，与每户对讲话筒连接。

2. 本设计预留管线，设备安装由厂家负责。

四、其他

1. 参见图集辽2000D703

2. 其他未尽事宜请按有关规范执行。

设计说明

一、工程概况及设计依据

1. 本工程为三级建筑物。

2. 设计依据为《民用建筑电气设计规范》(JGJ/16—92)及其他专业提供资料和要求。

二、设计范围

本设计仅为照明系统设计,电信,有线电视,防雷接地。

三、负荷等级及供电电源

1. 本工程照明为三级负荷。

2. 由建筑物外埋地引进电源,电压380/220V,埋深-0.8m,系统采用TN-C-S系统,进户电缆金属外皮与接地体可靠连接。

四、配电设备

配电箱及计量箱,分户箱均为铁制暗装于墙上,配电柜明装于封闭的配电间内,管线采用刚性阻燃塑料管沿墙,屋面暗敷设。

五、线路敷设

1. 进户线及至集中表箱的线路均采用镀锌钢管沿地暗敷设，其余采用刚性阻燃PVC管暗敷设。

2. 选用导线及保护管径参见系统图,未注明线径导线均为BV-500-2.5导线。

3. 凡图中未注明线穿管标准为2~3根导线穿ϕ20刚性阻燃管,4~6根穿ϕ25刚性阻燃管。

六、防雷接地

1. 本建筑物为三类防雷建筑物,防直击雷,防雷电波入侵。

2. 利用金属屋面板(板厚≥0.5 mm)作为接闪器，垂直接地极采用ϕ50镀锌钢管(壁厚≥3.5 mm)或40×40×4镀锌角钢，并将建筑物屋面上所有金属物及消防梯等均与防雷系统焊接,利用构造柱主筋(2×ϕ22)作为引下线，并与屋面板,基础及地梁内的钢筋(4×ϕ12)等所有金属物均须可靠连接,并形成完好的电气通路,接地电阻不得大于1 Ω，若接地电阻不够则另外加接地极，在室外地下1 m处引出ϕ10镀锌圆钢伸出建筑物外1 m,供补打人工接地体用,在室外地坪上1.8 m处预埋接地测试箱,用于测试接地电阻,出入口或人行道位置的接地体上面敷设80 mm厚沥青层宽度应超过接地体2 m。

3. 本工程做总等电位连接，所有不带电金属物及金属管道均须与总等电位箱可靠连接,连接线采用40×4镀锌扁钢，分等电位箱采用25×4镀锌扁钢与附近构造柱主筋焊接并与环型镀锌扁钢可靠焊接。

材料见右表

序号	图例	名称	规格	备注		
1	GDZ	配电柜	GDZ	宽×高×厚	700×1 300×300	
2		集中电表箱	MJJG2	宽×高×厚	850×1 310×180	底边距地0.5 m
3		分户箱	FHX-3-105 106	宽×高×厚	400×200×120	底边距地1.6 m
4		有线电视前端箱	广播局提供	宽×高×厚	400×400×140	底边距地0.5 m
5		宽带交接箱		宽×高×厚	740×550×110	底边距地0.5 m
6		电话交接箱	电信局提供	宽×高×厚	400×500×180	底边距地0.5 m
7		弱电分支箱	电信局提供	宽×高×厚	500×400×180	底边距地0.5 m
8	DJ	对讲门管理箱	厂家提供	宽×高×厚	250×350×150	底边距地1.6 m
9		对讲门铃	厂家提供	底边距地1.3 m		
10	Ⓣ	电视终端	广播局提供	底边距地0.5 m		
11	Ⓗ	电话网络终端	电信局提供	底边距地0.5 m		
12		单联跷板开关	250 V 10 A	底边距地1.3 m		
13		双联跷板开关	250 V 10 A	底边距地1.3 m		
14		安全型单相二三孔插座	250 V 10 A	底边距地0.5 m		
15		插座	防溅型250 V 15 A	底边距地2.0 m		
16	Ⓢ	全自动红外线感应灯	22 W	吸顶安装		
17	●	防水吸顶灯	32 W	吸顶安装		
18		节能型荧光灯	2×36 W			
19		总等电位箱		底边距地0.3 m		
20		分等电位箱		底边距地2.8 m		

序号	图纸名称	图号
1	设计说明	电施 01
2	配电系统图	电施 02
3	一层强弱电干线图	电施 03
4	三~五层强弱电干线图	电施 04
5	一层电气平面图	电施 05
6	三~五层电气平面图	电施 06
7	防雷平面图	电施 07

某建筑设计院		
某住宅楼	电气施工图设计说明	电施 01

图 17-39

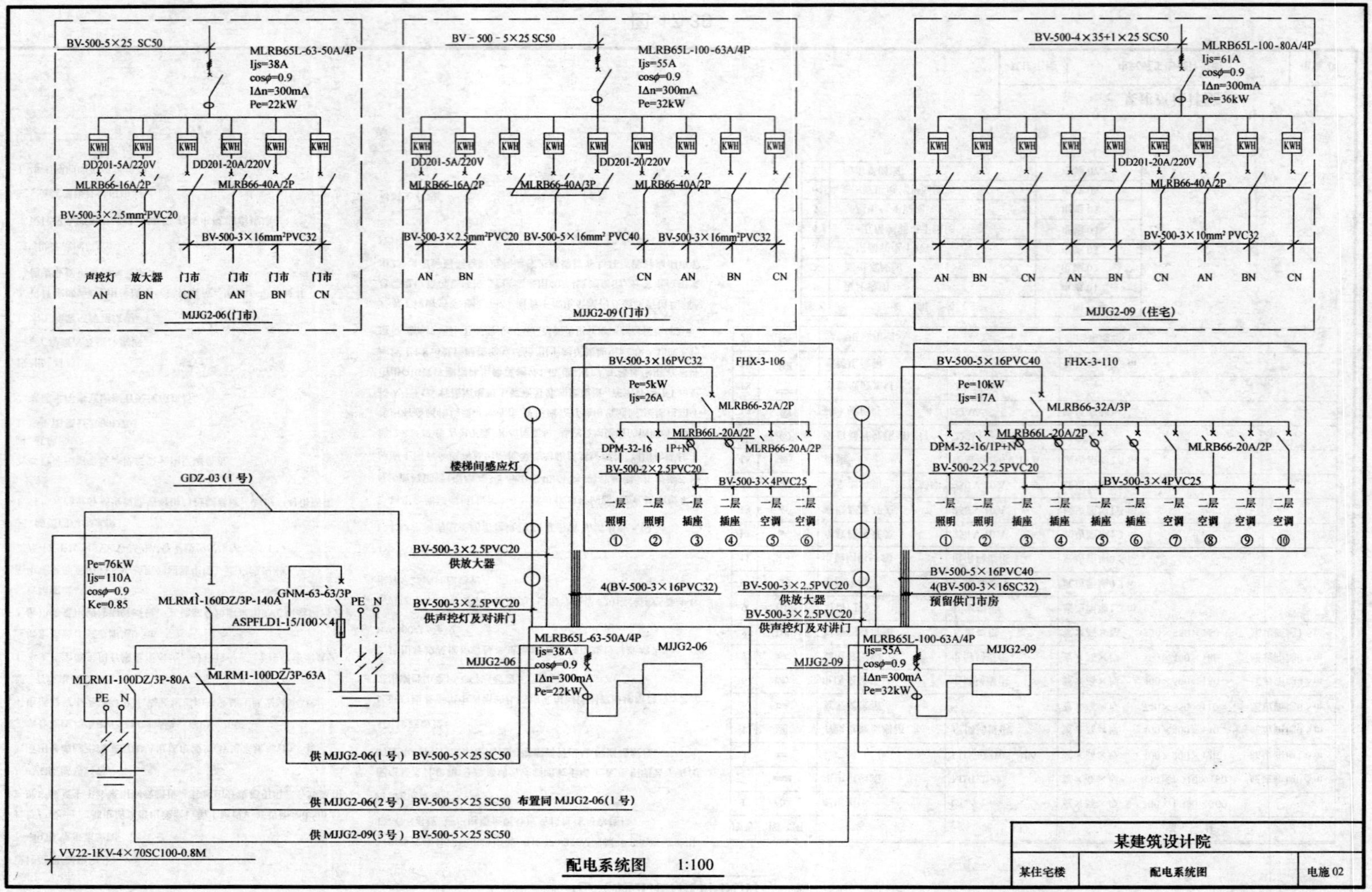
BV-500-5×25 SC50
MLRB65L-63-50A/4P
Ijs=38A
cosϕ=0.9
IΔn=300mA
Pe=22kW
DD201-5A/220V
DD201-20A/220V
MLRB66-16A/2P
MLRB66-40A/2P
BV-500-3×2.5mm²PVC20
BV-500-3×16mm²PVC32
声控灯 AN
放大器 BN
门市 CN
门市 AN
门市 BN
门市 CN
MJJG2-06(门市)
BV - 500 - 5×25 SC50
MLRB65L-100-63A/4P
Ijs=55A
cosϕ=0.9
IΔn=300mA
Pe=32kW
DD201-5A/220V
DD201-20/220V
MLRB66-16A/2P
MLRB66-40A/3P
MLRB66-40A/2P
BV-500-3×2.5mm²PVC20
BV-500-5×16mm² PVC40
BV-500-3×16mm²PVC32
AN BN CN AN BN CN
MJJG2-09(门市)
BV-500-4×35+1×25 SC50
MLRB65L-100-80A/4P
Ijs=61A
cosϕ=0.9
IΔn=300mA
Pe=36kW
DD201-20A/220V
MLRB66-40A/2P
BV-500-3×10mm² PVC32
AN BN CN AN BN CN AN BN CN
MJJG2-09（住宅）
BV-500-3×16PVC32
FHX-3-106
Pe=5kW
Ijs=26A
MLRB66-32A/2P
MLRB66L-20A/2P
DPM-32-16 1P+N
MLRB66-20A/2P
BV-500-2×2.5PVC20
BV-500-3×4PVC25
一层 照明 ①
二层 照明 ②
一层 插座 ③
二层 插座 ④
一层 空调 ⑤
二层 空调 ⑥
BV-500-5×16PVC40
FHX-3-110
Pe=10kW
Ijs=17A
MLRB66-32A/3P
MLRB66L-20A/2P
DPM-32-16/1P+N
MLRB66-20A/2P
BV-500-2×2.5PVC20
BV-500-3×4PVC25
一层 照明 ①
二层 照明 ②
一层 插座 ③
二层 插座 ④
一层 插座 ⑤
二层 插座 ⑥
一层 空调 ⑦
二层 空调 ⑧
二层 空调 ⑨
二层 空调 ⑩
楼梯间感应灯
GDZ-03 (1号)
Pe=76kW
Ijs=110A
cosϕ=0.9
Ke=0.85
MLRM1-160DZ/3P-140A
GNM-63-63/3P
PE N
ASPFLD1-15/100×4
MLRM1-100DZ/3P-80A
MLRM1-100DZ/3P-63A
PE N
BV-500-3×2.5PVC20
供放大器
BV-500-3×2.5PVC20
供声控灯及对讲门
4(BV-500-3×16PVC32)
MLRB65L-63-50A/4P
Ijs=38A
cosϕ=0.9
IΔn=300mA
Pe=22kW
MJJG2-06
MJJG2-06
BV-500-3×2.5PVC20
供放大器
BV-500-3×2.5PVC20
供声控灯及对讲门
BV-500-5×16PVC40
4(BV-500-3×16SC32)
预留供门市房
MLRB65L-100-63A/4P
Ijs=55A
cosϕ=0.9
IΔn=300mA
Pe=32kW
MJJG2-09
MJJG2-09
供 MJJG2-06(1号) BV-500-5×25 SC50
供 MJJG2-06(2号) BV-500-5×25 SC50 布置同 MJJG2-06(1号)
供 MJJG2-09(3号) BV-500-5×25 SC50
VV22-1KV-4×70SC100-0.8M
配电系统图 1:100
某建筑设计院
某住宅楼
配电系统图
电施 02

图 17-40

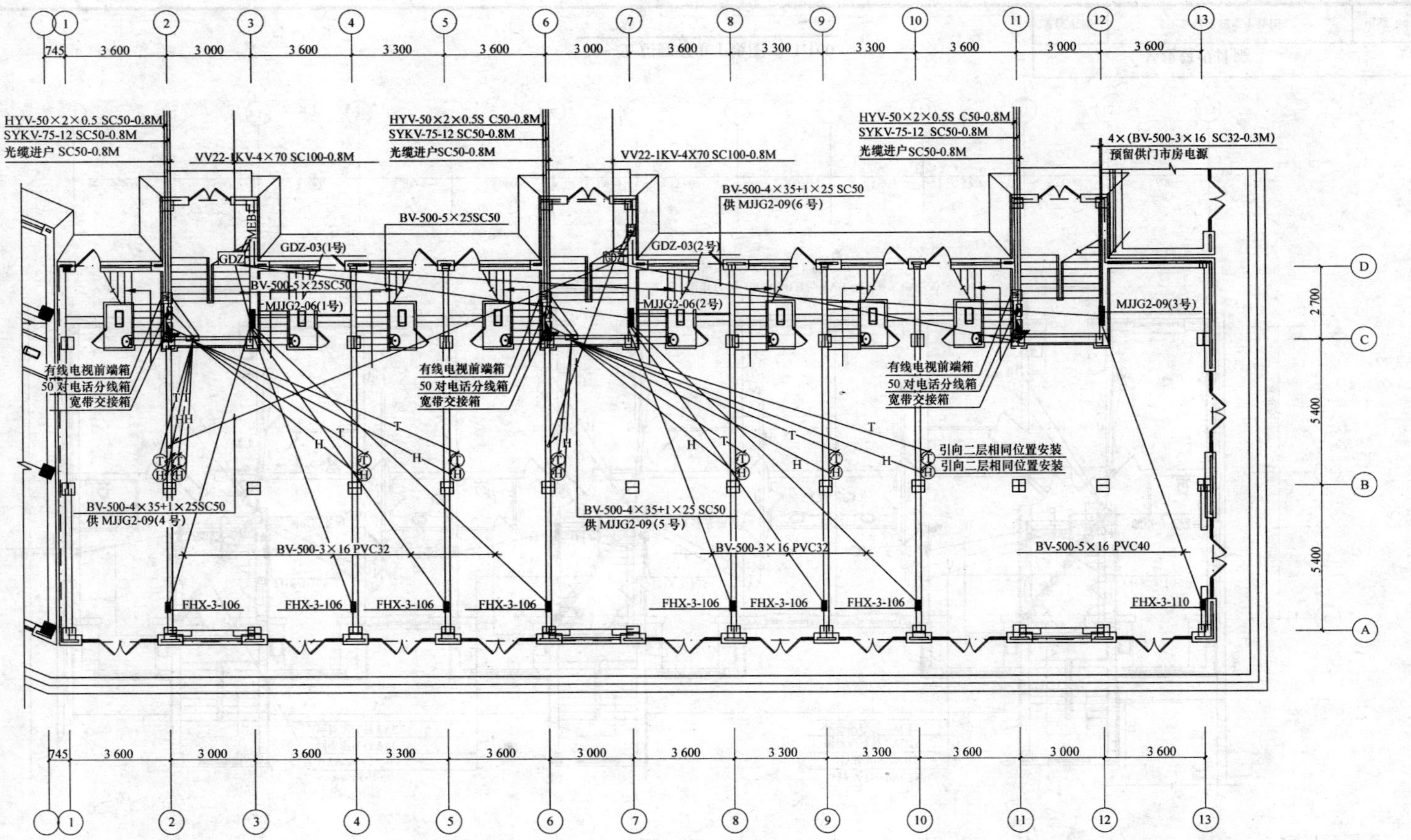

某建筑设计院		
某住宅楼	一层强弱电干线图	电施 03

一层强弱电干线图　1:100

图 17-41

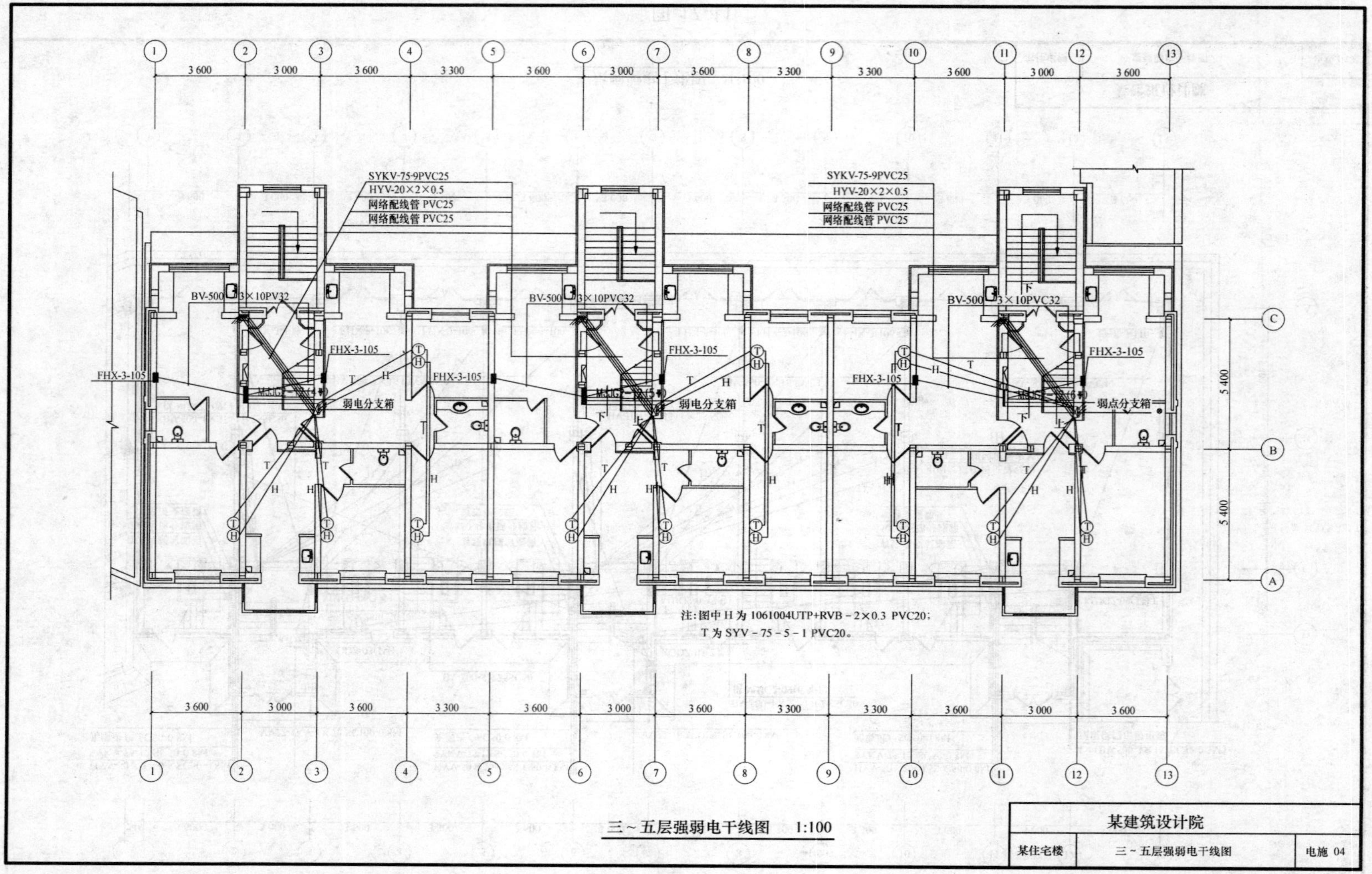
SYKV-75-9PVC25
HYV-20×2×0.5
网络配线管 PVC25
网络配线管 PVC25
BV-500
3×10PV32
3×10PVC32
FHX-3-105
弱电分支箱
弱点分支箱
3 600
3 000
3 300
5 400
注：图中 H 为 1061004UTP+RVB－2×0.3 PVC20；
T 为 SYV－75－5－1 PVC20。
三～五层强弱电干线图 1:100
某建筑设计院
某住宅楼
三～五层强弱电干线图
电施 04

图 17-42

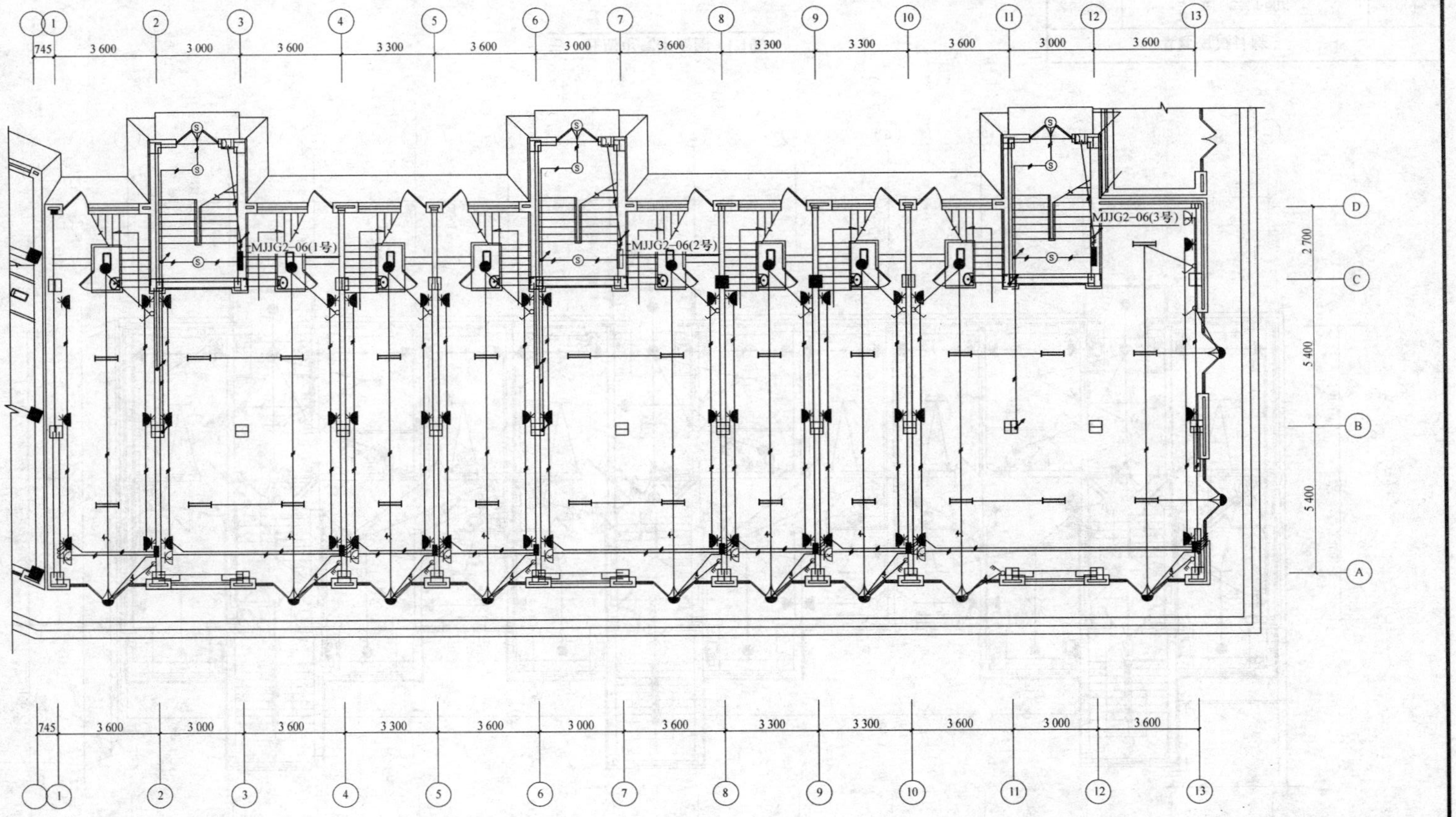

一层电气平面图 1:100

某建筑设计院		
某住宅楼	一层电气平面图	电施 05

图 17-43

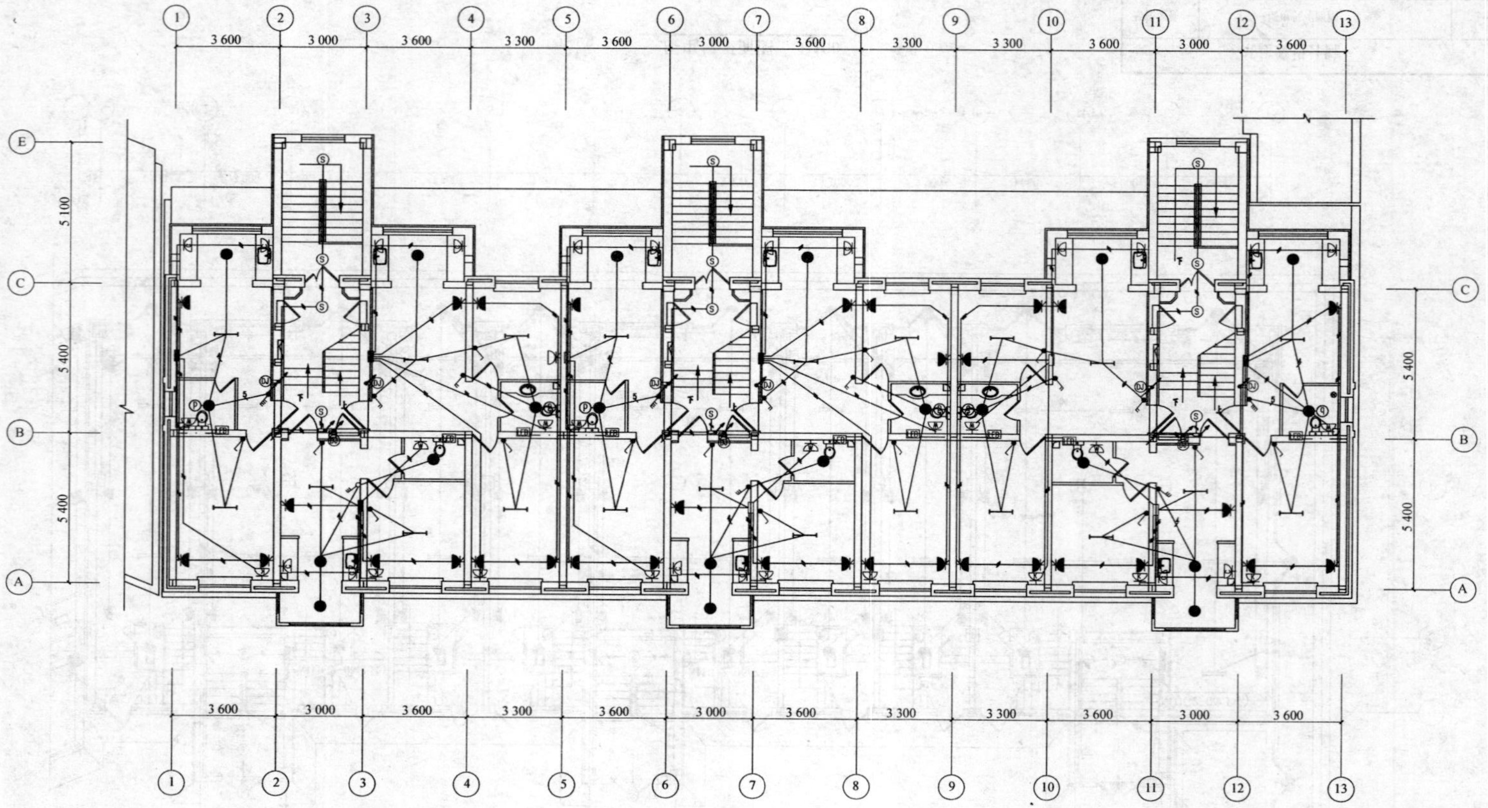

三~五层电气平面图　1:100

某建筑设计院		
某住宅楼	三~五层电气平面图	电施 06

图 17-44

识图说明：

1. 本建筑物为三类防雷建筑物，利用金属屋面板（板厚≥0.5mm）作为接闪器，垂直接地极采用ϕ50 镀锌钢管（壁厚≥3.5 mm）或 40×40×4 镀锌角钢，并将建筑物屋面上所有金属物及消防梯等均与防雷系统焊接，利用构造柱主筋作为引下线，并与屋面板、基础及地梁内的钢筋等所有金属物均须可靠连接，并形成完好的电气通路，接地电阻不得大于 1 Ω，若接地电阻不够则另外加接地极，在室外地下 1 m 外引出镀锌圆钢伸出建筑物外 1 m，供补打人工接地使用，室外地坪上 1.8 m 处预埋接地测试箱，用于测试接地电阻，出入口或人行道位置的接地体上面敷设 80mm 厚沥青层宽度应超过接地体 2m。
2. 本工程做总等电位连接，所有不带电金属物及金属管道均须与总等电位箱可靠连接，连接线采用 40×4 镀锌扁钢，分等电位箱采用 25×4 镀锌扁钢与附近构造柱主筋焊接并与环型镀锌扁钢可靠焊接。

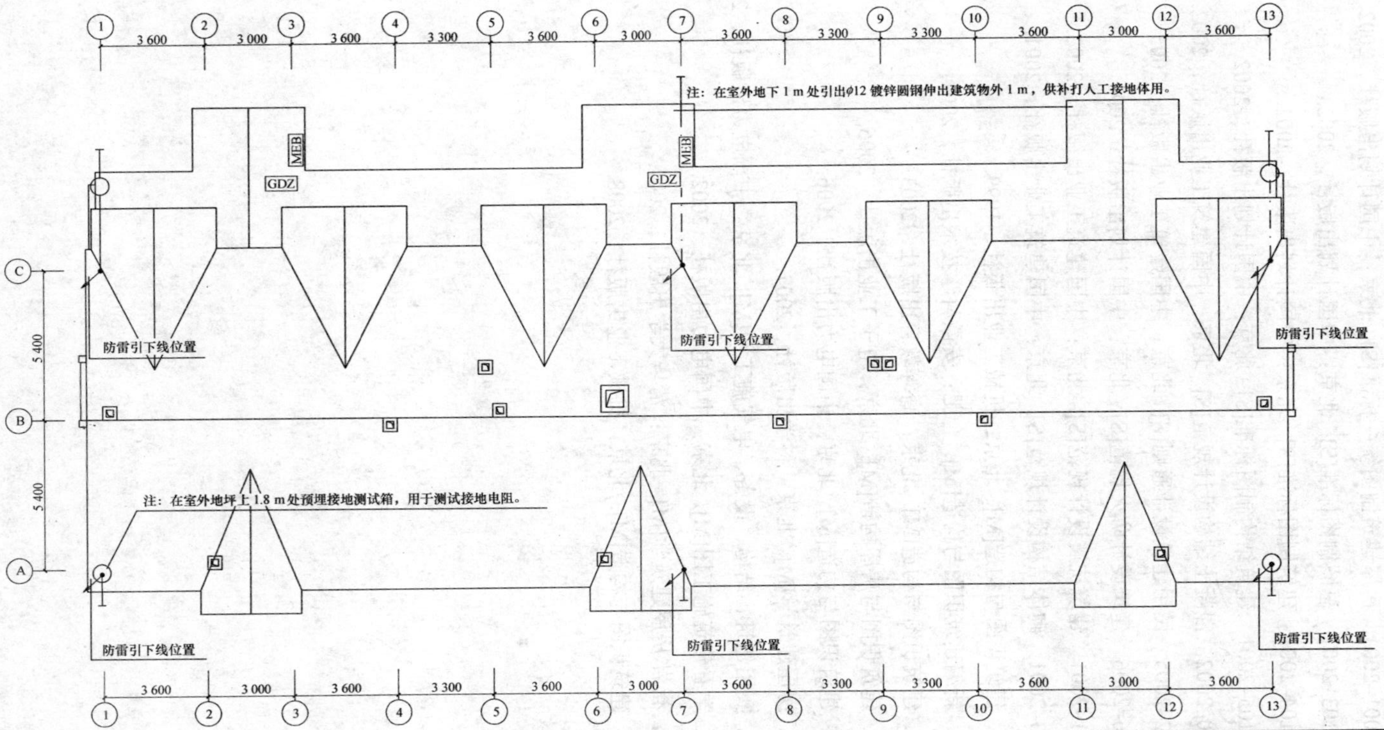

防雷平面图 1:100

某建筑设计院		
某住宅楼	防雷平面图	电施 07

图 17-45

参考文献

[1] GB/T 50001–2001 房屋建筑制图统一标准[S]. 北京：中国计划出版社，2002.
[2] GB/T 50103–2001 总图制图标准[S]. 北京：中国计划出版社，2002.
[3] GB/T 50104–2001 建筑制图标准[S]. 北京：中国计划出版社，2002.
[4] GB/T 50105–2001 建筑结构制图标准[S]. 北京：中国计划出版社，2002.
[5] GB 50010–2002 混凝土结构设计规范[S]. 北京：中国建筑工业出版社，2002.
[6] GB 50352–2005 民用建筑设计通则[S]. 北京：中国建筑工业出版社，2005.
[7] GB 50016–2006 建筑设计防火规范[S]. 北京：中国计划出版社，2006.
[8] GB 50011–2001 建筑抗震设计规范[S]. 北京：中国建筑工业出版社，2002.
[9] GB 50003–2001 砌体结构设计规范[S]. 北京：中国建筑工业出版社，2001.
[10] 程志胜. 建筑识图与构造[M]. 北京：机械工业出版社，1999.
[11] 刘谊才. 新编建筑识图与构造[M]. 合肥：安徽科学技术出版社，2001.
[12] 王文仲. 建筑识图与构造[M]. 北京：高等教育出版社，2003.
[13] 尚久明. 建筑识图与房屋构造[M]. 北京：电子工业出版社，2006.
[14] 魏艳萍. 建筑识图与构造[M]. 北京：中国电力出版社，2006.
[15] 袁雪峰. 房屋建筑学[M]. 北京：科学出版社，2007.
[16] 闫立红. 实用建筑、结构、设备、电气施工图[M]. 北京：中国电力出版社，2004.
[17] 乐嘉龙. 学看建筑施工图[M]. 北京：中国电力出版社，2002.
[18] 胡建琴，崔岩.房屋建筑学[M]. 北京：清华大学出版社，2007.
[19] 支秀兰. 建筑识图与构造[M]. 北京：机械工业出版社，2008.